装饰装修电工
必备知识技能
1000问

主编　宋　宁
参编　刘建新　陈崇骏　杨　兴
　　　寇　志　曹子建　贾云飞
　　　杨　欢　赵春霞　王建薇
　　　李　娟　崔　颖　张伯虎

U0323034

中国电力出版社
CHINA ELECTRIC POWER PRESS

内 容 提 要

本书全面地回答了装饰装修工作中可能遇到的各种问题，内容涉及强电、照明、布线、自动控制；安防、消防控制系统；电话、网络通信系统；有线电视及卫星接收系统；广播音响设备；供水供电控制系统等方面。

本书精选了1000余个实用问答，图文并茂，针对性强，可帮助读者尽快掌握装饰装修电工知识和技能。本书适合于从事装修行业的电工使用，也适用于低压电工及各机关单位、工厂、公寓楼、小区物业电工及初学者学习使用。

图书在版编目（CIP）数据

装饰装修电工必备知识技能1000问/宋宁主编 . —北京：中国电力出版社，2017.5

ISBN 978-7-5198-0168-7

Ⅰ.①装… Ⅱ.①宋… Ⅲ.①工程装修—电工—问题解答 Ⅳ.①TU85-44

中国版本图书馆CIP数据核字（2016）第314350号

出版发行：中国电力出版社
地　　址：北京市东城区北京站西街19号（邮政编码100005）
网　　址：http://www.cepp.sgcc.com.cn
责任编辑：杨　扬
责任校对：王开云
装帧设计：张俊霞　赵姗姗
责任印制：蔺义舟

印　　刷：汇鑫印务有限公司
版　　次：2017年5月第一版
印　　次：2017年5月北京第一次印刷
开　　本：880毫米×1230毫米　32开本
印　　张：22.625
字　　数：672千字
印　　数：0001—2000册
定　　价：69.00元

前言

随着人们生活水平的提高，居住条件不断改善，人们对室内装修的要求也越来越高。装饰装修电工是装修中的基本工种，其工作涉及前期设计、中期施工以及后期的灯具安装及相关电器选择等，因此装饰装修电工在整个工程中起着非常重要的作用。鉴于广大装饰装修电工及电工爱好者、初学者在装修过程中会遇到很多疑惑和问题，特编写本书，对这些问题一一进行详尽的解答。

本书精选了1000余个装饰装修电工工作中可能遇到的问题，内容涉及强电、照明、布线、自动化控制；安防、消防控制系统；电话、网络通信系统；有线电视及卫星接收系统；广播音响设备；供水供电控制系统等方面。本书集实用技术及资料性为一体，既可供学习参考也便于工作中查阅。

本书由宋宁主编，参加本书编写的还有刘建新、陈崇骏、杨兴、寇志、曹子建、贾云飞、杨欢、赵春霞、王建薇、李娟、崔颖、张伯虎等。

本书在写作过程中，参考了大量的书刊和有关资料，并引用了部分资料，在此成书之际向相关书刊和资料的作者表示衷心感谢。读者在阅读本书时，如有问题，请发邮件到bh268@163.com联系。

本书通俗易懂，内容翔实，图文并茂，可帮助读者尽快掌握装饰装修电工的知识和技能，适合于从事装修行业的电工使用，也适用于低压电工及各机关单位、工厂、公寓楼、小区物业电工及初学者自学使用。

由于作者水平有限，书中难免有不妥之处，敬请广大读者谅解。

编　者

目 录

3

第二章 装饰装修电工识图

第三章　装饰装修电工常用工具仪表

第四章　配电屏及配电装置

第五章　线路敷设

第六章　室外架空线路的安装

第七章　照明装置设计及室内电气装置的安装

第八章　弱电系统的安装

第九章　电视监控系统

第十章　门禁控制系统

第十一章　安防报警系统

第十二章　电话通信系统

第十三章　计算机网络系统

第十四章　卫星电视接收及有线电视系统

第十五章　扩音音响广播系统

第十六章　家装电工的安全技术

第一章

电 工 基 础 知 识

1 什么是电流？单位是什么？如何换算？

答 物体里的电子在电场力的作用下，有规则地向一个方向移动，就形成了电流。电流的大小用"I"来表示。电流在数值上等于 1s 内通过导线截面的电量的大小，通常用"安培"作为电流强度的单位。1 安培表示在导线横截面上，每秒钟有 624 亿亿个电子流过。安培简称"安"，用字母"A"表示。有时采用比"安"更大或更小的单位：千安、毫安、微安。这些单位之间的关系如下

$$1 千安（kA）=1000 安（A）$$
$$1 安（A）=1000 毫安（mA）$$
$$1 毫安（mA）=1000 微安（\mu A）$$

2 什么是电压与电动势？单位是什么？如何换算？

答 水要有水位差才能流动。与此相似，要使电荷作有规则地移动，必须在电路两端有一个电位差，也称为电压，用符号"U"表示。电压以伏特为单位，简称"伏"，常用字母"V"表示。例如干电池两端电压一般是 1.5V，电灯电压为 220V 等。有时采用比"伏"更大或更小的单位：千伏、毫伏、微伏。这些单位之间的关系如下

$$1 千伏（kV）=1000 伏（V）$$
$$1 伏（V）=1000 毫伏（mV）$$
$$1 毫伏（mV）=1000 微伏（\mu V）$$

一个电源（例如发电机、电池等）能够使电流持续不断沿电路流动，就是因为它能使电路两端维持一定的电位差，这种使电路两端产生和维持电位差的能力，就叫作电源的电动势。电动势常用字母"E"

1

表示，单位也是伏。

3 什么是电阻？单位是什么？如何换算？

答 电子在物体内移动所遇到的阻力叫电阻。电阻的单位是欧姆，简称"欧"，用字母"Ω"表示。为计算方便，常以兆欧、千欧、毫欧为单位。这些单位之间的关系如下

$$1 兆欧（MΩ）= 1000 千欧（kΩ）$$
$$1 千欧（kΩ）= 1000 欧（Ω）$$
$$1 欧（Ω）= 1000 毫欧（mΩ）$$

各种不同的材料具有不同的电阻。电阻大小与导线的材料、长短、粗细有关。为了区分不同材料的电阻，通常用一个叫电阻率 ρ 的量来表示。电阻率 ρ 是指横截面为 $1mm^2$，长为 $1m$ 的一根导线所具有的电阻数值。常用材料的电阻率 ρ 列于表 1-1。

表 1-1　　　　常用材料的电阻率

材料名称	电阻率 ρ 的数值（20℃）/（Ω·m）
银	0.016 5
铜	0.017 5
铝	0.028 3
钨	0.054 8
铁	0.097 8
铅	0.222

从表 1-1 中可以看出，铜和铝的电阻率比较低，因此在电气设备和输电磁线中得到广泛的使用。

4 电路由哪几部分组成？

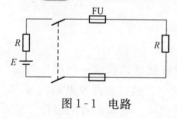

图 1-1　电路

答 最简单的电路是由电源 E（发电机、电池等）、负载 R（用电设备如电灯、电动机等）、连接导线（金属导线）和电气辅助设备（开关、仪表等）组成的闭合回路，如图 1-1 所示。

5 什么是串联电路？特点是什么？

答 把若干个电阻或电池一个接一个成串地连接起来，使电流只有一个通路，也就是把电气设备首尾相连叫串联，如图 1-2 所示。

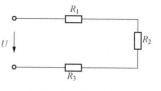

图 1-2 串联电路

串联电路的特点是：①串联电路中的电流处处相同；②串联电路中总电压等于各段电压之和；③几个电阻串联时，总电阻等于各个电阻值之和。可用以下公式表示

$$U = U_1 + U_2 + U_3 + \cdots$$
$$R = R_1 + R_2 + R_3 + \cdots$$

6 什么是并联电路？特点是什么？

答 把若干个电阻或电池相互并排地连接起来，也可以说将电气设备的头和头、尾和尾各自相互连在一起，使电流同时有几个通路叫并联。如图 1-3 所示。

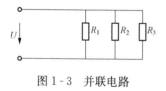

图 1-3 并联电路

并联电路的特点是：①并联电路中各分路两端的电压相等；②并联电路的总电流等于各分路电流之和；③几个电阻并联时，总电阻的倒数等于各电阻的倒数之和。

7 什么是混联电路？

答 在电路中，既有串联又有并联的连接，统称为混联或叫复联，如图 1-4 所示。如果要计算总电阻，先计算电路中单纯的串联或并联，然后计算总电阻。如图 1-4 所示，先要将 R_1 和 R_2 两个并联合并为一个电阻（按并联计算），然后再和 R_3 串联合并，得到下一个总电阻。可用以下公式表示

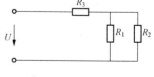

图 1-4 混联电路

$$\frac{1}{R_{1,2}} = \frac{1}{R_1} + \frac{1}{R_2}, R = R_{1,2} + R_3$$

8 什么是短路？什么是断路？

答 电气设备在正常工作时，电路中电流是由电源的一端经过电气设备流回到电源的另一端，形成回路。如果电流不经电气设备而由电源一端直接回到电源另一端，导致电路中电流猛烈加大，这就叫短路。短路属事故状态，往往造成电源烧坏或酿成火灾，必须严加避免。如果将电路的回路切断或发生断线，电路中电流不通，就叫作断路。

9 什么是电功率？单位是什么？

答 电功率是单位时间内电流所做的功。例如手电筒发光，就是干电池的电流在做功。每秒钟电流所做的功，就叫电功率，用字母 P 来表示。实践证明，电功率等于电压乘以电流。电功率的单位是瓦特，简称"瓦"，用符号"W"表示。

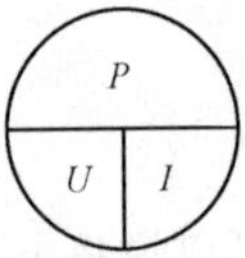

图 1-5 电功率公式图示

电功率＝电压×电流 $P=UI$

为了便于记忆，上述公式可用图 1-5 表示。在计算时，用手盖住要求的数值，剩下就是用来计算的公式。在实用中，有时用更大的千瓦单位，千瓦用符号"kW"表示。

$$1 千瓦（kW）=1000 瓦（W）$$

电功率在实用中，过去常以马力（hp）为单位，瓦与马力的关系为：1 马力（hp）＝736 瓦（W）。

10 什么是欧姆定律？

答 任何导体都有一定的电阻，在导体两端加上电压，导体中就有电流。那么电流与电压、电阻之间有什么规律呢？实践证明，电路中电压越高电流就越大，电路中电阻越大电流就越小。用公式和符号表示如下

$$电流＝\frac{电压}{电阻}，I=\frac{U}{R}$$

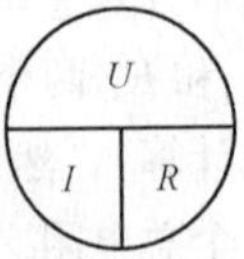

为了便于记忆，把公式用图 1-6 表示。用手遮住要求的数值，剩下就是运算公式。例如要求电流时，用手

图 1-6 欧姆定律公式图示

遮住电流，公式就是电流＝$\dfrac{电压}{电阻}$或$\dfrac{U}{R}$，电流、电压、电阻三者之间的这种规律，就叫作欧姆定律。

11 电能的定义是什么？符号是什么？

答　电功率是指单位时间内电流所做的功，而电能是指一段时间内所做的功。所以，电能（也称电功）＝电功率×时间。实用中电能的单位是瓦时，这个单位表示 1h 内电流所做的功的总能量，它的代表符号分别用"W·h"或"kW·h"表示。电能表所记下的 1 度电就是 1 千瓦时（kW·h）。

12 什么是负荷率？怎样提高负荷率？

答　负荷率是一段时间内的平均有功负荷与最高有功负荷之比的百分数，用以衡量平均负荷与最高负荷之间的差异程度。从经济运行方面考虑，负荷率愈接近 1，设备的利用程度愈高，用电愈经济。其计算式为

$$负荷率（\%）＝\frac{平均有功负荷（kW）}{最高有功负荷（kW）}×100$$

日、月、年负荷率可按以下公式计算

（1）日负荷率（%）＝$\dfrac{日有功负荷（kW/24）}{8\sim24\,时中某时最高负荷（kW）}×100$

（2）月平均日负荷率（%）＝$\dfrac{月内日负荷率之和}{日负荷率天数}$

（3）年平均日负荷率（%）＝$\dfrac{各月平均日负荷率之和}{12}×100$（近似计算）

要提高负荷率，主要是压低高峰负荷和提高平均负荷。因为负荷率就是二者的比值。

企业负荷率的高低与生产班制和用电性质有关。例如，实行三班制生产的企业，24h 内的负荷平稳，变化不大，所以负荷率就比较高。而实行一班或两班制生产的企业，负荷率就比较低。也就是说，连续性生产的企业，负荷率就较高，非连续性生产的企业，用电负荷高峰一般比较集中，冲击性负荷所占比重较大，负荷率就比较低。所以，

要提高负荷率，就必须调整高峰负荷。一般采取以下措施来调整负荷：

（1）降低全厂内部总的高峰负荷，即错开各车间的上、下班时间，午休时间和用餐时间。

（2）调整大容量用电设备的工作时间，即避开高峰用电时间。例如，规定某些大型用电设备只能在深夜运行。

（3）调整各车间的生产班次和工作时间，实行在高峰用电时间让电。

（4）实行车间计划用电，严格控制高峰用电时间的电力负荷。

（5）采取技术措施（如安装定量器），合理分配高峰电力指标等。

调整电力负荷，实行计划用电，提高负荷率，是一项具有全局性的工作；用电单位提高负荷率，可以减少受电变压器容量，降低高峰负荷，减少基本电费开支，降低生产成本。用户提高了负荷率，避开了高峰用电时间，供电部门就可充分发挥输配电线路和变压器等供电设备的效能，减少供电网络中的电能损耗，从而可以减少国家投资。

➤ **13** **如何计算日用电量、日平均负荷和瞬间负荷？**

答 （1）日用电量的计算。

1）未装变流倍率装置的电能表（直通表），电能表在24h内的累积数就是日用电量，即本日24点电能表的读数－上日24点电能表的读数＝日用电量。

2）装有变流倍率装置的电能表，电能表在24h内的累积数乘以变流倍率所得数就是日用电量如下：

a）只装有电流互感器（TA）的电能表

日用电量＝电能表（0～24时）累计数×TA（倍率）

b）同时装有电流互感器（TA）、电压互感器（TV）的电能表

日用电量＝电能表（0～24时）累积数×TA（倍率）×TV（倍率）

（2）日平均负荷的计算

$$日平均负荷（kW）＝\frac{日用电量（kW \cdot h）}{24}$$

（3）瞬间负荷的计算。

1）根据实测电流、电压计算

$$有功功率（kW）=\frac{\sqrt{3}\times 电流（A）\times 电压（V）\times 功率因数}{1000}$$

2）用秒表法计算

$$有功功率（kW）=\frac{3600\times RK_{TA}K_{TV}}{NT}$$

式中 R——测量时间内有功电能表圆盘的转数（通常测量 10～20 转）；

T——测量时间，s；

K_{TA}——电流互感器倍率（变流比）；

K_{TV}——电压互感器倍率（变压比，没有电流、电压互感器时，K_{TA}、K_{TV} 均为 1）；

3600——1h 的秒数；

N——有功电能表铭牌上标明的常数，r/（kW·h）。

14 如何计算照明负荷？

答 照明负荷的评算应该分别计算各支线功率、干线功率及三相总功率。

（1）照明支线的功率计算

$$P_c = P_i(kW)$$

式中 P_i——支线上装灯容量，由此可见照明支线功率 P_c 就是支线上的装灯容量，即这条支线上装灯总的瓦数是多少。注意单位为 kW。

（2）照明干线的功率计算

$$P = K_c P_c$$

式中 K_c——需用系数

P_c——各支线的功率。

（3）三相功率计算

$$P_\Sigma = K_c \times 3P_c$$

由于照明负荷是不均匀的，在计算三相功率时，P_c 应该按最大一相负荷（装灯容量）来计算。

15 确定选择导线截面的一般原则是什么？

答 电气线路能否安全运行，与导线截面的选择是否正确有着密

7

切的关系。通常，当负荷电流通过导线时，由于导线具有电阻，导线发热，温度升高。当裸导线的发热温度过高时，导线接头处的氧化加剧，接触电阻增大；如果发热温度进一步升高，可能发生断线事故。当绝缘导线（包括电缆）的温度过高时，绝缘老化和损坏，甚至引起火灾。因此，选择导线截面，首先应满足发热条件这一要求，即导线通过的电流，不得超过其允许的最大安全电流。

其次，为保证导线具有必要的机械强度，要求导线的截面不得太小。因为导线截面越小，其机械强度越低。所以，规程对不同等级的线路和不同材料的导线，分别规定了最小允许截面。

此外，选择导线截面，还应考虑线路上的电压降和电能损耗。

根据实践经验，低压动力线路的负荷电流较大，一般先按发热条件来选择导线截面，然后验算其机械强度和电压降。低压照明线路对电压的要求较高，所以先按允许电压降来选择导线截面，然后验算其发热条件和机械强度。高压线路的电流一般都较小，且厂矿企业的高压配电线路也不长，在发热和电压降方面易于满足要求，所以高压线路一般先按经济电流密度来选择导线截面，然后验算其机械强度。

在三相四线制供电系统中，零线的允许载流量不应小于线路中的最大单相负荷电流和三相最大不平衡电流，并且还应满足接零保护的要求。

在单相线路中，由于零线和相线都通过相同的电流，因此零线截面应与相线截面相同。

➡ **16** **低压线路的导线截面如何选择？**

答 低压线路的导线截面，一般应考虑以下几方面的要求来选择：

（1）机械强度。低压线路的导线要经受拉力，电缆要经受拖曳，必须考虑二者不因机械损伤而断裂。按机械强度选择导线的允许最小截面可参考表1-2。

（2）载流量。导线应能够承受长期负荷电流所引起的温升。对各类导线都规定了长期允许温度和短时最高温度，从而决定了导线允许长期通过的电流和短路时的热稳定电流。选择导线截面时，应考虑计算的负荷电流不超过导线的长期载流量，即

$$I_\Sigma \leqslant I_n$$

式中　I_n——不同截面导线的额定电流，A；

I_Σ——根据计算负荷求出的计算电流，A。

表 1-2   导线和电缆的最小截面

导线用途	导线最小截面/mm²	
	铜导线	铝导线（铝绞线）
室内照明用导线	0.5	2.5
室外照明用导线	1.0	2.5
吊灯用双芯软电缆	0.5	
移动式家用电器用的双芯软电缆	0.75	
移动式工业用电设备用的多芯软电缆	1.0	
固定架设在室内绝缘支持物上的绝缘导线，其间距为：		
2m 及以下	1.0	2.5
6m 及以下	2.5	4
12m 以下	4	10
室内（厂房内）1kV 以下裸导线	2.5	4
室外 1kV 以下（6～35kV）裸导线	6	16 (35)
穿管或木槽板配线的绝缘导线	1.0	2.5
室外沿墙敷设的绝缘导线	2.5	4
室外其他方式敷设的绝缘导线	4	10

17 如何计算电压损失？

答 导线的电压降必须限制在一定范围以内。按规定，电力线路在正常情况下的电压波动不得超过±5%（临时供电线路可降低 8%）。当线路有分支负荷时，如果给出负载的电功率 P 和送电距离 L，允许的电压损失为 ε，则配电导线的截面（线路功率因数为 1）可按下式计算

$$S = K_n \frac{\Sigma(PL)}{c\varepsilon}\% = K_n \frac{P_1 L_1 + P_2 L_2}{c\varepsilon}\%, \text{mm}$$

式中　P——负载电功率，kW；

　　　L——送电线路的距离，m；

　　　ε——允许的相对电压损失，%；

　　　c——系数，视导线材料、送电电压而定（见表 1-3）；

　　　K_n——需要系数，视负载用电情况而定，其值可从一般电工手册或参考书中查到。

表 1-3 公式中的系数 c 值

额定电压/V	电源种类	系数 c 值	
		铜导线	铝导线
380/220	三相四线	77	46.3
220		12.8	7.25
110	单相或直流	3.2	1.9
36		0.34	0.21

选择导线截面,一般来说,应考虑以上几个因素。但在具体情况下,往往有所侧重,针对哪一因素是主要的,起决定作用的,就侧重考虑该因素。例如,对于长距离输电线路,主要考虑电压降,导线截面根据限定的电压降来确定;对于较短的配电线路,可不计算线路电压降,主要考虑允许电流来选择导线截面;对于负荷较小的架空线路,一般只根据机械强度来确定导线截面。这样,选择导线截面的工作就可大大简化。

18 感性负载如何计算?

答 距配电变压器 550m 处有一用电器,其总功率为 11kW,采用 380V 三相四线制线路供电,电气效率 $\eta=0.81$;$\cos\varphi=0.83$,$K_n=1$,要求 $\varepsilon=5\%$,应选择多大截面的导线?

解:(1)按导线的机械强度考虑,导线架空敷设,导线的截面不得小于 10mm^2。

(2)按允许电流考虑,首先求出电动机的工作电流(计算电流)

$$I_1 = \frac{P_n}{\sqrt{3}U_1 \cdot \eta \cdot \cos\varphi} = \frac{11}{\sqrt{3} \times 380 \times 0.81 \times 0.83} = 24.8(\text{A})$$

为了计算方便,可大致估计 380V 电动机的工作电流每千瓦为 2A。

从电工手册或参考书中查得 $S=2.5\text{mm}^2$ 的橡皮绝缘铝导线明敷时的允许电流为 25A,可满足电动机的要求,即 $I_\Sigma \leqslant I_n$。

(3)按允许电压降考虑,首先计算电动机自电源取得的电功率

$$P_d = \frac{P}{\eta} = \frac{11}{0.81} = 13.6(\text{kW})$$

若选用铝导线，则 $c = 46.3$，$K_n = 1$，代入前面的公式求出导线截面为

$$S = \frac{K_n \cdot PL}{c\varepsilon} = \frac{13.6 \times 550}{46.3 \times 5\%} = \frac{7480}{231} = 32.4 (\text{mm}^2)$$

为了满足以上三个条件，可选用 $S = 35 \text{mm}^2$ 的 BLX 型橡皮绝缘铝导线。

19 **直流电与交流电的特点分别是什么？**

答 电子的定向移动形成电流，而电又有"直流电"和"交流电"之分，所谓直流电就是指电流在直流电源（如电池、蓄电池等）的供电下，一直沿着一个方向流通，决不改变方向，就是大小也不随时间而改变，这是直流电的基本特征。

交流电则不然，交流电的全名是交变电流或交流电压，顾名思义，交流电就是电子的移动不总是朝着一个方向，而是两个方向变化的，就是说电流在某一段时间内由正到负在另一段时间内由负到正，同时在各段短时内，电流大小也在不断变化，更具体一点的说，在导体某一截面处，通过的是电荷多少和方向是随时间的变化而变化，很明显交流电是有与直流电不同的特征。

20 **什么是正弦交流电？特点是什么？**

答 在现代工农业生产和日常生活中，人们所用的电大部分是交流电。即大小和方向都随时间作周期性变化的电动势、电压和电流，统称为交流电。

由于常用的交流电是按正弦规律随时间变化的，称为正弦交流电。

交流电有着极其广泛的应用。它与直流电相比，有许多独特的优点。首先，交流电可以利用变压器进行电压变换，便于远距离高压输电，以减少线路损耗；便于低压配电可保证用电安全。其次，交流电机比直流电机构造简单，价格低廉，性能可靠，因此，现代发电厂发出的几乎都是交流电，照明、动力、电热等大多数设备也都使用交流电。在电路分析计算时，全同频率的正弦量加、减运算后，其结果仍为正弦量，频率保持不变，使电路分析计算较为简便。

21 正弦交流电的变化规律是什么？

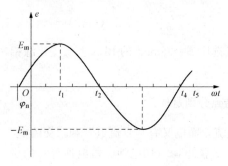

图 1-7　正弦交流电波形图

答　法拉第发现电磁感应现象使人类"磁生电"的梦想成真。发电机就是根据电磁感应原理制成的。正弦交流电由交流发电机产生。

正弦交流电的变化规律可用波形图直观地表示出来，如图 1-7 所示，电动势变化一周期，以后周而复始。

22 正弦交流电的有效值和平均值的关系是什么？

答　交流电的有效值是根据电流的热效应来规定的。把交流电 i 与直流电 I 分别通过两个相同的电阻，如果在相同的时间内产生的热量相同，则该直流电的数值 I 就叫交流电的有效值。交流电有效值的表示方法与直流电相同，用大写字母表示，如 E、U、I 分别表示交流电的电动势、电压和电流的有效值。

交流电压表、电流表所测量的数值，各种交流电气设备铭牌上所标的额定电压和额定电流值，我们平时所说的交流电的值都是指有效值。以后凡涉及交流电的数值，只要没有特别说明的都是指有效值。

理论计算证明，正弦交流电的有效值和最大值之间满足下列关系

$$E = \frac{E_m}{\sqrt{2}} = 0.707 E_m$$

$$U = \frac{U_m}{\sqrt{2}} = 0.707 U_m$$

$$I = \frac{I_m}{\sqrt{2}} = 0.707 I_m$$

我国照明电路的电压是 220V，其最大值是 $220\sqrt{2} = 311V$，接入 220V 交流电路的电容器耐压值必须不小于 311V。

在电子技术中，有时要求交流电的平均值。交流电压或电流在半个周期内所有瞬时值的平均数，称为该交流电压或电流的平均值。理

论和实践都可以证明：交流电的平均值为最大值的 0.37。

➤ 23 三相交流电的特点是什么？

　　答　目前，世界各国电力系统普遍采用三相制供电方式，组成三相交流电路。日常生活中的单相用电也是取自三相交流电中的一相。三相交流电之所以被广泛应用，是因为它节省线材，输送电能经济方便，运行平稳。三相交流电动机构造简单、价格低廉、性能良好，是工农业生产的主要动力设备。

　　因此，在单相交流电路基础上，进一步研究三相交流电路具有重要的现实意义（也就是电磁线电动机与三相电动机）。

➤ 24 三相交流发电机的简单构造是什么？

　　答　三相交流发电机原理示意图如图 1-8 所示，它主要由定子和转子两部分组成。发电机定子铁心由内圆开有槽口的绝缘薄硅钢片叠制而成，槽内嵌有三个尺寸、形状、匝数和绕向完全相同的独立绕组 U1U2，V1V2 和 W1W2。它们在空间位置互差 120°，其中 U1、V1、W1 分别是绕组的始端，U2、V2、W2 分别是绕组的末端。每个绕组称为发电机中的一相，分别称为 U 相、V 相和 W相。发电机的转子铁心上绕有励磁绕组，通过固定在轴上的两个滑环引入直流电流，使转子磁化成磁极，建立磁场，产生磁通。

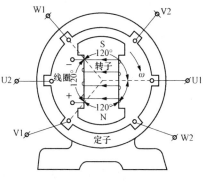

图 1-8　三相交流发电机原理示意图

➤ 25 什么是三相对称正弦量？

　　答　当转子磁极在原动机驱动下以角速度 ω 顺时针匀速旋转时，相当于每相绕组沿逆时针方向匀速旋转，做切割磁感线运动，从而产生三个感应电压 U_U、U_V、U_W。由于三相绕组的结构完全相同，在空间位置互差 120°，并以相同角速度切割磁感线，所以这三个正弦电压的最大值相等，频率相同，而相位互差 120°。

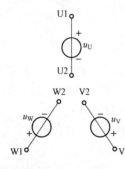

图 1-9 三相电源

U_U、U_V、U_W 分别叫 U 相电压、V 相电压和 W 相电压。我们把这种最大值（有效值）相等、频率相同、相位互差 120° 的三相电压称为三相对称电压。每相电压都可以看做是一个独立的正弦电压源，其参考极性规定：各绕组的始端为"＋"极，末端为"－"极，如图 1-9 所示。将发电机三相绕组按一定方式连接后，就组成一个三相对称电压源，可对外供电。

26 什么是相序？

答 在三相电压源中，各相电压到达正的或负的最大值的先后次序，称为三相交流电的相序，习惯上，选用 U 相电压作参考，V 相电压滞后 U 相电压 120°，W 相电压又滞后 V 相电压 120°（或 W 相电压超前 U 相电压 120°），所以它们的相序为 U—V—W，称为正序，反之则为负序。

在实际工作中，相序是一个很重要的问题。例如，几个发电厂并网供电，相序必须相同，否则发电机都会遭到重大损害。因此，统一相序是整个电力系统安全、可靠运行的基本要求。为此，电力系统并网运行的发电机、变压器，输送电能的高压线路和变电站等，都按技术标准采用不同颜色区分电源的三相：用黄色表示 U 相，绿色表示 V 相，红色表示 W 相。

27 三相电源的星形联结如何连接？

答 把三相电源的三个绕组的末端 U2、V2、W2 联结成一个公共点 N，有三个始端 U1、V1、W1 分别引出三根导线 L1、L2、L3 向负载供电的联结方式称为星形联结，如图 1-10（a）所示。

公共点 N 称为中点或零点，从 N 点引出的导线称为中性线或零线。若 N 点接地，则中性线又叫地线。由始端引出的三根输电线称为相线，俗称火线。这种有三根相线和一根中线组成的三相供电制系统，在低压配电中常采用。有时为了简化线路图，常省略三相电源不画，只标出相线和中线符号。如图 1-10 (b) 所示。

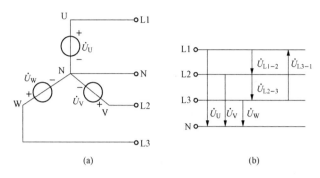

图 1-10 三相四线制电源

(a) 星形（Y）联结；(b) 相电压和线电压

电源每相绕组两端的电压称为相电压，在三相四线制中，相电压就是相线与中性线之间的电压。三个相电压的瞬时值用 u_U、u_V、u_W 表示，相电压的正方向规定为由绕组的始端指向末端。即由相线指向中线。

相线与相线之间的电压成为线电压，它们的瞬时电压用 U_{L1-2}、U_{L2-3}、U_{L3-1} 表示。线电压的正方向由下标数字的先后次序来表明，例如表示两相线 L1 和 L2 之间的线电压是由 L1 线指向 L2 线。

28 三相电源的三角形联结如何连接？

答 将三相电源的三个绕组的始、末端顺次相连，接成一个闭合三角形，再从三个联结点 U、V、W 分别引出三根输电线 L1、L2、L3，如图 1-11 所示，这就是三相电源的三角形（△）联结。

由于三相对称电压 $U_U+U_V+U_W=0$，所以三角形闭合回路的总电压为零，不会引起环路电流。要特别注意的是：三相电源作三角形联结时，必须把各相绕组始、末端顺次联结，任何一相绕组接反，闭合回路中的总电压将会是相电压的两倍，从而产生很大的环路电流，致使电源绕组烧毁。

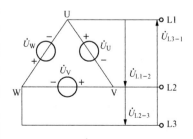

图 1-11 三相电源的三角形联结

29 三相负载如何连接？

答 在三相负载中，如果每相负载的电阻、电抗分别相等，则称为三相对称负载。一般情况下，三相异步电动机等三相用电设备是三相对称负载；而由三组单相负载组合成的三相负载常是不对称的。

要使负载正常工作，必须满足负载实际承受的电源电压等于额定电压。因此，三相负载也有星形和三角形联结方法，以满足其对电源电压的要求。

30 三相负载的星形联结如何连接？

答 把三相负载的一端连接在一起，称为负载中性点，在图1-12中用N表示，它常与三相电源的中线联结；把三相负载的另一端分别与三相电源的三根相线联结，这种联结方式称为三相负载的星形（Y）联结，如图1-12所示，这是最常见的三相四线制供电线路。

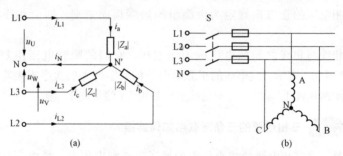

图1-12 三相负载的星形联结

在三相四线制电路中，每相负载两端的电压叫作负载的相电压，用U_{yph}表示，其正方向规定为由相线指向负载的中性点，即相线指向中线。若忽略输电线电阻上的电压降，负载的相电压等于电源的相电压，电源的线电压等于负载相电压的$\sqrt{3}$倍。当电源的线电压为各相负载的额定电压的$\sqrt{3}$倍时，三相负载必须采用星形联结。

在三相电路中，流过每相负载的电流叫相电流，用I_{ph}表示，正方向与相电压方向相同；流过每根相线的电流叫线电流，用I_l表示，正方向规定由电源流向负载，工程上通称的三相电流，若没有特别说明，都是指线电流的有效值；流过中线的电流称为中线电流，用 I_N 表示，正方向规定为由负载中点流向电源中点。显然，在三相负载的星形联结中，线电流就是相电流。由三相对称电源和三相对称负载组成的电路称为三相对称电路。在三相四线制三相对称电路中，每一相都组成一个单相交流电路，各相电压与电流的数量和相位关系，都可采用单相交流电路的方法来处理。

在三相对称电压作用下，流过三相对称负载的各相电流也是对称的。因此，计算三相对称电路，只要计算出其中一相，再根据对称特点，就可以推出其他两相。

三相对称负载作星形联结时，中线电流为零，因此可以把中线去掉，而不影响电路的正常工作，各相负载的相电压仍为对称的电源相电压，三相四线制变成了三相三线制，称为 Y-Y 对称电路。因为在工农业生产中普遍使用的三相异步电动机等三相负载一般是对称的，所以三相三线制也得到广泛应用。

31 三相负载的三角形联结如何连接？

答　三相负载分别接在三相电源的每两根相线之间的联结方式，称为三相负载的三角形联结，如图 1-13 所示。当电源线电压等于各相负载的额定电压时，三相负载应该接成三角形。

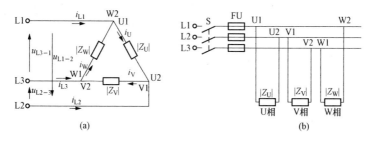

图 1-13　三相负载的三角形联结

32 导电材料的特点是什么？

答　导电材料大部分是金属，其特点是导电性好，有一定的机械强度，不易氧化和腐蚀，容易加工焊接。

17

33 铜、铝导线和电磁线电缆分别有何特点？

答 （1）铜导线。铜导电性好，有足够的机械强度，并且不易腐蚀，被广泛应用于制造变压器、电机和各种电器线圈。

铜根据材料的软硬程度，分为硬铜和软铜两种，在产品型号中，铜导线的标志是"T"、"TV"表示硬铜、"TR"表示软铜。

（2）铝导线。铝导线的导电系数虽比铜大，但它密度小，同样长度的两根导线，若要求它们的电阻值一样，铝导线的截面积比铜导线大 1.68 倍。

铝资源丰富，价格便低，是铜材料最好的代用品。

但铝导线焊接比较困难，铝也分为硬铝和软铝。

用作电机、变压器线圈的大部分是软铝，产品型号中，铝导线的标志是"L"，"LV"表示硬铝，"LR"表示软铝。

（3）电磁线电缆。电磁线电缆品种很多，按照它们的性能、结构、制造工艺及使用特点分为裸线、电磁线、绝缘线电缆和通信电缆四种。

1）裸线。该产品只有导体部分，没有绝缘和护层结构。分为圆单线、软接线、型线和硬绞线四种，修理电机电器时经常用到的是软接线和型线。

2）电磁线。电磁线应用于电机电器及电工仪表中，作为绕组或元件的绝缘导线。常用的电磁线有漆包线和绕包线。

3）绝缘线电缆。聚氯乙烯和橡皮绝缘导线，广泛用于额定电压（V0/V）450/750、300/500V 及以下，以及直流电压 1000V 以下的动力装置及照明线路敷设中，是最常用材料之一。

34 家装中不同截面积电磁线如何应用？

答 家装中不同截面积电磁线应用规则一般为：

$1.5\sim2mm^2$ 单芯线，用于灯具照明；

$1.5\sim2mm^2$ 二芯护套线，用于工地上明线；

$1.5\sim2mm^2$ 三芯护套线，用于工地上明线；

$1.5\sim2mm^2$ 双色单芯线，用于开关接地线；

$10mm^2$ 七芯线，用于总进线；

10mm² 双色七芯线，用于总进线地线；

2～4mm² 单芯线，用于插座；

2～4mm² 二芯护套线，用于工地上明线；

2～4mm² 三芯护套线，用于柜式空调；

2～4mm² 双色单芯线，用于照明接地线；

4～6mm² 单芯线，用于 3 匹以上空调；

4～6mm² 双色单芯线，用于 3 匹空调接地线；

6～10mm² 单芯线，用于总进线；

6～10mm² 双色单芯线，用于总进线地线。

35　家装电路电磁线如何选择？

答　（1）选择具有合格认证的产品，例如长城标志的"国标"认证电磁线。并且，注意不要选择合格证上标明的制造厂名、产品型号、额定电压与电磁线表面的印刷标志不同的产品。

（2）电磁线表面一般规定需要具有制造厂名、产品型号、额定电压等标志，因此，选购电磁线时一定要选择有这些标志的电磁线。

（3）应选购外观光滑平整、绝缘或护套的厚度均匀不偏芯、绝缘与护套层没有损坏、标志印字清晰、手摸电磁线时没有油腻感、绝缘或护套应有规定的厚度的电磁线。

（4）一般选择具有塑料或橡胶绝缘保护层的单股铜芯电磁线。

（5）选择电磁线导体的线径要合理。导体截面积对应的导体直径见表 1-4。

表 1-4　　　　　　　导体截面积对应的导体直径

导体截面积/mm²	导体参考直径/mm	导体截面积/mm²	导体参考直径/mm
1	1.13	2.5	1.78
1.5	1.38	4	2.25

36　优质电磁线的选择方法是什么？

答　鉴别电磁线优劣的方法见表 1-5。

表 1-5   鉴别电磁线优劣的方法

方法	特点
看包装、看认证	成卷的电磁线包装牌上一般应有合格证、厂名、厂址、检验章、生产日期、商标、规格、电压、"长城标志"、生产许可证号、质量体系认证书等
看颜色	铜芯电磁线的横断面优等品紫铜颜色光亮、色泽柔和。如果铜芯黄中偏红，说明所用的铜材质量较好；如果黄中发白，说明所用的铜材质量较差
手感	取一根电磁线头用手反复弯曲，如果手感柔软、抗疲劳强度好、塑料或橡胶手感弹性大、电磁线绝缘体上没有龟裂，则为优质品
火烧是否产生明火检验线芯是否居中	如果电磁线外层塑料皮色泽鲜亮、质地细密，用打火机点燃没有明火，则为优质品。截取一段电磁线，查看线芯是否位于绝缘层的正中，即厚度均匀。不居中较薄一面很容易被电流击穿
检查长度，线芯是否弄虚作假	电磁线长度的误差不能超过 5%，截面线径不能超过 0.02%，如果在长度与截面上弄虚作假、短斤少两的现象，一般属于低劣产品
绝缘层	绝缘层完整没有损坏为好的产品

➡ **37** 什么是绝缘材料？

答　由电阻系数大于 $10^9\,\Omega\cdot cm$ 的物质所构成的材料在电工技术上叫作绝缘材料。在修理电机和电器时必须合理地选用，以保证绝缘良好。

➡ **38** 固体绝缘材料的主要性能指标有哪些？

答　(1) 击穿强度。

(2) 绝缘电阻。

(3) 耐热性，见表 1-6。

表 1-6   绝 缘 材 料 耐 热 性

等级代号	耐热等级	允许最高温度/℃
0	Y	90
1	A	105
2	E	120

续表

等级代号	耐热等级	允许最高温度/℃
3	B	130
4	F	155
5	H	180
6	C	＞180

（4）黏度、固体含量、酸值、干燥时间及胶化时间。

（5）机械强度。

（6）绝缘材料的分类和名称见表1-7。

表1-7 　　　　　　　　绝缘材料的分类和名称

分类代号	分类名称
1	漆树脂和胶类
2	浸渍材料制品
3	层压制品类
4	压塑料类
5	云母制品类
6	薄膜、粘带和复合制品类

39 绝缘漆分为几种？用途是什么？

答 （1）浸漆类。浸渍漆主要用来浸渍电机、电器的线圈和绝缘漆零件，以填充其间膜和微孔，提高它们的电气及力学性能。

（2）覆盖漆。覆盖漆有清漆和瓷漆两种，是用来涂覆经浸渍处理后的线圈和绝缘零部件，使其表面形成连合而成的漆膜，作为绝缘保护层。

（3）硅钢片漆。硅钢片漆用来覆盖硅钢片表面的，经降低铁心的涡流损耗，增强防锈及耐腐蚀的能力。

40 电热材料的作用是什么？

电热材料是用来制造各种电阻加热设备中的发热元件，作为电阻接到电路中，把电能变为热能，使加热设备的温度升高。

41 常用的电热材料有哪些？特点是什么？

答 常用的电热材料有镍铬合金和铁铬铝合金。

（1）镍铬合金。其特点是电阻系数高，加工性能好，高温时机械强度较弱，用后不变脆，适用于移动式设备上。

（2）铁铬铝合金。其特点是抗氧化性比镍铬合金好，但高温时机械强度较差，用后会变脆，适用于固定设备上。

42 什么是保护材料？如何选择保护材料？

答 电工常用保护材料为熔丝又称保险丝，常用的是铝锡合金线。合理地选择熔丝，对安全可靠运行关系很大。现简单介绍如下：

（1）照明及电热设备线路。

1）装在线路上的总熔丝额定电流，等于电能表等电流的0.9～1倍。

2）装在支线上的熔丝额定电流，等于支线上所有电气设备额定电流总和1～1.1倍。

（2）交流电动机线路。

1）单台交流电动机线路上的熔丝额定电流，等于该电动机额定电流1.5～2.5倍。

2）多台交流电动机线路的总熔丝额定电流，等于线路上功率最大一台电动机额定电流的1.5～2.5倍，再加上其他电动机额定电流的总和。

43 家装中的布线材料包括哪些？

答 家装中的布线材料一般包括电磁线、PVC线管、线面配件、开关等材料。每一种材料都有很多品种，每一种品种又有很多规格。

44 钉子包括哪些种类？

答 钉子的种类见表1-8。

表 1-8　　　　　　　　　　钉 子 的 种 类

类型	说　明
钢钉	钢钉一般用于水泥墙地面与面层材料的连接以及基层结构固定，具有不用钻孔打眼、不易生锈等特点。在安装水电工程中应用较少，但钢钉夹线器应用较广泛
圆钉	圆钉主要用于基层结构的固定，具有易生锈、强度小、价格低、型号全等特点。在安装水电工程中应用较少
直钉	直钉主要用于表层板材的固定，在安装水电工程中应用较少
纹钉	纹钉主要用于基层饰面板的固定。在安装水电工程中应用较少
膨胀螺钉/螺栓	在安装水电工程中应用较多，主要起固定导线槽等作用

 45 小螺钉螺钉头型以及代号是什么？

答　小螺钉螺钉头型以及代号见表 1-9。

表 1-9　　　　　　　小螺钉螺钉头型以及代号

代号	小螺钉螺钉头型	代号	小螺钉螺钉头型
B	球面圆柱头	P	平圆头
C	圆柱头	PW	平圆头带垫圈
F（K）	沉头	R	半圆头
H	六角头	T	大扁头
HW	六角头带垫圈	V	蘑菇头
O	半沉头		

46 小螺钉螺钉牙型以及代号是什么？

答　小螺钉螺钉牙型以及代号见表 1-10。

表 1-10　　　　　　　小螺钉螺钉牙型以及代号

代号	小螺钉螺钉牙型	代号	小螺钉螺钉牙型
A	自攻尖尾，疏	HL	高低牙
AB	自攻尖尾，密	M	机械牙
AT	自攻丝尖尾切脚	P	双丝牙

续表

代号	小螺钉螺钉牙型	代号	小螺钉螺钉牙型
B	自攻平尾，疏	PTT	P型三角牙
BTT	B型三角牙	STT	S型三角牙
C	自攻平尾，密	T	自攻平尾切脚
CCT	C型三角	U	菠萝牙纹

47 小螺钉表面处理以及代号是什么?

答 小螺钉表面处理以及代号见表1-11。

表 1-11 小螺钉表面处理以及代号

代号	小螺钉表面处理	代号	小螺钉表面处理
Zn	白锌	C	彩锌
B	蓝锌	F	黑锌
O	氧化黑	Ni	镍
Cu	青铜	Br	红铜
P	磷		

48 小螺钉槽形以及代号是什么?

答 小螺钉槽形以及代号见表1-12。

表 1-12 小螺钉槽形以及代号

代号	小螺钉槽形	代号	小螺钉槽形
+	十字槽	—	一字槽
T	菊花槽	H	内六角
PZ	米字槽	+—	+—槽
Y	Y型槽	H	H型槽

49 膨胀螺栓（钉）的种类有哪些?

答 膨胀螺栓的种类见表1-13。

表 1 - 13　　　　　膨 胀 螺 栓 的 种 类

类型	螺钉或者螺栓	胀管
塑料膨胀螺栓（钉）一式	圆头木螺钉、垫圈	塑料胀管 1
塑料膨胀螺栓（钉）二式	圆头螺钉、垫圈	塑料胀管 2
沉头膨胀螺栓（钉）	螺母、弹簧垫圈、垫圈、沉头螺栓	金属胀管
裙尾膨胀螺栓（钉）	螺栓、垫圈、金属螺帽	铅制胀管
箭尾膨胀螺栓（钉）	圆头螺钉、垫圈	金属胀管
橡胶膨胀螺栓（钉）	圆头螺钉、垫圈	橡皮胀管
金属膨胀螺栓（钉）	圆头木螺钉、垫圈	金属胀管

50 钢钉线卡的作用是什么？

答　钢钉线卡主要起固定线路的作用，其螺钉采用优质钢钉，因此而得名。钢钉线卡具有圆形、扁形。不同形状中具有不同的规格，即大小尺寸不同。

51 胀塞的作用是什么？

答　胀塞就是塞入墙壁中，利用胀形结构稳固在墙壁中，然后可供螺钉固定等作用。它的种类有塑料八角形胀塞、塑料多角形胀塞、尼龙加长胀塞等。每个种类具有不同的规格，其外形如图 1 - 14 所示。

52 什么是双钉管卡？

答　双钉管卡就是需要两颗钉子，才能固定管子的卡子。实际中，有时采用一颗钉子是不规范的操作。其外形如图 1 - 15 所示。

图 1 - 14　胀塞外形　　　图 1 - 15　双钉管卡外形

53 压线帽的种类有哪些?

答 压线帽的种类见表 1 - 14。

表 1 - 14　　　　　　　　　压线帽的种类

种类	说　明
螺旋式压线帽	用于连接电磁线,其内有螺纹,使用时先剥去电磁线外皮,然后插入接头内,再旋转即可
弹簧螺旋式压线帽	用于连接电磁线,其内有弹簧。使用时旋转弹簧夹紧电磁线,具有不易脱落的优点
双翼螺旋式压线帽	双翼螺旋式压线帽内部一般也具有弹簧
安全型压线帽	使用时先剥去电磁线外皮,然后插入接头内,再用工具压着即可

54 端头的种类有哪些?

答 端头的种类见表 1 - 15。

表 1 - 15　　　　　　　　　端头的种类

种类	图例	种类	图例	种类	图例
1 型裸端头		针型绝缘端子		子弹型绝缘公端子	
圆型预绝缘端头		扁平型绝缘端子		欧式端子	
叉型无绝缘焊接端子		平插式全绝缘母端子			
叉型绝缘端子		钩型绝缘母端子			

55 束带与扎带的种类有哪些?

答 束带与扎带的种类见表 1 - 16。

表 1－16	束带与扎带的种类
种类	图 例
束带	尼龙、耐燃材料、各种颜色
圆头束带	 尼龙、耐燃材料、各种颜色
双扣式尼龙扎带	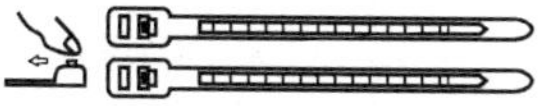 束装后将尾端插入扣带孔可增加拉力、防滑脱等
尼龙固定扣环	
双孔束带	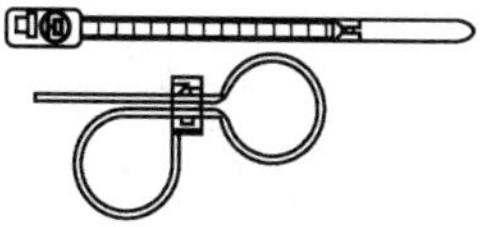 可以固定捆绑两束电线，具有集中固定等特点
粘扣式束带	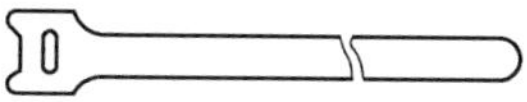 一般适用于网络线、信号线、电源线的扎绑
插鞘式束带	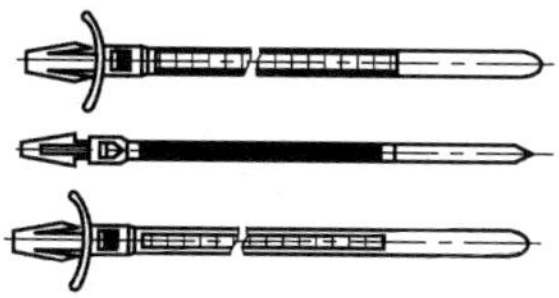
铁氟龙束带	
可退式束带	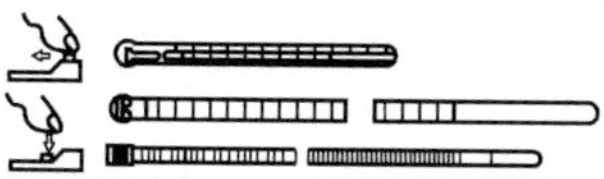
重拉力束带	 适合大电缆线捆绑使用

续表

种类	图例
固定头式扎带	使用束线捆绑电线后，可以用螺钉固定在基板上
可退式不锈钢束带	
反穿式束带	束紧时光滑面向内，齿列状向外，不会伤及被扎物表面

56 聚氯乙烯绝缘电线的主要用途是什么？有几种型号？

答 聚氯乙烯绝缘电线又称为塑料线，主要供各种交直流电气装置、电工仪表、电信设备、电力及照明装置配线用。其线芯长期允许工作温度不超过 65℃，敷设环境温度不低于 −15℃。

聚氯乙烯绝缘电线的型号及名称见表 1-17。

表 1-17　　　　　聚氯乙烯绝缘电线的型号及名称

型　号	名　　称
BV	铜芯聚氯乙烯绝缘电线
BLV	铝芯聚氯乙烯绝缘电线
BVV	铜芯聚氯乙烯绝缘聚氯乙烯护套电线
BLVV	铝芯聚氯乙烯绝缘聚氯乙烯护套电线
BVR	铜芯聚氯乙烯绝缘软线

57 绝缘电线按排列方式及芯线数可分哪几种？

答 按芯线数以及排列方式；绝缘电线可分单芯（一芯）、二芯平型线、二芯及三芯绞型线、二芯及三芯平型护套线。电线的排列型式、芯数及标称截面见表 1-18。

表 1 - 18 电线排列型式、芯数及标称截面

芯数	排列型式	标称截面/mm²				
		BV	BLV	BVV	BLVV	BVR
1		0.03～185	1.5～185	0.75～10	1.5～10	0.75～50
2	平型	0.03～10	1.5～10	—	—	—
2，3	绞型	0.03～0.75	—	—	—	—
2，3	平型	—	—	0.75～10	1.5～10	—

58 除 BVR 型聚氯乙烯绝缘软线外还有什么型号的聚氯乙烯绝缘软线?

答 除了 BVR 型聚氯乙烯绝缘软线以外，常用的聚氯乙烯绝缘软线还有 RV、RVB、RVS、RVV 型，该系列电线主要用于各种交流和直流移动电器、电工仪表、电气设备及自动化装置接线用。其线芯长期允许温度不能超过 65℃；安装环境温度不低于－15℃，截面为 0.06mm² 以下的电线，只能用于低压设备内部接线。型号、名称、排列型式及芯线数见表 1 - 19。

表 1 - 19 RV、RVV、RVB、RVS 聚氯乙烯绝缘软线

型号	名称	排列型式	芯数
RV	铜芯聚氯乙烯绝缘软线		1
RVV	铜芯聚氯乙烯绝缘聚氯乙烯护套软线		2、3、4、5、6、7、10、12、14、16、19
RVB	铜芯聚氯乙烯绝缘平型软线	平型	2
RVS	铜芯聚氯乙烯绝缘绞型软线	绞型	2

59 丁腈聚氯乙烯复合物绝缘软线有哪些型号?

答 丁腈聚氯乙烯复合物绝缘软线又称为复合物绝缘线。RFB 型为复合物绝缘平型软线，RFS 型为复合物绞型软线，主要用于交流 250V 以下和直流 500V 以下的各种移动电器、无线电设备和照明灯座接线。最小标称截面为 0.12mm²（7/0.15），最大标称截面为 2.5mm²（77/0.2）。

➡ **60** 橡皮绝缘电线有哪些型号？

答 橡皮绝缘电线有 BXF 型、BLXF 型、BXR 型、BLX 型和 BX型，各种型号及名称见表 1-20。该系列电线又称为橡皮线，可供交流500V 以下、直流 1000V 以下的电气设备和照明装置配线用。线芯长期允许工作温度不超过 65℃。BXF 型氯丁橡皮线具有良好的耐老化性能，并有一定的耐腐蚀性能，适用于户外敷设。

表 1-20   橡皮线型号及名称

型号	名称	芯数	截面范围/mm²
BLXF	铝芯氯丁橡皮线	1	2.5～95
BXF	铜芯氯丁橡皮线	1	0.75～95
BXR	铜芯橡皮软线	1	0.75～400
BLX	铝芯橡皮线	1	2.5～400
BX	铜芯橡皮线	1	0.75～500

➡ **61** 地下直埋铝芯塑料绝缘电线有哪些型号？

答 农用地下直埋铝芯塑料绝缘电线有 NLV 型、NLVV 型、NLVV-1 型、NLYV 型和 NYV-1 型。地下直埋铝芯塑料绝缘电线简称地埋线，用于农村地下直埋敷设，供交流 500V 以下、直流 1000V 以下电气设备和照明装置线路中使用。电线埋设时的环境温度应不低于0℃，线芯允许工作温度不超过 65℃。电线埋设深度应根据各地的不同气候条件埋在冻土层以下，但埋设深度不能小于 1m。型号及名称见表1-21。

表 1-21   地埋线型号及名称

型号	名称
NLV	农用地下直埋铝芯聚氯乙烯绝缘电线
NLVV、NLVV-1	农用地下直埋铝芯聚氯乙烯绝缘聚氯乙烯护套电线
NLYV、NLYV-1	农用地下直埋铝芯聚氯乙烯绝缘聚氯乙烯护套电线

62 地埋线的标称截面有哪几种？

答．农用地下直埋铝芯塑料绝缘电线的标称截面有 2.5、4、6、10、16、25、35、50mm^2。

63 橡皮绝缘棉纱编织软线有哪些型号？

答　橡皮绝缘棉纱编织软线有 RXS 型和 RX 型两种，RXS 型是橡皮绝缘棉纱编织双绞软线；RX 型是橡皮绝缘稠纱总编织软线，有二芯和三芯两种。这些编织软线，一般用于交流 250V 以下、直流 500V 以下的室内干燥场所、各种移动家用电器、家用电子设备、照明灯头、灯座与电源之间的连接。最小标称截面为 0.2mm^2（12/0.15），最大标称截面为 2.0mm^2（64/0.20）。

64 聚氯乙烯绝缘尼龙护套电线是什么型号？有何用途？

答　聚氯乙烯绝缘尼龙护套电线的型号是 FVN。它是一种铜芯镀锡聚氯乙烯绝缘尼龙护套电线，应用于交流 250V 以下、直流 500V 以下的低压线路中，线芯的长期允许工作温度为－60～80℃，在相对湿度为 98％的条件下使用，环境温度应小于 45℃。最小标称截面为 0.3mm^2，最大标称截面为 50mm^2。

65 电力和照明用聚氯乙烯绝缘软线有何特点？

答　电力和照明用聚氯乙烯绝缘软线通常采用各种不同的铜芯线（截面为 0.5～2.0mm^2，芯线数有单芯、二芯、三芯、四芯、五芯），绝缘及护套能耐酸、碱、盐和许多溶剂的腐蚀，不仅可以经得起潮湿及霉菌的作用，并具有阻燃性能，同一护套内的芯线制成多种颜色，有利于接线操作和区别线路。

66 各种电力和照明用聚氯乙烯绝缘软线的名称有哪些？

答　这类产品以标记号来划分，标记号及名称见表 1-22。同一标记号的电线按芯线截面大小又可分成几种不同规格，详见表 1-23。

表 1 - 22　　　　聚氯乙烯绝缘软线标记号及名称

标记号	名　称
21	单芯聚氯乙烯绝缘无护套内接线用软线
23	两芯绞合聚氯乙烯绝缘无护套内接线用软线
24	两芯平型聚氯乙烯绝缘软线
25	两芯方型平行聚氯乙烯绝缘软线
26	两芯平型聚氯乙烯绝缘聚氯乙烯护套轻型软线
27	两芯圆型聚氯乙烯绝缘聚氯乙烯护套轻型软线
28	三芯圆型聚氯乙烯绝缘聚氯乙烯护套普能软线
41	两芯平型聚氯乙烯绝缘聚氯乙烯护套普通软线
42	两芯圆型聚氯乙烯绝缘聚氯乙烯护套普通软线
43	三芯圆型聚氯乙烯绝缘聚氯乙烯护套普通软线
44	四芯圆型聚氯乙烯绝缘聚氯乙烯护套普通软线
45	五芯圆型聚氯乙烯绝缘聚氯乙烯护套普通软线

表 1 - 23　　　聚氯乙烯绝缘软线标记号、截面、线径及外形尺寸

标记号	标称截面/mm²	根数/直径/mm	最大外形尺寸/mm	近似净重（kg/km）
2103	0.5	16/0.20	$\phi2.5$	9
2104	0.75	24/0.20	$\phi2.8$	12
2105	1.0	32/0.20	$\phi2.8$	15
2303	2×0.5	16/0.20	2×2.5	19
2304	2×0.75	24/0.20	2×2.8	25
2305	2×1.0	32/0.20	2×2.9	31
2403 - 2	2×0.5	28/0.15	3.0×6.0	23
2404 - 2	2×0.75	42/0.15	3.2×6.4	29
2503	2×0.5	28/0.15	2.9×5.4	24
2504	2×0.75	42/0.15	3.2×5.9	30
2603	2×0.5	16/0.20	3.6×5.6	29
2604	2×0.75	24/0.20	3.9×6.2	36
2703	2×0.5	16/0.20	$\phi5.6$	32
2704	2×0.75	24/0.20	$\phi6.2$	40
2803	2×0.5	16/0.20	$\phi5.9$	41
2804	2×0.75	24/0.20	$\phi6.6$	50
4104	2×0.75	24/0.20	4.6×7.1	45
4204	2×0.75	24/0.20	$\phi7.1$	50
4205	2×1.0	32/0.20	$\phi7.4$	57
4206	2×1.25	40/0.20	$\phi8.4$	71
4207	2×1.5	30/0.25	$\phi8.4$	76

续表

标记号	标称截面/mm²	根数/直径/mm	最大外形尺寸/mm	近似净重（kg/km）
4208	2×2.5	50/0.25	φ10.3	110
4304	3×0.75	24/0.20	φ7.5	64
4305	3×1.0	32/0.20	φ7.8	74
4306	3×1.25	40/0.20	φ9.1	95
4307	3×1.5	30/0.25	φ9.1	120
4308	3×2.5	50/0.25	φ11.2	160
4404	4×0.75	24/0.20	φ8.2	79
4405	4×1.0	32/0.20	φ8.8	95
4407	4×1.5	30/0.25	φ10.2	132
4408	4×2.5	50/0.25	φ12.2	200
4504	5×0.75	24/0.20	φ9.1	99
4505	5×1.0	32/0.20	φ9.5	115
4507	5×1.5	30/0.25	φ11.3	164
4508	5×2.0	50/0.25	φ13.6	248

➤ 67 耐热电线有哪几种？

答　耐热电线共有以下几种：BV-105、BLV-105 型聚氯乙烯绝缘电线；RV-105 型聚氯乙烯绝缘软线；工业热电偶补偿电线；氟塑料绝缘耐热电线；AVRT 型耐热聚氯乙烯绝缘安装线。

➤ 68 BV-105、BLV-105 型聚氯乙烯绝缘电线有何特点？

答　BV-105 型称为铜芯耐热 105℃ 聚氯乙烯绝缘电线；BLV-105型称为铝芯耐热 105℃ 聚氯乙烯绝缘电线。该电线供交流 500V 以下、直流 1000V 以下的电工仪表、电信设备、电力及照明配线用。适用于温度较高的场所。线芯长期允许工作温度不超过 105℃。排列型式及芯数见表 1 - 24。

表 1 - 24　BV-105、BLV-105 型排列型式及芯数

芯数	排列型式	截面范围/mm²	
		BV-105	BLV-105
1		0.03～185	1.5～185
2	平型	0.03～10	1.5～10
3	绞型	0.03～0.75	—

69 RV-105 型聚氯乙烯绝缘软线适用于哪些场合？截面范围多大？

答 RV-105 型聚氯乙烯绝缘软线可应用于温度较高的场所，供交流 250V 及以下各种移动电器接线用。芯线长期允许工作温度不超过 105℃，标称截面为 0.012～9mm²。

70 氟塑料绝缘耐热电线有哪些型号？

答 氟塑料绝缘耐热电线有 AF-200 型、AFP-200 型、AF-250 型和 AFP-250 型，各种型号及名称见表 1-25。

表 1-25　　　　氟塑料绝缘耐热电线的型号及名称

型号	名　称
AF-250	镀银铜芯聚四氟乙烯绝缘安装线
AFP-250	镀银铜芯聚四氟乙烯绝缘屏蔽安装线
AF-200	镀锡或镀银铜芯氟塑料-46 绝缘安装线
AFP-200	镀锡或镀银铜芯氟塑料-46 绝缘屏蔽安装线

71 氟塑料绝缘耐热电线适用于何种场合？

答 氟塑料绝缘耐热电线一般用于电子计算机配线，高温 250℃ 以下飞机用安装电线、高温控制用电线、地下探测用电线、化工厂耐化学腐蚀及低温-60℃条件下使用的电线。

AF-250 和 AFP-250 型电线用于工作温度为 60～250℃ 环境；AF-200 和 AFP-200 型电线用于工作温度为 60～200℃环境。

72 AVRT 型耐热聚氯乙烯绝缘安装线适用于何种场合？

答 AVRT 型耐热聚氯乙烯绝缘安装线适用于交流 250V、直流 500V 的电器仪表和电信设备中。这种电线可在温度为-40～105℃，安装温度不低于-15℃环境中使用。

73 屏蔽电线有哪几种？

答 屏蔽电线包括以下几种：聚氯乙烯绝缘屏蔽电线；PVNP 型聚

氯乙烯绝缘尼龙护套屏蔽电线；FNP-105 聚氯乙烯绝缘尼龙屏蔽护套线；AVP 型聚氯乙烯绝缘屏蔽安装电缆；AFSP 型微小型二芯屏蔽线和 AVRTP 型耐热聚氯乙烯绝缘安装电线。

74 聚氯乙烯绝缘屏蔽电线的型号及名称有哪些？

答 聚氯乙烯绝缘屏蔽电线的型号及名称见表 1 - 26。

表 1 - 26　　　　聚氯乙烯绝缘屏蔽电线的型号及名称

型号	名称	用途
BVP	聚氯乙烯绝缘屏蔽电线	防外部电磁波的干扰
BVP-105	耐热 105℃聚氯乙烯绝缘屏蔽电线	
RVP	聚氯乙烯绝缘屏蔽软线	
RVP-105	耐热 105℃聚氯乙烯绝缘屏蔽软线	
BVVP	聚氯乙烯绝缘聚氯乙烯护套屏蔽电线	
RVVP	聚氯乙烯绝缘聚氯乙烯护套屏蔽软线	话筒线

75 聚氯乙烯绝缘屏蔽电线的作用是什么？

答 表 1 - 26 中所列屏蔽电线适用于电流 250V 以下的电器、仪表、电信电子设备及自动化装置中屏蔽线路之用。

VCP-105、RVP-105 型电线适用于工作温度不超过 105℃，其他型号不超过 65℃，安装温度不低于 -15℃的环境。

76 聚氯乙烯绝缘屏蔽电线的芯数及截面范围是多少？

答 聚氯乙烯绝缘屏蔽电线的芯数及截面范围见表 1 - 27。

表 1 - 27　　　　聚氯乙烯绝缘屏蔽电线的芯数及截面范围

型号	芯数	截面范围/mm^2
BVP、BVP-105	1、2	0.03～0.75
RVP、RVP-105	1、2	0.03～1.5
BVVP	1、2	0.03～0.75
	1.2、3、4	0.03～1.5
RVVP	5、6、7、10	0.03～1.0
	12、14、16、19、24	0.03～0.5

77 PVNP 型聚氯乙烯绝缘尼龙护套屏蔽电线适用于何种场合?

答 PVNP 型聚氯乙烯绝缘尼龙护套屏蔽电线适用于交流 250V 以下或直流 500V 以下低压线路接线中使用。使用温度为 $-60 \sim 80℃$，最小标称截面为 $0.2mm^2$，最大标称截面为 $16mm^2$。

78 FNP-105 型聚氯乙烯绝缘尼龙屏蔽护套线适用于何种场合?

答 FNP-105 型聚氯乙烯绝缘尼龙屏蔽护套电线适用于以下场合：交流 250V 以下低压线路，温度为 $-60 \sim 105℃$，最小标称截面为 $0.2mm^2$（19/0.12）最大标称截面为 $3mm^2$（49/0.28）。有单芯、两芯绞型和三芯绞型。

79 AVP 型聚氯乙烯绝缘屏蔽安装电缆适用于何种场合?

答 AVP 型聚氯乙烯绝缘屏蔽安装电缆适用以下场合：交流 380V 以下或直流 500V 以下的电信设备，使用温度为 $-40 \sim 60℃$，芯数有 1、3、5、7、12、14，标称截面有 0.12、0.2、0.35、$0.75mm^2$。

80 AFSP 型微小型二芯屏蔽线适用于何种场合?

答 AFSP 型微小型二芯屏蔽线适用于供电子计算机、小型元件中耐高温连接导线用，使用温度为 $-60 \sim 250℃$，相对湿度 98%（40℃时）以下。标称截面为 $2 \times 0.035mm^2$（7/0.08），最大外径 1.6mm。

81 AVRTP 型耐热聚氯乙烯绝缘安装线适用于何种场合?

答 AVRTP 型耐热聚氯乙烯绝缘安装线适用于以下场合：交流 250V、直流 500V 的电器仪表和电信设备，温度为 $-40 \sim 105℃$，安装温度不低于 $-15℃$，标称截面从 $0.06 \sim 1.5mm^2$。

82 电力电缆有哪几种?

答 电力电缆有以下几种：聚氯乙烯绝缘聚氯乙烯护套电力电缆；交联聚乙烯绝缘电力电缆；通用橡套软电缆；橡皮绝缘电力电缆；油浸纸绝缘铜包电力电缆；可控型电焊机电缆和电焊机电缆；非铠装电力和照明聚氯乙烯绝缘电缆。

83 聚氯乙烯绝缘聚氯乙烯护套电力电缆的适用场合和型号有哪些?

答 聚氯乙烯绝缘聚氯乙烯护套电力电缆适用以下场合:交流50Hz、额定电压6kV,工作温度不超过65℃,电缆的敷设温度不低于0℃,电缆的弯曲半径应不小于电缆外径的10倍。电缆型号、名称及主要用途见表1-28。

表1-28 聚氯乙烯绝缘聚氯乙烯护套电力电缆型号、名称及主要用途

型号		名称	主要用途
铝芯	铜芯		
VLV	VV	聚氯乙烯绝缘、聚氯乙烯护套电力电缆	敷设在室内、隧道内及管道中,不能受机械外力作用
VLV29	VV29	聚氯乙烯绝缘、聚氯乙烯护套内钢带铠装电力电缆	敷设在地下,能承受机械外力作用,但不能承受大的拉力
VLV30	VV30	聚氯乙烯绝缘、聚氯乙烯护套裸细钢丝铠装电力电缆	敷设在室内、矿井中,能承受机械外力作用,并能承受相当的拉力
VLV39	VV39	聚氯乙烯绝缘、聚氯乙烯护套内细钢丝铠装电力电缆	敷设在水中,能承受相当的拉力
VLV50	VV50	聚氯乙烯绝缘、聚氯乙烯护套裸粗钢丝铠装电力电缆	敷设在井内、矿井中,能承受机械外力作用,并能承受较大的拉力
VLV59	VV59	聚氯乙烯绝缘、聚氯乙烯护套内粗钢丝铠装电力电缆	敷设在水中,能承受较大的拉力

84 交联聚乙烯绝缘电力电缆的适用场合和型号有哪些?

答 交联聚乙烯绝缘电力电缆适用于50Hz、电压6~35kV输配电用。电缆在环境温度不低于0℃的条件下敷设时,无需预先加温,其性能不受敷设水平差限制。敷设时弯曲半径不小于电缆外径的10倍。

电缆运行温度:

(1) 6~10kV电缆线芯长期允许工作温度不得超过90℃;20~

35kV 电缆不得超过 80℃。

（2）线芯短期过载工作温度不得超过 130℃（全年累计不得超过 100h）。

（3）线芯短路温度不得超过 250℃。

这种电缆的耐热性能、电性能均较好，而且不受敷设高差限制，价格比聚氯乙烯绝缘的电缆贵一些。电缆型号、名称及主要用途见表 1-29。

表 1-29　　　　　交联聚乙烯绝缘电力电缆型号、名称及主要用途

型号		名称	主要用途
铝芯	铜芯		
YJLV	YJV	交联聚乙烯绝缘、聚氯乙烯护套电力电缆	敷设在室内、沟道中及管子内，也可埋设在土壤中，不能承受机械外力作用，但可经受一定的敷设牵引
YJLVF	YJVF	交联聚乙烯绝缘、分相聚氯乙烯护套电力电缆	（同 YJLV、YJV）
YJLV29	YJ29	交联聚乙烯绝缘、聚氯乙烯护套内铜带铠装电力电缆	敷设在土壤中，能承受机械力作用，但不能承受大的拉力
YJLV30	YJV30	交联聚乙烯绝缘、聚氯乙烯护套裸细钢丝铠装电力电缆	敷设在室内、隧道内及矿井中，能承受机械外力作用，并能承受相当的拉力
YJLV39	YJV39	交联聚乙烯绝缘、聚氯乙烯护套内细钢丝铠装电力电缆	敷设在水中或具有落差较大的土壤中，能承受相当的拉力
YJLV50	YJV50	交联聚乙烯绝缘、聚氯乙烯护套裸粗钢丝铠装电力电缆	敷设在室内、隧道内及矿井中，能承受机械外力作用，并能承受较大的拉力
YJLV59	YJV59	交联聚乙烯绝缘、聚氯乙烯护套内粗钢丝铠装电力电缆	敷设在水中，能承受较大的拉力

➡ **85** 通用橡套软电缆的适用场合及型号有哪些?

答　通用橡套软电缆适用于连接各种移动式电气设备线路中使用铜芯橡皮绝缘护套软电缆，电缆线芯长期允许工作温度为 65℃。电缆

型号、名称及主要用途见表 1-30。

表 1-30　　　　通用橡套软电缆型号、名称及主要用途

型号	名称	主要用途
YQ	轻型橡套电缆	连接交流电压 250V 以下轻型移动电气设备
YQW		连接交流电压 250V 以下轻型移动电气设备，具有耐气候和一定的耐油性能
YZ	中型橡套电缆	连接交流电压 500V 以下和各种移动电气设备
YZW		连接交流电压 500V 以下各种移动电气设备，具有耐气候和一定的耐油性能
YC	重型橡套电缆	连接交流电压 500V 以下各种移动电气设备，能承受较大的机械外力作用
YCW		连接交流电压 500V 以下各种移动电气设备，能承受较大的机械外力作用，具有耐气候和一定的耐油性能

86 橡皮绝缘电力电缆的适用场合、型号及名称有哪些？

答　橡皮绝缘电力电缆适用于交流 50Hz、500V 及以下固定敷设的配电线路中，电缆线芯的长期允许工作温度应不超过 65℃，敷设温度不低于 -15℃，弯曲半径不小于电缆外径的 10 倍。电缆型号、名称及主要用途见表 1-31。

表 1-31　　　　橡皮绝缘电力电缆型号、名称及主要用途

型号 铝芯	铜芯	名称	主要用途
XLV	XM	橡皮绝缘、聚氯乙烯护套电力电缆	敷设在室内隧道及管道中，不能承受机械外力作用
XLF	XF	橡皮绝缘、氯丁护套电力电缆	敷设在室内隧道及管道中，不能承受机械外力作用
XLV29	XV29	橡皮绝缘、聚氯乙烯护套内钢带铠装电力电缆	敷设在地下，能承受一定机构外力作用，但不能承受大的拉力

87 无机绝缘材料指的是哪几类？

答　无机绝缘材料指的是石棉、电工玻璃和陶瓷材料等。

39

88 绝缘电线、电力电缆及控制、信号电缆淘汰产品与替代产品有哪些?

答 绝缘电线、电力电缆及控制、信号电缆淘汰产品与替代产品见表 1-32 和表 1-33。

表 1-32　　　　　绝缘电线淘汰产品与替代产品对照表

淘汰限制品种			替代推荐品种		
产品名称	型号	情况	产品名称	型号	说明
铜、铝芯橡皮线（95mm² 及以下）	BX BXS BLX	逐步停止生产	铜铝塑料线	BV BLV	有一定防潮性能，耐油、耐燃、省工、省料、敷设简便，一般适用于户内，可以穿管
			户外用铜、铝塑料线	BV-1 BLV-1	优点同 BV、BLV，并具有耐日晒、耐寒和耐热的优良性能，适用于户外，寿命可延长几倍
			铜、铝芯氯丁橡皮线	BXF BLXF	具有耐日晒和气候变化及耐燃等优良性能，户内外均可使用
			铜、铝芯橡皮绝缘玻璃丝编织线	BBX BBLX	可代替棉纱编织的 BX、BLX，可以穿管敷设
铜、铝芯穿管橡皮线	BXG BLXG	已淘汰	铜、铝塑料线	BV、BL-V	
			铜、铝芯橡皮绝缘玻璃丝编织线	BBX BBLX	
铜芯橡皮（或塑料）布线	BBX BX	严格限制使用	铝芯橡皮（或塑料）布线	BBLX BLX BLV	可省铜，性能及用途与铜芯同类产品相同
			户外用铝芯塑料线	BLV-1	

续表

淘汰限制品种			替代推荐品种		
产品名称	型号	情况	产品名称	型号	说明
铜芯橡皮绝缘（及棉纱编织）软线	BXH BXR RXS RX	逐步代替	铜芯塑料绝缘软线	RVB BVR	可省橡胶，其性能和用途与 BXH、BXR 等相同
			户外用铜芯塑料软线	BVR-1	耐光、耐寒、耐热性能优良，户外使用寿命可延长几倍
			丁腈聚氯乙烯复合物绝缘软线	RFB RFS	耐寒、耐热、耐油、耐腐蚀，不易延燃，工艺简单，省工省料
铜芯塑料护套线	BVV BV BVV-1 BV-1	逐步代替	铝芯塑料绝缘及塑料护套线	BLVV BLV BLVV-1 BLV-1	可节约铜

表 1 - 33　　　电力电缆及控制、信号电缆淘汰
产品与替代产品对照表

淘汰限制品种			替代推荐品种		
产品名称	型号	情况	产品名称	型号	说明
铜芯纸绝缘铅包电力电缆	ZQ 系列	严格限制	铝芯纸绝缘铝包电力电缆	ZLL 系列	省铜、铅、铝的机械性能比铅好，无铠装塑料护套铅包电缆机械性能与铠装铅包电缆相当，且价格低，防腐性能好
铝芯纸绝缘铅包电力电缆	ZLQ	限制使用	铝芯纸绝缘铝包电力电缆	ZLL 系列	
铜芯干绝缘铅包电力电缆	ZQP	淘汰	铝芯纸绝缘铅包不滴流电缆	XLQD	适用于位差较大或倾斜敷设的场合，其电气性能及稳定性较优越
			铝芯聚氯乙烯绝缘及护套电缆	VLV	
			铝芯交联聚乙烯绝缘聚氯乙烯护套电力电缆	YJV JVF	性能比 ZLQD、VLV 更好

淘汰限制品种			替代推荐品种		
产品名称	型号	情况	产品名称	型号	说明
铜芯橡皮绝缘铅包电力电缆	XQ XLQ	严格限制	铝芯聚氯乙烯绝缘及护套电缆	YJV	省铜、铅，耐腐蚀，质量轻
			铝芯橡皮绝缘聚氯乙烯护套电力电缆	VLV	
轻型橡套电缆	YHQ	逐步代替	聚氯乙烯绝缘及护套软线	RVZ	不延燃，耐油性能好，制造方便，轻、小、价廉，能承受相当的机械外力
中型橡套电缆	YHZ				
铜芯橡皮绝缘铅包控制电缆	KXQ	淘汰	聚氯乙烯绝缘及护套控制电缆	KVV	省铅及橡胶，电气性能好
			橡皮绝缘聚氯乙烯护套控制电缆	KXV	省铅，电气性能好
铜芯纸绝缘铅包控制及信号电缆	KZQ PZQ	淘汰	聚氯乙烯绝缘及护套信号电缆	PVV	可省铅、纸，电气性能好
			橡皮绝缘聚氯乙烯护套控制电缆	KXV	

➤ 89 非铠装电力和照明用聚氯乙烯绝缘电缆的标记号及名称有哪些？

答 非铠装电力和照明用聚氯乙烯绝缘电缆的标记号及名称见表 1-34。

表 1-34 非铠装电力和照明用聚氯乙烯绝缘电缆的标记号及名称

标记号	电压等级/V	名　称
12	450/750	单芯聚氯乙烯绝缘无护套通用电缆
22	450/750	单芯聚氯乙烯绝缘无护套通用软电缆
11	300/500	单芯聚氯乙烯绝缘无护套内接线用电缆

续表

标记号	电压等级/V	名　　称
13	300/500	单芯聚氯乙烯绝缘和聚氯乙烯护套电缆
14	300/500	两芯扁形聚氯乙烯绝缘和聚氯乙烯护套电缆
15	300/500	三芯扁形聚氯乙烯绝缘和聚氯乙烯护套电缆
16	300/500	两芯扁形聚氯乙烯绝缘和聚氯乙烯护套带有接地线电缆
17	300/500	三芯扁形聚氯乙烯绝缘和聚氯乙烯护套带有接地线电缆
31	300/500	两芯圆形聚氯乙烯绝缘和聚氯乙烯护套轻型非柔软性电缆
32	300/500	三芯圆形聚氯乙烯绝缘和聚氯乙烯护套轻型非柔软性电缆
33	300/500	四芯圆形聚氯乙烯绝缘和聚氯乙烯护套轻型非柔软性电缆

90 非铠装电力和照明聚氯乙烯绝缘电缆的应用范围和特点有哪些?

答　这种电缆适用于交流 450～750V 和 300～500V 及以下的电气设备、仪表、建筑工程、电信装置、电力及照明线路等固定敷设用。适用于负载温升不超过 70℃,短路时导体最高温度不超过 160℃ 的场所。电缆使用温度为－30～70℃,敷设温度不低于－15℃,这种电缆采用各种不同的铜线芯、绝缘及护套结构,能耐酸、碱、盐和许多溶剂的腐蚀,能经得起潮湿和霉菌的作用,并具有阻燃性。线芯配有多种颜色,便于接线识别。

91 控制电缆的哪些型号及类型?

答　控制电缆有以下几种:

(1) KVV、KLVV、KYV、KLYV、KYVD、KLYVD 系列塑料绝缘控制电缆。

(2) KXV、KLXV、KXF、KXVD 系列橡皮绝缘控制电缆。

(3) KXHF 系列橡皮绝缘非燃性橡套控制电缆。

(4) PVV、PYV、PYGV、PVGV 系列绝缘塑料护套信号电缆。

92 KVV、KLVV、KYV、KLYV、KYVD、KLYVD 系列塑料绝缘控制电缆的特点及适用场合有哪些?

答 上述系列塑料绝缘控制电缆,适用于以下场合:交流 500V 或直流 1000V 以下配电装置中仪表、电器及控制电路连接,以及连接信号电路作为信号电缆,线芯长期允许工作温度为 65℃,敷设温度不低于 -10 ～ -20℃,弯曲半径不小于电缆外径的 10 倍。

93 KXV、KLXV、KXF、KXVD 系列橡皮绝缘控制电缆的特点及适用场合有哪些?

答 上述系列橡皮绝缘控制电缆,适于以下场合:交流 500V 或直流 1000V 以下配电装置中仪表、电器及控制电路连接,线芯长期允许工作温度不超过 65℃,电缆敷设时环境温度不低于 -15℃。电缆弯曲半径应不小于电缆外径的 10 倍。

94 橡皮绝缘非燃性橡套控制电缆的特点及适用场合有哪些?

答 橡皮绝缘非燃性橡套控制电缆的型号是 KXHF。这种电缆适用以下场合:交流 500V 或直流 1000V 以下的配电装置中连接电器和仪表线路,线芯长期允许工作温度不超过 65℃,环境温度不低于 -40℃ 的条件下使用。敷设温度不低于 -15℃。线芯标称截面有 0.75、1.0、1.5、2.5、4、6、10mm²,芯数有 4、5、6、7、8、10、14、19、24、30、37 共 11 种。

95 PVV、PYV、PVGV、PYGV 型塑料绝缘塑料护套信号电缆的适用场合及特点有哪些?

答 该系列电缆适用于供电压不大于 500V 的铁路信号联锁、火警信号、电报及各种自动装置接线用。线芯的长期允许工作温度不超过 65℃,电缆在环境温度不低于 -40℃ 条件下使用,在不低于 5℃ 敷设时不用加温。电缆线芯截面为 0.75mm² 芯数有以下几种:2、3、4、5、6、10、14、19、24、30、37、44、48。

→ 96 电缆附件有哪些?

答　常用的电缆附件有:电缆终端接线盒,电缆中间接线盒,连接管及接线端子,钢薄板接线槽,电缆桥架。

→ 97 电缆终端接线盒有哪几种? 各适于何种场合使用?

答　电缆终端接线盒有户外型及户内型两种,起绝缘、密封、导体连接的作用。

(1) WTG—512 户外单相电缆终端接线盒。适用于 35kV 线绝缘(铝包或铅包)或交联聚乙烯绝缘,截面为 50~300mm^2 铜芯或铝芯电力电缆。

(2) WD 系列鼎足式电缆终端接线盒。按壳体大小分 4 种规格,适用于 1~10kV 三芯和四芯、截面为 16~240mm^2 铜芯或铝芯纸绝缘(铝包或铅包)或橡塑绝缘的电力电缆。

(3) WG 系列户外倒挂式铸铁电缆终端盒。按壳体大小分两种规格,适用于 6~10kV、截面为 10~240mm^2(铜芯、铝芯)的铝包、铅包、橡皮、塑料护套等电力电缆,不能用于大型热电站、化工厂、煤矿附近和经常有浓雾的工业区、海拔 1000m 以上以及强烈震动场所。

(4) NTN 系列户内电缆终端盒。适用于油浸纸绝缘、干绝缘及橡皮、塑料绝缘、铝包、铅包、皱纹钢管和塑料护套的电力电缆。盒体采用尼龙制作,按芯数、电压和截面等分 7 种规格。终端盒只能安装在无强酸碱工业气体的户内,敷设位差不大于 20m。

(5) NS 系列扇形户内终端接线盒。按壳体大小分两种规格,适用于 1~10kV 三芯、截面为 16~240mm^2(铜芯、铝芯)的纸绝缘(铝包或铅包)、橡皮绝缘电力电缆。这种接线盒的密封性能好,适用于落差大、密封性能要求高的场所。

(6) 户内干包电缆接线盒。这是一种采用聚氯乙烯软护套、聚氯乙烯软管、聚氯乙烯绝缘带、尼龙绳组成的完整密封系统。它具有体积小、轻巧、施工简便、密封性能好的特点,适用于 3kV 以下油浸纸绝缘电缆的户内终端接头上。

(7) NTH 型户内冷浇环氧电缆终端盒。这种终端盒采用预制外壳、环氧冷浇注剂、自粘性胶带或环氧涂料等材料组装成。其特点是电气性能好，有一定的机械强度，装件体积小、材料省，是一种优良的电缆终端型式。其工作温度为 50～100℃，可适用于恶劣环境中。

98 电缆中间接线盒有何用途？常用哪几种型式？

答 电缆中间接线盒用于电缆与电缆中间连接用的一种装置，起导体连接、绝缘、密封和保护作用。常用的型式有以下几种：

(1) LB 系列整体式地下电缆中间接线盒。按盒体大小分 4 种规格。适合于 1～10kV 双芯、三芯和四芯，截面为 4～240mm² 的铅包、铝包、皱纹钢管，可作为橡皮塑料护套等电力电缆在隧道敷设和地下直埋条件下连接电缆用。

(2) LBT 系列对接式铸铁电缆接线盒有四种规格，可供 1～10kV 三芯和四芯，截面为 2.5～240mm² 的铝包、铅包、皱纹钢管以及橡皮或塑料护套等各种电力电缆作为隧道敷设和地下直埋式条件下连接之用。

(3) LS 型地下中间接线盒。可供 10kV 以下、截面为 10～300mm 的铝包、铅包油浸纸绝缘电力电缆，作为地下直埋的电缆中间连接之用。

99 连接管有何用途？常用型号有哪些？

答 连接管又称为压接管，采用压接工艺方式将电缆或电线连接起来。常用型号是 GT 及 GL 两种。GT 型连接铜导线用，GL 型连接铝导线用，适用截面为 16～240mm² 的圆形、扇形及半圆形线芯。GT 型有 16、25、35、50、70、95、120、150、185、240、300、500 共 12 种规格；GL 型有 16、25、35、50、70、95、120、150、185、240 共 10 种规格。

100 什么是铜铝过滤排？

答 铜铝过渡排用于制造变压器及输配电系统中铜与铝过渡的连接。规格为 4×30～12×120 共 18 种，供连接不同截面的铜、铝排之用。

➡ **101**　什么是铜铝接线端子？

答　铜铝接线端子用于铝芯线和铜接线端连接。适用截面 $10\sim240mm^2$ 的扇形、圆形及半圆形铝线，采用局部压接法连接。

➡ **102**　钢薄板接线槽适用于何种场合？

答　钢薄板接线槽适于以下场合：大厦、公寓、广场、车站、医院和工矿企业等现代化建筑物。接线槽由镀锌薄钢板冲压制成，分直线槽、直通接驳头、单弯头、三通弯头四种型式。

➡ **103**　电缆桥架适用于何种场合？它有何优点？

答　电缆桥架适用于一般工矿企业室内外架空敷设电力电缆、控制电缆。也用于电信、广播及电视等部门在室内外架空敷设电缆。

电缆桥架采用薄钢板冲压成型。全部零件均采用镀锌或塑料喷涂处理，因而抗腐蚀性能好。电缆架空敷设不仅可以克服直埋、电缆沟及隧道等敷设方式中存在的静电爆炸、介质腐蚀等弱点，而且电缆桥架的主要零件都作到了标准化、通用化，故选材、安装及维修都比较方便。

➡ **104**　常用漆包铜线的用途、性能及型号有哪些？

答　漆包铜线是由单股铜丝涂绝缘漆膜而成，适用于制造电机、电器、仪表线圈及中、高频线圈。常用漆包线技术特性见表 1 - 35。

表 1 - 35　　　　　　　常用漆包线技术特性

型号	名　　称	特　　性
Q	油基性漆包圆铜线	耐汽油，强度较差
QQ	高强度聚乙烯醇缩醛漆包圆铜线	机械强度高，耐苯
QZ	高强度聚酯漆包圆铜线	耐热性能好，耐苯
QZY	高强度聚酯—亚胺漆包圆铜线	耐热性能好，耐苯
WD	高强度聚酰胺—亚胺漆包圆铜线	耐高温、耐冷冻、耐辐射
QY	耐高温聚酰亚胺漆包圆铜线	耐高温、耐溶剂、耐辐射

➡ **105**　各种型号漆包铜线的耐热性能如何？

答　各种型号漆包铜线的耐热性能见表 1 - 36。

表 1 - 36　　　　　　　常用漆包铜线的耐热性能

型号	绝缘材料耐热等级	环境温度为 40℃时允许温升/℃
Q	A	65
QQ	E	80
QZ	B	90
QZY	F	115
WD	H	140
QY	C	140 以上

106 常用铅熔丝的额定工作电流及熔断电流是多少？

答　常用铅熔丝技术性能参阅表 1 - 37。

表 1 - 37　　　　　　　常用铅熔丝技术性能

直径/mm	截面/mm²	近似英规线号 SWG	额定工作电流/A	熔断电流/A
0.08	0.005	44	0.25	0.5
0.15	0.018	38	0.50	1.0
0.20	0.031	36	0.75	1.5
0.22	0.038	35	0.80	1.6
0.25	0.049	33	0.90	1.8
0.28	0.062	32	1.00	2.0
0.29	0.066	31	1.05	2.1
0.32	0.08	30	1.10	2.2
0.35	0.096	29	1.25	2.5
0.36	0.102	28	1.35	2.7
0.40	0.126	27	1.50	3.0
0.46	0.166	26	1.85	3.7
0.52	0.212	25	2.00	4.0
0.54	0.229	24	2.25	4.5
0.60	0.283	23	2.50	5.0
0.71	0.400	22	3.00	6.0

107 是否可以用铜线做熔丝？如何确定铜丝的熔断电流？

答 可以用铜丝来做熔丝，同样截面的铜丝比铅熔丝熔断电流要大得多。铜丝的额定工作电流及熔断电流见表 1-38。

表 1-38　　　　　　铜丝的额定工作电流及熔断电流

直径/mm	截面/mm²	近似英规线号 SWG	额定工作电流/A	熔断电流/A
0.234	0.043	34	4.7	9.4
0.254	0.051	33	5.0	10
0.274	0.059	32	5.5	11
0.295	0.068	31	6.1	12.2
0.315	0.078	30	6.9	13.8
0.345	0.093	29	8.0	16
0.376	0.111	28	9.2	18.4
0.417	0.137	27	11.0	22
0.457	0.164	26	12.5	25
0.508	0.203	25	15.0	29.5
0.559	0.245	24	17.0	34
0.60	0.283	23	20	39
0.70	0.385	22	25	50
0.80	0.500	21	29	58
0.90	0.600	20	37	74
1.00	0.800	19	44	88
1.13	1.000	18	52	104
1.37	1.500	17	63	125
1.60	2.000	16	80	160

108 常用铜板、铜带（条）有哪几种？有哪些规格？

答 常用铜材有紫铜板（条）、普通黄铜板、紫铜带、普通黄铜带，其规格范围见表 1-39。

表 1-39 常 用 铜 材 规 格

材料名称	规格及特征/mm
紫铜板（条）	厚度 1.0～15 （热轧）4.0～50
紫铜板（条）	H62 厚度 0.2～15 （热轧）4.0～50
普通黄铜板	H90 厚度 0.2～15 （热轧）4.0～50
紫铜带	T2 厚度 0.05～1.5 H62 厚度 0.05～1.5
普通黄铜带	H90 厚度 0.05～1.5

109 常用电阻合金线有哪几种？哪一种电阻率最大？

答 常用电阻合金线有康铜线、锰铜线、镍铬线。这三种合金线中，镍铬线的电阻率最大。以直径 1mm 线为例，康铜线电阻率是 $0.599\Omega/m$，锰铜线是 $0.586\Omega/m$，镍铬线的电阻率是 $1.401\Omega/m$。

110 常用镀锌铁丝的技术数据有哪些？

答 常用镀锌铁丝的技术数据见表 1-40。

表 1-40 常用镀锌铁丝技术数据

直径/mm	质量/（kg/km）	电阻率/ （Ω/km）（20℃）	抗张力/N	伸长率/%
1.6	15.89	65.95	703.9	7
1.8	19.85	52.11	890.3	7
2.0	24.51	52.21	1100	7
2.3	32.41	31.92	1454	7
2.6	41.41	24.98	1858	7
2.9	51.52	20.08	2312	10
3.2	62.73	16.49	2816	10
3.5	75.04	13.78	3367	10
4.0	98.05	10.55	4400	10
4.5	124.0	9.341	5565	10
5.0	153.2	6.753	6874	12
5.5	185.3	5.681	8316	12
6.0	220.5	4.091	9896	12

111 钢绞线有哪几种规格?

答 钢绞线有 7 股和 19 股两种,技术数据见表 1-41。

表 1-41 钢 绞 线 技 术 数 据

直径/mm	股数×线径/mm	截面/mm²	质量/（kg/m）
1.95	7×0.65	2.3	0.02
2.4	7×0.8	3.5	0.03
3.0	7×1.0	5.5	0.05
3.9	7×1.3	9.3	0.08
4.2	7×1.4	10.8	0.09
6.0	7×2.0	22.0	0.18
6.6	7×2.2	26.6	0.21
7.8	7×2.6	37.2	0.30
9.0	7×3.0	49.5	0.40
10.5	7×3.5	67.4	0.50
12	7×4.0	87.5	0.70
5	19×1.0	14.9	0.13
6	19×1.2	21.5	0.18
7	19×1.4	29.3	0.24
9	19×1.8	48.3	0.40
11	19×2.2	72.2	0.58
13	19×2.6	101.0	0.80
14	19×2.8	117.0	0.395
15	19×3.0	124.0	1.10
16	19×3.2	153.0	1.20
17.5	19×3.5	183.0	1.50
19	19×3.8	215.0	1.70

112 钢管有哪几种规格?

答 钢管有普通管和加厚管两种。普通钢管能承受水压试验为

1960kPa（20kg/cm²）；加厚钢管能承受水压试验为 2940kPa（30kg/cm²）。有关钢管技术数据见表 1 - 42。

表 1 - 42　　　　钢管（水煤气钢管）(GB 234—1963)

公称口径		外径/mm	普通管		加厚管	
mm	英寸		壁厚/mm	质量/（kg/m）	壁厚/mm	质量/（kg/m）
6	1/8	10	2	0.39	2.5	0.46
8	1/4	13.5	2.25	0.62	2.75	0.73
10	3/8	17	2.25	0.82	2.75	0.97
15	1/2	21.25	2.75	1.25	3.25	1.44
20	3/4	26.75	2.75	1.63	3.5	2.01
25	1	33.5	3.25	2.42	4	2.91
32	$1\frac{1}{4}$	42.25	3.25	3.13	4	3.77
40	$1\frac{1}{2}$	48	3.5	3.84	4.25	4.58
50	2	60	3.5	4.88	4.5	6.16
70	$2\frac{1}{2}$	75.5	3.75	6.64	4.5	7.88
80	3	88.5	4	8.34	4.75	9.81
100	4	114	4	10.85	5	13.44

113 电线管有哪几种规格？

答　常用电线管的规格见表 1 - 43。

表 1 - 43　　　　　常 用 电 线 管 规 格

公称口径		外径/mm	壁厚/mm	质量/（kg/m）
mm	英寸			
13	1/2	12.7	1.24	0.34
16	5/8	15.87	1.6	0.43
20	3/4	19.05	1.6	0.53
25	1	25.4	1.6	0.72
32	$1\frac{1}{4}$	31.75	1.6	0.90
38	$1\frac{1}{2}$	38.1	1.6	1.13
50	2	50.8	1.6	1.47

➤ **114 硬聚氯乙烯管的性能如何？**

答 硬聚氯乙烯管耐酸碱性强，可以在温度 0～40℃ 范围内输送腐蚀性液体及气体，也可用作电线套管。每根管子的长度为 (4 ± 0.1)m，密度为 $1.4\sim1.6$g/cm^3，外径有 10、12、16、20、25、32、40、50mm。包括轻型和重型两种。轻型使用压力 ≤588kPa（6kg/cm^2），重型使用压力 ≤980kPa（10kg/cm^2），最大外径可达 400mm。

➤ **115 软聚氯乙烯管的性能如何？**

答 软聚氯乙烯管按用途可分为电气套管和流体输送管两种，流体输送管规格不同使用压力也不同。例如内径 3～10mm 的使用压力为 245kPa（2.5kg/cm^2）；内径 12～50mm 的使用压力为 196kPa（2kg/cm^2）。

➤ **116 自熄塑料电线管有何特点？**

答 自熄塑料电线管采用改性聚氯乙烯作材质有以下特点：电性能优良，耐腐蚀，自熄性能良好，并且韧性大，曲折不易断裂。连接安装采用扩口承插胶粘法，与金属管材比较，质量轻，造价低，色泽鲜艳，具有防火、绝缘、耐腐、质轻、美观、价廉、便于施工等优点。

➤ **117 聚乙烯塑料板有何特点？**

答 聚乙烯塑料板由聚乙烯树脂经挤压成型，有以下特点：有良好的耐化学稳定性，耐酸碱，绝缘性好，工作温度为 −30～80℃。

规格尺寸有厚度 (1 ± 0.1) mm，(2 ± 0.2) mm、(3 ± 0.3) mm；宽度（1200 ± 10）mm；长度 1500～2000mm；抗拉强度为 8MPa（80kg/cm^2）；击穿电压为 30kV/mm，介电常数为 2；伸长率120%；密度为 0.91g/cm^3。在 120～140℃ 时烘软煨弯，还可用聚乙烯焊条焊接成型。

➤ **118 聚丙烯塑料板有何特点？**

答 聚丙烯塑料板由聚丙烯树脂挤压而成，是目前塑料中最轻的，其机械性能优良，熔点为 165～170℃，能在 100℃ 高温时使用；在不受外力的情况下，150℃时也不变形，又几乎不吸水，高频电性能优良，不受温度影响，且具有良好的耐化学药品性、耐有机溶剂性、耐酸碱性、绝缘性。可用于化工设备的防腐里衬、叶轮等。

其物理性能为：①抗拉强度：35MPa（350kg/cm²）；②抗弯强度：40MPa（400kg/cm²）；③冲击强度：3MPa（30kg/cm²）；④体积电阻：$2\times10^{13}\Omega\cdot cm$；⑤击穿电压：40kV；⑥介电常数：3.5；⑦热变形：140℃、20min 无变形；⑧密度：0.90～0.91g/cm³。可在 150～160℃烘软煨弯；可用聚丙乙烯焊条焊接；工作温度为－10～120℃。

119 硬聚氯乙烯板有何特点？

答 硬聚氯乙烯板具有如下特点：耐酸碱、耐油及电气绝缘性能，能在－10～50℃作耐腐蚀处的结构及绝缘材料用。厚度为 2、2.5、3、3.5、4、4.5、5、5.5、6、6.5、7、7.5、8、8.5、10、12、13、14、15、16、17、20mm，宽度≥400mm，长度≥500mm。

120 酚醛层压板有何特点？

答 酚醛层压板有两种：酚醛层压纸板和酚醛层压布板。酚醛层压纸板的特点是由绝缘纸浸渍以酚醛树脂经热压而成；酚醛层压布板特点是由棉布浸以酚醛树脂经热压而成。酚醛层压板不仅具有较高的介电性能和机械强度，还具有较好的耐油性和一般的耐霉性，适合于用作电器绝缘材料。酚醛层压纸板的厚度为 0.2～50mm，酚醛层压布板厚度为 0.3～10mm。

121 绝缘胶带有哪几种？适用于何种场合？

答 绝缘胶带常用的有以下几种：布绝缘胶带（又称黑胶布）、塑料绝缘胶带（聚氯乙烯或聚乙烯胶带）、涤纶绝缘胶带（聚酯胶粘带）。

布绝缘胶带应用于交流电压 380V 及以下电线、电缆包扎绝缘用，在－10～40℃使用，有一定的黏着性。

塑料绝缘胶带应用于交流 500～6000V（多层绕包）电线、电缆接头等处作包扎绝缘用，一般可在－15～60℃使用。

涤纶绝缘胶带适用范围与塑料绝缘胶带相同，不仅耐压强度高，防水性能更好，耐化学稳定性好，还能用于半导体元件的密封。

➡ **122** 三种绝缘胶带的耐压强度怎样？

答　布绝缘胶带的耐压强度指的是在交流 1000V 电压下保持 1min 不击穿。塑料绝缘胶带的单层耐压强度指的是在交流 2000V 电压下持续 1min 不击穿。涤纶绝缘胶带的耐压强度指的是在交流 2500V 电压下持续 1min 不击穿。

➡ **123** 各种电工绝缘材料是如何分级的？

答　各种电工绝缘材料按其耐热性能分为 Y、A、E、B、F、H、C 7 个级别，各种电工绝缘材料属于哪一级及其耐热性能见表 1-44。

表 1-44　　　　　　　　电工绝缘材料的耐热等级

级别	绝缘材料类型	极限工作温度/℃
Y	木材、棉花、纸、纤维等天然的纺织品，以醋酸纤维和以聚酰胺为基础的纺织品，以及易于热分解和熔点较低的塑料（酚醛树脂）及其制品（如塑料管、塑料胶带等）	90
A	工作于矿物油中和用油或油树脂复合胶浸过的 Y 级材料，漆包线、漆布、漆丝绸的绝缘，以及油性漆、沥青漆等	105
E	聚酯薄膜和 A 级材料复合、玻璃布、油性树脂漆、聚乙烯醇缩醛高强度漆包线，乙苯乙烯耐热漆包线	120
B	聚酯薄膜，用合适的树脂粘合或浸漆涂覆的云母、玻璃纤维、石棉等，聚酯漆、聚酯漆包线	130
F	以有机纤维材料补强和石棉补强的云母片制品、玻璃丝和石棉、玻璃漆布，以玻璃丝布和石棉纤维为基础的层压制品，以无机材料补强和石棉补强的云母粉制品，化学稳定性较好的聚酯和醇酸类材料，复合硅有机聚酯漆	135
H	无补强或以无机材料为补强的云母制品，加厚的 F 级材料，复合云母、有机硅云母制品、硅有机漆、硅有机橡胶聚酰亚胺复合玻璃布、复合薄膜、聚酰亚胺酸漆等	180
C	不采用任何有机粘合剂及浸漆剂的无机矿物，如石英、云母、玻璃和电瓷材料等	180 以上

124 电工用塑料指的是什么？

答 电工用塑料主要指聚苯乙烯、聚甲基丙烯酸甲酯及聚酰胺等。它们具有不同的特点，聚苯乙烯呈无色透明体，具有良好的电气性能和耐化学性能，但易开裂、易燃，可用作仪表外壳和绝缘结构。聚甲基丙烯酸甲酯（俗称有机玻璃）具有很好的电气性能，可用作仪表外壳或仪表读数透镜。聚酰胺（又称尼龙）可塑制电机、电器绝缘结构。

125 电缆用塑料作何用途？

答 电缆用塑料是用来专门制作电缆绝缘用或护层材料用的塑料。它不仅具有优良的电气性能，而且耐潮、耐化学性能好，不延燃。它是用聚氯乙烯树脂加入添加剂合成的，其中交联聚乙烯还具有耐辐照特性，制成的电缆绝缘层可在户外太阳光下使用。

126 哪些是电工用橡胶？

答 电工用橡胶有天然橡胶和合成橡胶两种。合成橡胶是将丁苯橡胶与天然橡胶混合而成，可作为 GKV 级电缆绝缘用。

第二章

装饰装修电工识图

1 家庭配电线路的设计原则是什么？

答 家庭配电线路的设计就是要根据实际情况，按照设计原则完成对家庭配电线路设计方案的制定。这一项工作在家庭装修的总体规划中是首要的且非常重要。尤其是随着技术的发展，各种家用电器产品不断增加，人们对用电需求提出了更高的需求，这使得家庭配电线路的设计在整个家装过程中的作用显得尤为突出。

通常对于家庭配电线路的设计要充分考虑当前供电系统的实际情况，结合用户的用电需求和规划用电量等多方面因素，合理、安全地分配电力的供应。

2 家庭配电线路科学设计原则都包括哪些内容？

答 在家庭配电路线的设计中，要首先考虑设计的科学性，遵循一定的科学设计原则，使设计的家庭配电线路更加合理。

（1）用电量的计算要科学。设计家庭配电线路时，配电设备的选用及线路的分配均取决于家用电器的用电量，因此，科学地计量家用电器的用电量十分重要。

家庭配电线路中，配电箱、配电盘的选配及各支路的分配均需依据用电量进行，根据计算出的用电量合理地选择配电箱、配电盘并对各支路进行合理的分配。

典型家庭配电线路见表 2 - 1，考虑到该用户的家用电器较多，厨房、卫生间内的电器及空调器的用电量都较大，因此根据不同家用电器的用电量结合使用环境，将室内配电设计分为 6 个支路，照明支路、插座支路、厨房支路、卫生间支路、空调器支路、柜式空调器支路。

表 2-1　　　　　　　　典型家庭配电线路

支路	总功率/W	支路	总功率/W	支路	总功率/W
照明支路	2200	厨房支路	4400	空调器支路	2000
插座支路	3520	卫生间支路	3520	柜式空调器支路	3500

　　将支路中所有家用电器的功率相加即可得到支路全部用电设备在使用状态下的实际功率值，然后根据计算公式计算出支路用电量，即可对支路断路器进行选配。最后根据计算公式计算出该用户的总用电量，对总断路器进行选配。

　　配电入户示意图1如图2-1所示。科学的计量用电设备的用电量，会使配电线路的分配、配电设备的选配更加科学、合理和安全。

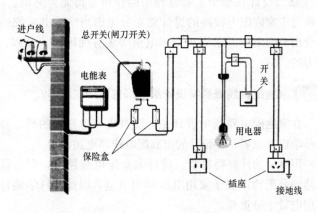

图 2-1　配电入户示意图1

　　（2）配电规划要科学。配电入户示意图2如图2-2所示。进行家庭配电规划时，主要对其配电箱、配电盘的安装位置，内部部件线路的连接方式等进行规划。配电箱主要是用来进行用电量的计量和过流保护，交流220V电源经过进户线，送到可以控制、分配的配电盘上，由配电盘对各个支路进行单独控制，使室内用电量更加合理、后期维护更加方便、用户使用更加安全。这一过程的配电设计应遵循科学的设计原则，不能随电工或用户的意愿随意安装、连接、分配，保证配电安全。

（3）配电设备的安装要求。配电设备中配电箱、配电盘的安装环境及安装高度均应根据家庭配套线路的序曲计原则进行，不得随意安装，以免对用电造成影响或危害人身安全。

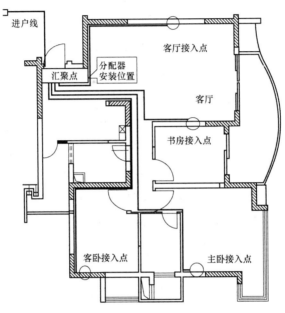

图 2 - 2　配电入户示意图 2

3 家庭配电线路电力分配如何合理？

答　家庭配电线路中，电力（功率）的分配通常是根据用户的需要及用户家用电器的用电量进行设计的，每个房间内设有的电力部件均在方便用户使用的前提下进行选择，因此，对电力进行合理的分配，同时也为用户日常使用带来方便。

典型家庭配电线路的电力分配，根据家用电器的用电量结合使用环境，将家庭配电线路设计分配为照明支路、普通插座支路、空调支路、厨房支路、卫生间支路。

在设计配电盘支路的时候，没有固定的原则，可以一间房间构成一个支路，也可以根据家用电器使用功率构成支路。但要根据用户的需要并遵循科学的设计原则对每一个支路上的电力设备进行合理的分配。家庭内部电力分配图如图 2-3 所示。

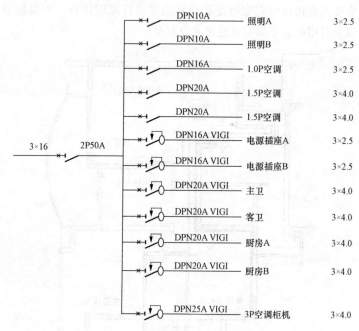

图 2-3　家庭内部电力分配图

4　照明支路包括哪些？

答　照明支路主要包括主卧室中的吊灯，次卧室中的日光灯，客厅中的吊扇灯，卫生间、厨房及阳台的节能灯。每一个控制开关均设在进门口的墙面上，用户打开房间门时，即可控制照明灯点亮，方便用户使用。

5　普通插座支路包括哪些？

答　除了卫生间、厨房及空调的大功率插座等，其余插座均为普通插座。这里包括主卧室中用于连接床头灯的灯插座，客厅中用于连接电视机、音响的两个普通三孔插座，次卧室中用于连接电脑等的普通三孔插座，每一个插座的设计都是根据用户使用的家用电器及用户需要进行分配的。

6 空调器支路包括哪些？

答 空调器支路主要为主卧室、次卧室和客厅中的大功率插座支路，由于空调器的功率较大，因此单独使用一条支路进行供电。

7 厨房支路包括哪些？

答 由于厨房的电器功率较大，因此将其单独分出一条支路，厨房支路中大多数为插座支路，如抽油烟机插座、换气扇插座、电饭煲插座、电水壶插座等。根据不同的需要，将其插座设置在不同的位置，并且在厨房中需要设计一些大功率插座，以保证厨房用电的多样性，防止使用时插座不够带来不便。

8 卫生间支路包括哪些？

答 卫生间支路电力器件的分配同厨房支路相同，也应多预留些插座，来保证电热水器、洗衣机、浴霸等的插接。

9 如何合理选择配线？

答 在家庭配电线路中，导线是最基础的供电部分，导线的质量、参数直接影响着室内的供电，因此，合理地选配导线在家庭配电线路的设计中尤为重要。

（1）在设计、安装配电箱时，一定要选择载流量大于等于实际电流量的绝缘线（硬铜线），不能采用花线或软线（护套线），暗敷在管内的电线不能采用有接头的电线，必须是一根完整的电线。

（2）在设计、安装配电盘采用暗敷时，一定要选择载流量大于等于该支路实际电流量的绝缘线（硬铜线），不能采用花线或软线（护套线），更不能使暗敷护管中出现电线缠绕连接的接头；采用明敷的时候可以选用软线（护套线）和绝缘线（硬铜线），但是不允许电线暴露在空气中，一定要使用敷设管或敷设槽。

（3）在配电线路中所使用导线颜色应该保持一致，即相线使用红色导线、零线使用蓝色导线、地线使用黄绿色导线。

10 为什么家庭配电线路要遵循安全设计原则？

答 在家庭配电线路的设计中，要特别注意设计应符合安全要求，保证配电设备安全、电器设备安全及用户的使用安全。

（1）首先，在规划设计家庭配电线路时，家用电器的总用电量不应超过配电箱内总断路器和总电能表的负荷，同时每一条支路的总用电量也不应超过支路断路器的负荷，以免出现频繁掉闸、烧坏配电器件。

（2）在进行电力器件分配时，插座、开关等也要满足用电的需求，若选择的电力器件额定电流过小，使用时会烧坏电力器件。

（3）在进行家庭配电线路的安装连接时，应根据安装原则进行正确的安装和连接，同时应注意配电箱和配电盘内的导线不能外露，以免造成触电事故。

（4）选的电能表、断路器和导线应满足用电需求，防止出现掉闸、损坏器件或家用电器等事故的出现。

（5）在对线路连接过程中，应注意对电源线进行分色，不能将所有的电源线只用一种颜色，以免对检修造成不便。按照规定相线通常使用红色线，零线通常使用用蓝色或黑色线，接地线通常使用黄色或绿色线。

11 电力分配时注意事项有哪些？

答 在进行电力分配时，应充分考虑该支路的用电量，若该支路的用电量过大，可将其分成两个支路进行供电。根据家庭中所使用电器设备功率的不同，可以分为小功率供电支路和大功率供电支路两大类。其中小功率供电支路和大功率供电支路设有明确的区分界限，通常情况下，将功率在1000W以上的电器所使用的电路称为大功率供电支路，1000W以下的电器所使用的电路称为小功率供电支路。也就是说可以将照明支路、普通插座支路归为小功率供电支路，而将厨房支路、卫生间支路、空调支路归为大功率供电支路。

12 什么是配电箱?

答　配电箱是家装强电用来分路及安装空气开关的箱子,配电箱的材质一般是金属的,前面的面板有塑料也有金属的,面板上还有一个小掀盖便于打开,这个小掀盖有透明和不透明的。配电箱的规格要根据里面的分路而定,小的有四、五路,多的有十几路。

13 如何选择配电箱?

答　选择配电箱之前,要先设计好电路分路,再根据空气开关的数量,以及是单开还是双开,计算出配电箱的规格型号,一般占配电箱里的位置应该留有富裕,以便以后增加电路用。配电箱如图2-4所示。

图2-4　配电箱

14 什么是弱电箱?

答　弱电箱如图2-5所示。弱电箱是专门使用于家庭弱电系统的布线箱,也叫家居智能配线箱、多媒体集线箱、住宅信息配线箱,能对家庭的宽带、电话线、音频线、同轴电缆、安防网络等线路进行合理有效的布置,实现人们对家中的电话、传真、电脑、音响、电视机、影碟机、安防监控设备及其他网络信息家电的集中管理,共享资源,是提供家庭布线系统解决方案的产品。

配电箱解决的是用电安全,而弱电箱解决的是信息通畅,弱电箱便于对弱电的管理维护,可按需对每条线路进行调整及管理,并扩充使用功能,使家庭弱电线路分布合理,信息畅通无阻,如发生故障,易于检查维护。

图2-5　弱电箱

➡ **15** 如何选择弱电箱？

答 弱电箱里的有源设备有宽带路由器、电话交换机、有线电视信号放大器等，结构有模块化（有源设备是厂家特定的集成模块）及成品化（有源设备是采用现有厂家的成品设备），两种相比之下，成品化有源设备选购市面上成熟品牌，质量相对稳定可靠，技术也更先进，价格适中，便于日后更换与维修。

弱电箱里的无源设备可采用弱电箱厂家生产的配套模块（如有线电视模块、电话分配模块等），可以保持箱体内的整洁，弱电箱箱体要预留足够的空间，便于安装有源设备，并配置电源插座，也便于以后的升级。

在布线方面，除了要布设电力线外，还要布设有线电视电缆和电话线、音响线、视频线和网络线。除了电力线以外的这些线缆被称为"弱电"，传输的是各种信号，要建设一个多功能、现代化、高智能的家居环境就少不了弱电的综合布线，需要专业的工程师为业主做出综合及合理的规划设计和施工，只有这样才能使整体家装美观。

➡ **16** 什么是断路器？

答 断路器如图2-6所示。全称自动空气断路器，也称空气开关，是一种常用的低压保护电器，可实现短路、过载保护等功能。

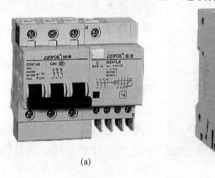

(a)　　　　　　　　(b)

图2-6　断路器

(a) 多路断路器；(b) 单路断路器

　　断路器在家庭供电中作总电源保护开关或分支线保护开关。当住宅线路或家用电器发生短路或过载时，它能自动跳闸，切断电源，从而有效的保护这些设备免受损坏或防止事故扩大。家庭一般用二极（即2P）断路器作总电源保护，用单极（1P）作分支保护。

➥ 17 如何选择断路器？

　　答　断路器的额定电流如果选择的偏小，则断路器易频繁跳闸，引起不必要的停电，如选择过大，则达不到预期的保护效果，因此家装断路器，正确选择额定容量电流大小很重要。

　　一般小型断路器规格主要以额定电流区分6、10、16、20、25、32、40、50、63、80、100A等。

　　用什么规格的配电箱和总功率没关系，而是和电路的回路数量有关系，配电箱买回来然后配空气开关和漏电保护器，至于用多大的功率要看进户线的额定电流，一般总线和插座的空气开关上加装漏电保护器（或者装带漏电保护器的空气开关）。

　　漏电保护器30mA：是一般漏电保护开关的动作电流，通常人触电有一个感知电流和摆脱电流，意思是当人触电后电流值达到一定时才会感知麻木，此时人的大脑还是意识的，能控制自己摆脱触电，当触电电流再大到一定值时，人就不能控制自己摆脱触电了，已经无意识了，这个电流值就是30mA，所以漏电保护开关的动作电流设定为30mA，漏电开关的标准均为30mA，即如漏电电流大于30mA就动作跳闸。

　　里面的空气开关和漏电保护器数量根据回路来决定，同时还要选择配电箱的大小。

　　但断路器无明显的线路分断状态或闭合状态的指示功能（即操作、运行人员能看到的工作状态），因此，在自动断路器前面（电源侧）应加一组刀开关，这类刀开关并不用于分断和闭合线路电流，一般称为隔离开关。

➥ 18 常用图形符号有哪些？

　　答　电气工程图形符号的种类很多，一般都画在电气系统图、平面图、原理图和接线图上，用以标明电气设备、装置、元器件及电气线路在电气系统中的位置、功能和作用。为了读者自学和读图的需要，也列出了旧标准中的图形符号。

电气工程图中常用图形符号见表 2-2。

表 2-2　　　　　　电气工程图中常用图形符号

新符号	说明	IEC	旧符号
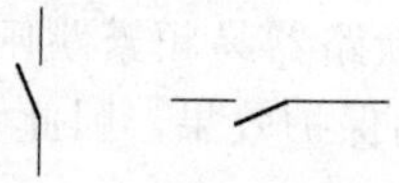	开关（机械式）	=	
	多极开关一般符号单线表示	=	
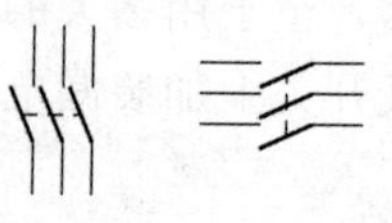	多极开关一般符号多线表示	=	
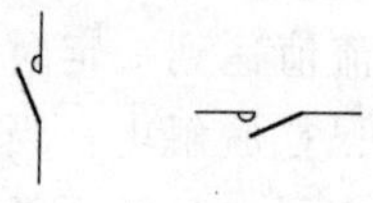	接触器（在非动作位置触点断开）	=	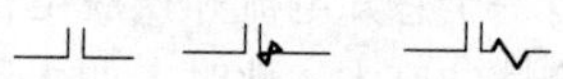
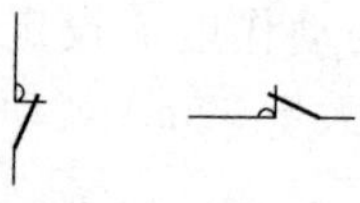	接触器（在非动作位置触点闭合）	=	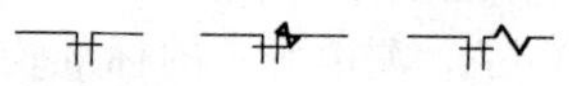
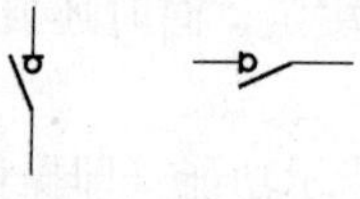	负荷开关（负荷隔离开关）	=	
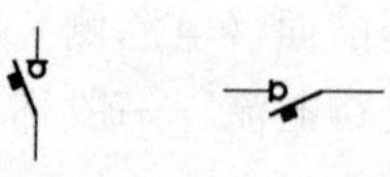	具有自动释放功能的负荷开关	=	
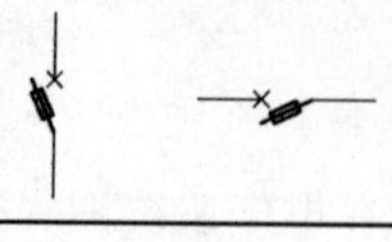	熔断器式断路器	=	

66

续表

新符号	说明	IEC	旧符号
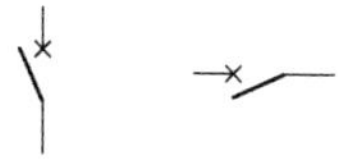	断路器	=	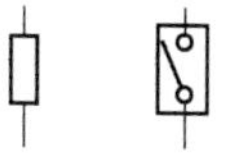
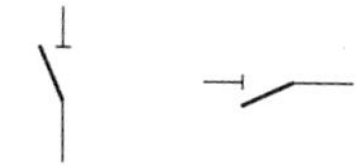	隔离开关	=	
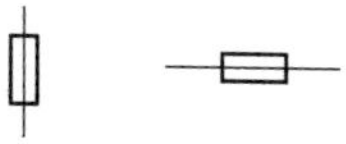	熔断器一般符号	=	
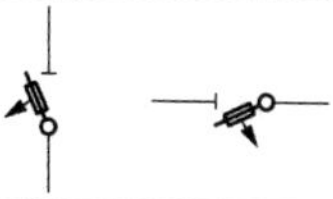	跌落式熔断器	=	
	熔断器式开关	=	
	熔断器式隔离开关	=	
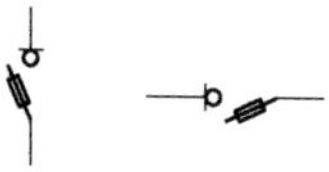	熔断器式负荷开关	=	
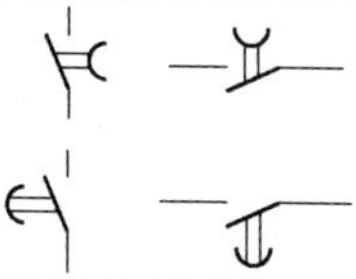	当操作器件被吸合时延时闭合的动合触点	=	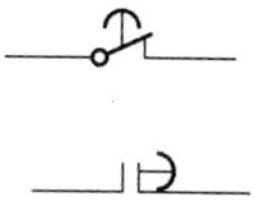
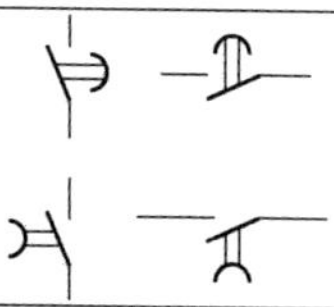	当操作器件被释放时延时断开的动合触点	=	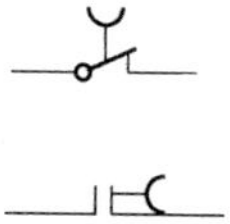
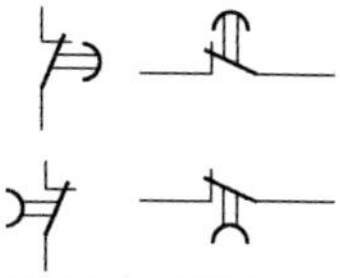	当操作器件被释放时延时闭合的动断触点	=	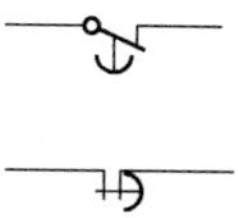

续表

新符号	说明	IEC	旧符号
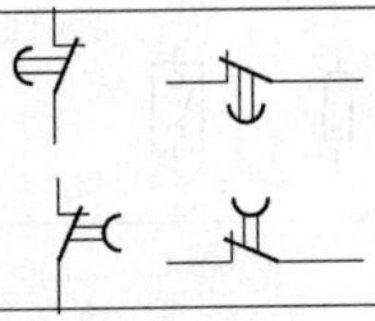	当操作器件被吸合时延时断开的动断触点	=	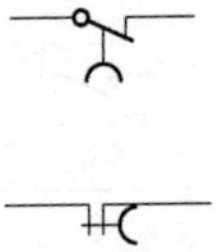
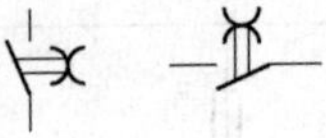	当操作器件被吸合时延时闭合和释放时延时断开的动合触点	=	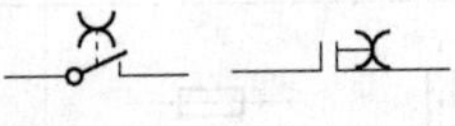
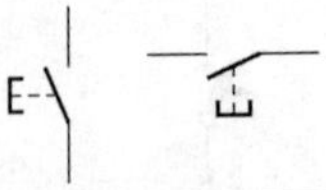	按钮开关（不闭锁）	=	
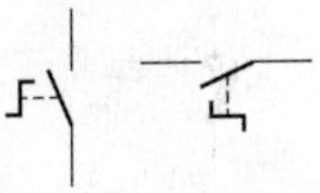	旋钮开关、旋转开关（闭锁）	=	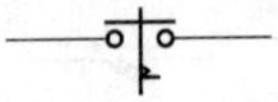
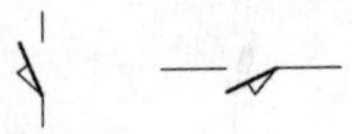	位置开关，动断触头限制开关、动合触头	=	
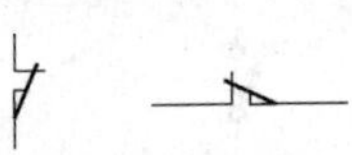	位置开关，动合触头限制开关、动断触头	=	
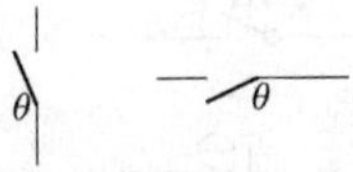	热敏开关，动合触头 注：θ可用动作温度代替	=	
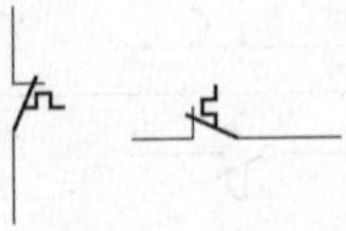	热敏自动开关，动断触头 注：注意区别此触头和下图所示热继电器的触头 	=	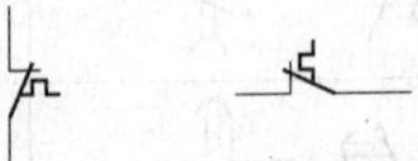

续表

新符号	说明	IEC	旧符号
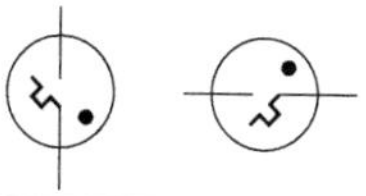	具有热元件的气体放电管荧光灯起动器	=	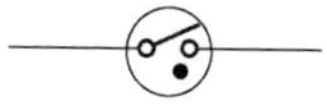
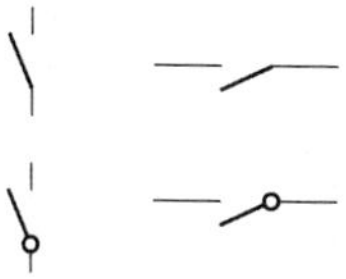	动合（常开）触头 注：本符号也可以用作开关一般符号	=	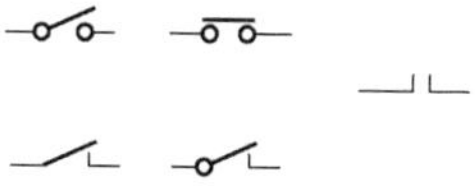
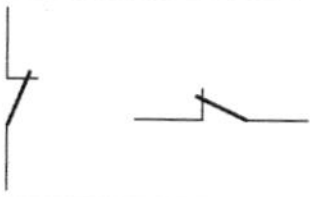	动断（常闭）触头	=	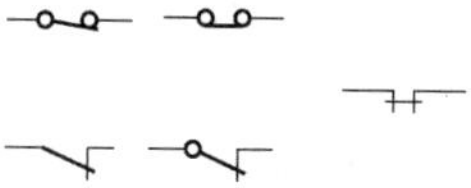
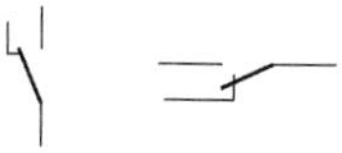	先断后合的转换触头	=	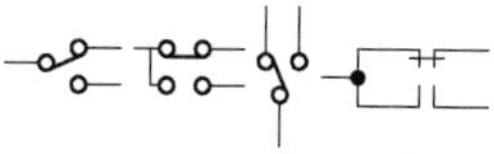
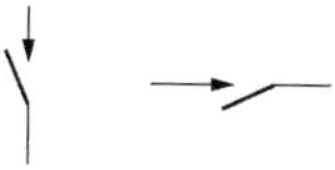	当操作器件被吸合或释放时，暂时闭合的过渡动合触头	=	
	插座（内孔的）或插座的一个极	=	
		=	
	插头（凸头的）或插头的一个极	=	
		=	
	插头和插座（凸头和内孔的）	=	
		=	
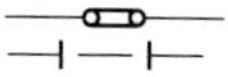	接通的边接片	=	
	换接片	=	

新符号	说明	IEC	旧符号
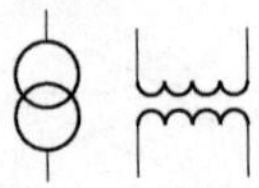	双绕组变压器	=	
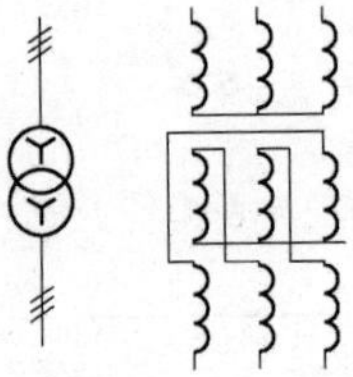	三相变压器星形-曲折形联结	=	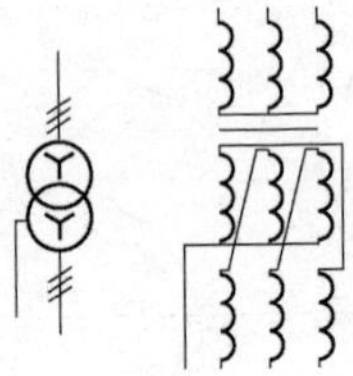
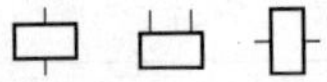	操作器件一般符号	=	
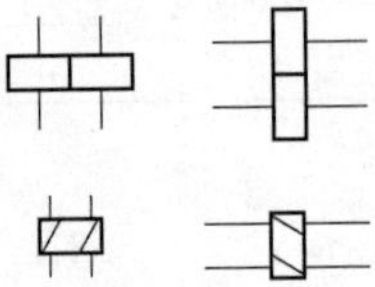	具有两个绕组的操作器件组合表示法	=	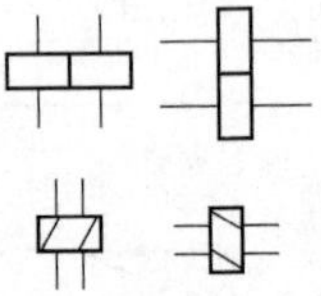
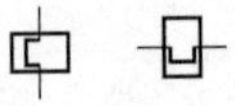	热继电器的驱动器件	=	
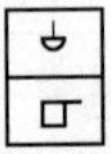	气体继电器	=	
	自动重闭合器件	=	ZCH
	电阻器一般符号	=	
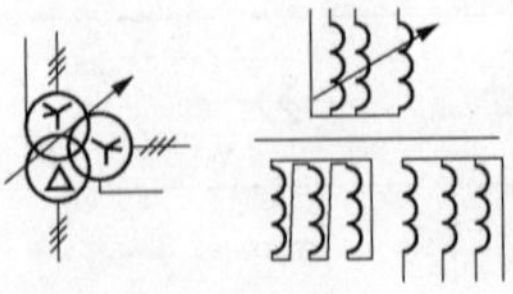	具有有载分接开关的三相三绕组变压器,有中性点引出线的星形—三角形联结	=	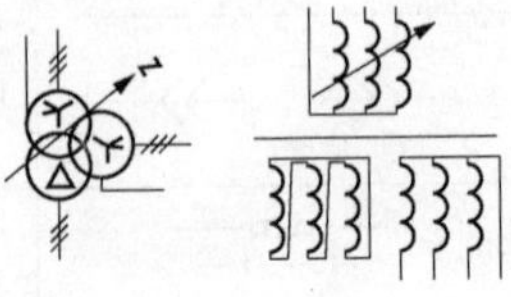

70

续表

新符号	说明	IEC	旧符号
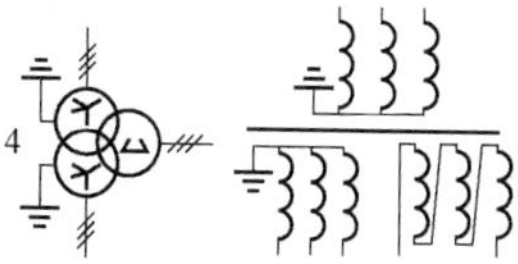	三相三绕组变压器，两个绕组为有中性点引出线的星形，中性点接地，第三绕组为开口三角形联结	=	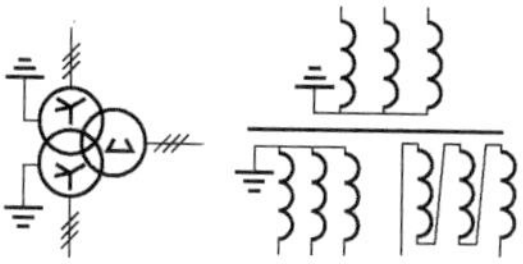
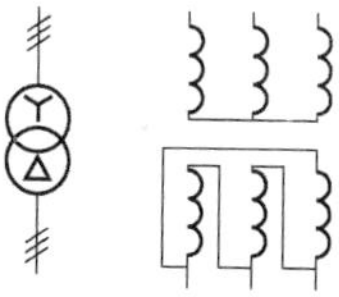	三相变压器星形—三角形联结	=	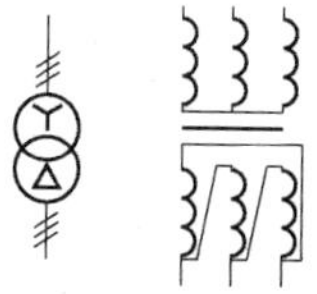
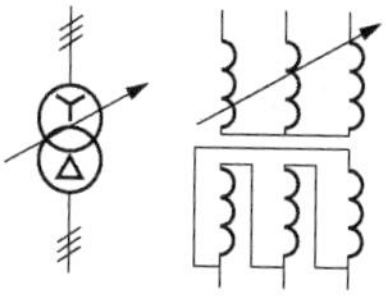	具有有载分接开关的三相变压器星形—三角形联结	=	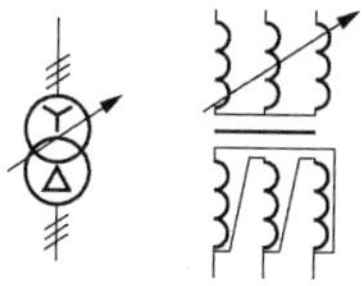
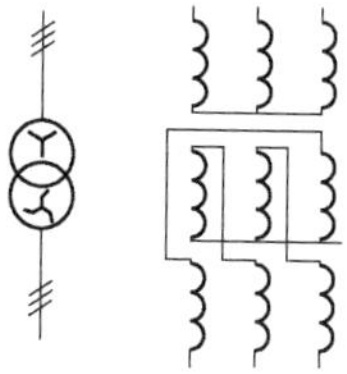	三相变压器星形-曲折形联结	=	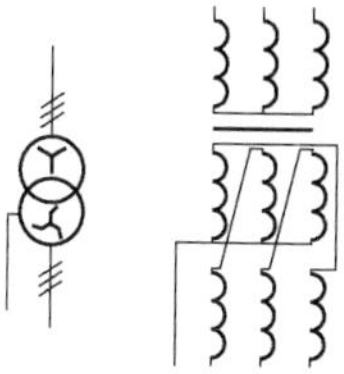
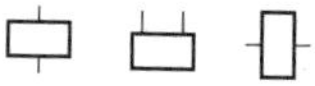	操作器件一般符号	=	
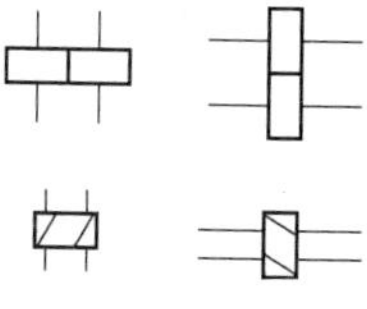	具有两个绕组的操作器件组合表示法	=	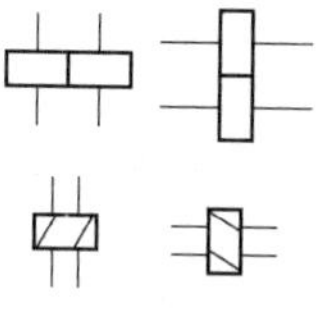

续表

新符号	说明	IEC	旧符号
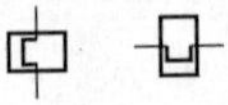	热断电器的驱动器件	=	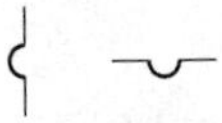
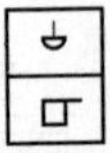	气体继电器	=	
	自动重闭合器件	=	ZCH
	电阻器一般符号	=	
	可变电阻器可调电阻器	=	
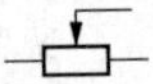	滑动触头电位器	=	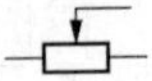
	预调电位器	=	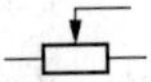
	电容器一般符号	=	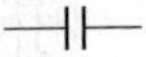
	可变电容器可调电容器	=	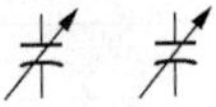
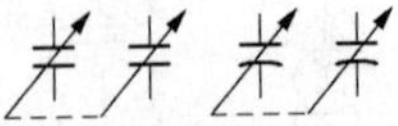	双联同调可变电容器	=	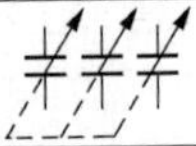
(*)	指示仪表（星号必须按规定予以代替）	=	
(V)	电压表	=	(V)
(A)	电流表	=	(A)
 (A Isinφ)	无功电流表	=	(A)
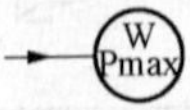 (W Pmax)	最大需量指示器（由一台积算仪表操纵的）	=	(W)

续表

新符号	说明	IEC	旧符号
(var)	无功功率表		
(cosφ)	功率因数表	=	(cosφ)
(Hz)	频率表	=	(f)
(θ)	温度计、高温计（θ可由 $t°$ 代替）	=	(T)
(n)	转速表	=	(n)
*	积算仪表、电能表（星号必须按照规定予以代替）	=	
Ah	安培小时计	=	Ah
Wh	电能表（瓦特小时表）	=	Wh
varh	无功电能表	=	varh
Wh →	带发送器电能表	=	Wh →
→ Wh	由电能表操纵的遥测仪表（转发器）	=	→ Wh
→ Wh	由电能表操纵的带有打印器件的遥测仪表（转发器）	=	→ Wh
~	交流母线	=	————
==	直流母线	=	- - - - - -
●——	装在支柱上的封闭式母线	=	●——
⌒	母线伸缩接头	=	⌒

建筑电气工程平面图中常用图形符号见表 2-3。

表 2-3　　　　　建筑电气工程平面图常用图形符号

图形符号	说明	图形符号	说明
	单相插座		
	暗装		插座箱（板）
	密闭（防水）		
	防爆		
	带保护接点插座		
	带接地插孔的单相插座暗装	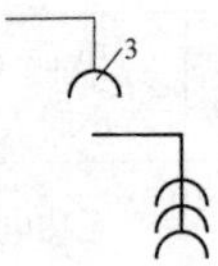	多个插座（示出三个）
	密闭（防水）		
	防爆		
	带接地插孔的三相插座	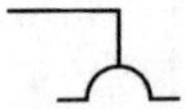	具有护板的插座
	暗装		
	带接地插孔的三相插座密闭（防水）	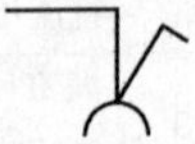	具有单极开关的插座
	防爆		

续表

图形符号	说明	图形符号	说明
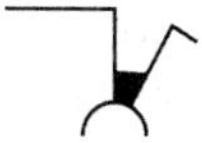	具有联锁开关的插座	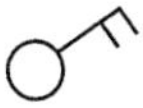	双极开关
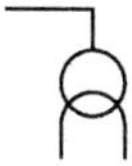	具有隔离变压器的插座（如电动剃刀用的插座）		暗装
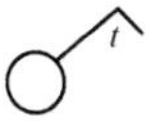	单极限时开关	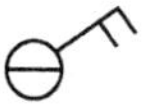	密闭（防水）
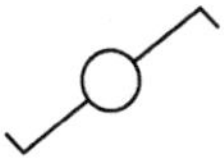	双控开关（单极三线）		防爆
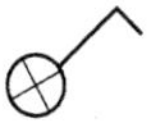	具有指示灯的开关	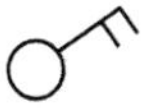	三极开关
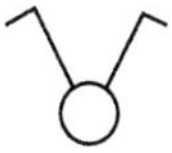	多拉开关（如用于不同照度）	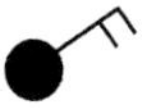	暗装
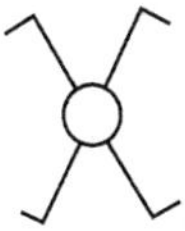	中间开关等效电路图 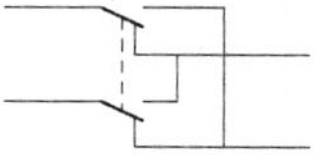	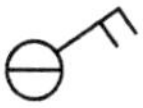	密闭（防水）
	调光器		防爆
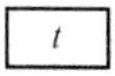	限时装置		单极拉线开关
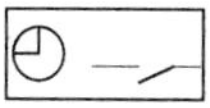	定时开关	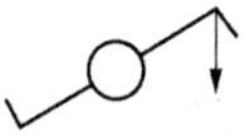	单极双控拉线开关
	钥匙开关	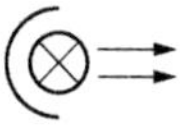	聚光灯

图形符号	说明	图形符号	说明
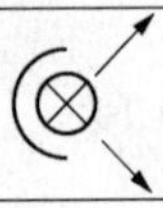	泛光灯	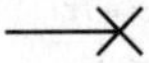	示出配线的照明引出线位置
	在墙上的照明引出线（示出配线向左边）		荧光灯一般符号三管荧光灯
		5	五管荧光灯
	防爆荧光灯		在专用电路上的事故照明灯
	自带电源的事故照明灯装置（应急灯）		灯或信号灯的一般符号
	气体放电灯的辅助设备注：仅用于辅助设备与光源不在一起时		投光灯一般符号
	警卫信号探测器		警卫信号区域报警器
	壁龛分线箱		警卫信号总报警器
	避雷针		电缆交接间
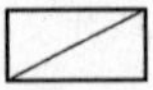	电源自动切换箱（屏）		架空交接箱
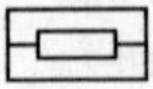	电阻箱		落地交接箱
	鼓形控制器		壁龛交接箱

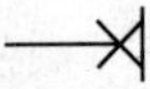

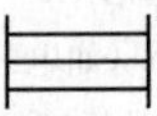

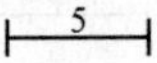

续表

图形符号	说明	图形符号	说明
	自动开关箱		分线盒的一般符号 注：可加注 $\frac{A-B}{C}D$ A—编号 B—容量 C—线序 D—用户数
	刀开关箱		室内分线盒
	带熔断器的 刀开关箱		室外分线盒
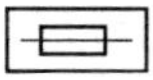	熔断器箱		分线箱
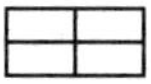	组合开关箱		深照型灯
	安全灯		广照型灯 （配照型灯）
	隔爆灯		防水防尘灯
	天棚灯		球形灯
	花灯		局部照明灯
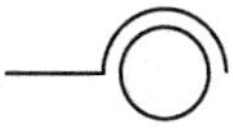	弯灯		矿山灯
	壁灯		

77

上述各种图形符号全部采用国标 GB 4728 中的规定。

19 文字符号分为几种？作用是什么？

答 电气工程文字符号分基本文字符号和辅助文字符号两种。一般标注在电气设备、装置和元器件图形符号上或其近旁，以标明电气设备、装置和元器件的名称、功能、状态和特征。

20 单字母基本文字符号有何作用？

答 单字母符号是按拉丁字母将各种电气设备、装置和元器件分为 23 大类，每大类用一个专用单字母表示，如电容器类用"C"表示，电动机用"M"表示，单字母应优先使用。

21 双字母基本文字符号有何作用？

答 双字母符号是由一个表示种类的单字母符号与另一个进一步详细具体表示电气设备、装置和元器件名称、功能、状态和特征的字母组成，种类字母在前，功能名称字母在后，如 KA 表示交流继电器，KM 表示接触器。

电气工程中常用的基本文字符号是由 GB 7159—1987《电气技术中的文字符号制订通则》引出，并补充了一些工程中常用的文字符号。这些文字符号与旧标准的文字符号是根本不同的，旧标准使用的是汉语拼音的字头。

22 辅助文字符号有何作用？

答 辅助文字符号是用来表示电气设备、装置和元器件以及线路的功能、状态和特征的，基本上使用的是英文名称的缩写，如异步的英文全称为 asynchronizing，其文字符号为 ASY，一般用大写；又如闭合的英文是 Close.on，而文字符号为 ON。辅助文字符号可单独使用，如 OFF 表示断开，P 表示压力等。

电气工程中常用的辅助文字符号同样由 GB 7159—1987 引出。这里将建筑电气工程图中常用的电气设备、元件及标注的文字符号新旧对照列出，供读图时参考，见表 2-4。

表 2 - 4   常用电气设备、元件文字符号新旧对照表

设备名称	文字符号			设备名称	文字符号		
	新符号	IEC	旧符号		新符号	IEC	旧符号
发电机	G	=	F	调节器	A	=	T
直流发电机	GD		ZF	电阻器	R	=	R
交流发电机	GA		JF	压敏电阻器	RV	=	YR
同步发电机	GS		TF	起动电阻器	RS		QR
异步发电机	GA		YF	制动电阻器	RB		ZDR
永磁发电机	GH		YCF	频敏变阻器	RF		PR
电动机	M	=	D	电感器	L	=	L
直流电动机	MD	=	ZD	电抗器	L		DK
交流电动机	MA	=	JD	起动电抗器	LS		QK
同步电动机	MS		TD	电容器	C	=	C
异步电动机	MA		YD	整流器	U	=	ZL
笼型电动机	MC		LD	变流器	U		BL
励磁机	GE		L	逆变器	U		NB
电枢绕组	WA		SQ	变频器	U		BP
定子绕组	WS		DQ	压力变换器	BP		YB
转子绕组	WR		ZQ	位置变换器	BQ		WZB
励磁绕组	WC		KQ	温度变换器	BT		WDB
电力变压器	TM	=	B	速度变换器	BV		SDB
控制变压器	TC		KB	避雷器	F		B
自耦变压器	TA		OB	母线	W	=	M
转角变压器	TR		ZB	电压小母线	WV	=	YM
稳压器	TS		WY	控制小母线	WCL	=	KM
电流互感器	TA	=	LH	合闸小母线	WCL	=	HM
电压互感器	TV	=	YH	信号小母线	WS	=	XM
熔断器	FU	=	RD	事故音响小母线	WFS	=	SYM
断路器	QF	=	DL	预告音响小母线	WPS	=	YBM
接触器	KM	=	C	闪光小母线	WF	=	(+)SM

设备名称	文字符号			设备名称	文字符号		
	新符号	IEC	旧符号		新符号	IEC	旧符号
直流母线	WB	=	ZM	压力继电器	KP		KLJ
电力干线	WPM	=	LG	控制继电器	KC		KJ
照明干线	WLM	=	MG	电磁铁	YA		DT
电力分支线	WP	=	LFZ	制动电磁铁	YB		ZDT
照明分支线	WL	=	MFZ	电磁阀	YY		DCF
应急照明干线	WFM	=	YJG	电动阀	YM		DF
应急照明分支线	WE	=	YJZ	牵引电磁铁	YT		QYT
插接式母线	WIB	=	CJM	起重电磁铁	YL		QZT
继电器	K	=	J	电磁离合器	YC		CLH
电流继电器	KA	=	LJ	开关	Q	=	K
电压继电器	KV	=	YJ	隔离开关	QS	=	G
时间继电器	KT	=	SJ	控制开关	SA	=	KK
差动继电器	KD	=	CJ	选择开关（转换开关）	SA		KZ
功率继电器	KPR	=	GJ	负荷开关	QL	=	FK
接地继电器	KE	=	JDJ	自动开关	QA		ZB
气体继电器	KB	=	WSJ	刀开关	QK		DK
逆流继电器	KR	=	NLJ	行程开关	ST		XK
中间继电器	KM	=	ZJ	限位开关	SL		XK
信号继电器	KS	=	XJ	终点开关	SE		ZDK
闪光继电器	KFR	=	DMJ	微动开关	SS		WK
热继电器（热元件）	KH	=	RJ	接近开关	SP		JK
温度继电器	KTE		WJ	按钮	SB	=	AN
重合闸继电器	KRr	=	CJ	合闸按钮	SB		
阻抗继电器	KZ	=	ZKJ	停止按钮	SBS	=	TA
零序电流继电器	KCZ	=	NJ	试验按钮	SBT		YA
频率继电器	KF		PJ	合闸线圈	YC	=	HQ

续表

设备名称	文字符号			设备名称	文字符号		
	新符号	IEC	旧符号		新符号	IEC	旧符号
跳闸线圈	YT	=	TQ	蓝色指示灯	HB	=	LAD
接线柱	X	=	JX	黄色指示灯	HY	=	UD
连接片	XB	=	IP	白色指示灯	HW	=	BD
插座	XS	=	CZ	照明灯	EL		ZD
插头	XP	=	CT	蓄电池	GB	=	XDC
端子板	XT	=	DB	光电池	B		GDC
测量设备（仪表）	P	=	—	电子管	VE		G
电流表	PA	=	A	二极管	VD		D
电压表	PV	=	V	三极管	V		BG
有功功率表	PW	=	W	稳压管	VS		WY
无功功率表	PR	=	var	晶闸管	VT		GZ
电能表	PJ	=	Wh	单结晶体管	V		BG
有功电能表	PJ	=	Wh	电位器	RP		W
无功电能表	RJR	=	varh	调节器	A		T
频率表	PF	=	HZ	放大器	A		FD
功率因数表	PPF	=	cosφ	测速发电机	BR		CSF
指示灯	HL	=	D	送话器	B		S
红色指示灯	HR	=	HD	受话器	B		SH
绿色指示灯	HG	=	LD	扬声器	B		Y

23 电气设备及线路的标注方法是什么？

答 电气工程图中常用一些文字（包括英文、汉语拼音字母）和数字按照一定的格式标注，来表示电气设备及线路的规格型号、编号、容量、安装方式、标高及位置等。这些标注方法必须熟练掌握，在读图中有很大用途。这里要特别注意，若采用英文则必须全部是英文，若采用汉语拼音则必须全部采用汉语拼音，不得混用。但是近几年来，工程图采用新标准，图几乎全部用英文标注。

电气设备及线路的标注方法见表2-5。

表 2-5 电气设备及线路标注方法

标注方式	说　明	IEC
$\dfrac{a}{b}$ 或 $\dfrac{a}{b}+\dfrac{c}{d}$	用电设备 a——设备编号 b——额定功率，kW c——线路首端熔断片或自动开关释放器的电流，A d——标高，m	
(1) $a\,\dfrac{b}{c}$ 或 $a-b-c$ (2) $a\,\dfrac{b-c}{d\ (e\times f)\ -g}$	电力和照明设备 (1) 一般标注方法 (2) 当需要标注引入线的规格时 a——设备编号 b——设备型号 c——设备功率，kW d——导线型号 e——导线根数 f——导线截面，mm^2 g——导线敷设方式及部位	
(1) $a\,\dfrac{b}{c/i}$ 或 $a-b-c/i$ (2) $a\,\dfrac{b-c/i}{d\ (e\times f)\ -g}$	开关及熔断器 (1) 一般标注方法 (2) 当需要标注引入线的规格时 a——设备编号 b——设备型号 c——额定电流，A i——整定电流，A d——导线型号 e——导线根数 f——导线截面，mm^2 g——导线敷设方式	
$a/b-c$	照明变压器 a——一次电压，V b——二次电压，V c——额定容量，VA	

续表

标注方式	说　　明	IEC
(1) $a-b\dfrac{c\times d\times L}{e}f$ (2) $a-b\dfrac{c\times d\times L}{-}$	照明灯具 (1) 一般标注方法 (2) 灯具吸顶安装 a——灯数 b——型号或编号 c——每盏照明灯具的灯泡数 d——灯泡容量，W e——灯泡安装高度，m f——安装方式 L——光源种类	
15	最低照度⊙（示出 15lx）	
(1) a (2) $\dfrac{a-b}{c}$	照明照度检查点 (1) a：水平照度，lx (2) $a-b$：双测垂直照度，lx c：水平照度，lx	
$\begin{array}{c} a-b-c-d \\ \diagdown\ \overline{\quad e-f \quad} \end{array}$	电缆与其他设施交叉点 a——保护管根数 b——保护管直径，mm c——管长，m d——地面标高，m e——保护管埋设深度，m f——交叉点坐标	
(1) ▼ ±0.000 (2) ▼ ±0.000	安装或敷设标高，m (1) 用于室内平面、剖面图上 (2) 用于总平面图上的室外地面	
(1) ⟍⟍⟍ (2) ⟍3 (3) ⟍n	导线根数，当用单线表示一组导线时，若需要示出导线数，可用加小短斜线或画一条短斜线加数字表示 例：(1) 表示 3 根 (2) 表示 3 根 (3) 表示 n 根	

续表

标注方式	说　　明	IEC
(1) 3×16×3×10 (2) $-×\phi 2\frac{1}{2}$in	导线型号规格或敷设方式的改变 (1) $3×16mm^2$ 导线改为 $3×10mm^2$ (2) 无穿管敷设改为导线穿管 $\left(\phi 2\frac{1}{2}in\right)$ 敷设，in 即英寸	
V	电压损失‰	
−220V	直流电压 220V	
$m\sim fV$ 3N~50Hz，380V	交流电 m—相数 f—频率，Hz V—电压，V 例：示出交流，三相带中性线 50Hz 380V	
L1（可用 A） L2（可用 B） L3（可用 C） U V W	相序 交流系统电源第一相 交流系统电源第二相 交流系统电源第三相 交流系统设备端第一相 交流系统设备端第二相 交流系统设备端第三相	
N	中性线	
PE	保护线	
PEN	保护和中性共用线	

24 用电设备如何标注？

答　用电设备的标注一般为 $\frac{a}{b}$ 或 $\frac{a}{b}+\frac{c}{b}$，如 $\frac{15}{75}$ 表示这台电动机在系统中的编号为第 15，电动机的额定功率为 75kW；如 $\frac{15}{75}+\frac{200}{0.8}$，表示

这台电动机的编号为第 15，功率为 75kW，自动开关脱扣器电流为 200A，安装标高为 0.8m；再如 $\frac{6}{7}+\frac{30}{1.5}$，表示编号第 6，功率 7kW，熔丝电流 30A，安装标高 1.5m。

自动开关脱扣器与熔丝的判断区别，一是电动机容量，二是标注数值与电动机额定电流的倍数（倍数≤2 时为自动开关脱扣器，倍数＞2 时为熔丝），其中，额定电流取额定功率数值的 2 倍。第一例 $\frac{15}{75}+\frac{200}{0.8}$，电动机功率较大，标注数 C 为 200，为额定电流 2×75 的 1.33 倍，因此，200 为自动开关脱扣器的整定值；第二例 $\frac{6}{7}+\frac{30}{1.5}$，电动机功率较小，$C$ 为 30，为额定电流 2×7 的 2.14 倍，因此，30 为熔丝电流。

25 电力和照明设备如何标注？

答 （1）一般标注方法为 $a\dfrac{b}{c}$ 或 $a-b-c$，如 $5\dfrac{Y200L-4}{30}$ 或 $5-$（Y200L−4）−30，表示这台电动机在该系统的编号为第 5，型号是 Y 系列笼型感应电动机，机座中心高 200mm，机座为长机座，四极，同步转速 1500r/min，额定功率 30kW。

（2）需要标注引入线时的标注为 $a\ \dfrac{b-c}{d\ (e\times f)-g}$，如 $5\dfrac{（Y200L-4）-30}{BLX（3\times35）G40-DA}$，表示这台电动机在系统的编号为第 5，Y 系列笼型电动机，机座中心高 200mm，机座为长机座，四极，同步转速 1500r/min，功率 30kW，三根 35mm² 的橡胶绝缘铝芯导线穿直径为 40mm 的水煤气钢管沿地板埋地敷设引入电源负荷线。其中，DA（汉语拼音）也可写作 FC（英文），若用英文标注则为 $5\dfrac{（Y200L-4）-30}{（3\times35）SC40-FC}$。

电气工程图中表达线路敷设方式、部位标注的文字代号见表 2-6 和表 2-7。

表 2-6　　　　电气工程图中表达线路敷设方式标注的文字代号

表达内容	标注代号	
	英文代号	汉语拼音代号
用轨型护套线敷设		
用塑制线槽敷设	PR	XC
用硬质塑制管敷设	PC	VG
用半硬塑制管敷设	FEC	ZVG
用可挠型塑制管敷设		
用薄电线管敷设	TC	DG
用厚电线管敷设		
用水煤气钢管敷设	SC	G
用金属线槽敷设	SR	GC
用电缆桥架（或托盘）敷设	CT	
用瓷夹敷设	PL	CJ
用塑制夹敷设	PCL	VT
用蛇皮管敷设	CP	
用瓷瓶式或瓷柱式绝缘子敷设	K	CP

表 2-7　　　　电气工程图中表达线路敷设部位标注的文字代号

表达内容	标注代号	
	英文代号	汉语拼音代号
沿钢索敷设	SR	S
沿屋架或层架下弦敷设	BE	LM
沿柱敷设	CLE	ZM
沿墙敷设	WE	QM
沿天棚敷设	CE	PM
在能进入的吊顶内敷设	ACE	PNM
暗敷在梁内	BC	LA
暗敷在柱内	CLC	ZA
暗敷在屋面内或顶板内	CC	PA
暗敷在地面内或地板内	FC	DA
暗敷在不能进入的吊顶内	AC	PNA
暗敷在墙内	WC	QA

26 配电线路如何标注?

答 配电线路的标注一般为 $d-b$ $(c×d+n+h)$ $e-f$, 如 $24-\text{BV}$ $(3×70+1×50)$ $G70-\text{DA}$, 表示这条线路在系统的编号为第 24, 聚氯乙烯绝缘铜芯导线 70mm^2 的三根、50mm^2 的一根, 穿管直径为 70mm 的水煤气钢管沿地板埋地敷设, 若用英文标注则为 $24-\text{BV}$ $(3×70+1×50)$ $\text{SC70}-\text{FC}$。

在工程中若采用三相四线制供电一般均采用上述的标注方式; 如为三相三线制供电, 则上式中的 n 和 h 为 0; 如为三相五线制供电, 若采用专用保护零线, 则 n 为 2; 若用钢管作为接零保护的公用线, 则 n 为 1。

上述的回路编号在实际工程中有时不单独采用数字, 有时在数字的前面或后面常标有字母(英文或汉语拼音), 这个字母是设计者为了区分复杂而多个回路时设置的, 在制图标准中没有定义, 读图时应按设计者的标注去理解, 如 M1、1M 或 3M1 等。

27 照明灯具如何标注?

答 照明灯具的标注通常有两种。

(1) 一般标注方法为 $a-b\dfrac{c×d×L}{e}f$, 如 $8-\text{YZ40RR}\dfrac{2×40}{2.5}\text{L}$, 表示这个房间或某一区域安装 8 只型号为 YZ40RR 的荧光灯, 直管形、日光色, 每只灯 2 根 40W 灯管, 用链吊安装, 吊高 2.5m, 指灯具底部与地面距离, 若用英文标注则为 $8-\text{YZ40RR}\dfrac{2×40}{2.5}\text{Ch}$。其中光源种类、设计者一般不标出, 因为灯具型号已示出光源的种类。

光源种类主要指; 白炽灯(1N)、荧光灯(FL)、荧光高压汞灯(Hg)、金属卤化物灯、高压钠灯(Na)、碘钨灯(1)、氙灯(Xe)、弧光灯(ARC)及用上述光源组成的混光灯、红外线灯(1R)、紫外线灯(UV)等。如果需要时, 则在光源种类处标出代表光源种类的括号内的字母。

电气工程图中表达照明灯具安装方式标注的代号见表 2-8。

表 2-8　　　　电气工程图中表达照明灯具安装方式标注的代号

表达内容	标注代号	
	英文代号	汉语拼音代号
线吊式	CP	
自在器线吊式	CP	X
固定线吊式	CP1	X1
防水线吊式	CP2	X2
吊线器式	CP3	X3
链吊式	Ch	L
管吊式	P	G
吸顶式或直附式	S	D
嵌入式（嵌入不可进入的顶棚）	R	R
顶棚内安装（嵌入可进入的顶棚）	CR	DR
墙壁内安装	WR	BR
台上安装	T	T
支架上安装	SP	J
壁装式	W	B
柱上安装	CL	Z
座装	HM	ZH

（2）灯具吸顶安装标注方法为 $a-b\dfrac{c\times d\times L}{}$，各种符号的意义同（1），因为吸顶安装，所以安装方式 f 和安装高度就不再标注。如果房间灯具的标注为 $2-JXD\dfrac{2\times 60}{}$，表示这个房间安装两只型号为 JXD6 的灯具，每只灯具 2 个 60W 的白炽灯泡，吸顶安装。

这里需要强调说明一点，一般的设计不在图上标注出电气设备、电动机、绝缘导线及灯具的型号，其型号都随图标注在图上的设备及材料表内，这样前述的几种标注即为以下方式，意义同上：

$5\dfrac{Y200L-4}{30}$ 或 $5-（Y200L-4）-30$，简化为 $\dfrac{5}{30}$

$5\dfrac{Y200L-4}{BLX(3\times35)G40-DA}$，简 化 为 $5\dfrac{30}{(3\times35)G40-DA}$ 或 $5\dfrac{30}{(3\times35)SC40-FC}$

$24-BV(3\times70+1\times50)G70-DA$，简化为 $24(3\times70+1\times50)$ $G70-DA$ 或 $24(3\times70\times+1\times50)SC70-FC$

$8-YZ40RR\dfrac{2\times40}{2.5}$，简化为 $8\dfrac{2\times40}{2.5}L$ 或 $8\dfrac{2\times4}{2.5}Ch$

$2-JXD6\dfrac{2\times60}{-}$，简化为 $2\dfrac{2\times60}{-}$

另外，图中有关一些电气设备及材料的内容应及时查找电气设备及材料手册，以便核对。

28 开关及熔断器如何标注？

答 （1）一般标注方法为 $a\dfrac{b}{c/i}$ 或 $a-b-c/i$，如 $m1\dfrac{DZ20Y-200}{200/200}$ 或 $m1-(DZ20Y-200)-200/200$，表示设备编号为 $m1$（m 是设计者为区分回路而设置的），开关的型号为 $DZ20Y-200$，即为额定电流为 $200A$ 的低压断路器，断路器的整定值为 $200A$。

（2）需要标注引入线时的标注方法为 $a\dfrac{b-c/i}{d(e\times f)-g}$，如 $m1\dfrac{(DZ20Y-200)-200/200}{BV(3\times50)CP-LM}$，若 用 英 文 标 注 则 为 $m1\dfrac{(DZ20Y-200)-200/200}{BV(3\times50)K-BE}$，表示为设备编号为 $m1$，开关型号为 $DZ20Y-200$ 低压断路器，整定电流为 $200A$，引入导线为塑料绝缘铜线，三根 $50mm^2$，用瓷瓶沿屋架敷设。

同样，上述的标注也可以用下列方法表达

$$\dfrac{m1}{200/200}$$ 或 $m1-200/200$

$$m1\dfrac{200/200}{(3\times50)CP-LM}$$ 或 $\dfrac{200/200}{(3\times50)K-BE}$

29 电缆的标注方式是什么？

答 电缆的标注方式基本同配电线路标注的方式相同，如 $n20-$

YJLV（3×185），GEFIXYKGOTX20，3×185mm² 的交联聚氯乙烯绝缘及聚氯乙烯炉护套 10kV 电力电缆，用电缆桥架沿车间墙壁敷设。其中 CT. WE 采用的是英文标注，见表 2-5 和表 2-6，读者可从中找出汉语拼音的标注方式。

当电缆与其他设施交叉时采用的标注方式为 $\dfrac{a-b-c-d}{e-f}$，如

$\dfrac{4-100-8-1.0}{0.8-f}$ 表示 4 根保护管，直径 100m，管长 8m 于标高 1.0m 处且埋深 0.8m，交叉点坐标 f 一般用文字标注，如与××管道交叉，××管应见管道平面布置图。

30 有关变更的表示方法是什么？

答 导线或电缆型号规格及敷设方式的变更可采用——×——的方式来说明。如 $\dfrac{3×16}{}×\dfrac{3×10}{}$ 表示 3×16mm² 的导线变为 3×10mm² 的导线，——×—$\dfrac{\phi40}{}$ 表示原线路不穿管而现改为穿 $\phi40$mm 的管。但在实际中则采用文字说明（如设计变更或图样会审纪要）记的形式来进行变更，并有设计者的签字。

31 读图的程序是什么？

答 实践中读图的程序一般按设计总说明、电气总平面图、电气系统图、电气设备平面图、控制原理图、二次接线图和电缆清册、大样图、设备材料表和图例并进的程序进行，如图 2-7 所示。

32 读图步骤及方法是什么？

答 阅读电气工程施工图时，一般可分三个步骤。

(1) 粗读。所谓粗读就是将施工图从头到尾大概浏览一遍，主要了解工程的概况，做到心中有数。粗读应掌握工程所包含的项目内容（变配电、动力、照明、架空线路或电缆、电动起重机械、电梯、通信、广播、电缆电视、火灾报警、保安防盗、微机监控、自动化仪表等项目）、电压等级、变压器容量及台数、大电机容量和电压及启动方式、系统工艺要求、输电距离、厂区负荷及单元分布、弱电设施及系统要求、主要设备材料元件的规格型号、联锁或调节功能作用、厂区

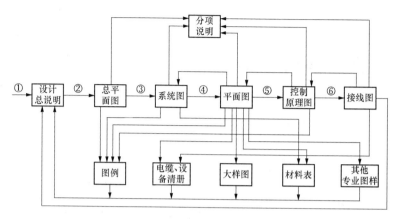

图2-7 读图的程序框图

平面布置、防爆防火及特殊环境的要求及措施、负荷级别、有无自备发电机组及 UPS 及其规格型号容量、土建工程要求及其他专业要求等。粗读除浏览外，主要是阅读电气总平面图、电气系统图、设备材料表和设计说明。

（2）细读。所谓细读就是按本部分的读图程序和读图要点即每项应注意并掌握的内容仔细阅读每一张施工图，达到读图要点中的要求，并对以下内容做到了如指掌。

1）每台设备和元件安装位置及要求。

2）每条管线路走向、布置及敷设要求。

3）所有线路连接部位及接线要求。

4）所有控制、调节、信号、报警工作原理及参数。

5）系统图、平面图及关联图样标注一致，无差错。

6）系统层次清楚、关联部位或复杂部位清楚。

7）土建、设备、采暖、通风空调、装饰、管道等其他专业分工协作明确。

（3）精读。所谓精读就是将施工图中的关键部位及设备、贵重设备及元件、电力变压器及变电所、大型电机及机房设施、复杂控制装置的施工图重新仔细阅读，系统掌握中心作业内容和施工图要求，不但做到了如指掌，而且还应做到胸有成竹滴水不漏。

对于一般小型且较简单或项目单一的工程，在读图时可直接进行精读，而对大、中型且项目较多的工程，在读图时应按粗读—细读—精读的步骤进行。

➡ **33** 读图注意事项有哪些？

答 （1）读图切忌粗糙，而应力求精细。粗读是读图的一个步骤，粗读而不粗，必须掌握一定的内容，了解工程的概况，做到心中有数。如果按粗读—细读—精读的三个步骤读图，那么就应按其要求，扎扎实实地读下去，掌握全部内容。如果不按前述的三个步骤读图，那么一开始便应进行细读，细读而要精，并按其要求掌握施工图的全部内容。

（2）读图时要做好记录，要做到边读边记。做好读图记录，这样一方面是帮助记忆，另一方面为了便于携带，以便随时查阅及会审图样时提出问题。记录的主要内容有：主要设备规格型号及台数、变压器控制及保护方式、大型电动机启动方式、复杂控制系统及其采用的主要部件及控制原理、各个系统的主要参数、机房设施平面布置及引入引出管线的分布走向和编号、管线及设备与其他专业交叉部位、标注前后不符、图样前后不符、缺项或漏项、图样表达不清或不齐全不能施工部位、图样有误或功能不能实现、图样与标准不符或经核算后设备材料规格有较大出入者、图样与国家政策有较大误差及偏离者、读图者认为图样有误或有疑问等部位。除记录上述内容外，应记录图号并在该图上用铅笔标注，以便核查。

（3）读图切忌无头无绪，杂乱无章。一般应按房号、回路、车间、某一子系统、某一子项为单位，按读图程序一一阅读。每张图全部读完后再读下一张图，如读该图中间，遇有与另张图有关联或标注说明时，应找出另张图，但只读到关联部位了解连接方式即可，然后返回来再继续读完原图。

（4）读图时，对图中所有设备、元件、材料的规格、型号、数量、备注要求要准确掌握。其中材料的数量要按工程预算的规则计算，图中设备材料清单列出的材料数只是概算估计数，不以此为准。同时手头应有常用电气设备及材料手册，以便随时查阅。

（5）读图时，凡遇到涉及土建、设备、暖通、空调等其他专业的问题时要及时翻阅对应的图样，读图后除详细记录外，应与其他专业技术负责人取得联系，对其中交叉跨越、并行或需要互相配合的问题要取得共识，并且在会审图样纪要上写明责任范围，共同遵守。

（6）读图时要尊重原设计，不得随意更改图中的任何内容，因为施工图的设计者是负有法律责任的。对于图中确为不妥之处须经有经验的第三人证实后且应做好笔录，以便在会审图样时提出；对于图中确为错误部分除经第三人证实外，还应进行核算。经核算证实为误时，应与设计者商榷，由设计者提出设计变更。当设计者不能接纳时，可在会审图样时提出，由设计者回复。所谓不妥，是指按图中的要求和方法去施工将会浪费大量原材料、增加施工工期、有碍安全施工或有碍工程质量。所谓错误，是指按图中的要求和方法去施工将会造成电气功能不能实现、酿成施工事故或发生危险、对生产工艺有不良影响或对投入使用后的运行有不良影响。不妥和错误要严格区分，但无论怎样都要妥善解决，对图样提出疑义时要有足够的证据，要讲究方法，一是要以理服人，二是要感情上过得去。

（7）读图必须弄清各种图形符号和文字符号、各种标注的意义。对于一些不规范或旧标准的符号和标注，应查阅依据或经人旁证，不得随意定义其含义，必要时应询问设计者。

（8）读图时应注意图中采用的比例，特别是图较多时，各图上的比例都不同，否则对编制预算和材料单将会有很大影响。导线、电缆、管路、槽钢、防雷线等以长度单位计算工作量的都要用到比例。

（9）读图时应注意图中采用的标准、规范、标准图册或图集，凡是涉及的都应按读图要点的要求仔细阅读，不能漏掉，同时应及早准备图中涉及的标准和图册。

（10）读控制原理时，特别是较复杂的原理图，须先弄清图中各元件（PC、程控器、继电器、转换开关、机械触头）的功能及得电、失电后的动作状况以及每副触头在图上的分布位置，分析操作后或得电失电后每个回路（指每个继电器及其串接的各种触头与电源形成的回路）的动作情况，然后再分析联动情况。一个回路一个回路地分析，就把一个很复杂的电路分解成了数个简单的回路，同时看该回路涉及的触头所接成的回路动作情况，这样便于分析电路。

（11）读图切忌烦躁、切忌急于求成，对于大型工程或工期很紧的工程，可按子系统分开，分别设人读图、分工协作，有利于取长补短，有利于互相研究探讨。单独一人读较大工程的施工图时，要注意时间上的安排，注意劳逸结合，读图时要精力充沛。读图一定要一张一张、一个回路一个回路、一个子系统一个子系统、一个单元一个单元、一个房号一个房号地逐一阅读。

（12）读图切忌不懂装懂，切忌只知其一，不知其二，对于图中不懂之处应及时查找资料或咨询他人，以免影响下面的读图。

（13）读图时要根据电源或变压器的容量、回路个数、负荷分布、线路的距离，考虑末端压降，必要时要进行核算，以防末端电压太低，造成电动机启动困难或发生其他事故。

（14）读平面图时要考虑管线在竖直高度上的敷设情况，多层建筑时，要考虑相同位置上的元件、设备、管路的敷设，考虑标准层和非标准层的区别。对于图中由此穿上↗，由此引下↙，由下经此引上↖，以及由上经此引下↘等标注及箭头所指具体位置应一一对应，并且应正确无误。

（15）读图时，对于回路较多，系统较复杂、且工程较大的要注意回路编号，柜、箱、盘编号及其他按顺序标注的符号应前后一致，如有差错要及时纠正，并在会审图样时提出。各图之间的衔接点需标注明确，正确无误。

（16）读接线图时要对照原理图和电缆清册，要正确区分哪些线已在柜内接好，哪些线是用电缆或导线重新配线连接，电缆编号、图中所指由×××引来或去×××必须核查，应正确无误。要核对电缆线芯数与端子板数是否适应，要正确区分电力电缆和控制电缆的使用。

（17）读大样图时，几何尺寸的标注与安装位置的具体尺寸应适应，要核查安装位置的图样及尺寸，同时要核查加工件的质量与安装位置的承载能力是否适应。

（18）读控制原理图时要注意控制电源小母线的标注及系统的接线方式，要掌握各类小母线从控制电源引出的方式，一是不要记错，二是要记住它们的作用，三是要记住它们的极性，这样读图会得心应手。

（19）读图时要核对图样目录所列与实际图数是否相符，如漏装或错装要及时与设计单位取得联系，以便更正。工程中应有的图样而设计者没有出图样的应经过图样会审向设计者索取。

（20）读图时要核查施工图的设计与国家有关设计技术规范、规程是否相符；图与图之间有无矛盾或标注编号是否统一；各设备元件之间的联系是否清楚；工程规模及难度与施工队伍的技术水平、技术装备是否适应，能否实现设计要求，如有困难应进行协商解决。

（21）图中的设备、材料、元件规格型号繁多，与市场行情有无矛盾，有无特殊器件市场难以满足。上述器件能否改为通用器件，以加快工程进度。在不影响工程质量且能满足设计要求时可建议设计进行修订，以市场通用器件为主，以降低成本，缩短工期。

（22）对图中交待不明确的地方和疑问点经他人核实且解决不了的应及时请设计单位解释清楚，需要用图表示的，可向设计单位索取补充图样。对于能降低成本、缩短工期、保证系统功能正常安全使用的合理化建议应在会审图样时提出，当好建设单位的参谋。

（23）读图时要注意原设计是否符合国家建设方针和政策；设计图样安全性能是否合理，能否保证今后运行安全；设计与当地的施工条件是否一致；埋地线缆与原地下管道有无矛盾；电气安装与土建施工的配合上存在哪些技术问题及矛盾，安装技术的一些特殊要求，土建施工水平能否达到等。

（24）读图时要特别注重各类机房设施及布置、40kW 以上电动机及其控制线路、压力等涉及安全的各类仪表、电子控制设备及大型整流设备或逆变装置、各类高压电气设备及线路、自备发电装置及并网或同期装置、电梯及电动起重机的安全装置及保护系统、火灾自动报警及其联动系统、防盗保安系统及其装置、爆炸火灾环境的电气装置、贵重设备、进口电气设备等。必要时，上述设备的图样应由专业工程师负责且由两人及两人以上的技师或技术人员读图。

➤ **34** 住宅楼电气线路的读图方法是什么？

答　这里以某建筑设计院为某制氧机厂设计的住宅楼电气线路为例，说明其读图方法。

表 2-9 是该项工程的图样目录，从目录可知该住宅楼的电气线路包括照明、电话、有线电视及防雷四部分。

表 2 - 9　　　　　　　　　图样目录（格式）

××市设计院	图样目录		工程编号	
	工程名称	××制氧机厂	98～046	
1998 年 8 月 14 日	项目	住宅楼	共 1 页第 1 页	

序号	图别图号	图样名称	采用标准图或重复使用图		图样尺寸	备注
			图集编号或工程编号	图别图号		
1	电施 1/12	说明　设备材料表			2 号	
2	电施 2/12	底层组合平面图			2 号加长	
3	电施 3/12	配电系统图			2 号加长	
4	电施 4/12	BA 型标准层照明平面图			2 号加长	
5	电施 5/12	BA 型标准层弱电平面图			2 号加长	
6	电施 6/12	B 型标准层照明平面图			2 号	
7	电施 7/12	B 型标准层弱电平面图			2 号	
8	电施 8/12	C 型标准层照明平面图			2 号	
9	电施 9/12	C 型标准层弱电平面图			2 号	
10	电施 10/12	地下室照明平面图			2 号加长	
11	电施 11/12	屋顶防雷平面图			2 号加长	
12	电施 12/12	CATV 系统图				
		电话系统图			2 号	

审查　　　　　　　　校对　　　　　　　填表人

　　表 2 - 10 是该项工程的设备材料表及设计说明，表达了主要设备的规格型号、安装方式及标高，说明了系统的基本概况及保护方式。可知系统采用三相四线制进线，进线后采用三相五线制。这里要注意到，重复接地和防雷接地是利用基础地梁内的主钢筋为接地极的，其引线必须与主钢筋可靠焊接，同时防雷的避雷带的引下线是利用结构柱内的主钢筋作为引下线的。重复接地和保护接地共用同一接地极，接地

电阻不应大于4Ω，否则应补打接地极。有关照明配电箱内的开关设备、计量仪表的规格型号表中没有说明，但在配电系统图中做了详尽说明。

表 2 - 10　　　　　　　　设 备 材 料 表

图例	设备名称	设备型号	单位	备注
■	照明配电箱	XRB03—G1（A）改	个	底距地 1.4m 暗装
■	照明配电箱	XRB03—G2（B）改	个	底距地 1.4m 暗装
⊢——⊣	荧光灯	30W	套	距地 2.2m 安装
⊢——⊣	荧光灯	20W	套	距地 2.2m 安装
③	环型荧光吸顶灯	32W	套	吸顶安装
①	玻璃罩吸顶灯	40W	套	吸顶安装
②	平盘灯	40W	套	吸顶安装
⊗	平灯口	40W	套	吸顶安装
✔	二联单控翘板开关	P86K21—10	个	距地 1.4mm 暗装
▲	二三极扁圆两用插座	P86Z223A10	个	除卫生间、厨房阳台插座安装高度为 1.6m 外，其他插座安装高度均为 0.3m，卫生间插座采用防溅型
✔	单联单控翘板防溅开关	P86K21F—10	个	距地 1.4m 暗装
✔	单联单控翘板开关	P86K11—10	个	距地 1.4m 暗装
¶	拉线开关	220V4A	个	距顶 0.3m
⬥	光声控开关	P86KSGY	个	距顶 1.3m 暗装
✕	电话组线箱	ST0—10ST0—30	个	底距地 0.5m
⊠	电话过路接线盒	146HS60	个	底距地 0.5m

图例	设备名称	设备型号	单位	备注
▭	电视前端箱	400×400×180	个	距地 2.2m 暗装
▼	分支器盒	200×200×180	个	距地 2.2m 暗装
Ⓗ	电话出线座	P86ZD—I	个	距地 0.3m 暗装
Ⓣ	有线电视出线座	P86ZTV—I	个	距离 0.3m 暗装
▲	二极扁圆两用插座	220V 10A	个	距离 2.3m 安装
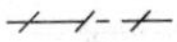 ⟋ ⋅ ⟋ ⋅ ⟋	接地母线	—40mm×4mm 镀锌扁钢或基础梁内主钢筋	m	
 ×××	避雷带	ϕ8mm 镀锌圆钢	m	
	管内导线	BX35mm² BX25mm²	m	
	管内导线	BV35mm² BV25mm² BV10mm²	m	
	管内导线	BV2.5mm²	m	
	电话电缆	HYV (2×0.5) ×10	m	
	电话电缆	HYV (2×0.5) ×20	m	
	电视电缆	SYV—75—9	m	
	电视电缆	SYV—75—5	m	
	电话线	RVB (2×0.2)	m	
	焊接钢管	SC50 SC32 SC25	m	
	PVC阻燃塑料管	PVC15	m	

设计说明：

（1）土建概况。本工程为砖混结构，标准层层高 2.8m。

（2）供电方式。本工程电源为三相四线架空引入，引自外电杆，电压 380/220V。

（3）导线敷设。采用焊接钢管或 PVC 管在墙、楼板内暗敷，图中未注明处为 BV（3×2.5）SC15 或 BV（3×2.5）PVC15，相序分配上第 1~2 层为 A 相，第 3~4 层为 B 相、第 5~6 层为 C 相。

（4）保护。本工程采用 TN-C-S 制，电源在进户总箱重复接地。利用基础地梁做接地极，接地电阻不大于 4Ω，否则补打接地极。所有配电箱外壳，穿线钢管均应可靠接地。

（5）防雷。屋顶四周做避雷带，并利用图中所示结构柱内两根主钢筋做引下线，顶部与避雷带焊接，底部与基础地梁焊为一体，实测接地电阻不大于 4Ω，否则补打接地极。

（6）电话及电视。电话采用架空引入，电话干线采用电缆，分支线采用 RVB（2×0.2）型电话线，有线电视采用架空引入，各层设置分支器盒，有线电视干线采用 SYV-75-9 型电缆，分支线采用 SYV-75-5 型电缆。

（7）其他。本工程施工做法均参见《建筑电气通用图集》。

施工中应密切配合土建、设备等其他专业，做好管道预埋及孔洞预留工作。

35　配电系统图如何识读？

答　图 2-8 所示为前一问中某制氧机厂住宅楼照明电路的系统图。在识图过程中，先找出主引入电路到各单元电路的连接线，如图 2-8 中 380/220 V 主线引入电路到各层级电路。然后确定图中的单元电路，如图 2-8 中共有 6 个单元电路，其中有 5 个相同单元电路，也就是第 2~6 层相同。再确定每个单元电路中所用元件及元件个数，连接方式等，同时要查询每一路的电流回路是否正确。

36　楼宇系统的特点是什么？

答　系统采用三相四线制，架空引入，导线为三根 35mm² 加一根 25mm² 的橡胶绝缘铜线（BX）引入后穿直径为 50mm 的水煤气管（SC）埋地板（FC），引入到第一单元的总配电箱。第二单元总配电箱的电源是由第一单元总配电箱经导线穿管埋地板引入的，导线为三根 35mm² 加两根 25mm² 的塑料绝缘铜线（BV），35mm² 的导线为相线，25mm² 的导线一根为工作零线，一根为保护零线。穿管均为直径 50mm 的水煤气管。其他三个单元总配电箱的电源的取得与上述相同，如图 2-8 所示。

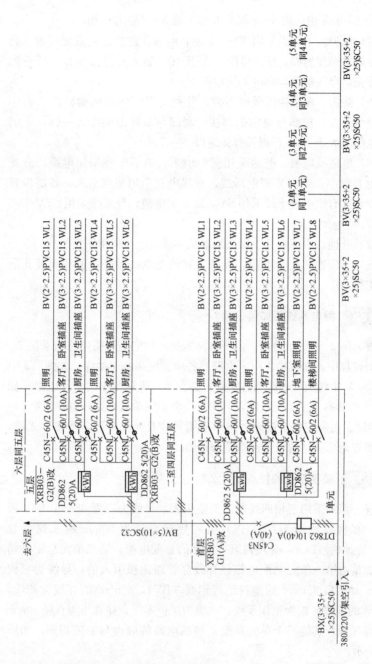

图 2 - 8 照明配电系统图

100

这里需要说明一点，经重复接地后的工作零线引入第一单元总配电箱后，必须在该箱内设置两组接线板，一组为工作零线接线板，各个单元回路的工作零线必须由此接出，另一组为保护零线接线板，各个单元回路的保护零线必须由此接出，两组接线板的接线不得接错，不得混接。最后将这两组接线板的第一个端子用 $25mm^2$ 的铜线可靠连接起来。这样，就形成了说明中要求的 TN-C-S 保护方式。

➤ **(37)** 照明配电箱分为几种？功能分别是什么？

答 照明配电箱分两种，首层采用 XRB03-G1（A）型改制，其他层采用 XRB03-G2（B）型改制，其主要区别是前者有单元的总计量电能表，并增加了地下室照明和楼梯间照明回路。

（1）XRB03-G1（A）型配电箱配备三相四线总电能表一块，型号 DT862-10（40）A，额定电流 10A，最大负载 40A；配备总控三极断路器一块，型号 C45N/3（40A），整定电流 40A。该箱有三个回路，其中两个配备电能表的回路分别是供首层两个住户使用的，另一个没有配备电能表的回路是供该单元各层楼梯间及地下室公用照明使用的。

其中供住户使用的回路，配备单相电能表一块，型号 DD862-5（20）A，额定电流 5A，最大负载 20A，不设总开关。每个回路又分三个支路，分别供照明、客厅及卧室插座、厨房及卫生间插座，支路标号为 WL1～WL6。照明支路设双极断路器作为控制和保护用，型号 C45N-60/2，整定电流 6A；另外两个插座支路均设单极空气漏电开关作为控制和保护用，型号 C45NL-60/1，整定电流 10A。公用照明回路分两个支路，分别供地下室和楼梯间照明用，支路标号为 WL7 和 WL8。每个支路均设双极断路器作为控制和保护，型号为 CN45-60/2，整定电流 6A。

从配电箱引自各个支路的导线均采用塑料绝缘铜线穿阻燃塑料管（PVC），保护管径为 15mm，其中照明支路均为两根 $2.5mm^2$ 的导线（一零一相），而插座支路均为三根 $2.5mm^2$ 的导线，即相线、工作零线、保护零线各一根。

（2）XRB03-G2（B）型配电箱不设总电能表，只分两个回路，供每层的两个住户使用，每个回路又分三个支路，其他内容与 XRB03-G1（A）型相同。

（3）该住宅为 6 层，相序分配上 A 相 1～2 层，B 相 3～4 层，C 相 5～6 层，因此由一层到六层竖直管路内导线是这样分配的：

1）进户四根线，三根相线一根工作零线。

2）1～2 层管内五根线，三根相线，一根工作零线，一根保护零线。

3）2～3 层管内四根线，二根相线（B、C），一根工作零线，一根保护零线。

4）3～4 层管内四根线，二根相线（B、C），一根工作零线，一根保护零线。

5）4～5 层管内三根线，一根相线（C），一根工作零线，一根保护零线。

6）5～6 层管内三根线，一根相线（C），一根工作零线，一根保护零线。

这样需要说明一点，如果支路采用金属保护管，管内的保护零线可以省掉，而利用金属管路作为保护零线。

38 底层组合平面图各部分含义是什么？

答 图 2-9 所示某制氧机厂住宅楼电气线路的组合平面图，是一附加图，主要说明电源引入、电话线引入、有线电视引入以及楼梯间管线引上引下的，仅以某一单元为例加以说明。

（1）电源的引入是在标高 2.8m 处架空引入的，然后埋地板引到楼梯间的总配电箱 A 内。由 A 箱引出三个回路，其中引上（↗）是由首层引至二层配电箱的电源，引下（↙）是由首层引至地下室照明的电源，引至声控开关（↑）是楼梯照明的电源，同时由声控开关处上引至上层楼梯照明处，然后再引至上层直到顶层。这个声控开关就是这层楼梯照明的开关。楼梯间照明共为 5 盏平灯口灯吸顶安装，每层一盏，每盏 25W。

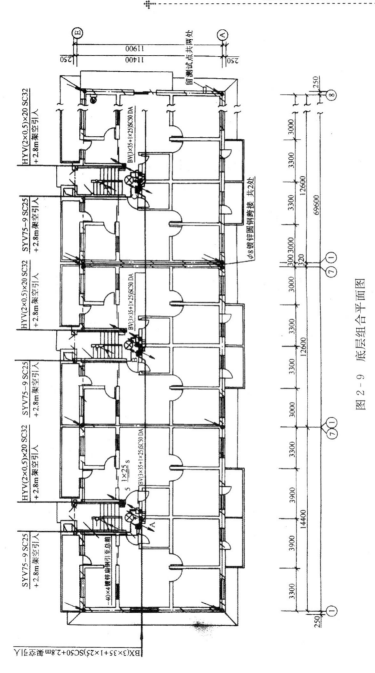

图 2 - 9　底层组合平面图

这里还有一个引出回路，就是经楼板穿管后引至相邻单元总照明箱的电源，在系统图中已进行了说明。

（2）单元入口处的地下室门口有一拉线开关（↗）并标有由下引来的符号，这是地下室进口处照明灯的开关暗盒上设置，导线是穿管由下引来的。

（3）单元入口处的左隔墙上标有有线电视电缆的引入，标高2.8m，用同轴电缆穿水煤气管埋楼板引入至楼梯间声控开关右侧的前端箱内，这里标有向上引的符号↗，表示由此向上层同样位置引管，然后再引管直至顶层。引入电缆采用SYV75-9同轴电缆，穿管采用水煤气管，直径25mm。

（4）单元入口处的右隔墙上标有外线电话电缆的引入，标高2.8m，用电话电缆穿管埋楼板引入至楼梯间入口处的电话组线箱内，同样标有向上引的符号，表示由此向上层同样位置引管，然后再引管直到顶层。引入电缆采用HYV（2×0.5）×20电话电缆，20对线，线芯直径0.5mm，穿管采用水煤气管，直径32mm。

（5）墙体四周标有↙符号共14处，表示柱内主钢筋为接地避雷引下线，主筋连接必须电焊可靠。在伸缩缝处应用ϕ8mm镀锌圆钢焊接跨接。

（6）左、右边墙上留有接地测试点各一处，一般用铁盒装饰。

39 标准层照明平面图各部分含义是什么？

答 该楼分五个单元，其中中间三个单元的开间尺寸及布置相同，两个边单元各不相同，并与中间单元开间布置不同，因此，五个单元照明平面图只有三种布置，现以右边单元BA型标准层照明平面图为例说明，如图2-10所示。

（1）左侧①～④轴房号。

1）根据设计说明中的要求，图中所有管线均采用焊接钢管或PVC阻燃塑料管沿墙或楼板内敷设，管径15mm，采用塑料绝缘铜线，截面积2.5mm²，管内导线根数按图中标注，在黑线（表示管线）上没有标

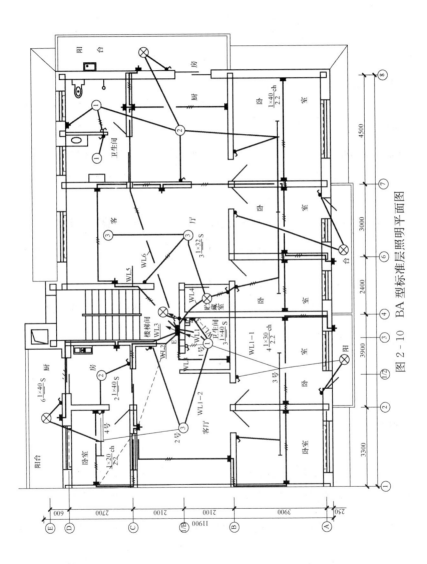

图 2 - 10　BA 型标准层照明平面图

注的均为两根导线，凡用斜线标注的应按斜线标注的根数计，如 ///// 即为三根导线。

2）电源是从楼梯间的照明配电箱 E 引入时，共有三个支路，即 WL1、WL2、WL3，这和系统图是对应的，但是其中 WL3 引出两个分路，一是引至卫生间的扁圆两用插座上，图中标注是经 1/B 轴用直角引至 B 轴上的，实际中这根管是由 E 箱直接引出经地面或楼板再至插座上去的，不必有直角弯。另一是经③轴沿墙引至厨房的两个插座，③轴内侧一只，D 轴外侧阳台一只，实际工程也应为直接埋楼板引去，不必沿墙拐直角弯引去。按照设计说明的要求，这三只插座的安装高度为 1.6m，且卫生间应采用防溅式，全部暗装。两分路在箱内则由一个开关控制。

3）WL1 支路引出后的第一接线点是卫生间的玻璃罩吸顶灯（①1 号）40W、吸顶安装，标注为 $3\dfrac{1\times40}{}S$，这里的 3 是与相邻房号卫生间（见图 2-10 的右上角⑦-⑧轴与ⓒ-ⓓ之间）共同标注的。然后再从这里分散出去，共有三个分路，即 WL1-1、WL1-2、WL1-3。到这里还有引至卫生间入口处的一管线，接至单联单控翘板防溅开关（⌐）上，这一管线不能作为一分路，因为它只是控制 1 号灯的一开关。该开关暗装，标高 1.4m，图中标注的三根导线，其中一根为保护线。

4）WL1-1 分路是引至 A-B 轴卧室照明的电源，在这里 3 号又分散出两个分支路，其中一路是引至另一卧室荧光灯（|——|）的电源，另一路是引至阳台平灯口吸顶灯的电源。WL1-1 分路的三个房间的入口处，均有一单联单控翘板开关（⌐）。控制线由灯盒处引来，分别控制各灯。其中荧光灯为 30W，吊高 2.2m，链吊安装（Ch），标注为 $4\dfrac{1\times30}{2.2}Ch$，这里的 4 是与相邻房号共同标注的；而阳台平灯口吸灯为 40W，吸顶安装，标注为 $6\dfrac{1\times40}{}S$，这标注在 WL1-2 分路的阳台上以见该图左上角ⓓ-ⓔ轴的阳台。而单控翘板开关均为暗装，距离 1.4m。

这里的 6 包括贮藏室和楼梯间的吸顶灯。

5）WL1-2 分路是引至客厅、厨房及Ⓒ-Ⓔ轴卧室及阳台的电源。其中，客厅为一环型荧光吸顶灯③2 号，32W，吸顶安装，标注为 $3\frac{1\times32}{}S$，这个标注写在相邻房号的客厅内。这吸顶灯的控制为一单联单控翘板开关，安装于进口处，暗装，同前。从 2 号灯将电源引至Ⓒ-Ⓓ轴的卧室一荧光灯处，该灯 20W，吊高 2.2m，链吊安装，其控制为门口处的单联单控翘板开关，暗装同前。从该 4 号灯又将电源引至阳台和厨房，阳台灯具同前阳台，厨房灯具为一平盘吸顶灯，40W，吸顶安装，标注为 $2\frac{1\times40}{}S$，又为共同标注，控制开关于入口处，安装同前。

6）WL1-3 分路是引至卫生间本室内④轴的两极扁圆两用插座暗装，安装高度 2.3m（为了与另一插座取得一致，应为 1.6m）。

由上分析可知，1 号、2 号、3 号、4 号灯处有两个用途，一是安装本身的灯具，二是将电源分散出去，起到分线盒的作用，这在照明电路中是最常用的。再者从灯具标注上看，同一张图样上同类灯具的标注可只标注一处，这在识读中要注意。

7）WL2 支路引出后沿③轴、Ⓒ轴、Ⓓ轴及楼板引至客厅和卧室的二三极两用插座上，实际工程均为埋楼板直线引入，没有沿墙直角弯，只有相邻且于同一墙上安装时，才在墙内敷设管路（见⑦轴墙上插座）。插座回路均为三线（一相线、一保护线、一工作零线），全部暗装，安装高度厨房和阳台为 1.6m，卧室均为 0.3m。

8）楼梯间照明为 40W 平灯口吸顶安装，声控开关距顶 0.3m；配电箱暗装，下皮距地面 1.4m。

（2）右侧④～⑧轴房号的线路布置及安装方式基本与①～④轴相同，只是灯及其管线较多而已，需要说明一点的就是于⑦轴上的两只翘板开关对应安装，标高一致即可。

综上所述，可以明确看出，标注在同一张图样上的管线，凡是照明及其开关的管线均是由照明箱引出后上翻至该层顶板上敷设安装，并由顶板再引下至开关上；而插座的管线均是由照明箱引出后下翻至该层地板上敷设安装，并由地板上翻引至插座上，只有从照明回路引出的插座才从顶板引下至插座处。

图 2-11 和图 2-12 所示为该楼 C 型标准层和 B 型标准层的照明平面图，读者可自行分析，方法与 BA 型基本相同。为了进一步说明插座回路应尽量减少直角管线，在图中做了部分修改，请读者注意左右对照。

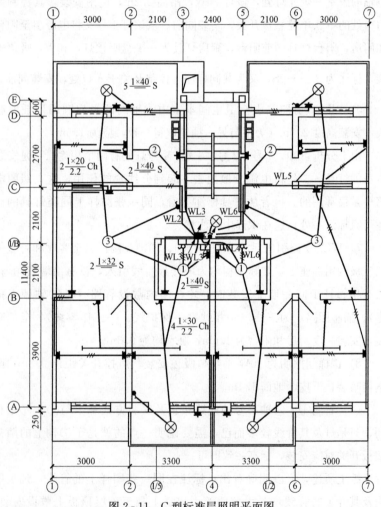

图 2-11 C 型标准层照明平面图

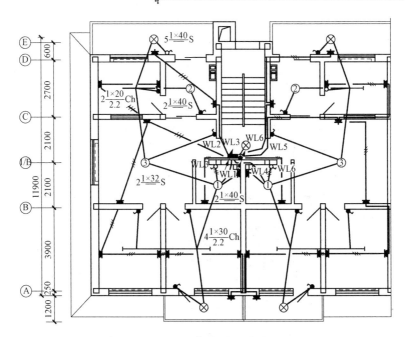

图 2-12 B 型标准层照明平面图

40 地下室照明平面图各部分含义是什么?

答 图 2-13 所示为该楼地下室照明平面图,由图可知,地下室也分五个单元,仅以 BA 型为例进行说明。

电源的引入是从一层楼梯间总照明配电箱引入的,图 2-13 中走廊墙上由上向下引入的标注(↙),这与图 2-9 和图 2-10 是对应的。电源是引入在这里设置的一个接线盒,盒暗装距顶 0.15m,然后从该盒将电源分为两个支路,一个是走廊的三盏平顶口吸顶灯,其控制开关是由设在④轴墙上的管引至地下室入口处且上翻至门口开关的(如图 2-9 所示)。另一个支路是先引至 1 号地下室,然后再从 1 号引至 2 号,从 2 号再引至其他各室,每室均在门口开门处设置拉线开关,一般明装,距顶 0.15m。所有的管线均采用 BV(3×2.5)穿钢管暗设于顶板内,管径 15mm,灯具标注为 $18\dfrac{1\times25}{}$S,即共 18 盏,每盏 25W,吸顶安装。其他单元与之基本相同,可自行分析。

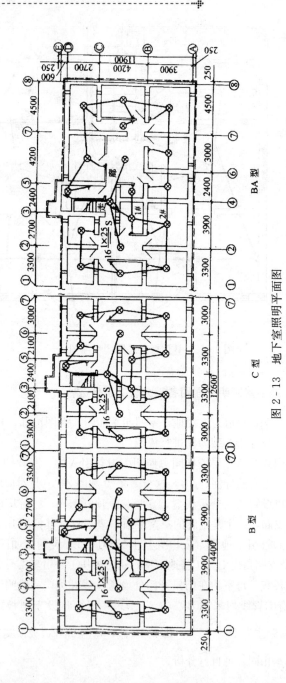

图 2 - 13 地下室照明平面图

➤ **41** 弱电系统图各部分含义是什么？

答 图2-14和图2-15所示分别是有线电视系统图和电话系统图。

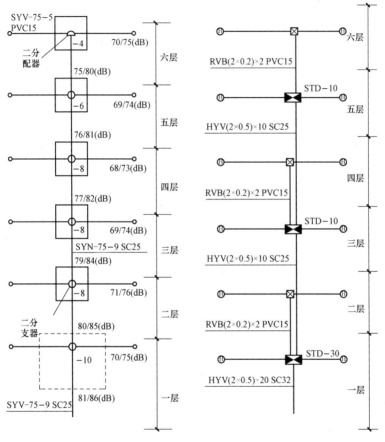

图2-14 有线电视系统图　　　　图2-15 电话系统图

（1）由图2-14可知，有线电视的信号用SYV-75-9同轴电缆架空引入后穿管引至前端箱，引入信号的电平为81/86dB，分子表示低频道电平值，分母表示高频道电平值，其电缆衰减为1dB，即前端的输出为80/85dB，其前端插接损耗为10dB，即一层用户电平为70/75dB，用户端电平标准规定为70/75dB，因此可正常收看。

由一层前端到二楼二分支器为 SYV-75-9 同轴电缆穿管垂直敷设，电缆衰减为 1dB，则二分支器输出为 79/84dB，二分支器插接损耗为 8dB，二层用户电平为 71/76dB。

由二层到五层二分支器输出分别为 77/82dB、76/81dB、75/80dB，用户电平分别为 69/74dB、68/73dB、69/74dB。

六层二分配器损耗为 4dB，电缆损耗为 1dB，因此用户电平为 70/75dB。

每层均为两个用户，其接收终端电平均在标准允许范围以内。

(2) 由图 2-15 可知，电话线路由 HYV 电话电缆架空引入后穿管引至一层的电话组线箱，STD 这个组线箱有四个作用，一是一层用户的接线箱，二是二层用户的分线箱（由此引至二层的过路接线盒），三是三层组线箱的接线箱，四是架空引入接线箱。三层和五层设置的组线箱与此基本相同。

干线电缆使用 HYV（2×0.5）×10 电话电缆，穿焊接钢管，管径为 25mm，垂直埋藏敷设，支线使用 RVB（2×0.2）×2 电话电线，穿管埋墙敷设、管为 PVC 阻燃塑料管，管径为 15mm。

➡ **42** 平面图各部分含义是什么？

答 图 2-16、图 2-17、图 2-18 所示分别为 BA 型、C 型、B 型标准层弱电系统图。仅以图 2-16 为例说明，由图可知，设在楼梯间的电缆电视前端箱 ZTV 暗装于 1/Ⓑ 轴的墙上，下皮距地 2.2m，管线由下引来并再引上（⌁），一层 ZTV 管线由 2.8m 标高处引入后经一层顶板到 1/Ⓑ 轴处再下翻引入箱内，二层的 ZTV 管线由一层的 ZTV 前端箱顶部引出经一层顶板到二层的 1/Ⓑ 轴 2.2m 处引入箱内。由箱内引出只有两个用户插座（ＴＴＶ），用 SYV-75-5 同轴电缆穿 PVC 管经 1/Ⓑ 轴的墙体及地板引至用户插座，管径为 15mm，用户插座暗装，距地面 0.3m，分别位于客厅的 Ⓑ 轴和 ⑤ 轴上。同样指出，这一管线不应有直角弯，应直线引入，这里不做修改。三层的引入同上，直到顶层。

设在楼梯间的电话组线箱 ZTP 暗装于 ⑤ 轴的墙上，下皮距地 0.5m，管线由下引来并再引上，一层的 ZTP 管线由 2.8m 标高处引入经 ⑤ 轴墙体下翻至箱内。由箱内只引出两个用户插座（ＴＴＰ），用电话软

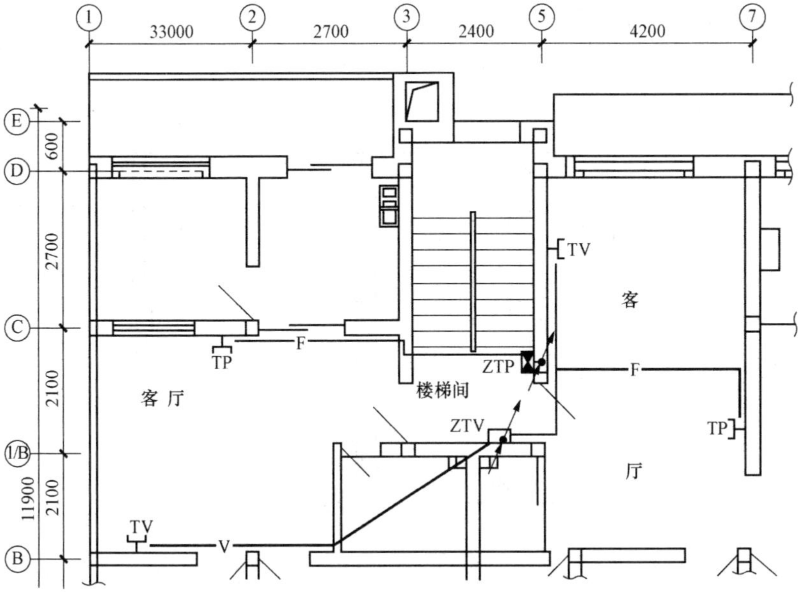

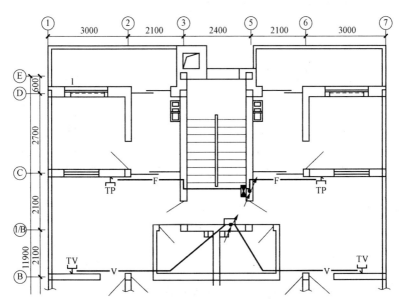

图 2-16　BA 型标准层弱电平面图

图 2-17　C 型标准层弱电平面图

线 RVB（2×0.2）穿 PVC 管经地板引至用户插座，管径 15mm，用户插座距地面 0.3m 暗装，分别位于客厅的ⓒ轴和⑦轴上。二层以上的引入同电缆电视。

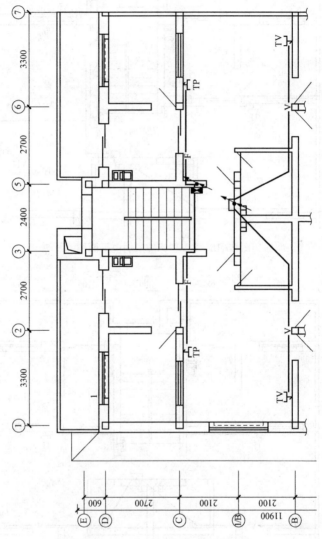

图 2-18　B 型标准层弱电平面图

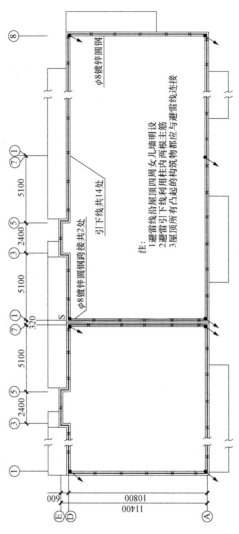

图 2-19　屋顶防雷平面图

其他与照明电路基本相同。

43 防雷系统图如何识读?

答 一般民用住宅楼的防雷系统只画出屋顶防雷平面图并附有说

明，只有高层建筑除屋顶防雷外，还有防侧雷的避雷带以及接地装置的布置等，这里只说明一般民用住宅楼的屋顶防雷平面图，如图 2-19 所示。

屋顶避雷线用 $\phi 8 \sim \phi 12$mm 镀锌圆钢沿屋顶边缘或四周女儿墙明设安装，其支持件是专用镀锌卡子，间距一般是 $600 \sim 800$mm（图中未标出），这个避雷线是与结构柱子中主钢筋可靠焊接的，作为引下线，共有 14 处（✓），这与图 2-19 是对应的。屋顶其他凸出物（如烟囱、抽气筒、水箱间或其他金属物等）均应用 $\phi 8$mm 镀锌圆钢与其可靠连接。图中伸缩缝 S 处应分别设置避雷线，且用 $\phi 8$mm 镀锌圆钢跨接。要求柱内与梁内主钢筋应可靠焊接，接地电阻 $\leqslant 4\Omega$，如果达不到，则应在距底梁水平距离 3m 处增设接地极并用镀锌扁钢与梁内主筋可靠连接。防雷接地与保护接地如单独使用，防雷接地电阻可为 $\leqslant 10\Omega$。系统如不用主筋下引，则应在墙外单独设置引下线（$\phi 8 \sim \phi 12$mm 镀锌圆钢用卡子支持）并与接地极连接，引下处数与图中相同。

家庭电路设计案例如图 2-20 所示。

44 家庭电路的元器件清单列表方法是什么？

答 家庭电路的元器件清单列表方法具体参考格式见表 2-11。

表 2-11 家庭电路的元器件清单列表格式

序号	名称	规格	要求
1	漏电断路器或断路器	DZ47LEC45N/1P16A	两路空调外，其余均需有漏电保护
2	灯开关	按钮式	
3	插座	空调插座 15～20A	1.8m
		厨房插座 15～20A	1.3m
		热水器插座 10～15A	2.2m
		其余插座 5～10A	其余插座距地面 0.3m
4	…		

45 电工装修预算及价格预算方法是什么？

答 装饰装修工程的账目包括设计单、材料单、预算单、时间单、权益单。

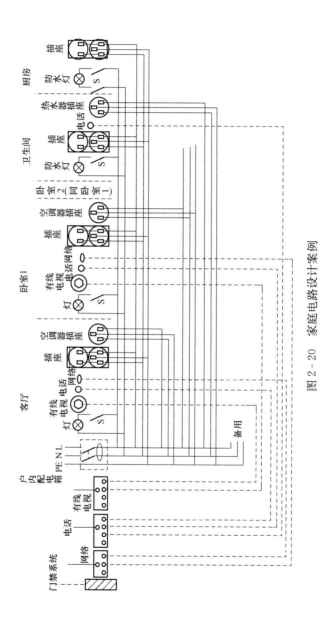

图 2 - 20 家庭电路设计案例

水、电安装工程计价方法为：水、电安装工程计价就是确定给排水、电气照明安装工程全部安装费用，包括材料、器具的购置费以及安装费、人工费。

装修价格主要由材料费＋人工费＋设计费＋其他费用组成，具体见表 2-12。

表 2-12   装修价格项目组成

种 类	说 明
材料费	质量、型号、品牌、购买点等不同，材料市场价不同。另外，还需要考虑一些正常的损耗
人工费	因人而异，因级别不同，一般以当地实际可参考价格来预算，材料费与人工费统称为成本费
设计费	包括分人工设计、电脑设计，因人而异，因级别不同
其他费用	包括利润、管理费，该项比较灵活

第三章

装饰装修电工常用工具仪表

1 什么是验电器？分为几种？如何使用？

答 验电器是一种检验导线和设备是否带电的常用工具。

低压验电器分笔式和旋具式两种（见图 3-1）。它们的内部结构相同，主要由电阻、氖管、弹簧组成。

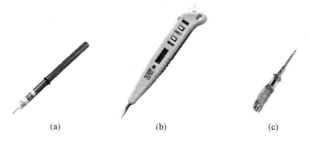

(a)　　　　　　　(b)　　　　　　　(c)

图 3-1 验电笔

（a）笔式；（b）数字式验电笔；（c）LED 验电笔

图 3-2（a）所示为正确使用验电笔的方法，而图 3-2（b）所示是一种不正确使用验电笔的握法。

(a)　　　　　　　　　　　　(b)

图 3-2 验电笔的握法

（a）正确；（b）不正确

只有带电体与地之间至少有 60V 的电压，验电笔的氖管才可以发光。

使用验电笔时，氖管窗口应在避光的一面，方便观察。

2 电烙铁分为几种？

答 电烙铁是电子产品生产与维修中不可缺少的焊接工具。主要利用电加热电阻丝或 PTC 加热元件产品热能，并将热量传送到烙铁头来实现焊接的。电烙铁有内热式、外热式和电子恒温式等多种。

3 内热式电烙铁的特点与结构是什么？如何使用？

答 内热式电烙铁的烙铁头插在烙铁芯上，根据功率的不同，通电 2～5min 即可使用。烙铁头的最高温度可达 350℃ 左右。优点是质量轻、体积小、发热快、耗电省、热效率高，因此适用于电子产品生产与维修使用。在焊机维修中主要用于维修电控板。常用的内热式烙铁有 20、25、30、50W 等多种。电子设备修理一般用20～30W内热式电烙铁就可以了。

（1）结构。内热式电烙铁由外壳、手柄、烙铁头、烙铁芯、电源线等组成，如图 3-3 所示。手柄由耐热的胶木制成，不会因烙铁的热度而损坏手柄。烙铁头由紫铜制成，它的质量好坏，与焊接质量有很大关系。烙铁芯是用很细的镍铬电阻丝在瓷管上绕制而成的。在常态下它的电阻值根据功率的不同均为 1～3kΩ，烙铁芯外壳一般由无缝钢管制成，因此不会因温度过热而变形某些快热形烙铁为黄铜管制成，由于传热快，不应该长时间通电使用，否则会损坏手柄。接线柱用铜螺钉制成，用来固定烙铁芯和电源线。

图 3-3 内热式电烙铁的外形及结构

（2）使用。新烙铁在使用前应该用万用表测电源线两端的阻值，如果阻值为零，说明内部碰线，应拆开，将导线处断开再插上电源；如果没有阻值，多数是烙铁芯或引线断；如果阻值在 3kΩ 左右，再插上电源，通电几分钟后，将烙铁在松香上沾，正常时应该冒烟并有"吱吱"声，这时再沾锡，让锡在烙铁上沾满才好焊接。

注意：一定要先将烙铁头沾在松香上在通电，防止烙铁头氧化，从而可延长其使用寿命。

➤ 4 内热式电烙铁如何焊接？

答 拿起烙铁不能马上焊接，应该先在松香或焊锡膏（焊油）上沾一下，一是去掉烙铁头上的污物；二是试验温度。而后再去沾锡，初学者应养成这一良好的习惯。待焊的部位应该先着一点焊油，过分脏的部分应先清理干净，再沾上焊油去焊接。焊油不能用得太多，不然会腐蚀线路板，造成很难修复的故障，尽可能使用松香焊接。烙铁通电后，烙铁的放置头应高于手柄，否则手柄容易烧坏。如果烙铁过热，应该把烙铁头从芯外壳上向外拔出一些；如果温度过低，可以把头向里多插一些，从而得到合适的温度（市电电压低时，不易熔锡）。焊接管子和集成电路等元件，速度要快，否则容易烫坏元件。但是，必须要待焊锡完全熔在线路板和零件脚后才能拿开烙铁，否则会造成假焊，给维修带来后遗症。

焊接技术看起来是件容易事，但真正把各种机件焊接好还需要一个锻炼的过程。例如，焊什么件，需多大的焊点，需多高温度，需要焊多长时间，都需要在实践中不断的摸索。

➤ 5 内热式电烙铁如何维修？

答 （1）换烙铁芯。烙铁芯由于长时间工作，故障率较高，更换时，首先取下烙铁头，用钳子夹住胶木连接杆，松开手柄，把接线柱螺钉松开，取下电源线和坏的烙铁芯。将新芯从接线柱的管口处细心放入芯外壳内，插入的位置应该与芯外壳另一端齐为合适。放好芯后，将芯的两引线和电源引线一同绕在接线柱上紧固好，上好手柄和烙铁头即可。

（2）换烙铁头。烙铁头使用一定时间后会烧得很小，不能占锡，这就需要换新的。把旧的烙铁头拔下，换上合适的；如果太紧可以把弹簧取下，如果太松可以在未上之前用钳子夹紧。烙铁头最好使用铜棒车制成的，不应该使用铜等夹芯的，两者区分方法为手制的有圆环壮的纹，夹芯的没有。

6 外热式电烙铁如何组成？特点是什么？

答　外热式电烙铁是由烙铁头、传热筒、烙铁芯、外壳、手柄等组成，外形如图 3-4 所示，烙铁芯是用电阻丝绕在薄云母片绝缘的筒子上，烙铁芯套在烙铁头的外面，故称外热式电烙铁，主要用于焊接各种导线接头。

外热式电烙铁一般通电加热时间较长，且功率越大，热的越慢。功率有 75～300W 等多种。体积比较大，也比较重，所以在修理小件电器中用得较少，多用于焊接较大的金属部件，使用及修理方法与内热式相同。

7 螺钉旋具分为几种？如何使用？

答　螺钉旋具如图 3-5 所示。

图 3-4　外热式电烙铁　　　图 3-5　螺钉旋具

（1）一字形螺钉旋具，常用尺寸有 100、150、200、300、400mm 5种。

（2）十字形螺钉旋具，规格有 4 种。Ⅰ号适用直径为 2～25mm、

Ⅱ号为3～5mm、Ⅲ号为6～8mm、Ⅳ
号为10～12mm。

（3）多用螺钉旋具目前仅 230mm
一种。

注意事项：电工不可使用金属杆
直通柄顶的螺钉旋具，否则使用时容
易造成触电事故。

图3-6所示为螺钉旋具的使用方
法。图3-6（a）所示为大螺钉旋具的
使用方法，图3-6（b）所示为小螺钉
旋具的使用方法。

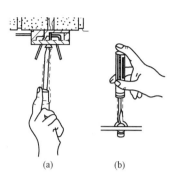

图3-6　螺钉旋具的使用方法

（a）大螺钉旋具的使用方法；

（b）小螺钉旋具的使用方法

8 钢丝钳如何构成？如何使用？常用规格有几种？

答　钢丝钳如图3-7所示，主要由钳头和钳柄构成。

图3-7　钢丝钳

钳口用来弯绞或钳夹导线，齿口用来紧固或起松螺母，刀口用来
剪切导线或剖切软导线绝缘层，如图3-8所示，图中示出各部分的
用法。

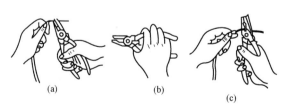

图3-8　钢丝钳各部分的用途

（a）弯绞导线；（b）紧固螺母；（c）剪切导线

钢丝钳常用的规格有 150、175、200mm 三种。电工所用的钢丝钳，在钳柄上应套有耐压为 500V 以上的绝缘套管。

9 **尖嘴钳分为几种？用途是什么？**

答 尖嘴钳有铁柄和绝缘柄两种，绝缘柄的耐压为 500V，其外形如图 3-9 所示。

尖嘴钳的用途：

(1) 剪断细小金属丝。

(2) 夹持螺钉、垫圈、导线等元件。

(3) 在装接电路时，尖嘴钳可将单股导线弯成一定圆弧的接线鼻子。

10 **断线钳的作用是什么？**

答 断线钳又称斜口钳，其中电工用的绝缘柄断线钳的外形如图 3-10所示，其耐压为 500V。断线钳是专供剪断较粗的金属丝、线材及电线电缆等用。

图 3-9 尖嘴钳　　　　　　图 3-10 断线钳

11 **电工刀如何使用？**

答 电工刀是电工用来剖削导线的常用工具，图 3-11 所示为其外形。

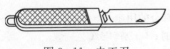

图 3-11 电工刀

电工刀的使用：在切削导线时，刀口必须朝人身外侧，用电工刀剥去塑料导线外皮，步骤如下：

(1) 用电工刀以 45°角倾斜切入

塑料层并向线端推削，如图 3 - 12（a）、（b）所示；

（2）削去一部分塑料层，再将另一部分塑料层翻下，最后将翻下的塑料层切去，至此塑料层全部削掉且露出芯线，如图 3 - 12（c）、（d）所示。

电工刀平时常用来削木榫来代替胀栓。

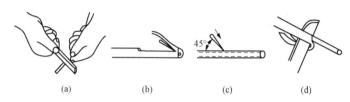

图 3 - 12　塑料线头的刨削
（a）入刀；（b）推削；（c）翻下；（d）切除绝缘

12 紧线器如何构成？如何使用？

答　紧线器用来收紧户内外的导线，其由夹线钳头、定位钩、收紧齿轮和手柄等组成，如图 3 - 13 所示。使用时，定位钩钩住架线支架或横担，夹线钳头夹住需收紧导线的端部，扳动手柄，逐步收紧。

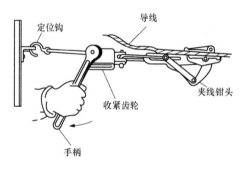

图 3 - 13　紧线器的构造和使用

13 剥线钳如何构成？如何使用？

答　剥线钳用来剥离 6mm² 以下塑料或橡皮电磁线的绝缘层，其由钳头和钳柄两部分组成，如图 3 - 14 所示。钳头部分由压线口和切口构成，分有直径 0.5～3mm 的多个切口，以适用于不同规格的线芯。使用时，导线必须放在大于其线芯直径的切口上切削，否则会伤线芯。

14 扳手包括哪些？用途是什么？

答 扳手主要有活络扳手、开口扳手、内六角扳手、外六角扳手、梅花扳手等，如图 3-15 所示。扳手主要用于紧固和拆卸电焊机的螺钉和螺母。

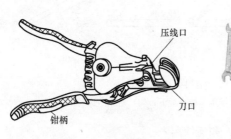

图 3-14　剥线钳　　　　　　图 3-15　常见的扳手

15 直接绘划工具有哪些？

答 直接绘划工具有划针、划规、划卡、划线盘和样冲。

16 什么是划针？如何使用？

答 划针［见图 3-16 (a)、(b)］是在工件表面划线用的工具，常用 $\phi3 \sim \phi6mm$ 的工具钢或弹簧钢丝制成并经淬硬处理。有的划针在尖端部分焊有硬质合金，这样划针就更锐利，耐磨性好。划线时，划针要依靠钢直尺或直角尺等工具而移动，并向外倾斜 15°～20°，向划线方向倾斜 45°～75°［见图 3-16 (c)］。在划线时，要做到尽可能一次划成，使线条清晰、准确。

17 什么是划规？

答 划规（见图 3-17）是划圆、弧线、等分线段及量取尺寸等用的工具。

18 划卡的作用是什么？如何使用？

答 划卡（单脚划规）主要是用来确定轴和孔的中心位置，也可

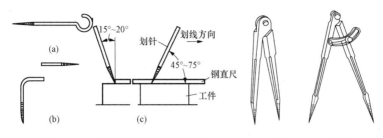

图 3 - 16　划针的种类及使用方法　　　图 3 - 17　划规
(a)、(b) 划针工具；(c) 划针使用方法

用来划平行线。操作时应先划出四条圆弧线，然后再在圆弧线用样冲冲点。

19 划线盘的作用是什么？如何使用？

答　划线盘（见图 3 - 18）主要用于立体划线和校正工件位置。用划线盘划线时，要注意划针装夹应牢固，伸出长度要短，以免产生抖动。其底座要保持与划线平台贴紧，不要摇晃和跳动。

20 样冲的功能是什么？使用时注意什么？

答　样冲（见图 3 - 19）是在划好的线上冲眼时使用的工具。冲眼是为了强化显示用划针划出的加工界线，也是使划出的线条具有永久性的位置标记，另外它也可作为划圆弧时作定性脚点使用。样冲由工具钢制成，尖端处磨成 $45°\sim60°$ 并经淬火硬化。

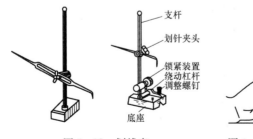

图 3 - 18　划线盘

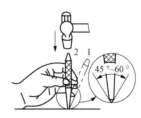

图 3 - 19　样冲及其用法

冲眼时应注意以下几点：

127

（1）冲眼位置要准确，冲心不能偏离线条。

（2）冲眼间的距离要以划线的形状和长短而定，直线上可稀，曲线则稍密，转折交叉点处需冲点。

（3）冲眼大小要根据工件材料、表面情况而定，薄的可浅些，粗糙的应深些，软的应轻些，而精加工表面禁止冲眼。

（4）圆中心处的冲眼，最好要打得大些，以便在钻孔时钻头容易对中。

21 测量工具包括哪些？游标卡尺如何读数？

答 测量工具有普通高度尺、高度游标卡尺、钢直尺、90°角尺和平板尺等，如图 3 - 20 所示。高度游标卡尺可视为划针盘与高度尺的组合，是一种精密工具，能直接表示出高度尺寸，其读数精度一般为0.02mm，主要用于半成品划线，不允许用它在毛坯上划线。游标卡尺外形图如图 3 - 21 所示。

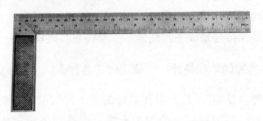

图 3 - 20 平板尺、普通高度尺、高度游标卡尺

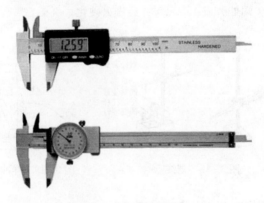

图 3 - 21 游标卡尺

游标卡尺测量值读数分 3 步进行。

（1）读整数。游标零线左边的尺身上的第一条刻线是整数的 mm 值。

（2）读小数。在游标上找出一条刻线与尺身刻度对齐，从副尺上读出 mm 的小数值。

（3）将上述两值相加，即为游标卡尺的测得尺寸。

22 **锯削工具的应用范围包括哪些？分为几种？**

答 锯削是用手锯对工件或材料进行分割的切削加工。工作范围包括：分割各种材料或半成品；锯掉工件上多余部分；在工件上锯槽。

虽然当前各种自动化、机械化的切割设备已被广泛应用，但是手锯切削还是常见，这是因为它具有方便、简单和灵活的特点，不需任何辅助设备，不消耗动力。在单件小批量生产时，在临时工地以及在切削异形工件、开槽、修整等场合应用很广。

手锯包括锯弓和锯条两部分。锯弓是用来夹持和拉紧锯条的工具。有固定式和可调式两种，固定式锯弓只能安装一种长度规格的锯条。可调式锯弓的弓架分成两段，如图 3 - 22 所示。前端可在后段的套内移动，可安装几种长度规格的锯条。可调式锯弓使用方便，目前应用较广。

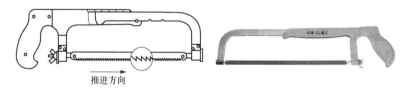

推进方向

图 3 - 22 手锯弓

锯条由一般碳素工具钢制成。为了减少锯条切削时两侧的摩擦，避免夹紧在锯缝中，锯齿应具有规律的向左右两面倾斜，形成交错式两边排列。

常用的锯条长度为 300mm，宽 12mm，厚 0.8mm。按齿距的大小，锯条分为粗齿、中齿和细齿三种。粗齿主要用于加工截面或厚度较大的工件；细齿主要用于锯割硬材料、薄板和管子等；中齿加工普通钢材、铸铁以及中等厚度的工件。

23 錾子和锤头有几种?

答 錾子一般用碳素工具钢锻制而成,刃部经淬火和回火处理后有较高的硬度和足够的韧性。常用的錾子有扁錾(阔錾)和窄錾两种,如图 3 - 23 所示。锤头大小用锤头的质量表示,常用的约 0.5kg。锤头的全长约为 300mm。锤头的材料为碳素工具钢锻成,锤柄用硬质木料制成。

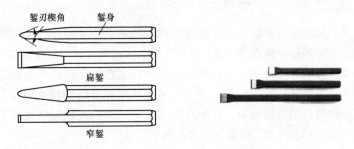

图 3 - 23 錾子

24 錾子和锤头如何把握?

答 錾子用左手中指、无名指和小指松动自如地握持,大拇指和食指自然的接触,錾子头部伸出 20~25mm,如图 3 - 24 (a) 所示。

锤头主要靠右手拇指和食指,其余各指当锤击时才握紧。柄端只能伸出 15~30mm,如图 3 - 24 (b) 所示。

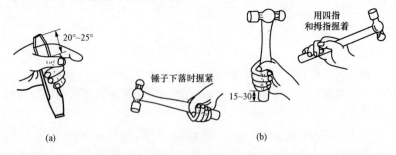

图 3 - 24 錾子和锤头的握法
(a) 錾子;(b) 锤头

➤ **25 钻孔的方法是什么?**

答 钻孔是用钻头在料体材料上加工孔的方法。在钻床上将工件固定不动,钻头一边旋转(主运动),一边轴向向下移动(进给运动)。钻孔属于粗加工。钻孔主要的工具是钻床手电钻和钻头。

钻头通常由高速钢制造。其工作部分热处理后淬硬至 60HRC～65HRC,钻头的形状和规格很多,麻花钻是钻头的主要形式,其外形如图 3-25 所示。麻花钻的前端为切削部分,有两个对称的主切削刃。钻头的顶部有横刃,横刃的存在使钻削时轴向压力增加。麻花钻有两条螺旋槽和两条刃带。螺旋槽的作用是形成切削刃和向外排屑;刃带的作用是减少钻头与孔壁的摩擦并导向。麻花钻头的结构决定了它的刚度和导向性均比较差。

图 3-25 麻花钻

➤ **26 手动压接钳的作用是什么?**

答 可用于电接头与接线端子的连接,可简化繁锁的焊接工艺,提高接合质量,其外形如图 3-26 所示。

图 3-26 手动压接钳

➤ **27 热熔器如何使用?**

答 热熔器适用于热塑性塑料管材如 PPR/PE/PB/PE-RT 等的热熔承插式焊接,其外形如图 3-27 所示。

使用方法:

图 3-27　热熔器

（1）固定熔接器安装加热端头，把熔接器放置于架上，根据所需管材规格安装对应的加热模头，并用内六角扳手紧固，一般小在前端，大在后端。

（2）接通电源（注意电源必须带有接地保护线），按相应型号机器的说明书指示注意指示灯变化，直到熔接器进入工作控温状态，才可开始操作。

（3）用切管器垂直切断管材，将管材和管件同时旋转推进熔接器模头内，并按要求进行操作。达到加热时间后立即把管材与管件从模头上同时取下，迅速旋转地直接均匀插入到所需深度，使接头处形成均匀凸缘。

28　冲击电钻的功能、原理是什么？

答　冲击电钻主要适用于对混凝土地板、墙壁、砖块、石料、木板和多层材料上进行冲击打孔；另外，还可以在木材、金属、陶瓷和塑料上进行钻孔和攻牙，配备有电子调速装备作顺/逆转等功能。

冲击钻电机电压有 $0\sim230V$ 与 $0\sim115V$ 两种不同的电压，控制微动开关的离合，取得电动机快慢二级不同的转速，配备了顺逆转向控制机构、松紧螺丝和攻牙等功能。冲击电钻的冲击机构有犬牙式和滚珠式两种。滚珠式冲击电钻由动盘、定盘、钢球等组成。动盘通过螺纹与主轴相连，并带有 12 个钢球；定盘利用销钉固定在机壳上，并带有 4 个钢球，在推力作用下，12 个钢球沿 4 个钢球滚动，使硬质合金钻头产生旋转冲击运动，能在砖、砌块、混凝土等脆性材料上钻孔。脱开销钉，使定盘随动盘一起转动，不产生冲击，可作普通电钻用，冲击电钻如图 3-28 所示。

图 3-28　冲击电钻

29　冲击电钻如何使用与保养？

答　冲击电钻为双重绝缘设计，操作安全可靠，使用时不需要采用保护接地（接零），使用单相二极插头即可，使用时可以不戴绝缘手套或穿绝缘鞋。为使操作方便、灵活和有力，冲击电钻上一般带有辅助手柄。由于冲击电钻采用双重绝缘，没有接地（接零）保护，因此应特别注意保护橡套电缆。手提移动电钻时，必须握住电钻手柄，移动时不能拖拉橡套电缆。橡套电缆不能让车轮轧辗和足踏，防止鼠咬。

正确的使用方法：

（1）操作前必须查看电源是否与电动工具上的常规额定 220V 电压相符，以免错接到 380V 的电源上。

（2）使用冲击电钻前请仔细检查机体绝缘防护、辅助手柄及深度尺调节等情况，机器有没有螺丝松动现象。

（3）冲击电钻必须按材料要求装入 $\phi6\sim\phi25$mm 允许范围的合金钢冲击钻头或打孔通用钻头。严禁使用超越范围的钻头。

（4）冲击电钻导线要保护好，严禁满地乱拖防止轧坏、割破，更不准把导线拖到油水中，防止油水腐蚀导线。

（5）使用冲击电钻的电源插座必须配备漏电开关装置，并检查电源线有没有破损现象，使用当中发现冲击电钻漏电、振动异常、高热或者有异声时，应立即停止工作，找电工及时检查修理。

（6）冲击电钻更换钻头时，应用专用扳手及钻头锁紧钥匙，杜绝使用非专用工具敲打冲击电钻。

（7）使用冲击电钻时切记不可用力过猛或出现歪斜操作，事前务必装紧合适钻头并调节好冲击电钻深度，垂直、平衡操作时要徐徐均匀的用力，不可强行使用超大钻头。

（8）熟练掌握和操作顺逆转向控制机构、松紧螺丝及打孔攻牙等功能。

30　电锤的功能、原理分别是什么？

答　电锤是电钻中的一类，主要用来在混凝土、楼板、砖墙和石材上钻孔。专业在墙面、混凝土、石材上面进行打孔，还有多功能电锤，调节到适当位置配上适当钻头可以代替普通电钻、电镐使用。

电锤是在电钻的基础上，增加了一个由电动机带动有曲轴连杆的活塞，在一个汽缸内往复压缩空气，使汽缸内空气压力呈周期变化，变化的空气压力带动汽缸中的击锤往复打击钻头的顶部，好像用锤子敲击钻头，故名电锤。

由于电锤的钻头在转动的同时还产生了沿着电钻杆的方向的快速往复运动（频繁冲击），所以它可以在脆性大的水泥混凝土及石材等材料上快速打孔。高档电锤可以利用转换开关，使电锤的钻头处于不同的工作状态，即只转动不冲击，只冲击不转动，既冲击又转动，电锤如图3-29所示。

图3-29　电锤

31　电锤的使用要注意哪些？

答　电锤使用如图3-30所示。

（1）使用电锤时的个人防护。

1）操作者要戴好防护眼镜，以保护眼睛，当面部朝向作业时，要戴上防护面罩。

2）长期作业时要塞好耳塞，以减轻噪声的影响。

3）长期作业后钻头处在灼热状态，在更换时应注意防止灼伤肌肤。

4）作业时应使用侧柄，双手操作，以防止堵转时反作用力扭伤胳膊。

图3-30　电锤使用

5）站在梯子上工作或高处作业应做好防高处坠落措施，梯子应有地面人员扶持。

（2）作业前应注意事项。

1）确认现场所接电源与电锤铭牌是否相符，是否接有漏电保护器。

2）钻头与夹持器应适配，并妥善安装。

3）钻凿墙壁、天花板、地板时，应先确认有没有埋设电缆或管道等。

4）在高处作业时，要充分注意下面的物体和行人安全，必要时设警戒标志。

5）确认电锤上开关是否切断，若电源开关接通，则插头插入电源插座时电动工具将出其不意地立刻转动，从而可能招致人员伤害危险。

若作业场所在远离电源的地点，需延伸线缆时，应使用容量足够、安装合格的延伸线缆。延伸线缆如通过人行过道应高架或做好防止线缆被碾压损坏的措施。

32　电镐的特点是什么？分为几种？

答　电镐是以单相串励电动机为动力的双重绝缘手持式电动工具，它具有安全可靠、效率高、操作方便等特点，广泛应用于管道敷设、机械安装、给排水设施建设、室内装修、港口设施建设和其他建设工程施工，适用于镐钎或其他适当的附件，如凿子、铲等对混凝土、砖石结构、沥青路面进行破碎、凿平、挖掘、开槽、切削等作业。图 3 - 31 所示为电镐。

图 3 - 31　电镐

电镐分为两种单相电镐和多功能电镐，目前市场上主流为 BOSCH 和 DEW-ALT 的多功能电镐，型号为 7 - 46 和 25730，主要用户是建筑、铁路建设、城建单位和加固行业。

33　无齿锯的功能是什么？工作原理是什么？

图 3 - 32　无齿锯

答　无齿锯是铁艺加工中常用的一种电动工具，如图 3 - 32 所示。用于切断铁质线材、管材、型材，可轻松切割各种混合材料包括钢材、铜材、铝型材、木材等。两张锯片反向旋转切割使整个切割过程没有反冲力，用于抢险救援中切割木头、塑料、铁皮等物。

无齿锯就是没有齿的可以实现"锯"的功能的设备，是一种简单的机械，主体是一台电动机的一个砂轮片，可以通过皮带联接或直接在电动机轴上固定。

切削过程是通过砂轮片的高速旋转，利用砂轮微粒的尖角切削物体，同时磨损的微粒掉下去，新的锋利的微粒露出来，利用砂轮自身的磨损切削，实际上是有无数个齿。

34 角向磨光机的功能是什么？应如何使用？

答 角向磨光机（见图 3-33）是电动研磨工具的一种，是研磨工具中最常用的一种，可以切割各种金属，打磨各种金属，切割石材，抛光，切割木材等功能。

图 3-33 角向磨光机

（1）作业前的检查应符合下列要求：

1）外壳、手柄不出现裂缝、破损。

2）电缆软线及插头等完好，开关动作正常，保护接零连接正确、牢固、可靠。

3）各部防护罩齐全牢固，电气保护装置可靠。

（2）机具启动后，应空载运转，检查并确认机具联动灵活没有阻碍。作业时，加力应平稳，不得用力过猛。

（3）使用砂轮的机具，应检查砂轮与接盘间的软垫并安装稳固，螺帽不得过紧，凡受潮、变形、裂纹、破碎、磕边缺口或接触过油、碱类的砂轮均不得使用，并不得将受潮的砂轮片自行烘干使用。

（4）砂轮应选用增强纤维树脂型，其线速度不得小于 80m/s。配用的电缆与插头应具有加强绝缘性能，并不得任意更换。

（5）磨削作业时，应使砂轮与工作面保持 15°～30°的倾斜位置；切削作业时，砂轮不得倾斜，并不得横向摆动。

（6）严禁超载使用。作业中应注意音响及温升，发现异常应立即停机检查，在作业时间过长，机具温升超过 60℃时，应停机，自然冷却后再行作业。

（7）作业中，不得用手触摸刃具、模具和砂轮，发现其有磨钝、破损情况时，应立即停机修整或更换，然后再继续进行作业。

（8）机具转动时，不得撒手不管。

35 云石机的功能是什么？使用注意事项有哪些？

答 云石机（见图 3-34）可以用来切割石料、瓷砖、木料等，不同的材料选择相适应的切割片。

图 3 - 34 云石机

云石机在使用中要注意以下几方面：

（1）云石机转速较快，使用时一般采用单手手持，前进速度要控制好，最好降速使用。

（2）切割材料最好固定好，不然刀具跑偏可能会崩飞材料和刀具掉齿，甚至可能弹回云石机伤人。

（3）板材一定不能有异物，如钉子、铁屑等，异物弹出会伤人，特别可能伤到眼睛。

所以，在锯木板时一定要先检查有没有铁钉等杂质，并一定要戴防护眼罩。也可利用一些辅助工具降低以上问题可能性，如云石机伴侣等。

36 梯子的功能是什么？使用时应注意什么？

答 梯子有人字梯和直梯两种，直梯一般用于高空作业，人字梯一般用于户内作业，如图 3 - 35 所示。

使用梯子时要注意以下几点：

（1）使用前应检查两脚是否绑有防滑胶皮，人字梯中间是否连着防自动滑开的拉绳。

（2）人在梯上作业时，前一只脚从后一只脚所站梯步高两步的梯空中穿进去，越过该梯步后即从下方穿出，踏在比后一只脚高一步的梯步上，使该脚以膝弯处为着力点。

（3）直梯靠墙的安全角应为对地面夹角 $60°\sim75°$，梯子安放位置与带电体要保持足够的安全距离。

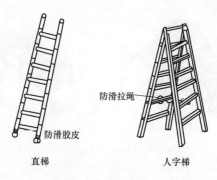

图 3 - 35 梯子

37 脚扣如何构成？功能是什么？

答 脚扣是攀登电杆的主要工具，主要由弧形扣环、脚套组成。在弧形扣环上包有齿形橡胶套，来增加攀登时的摩擦，防止打滑，如图 3 - 36 所示。使用脚扣攀登电杆容易掌握登杆方法，但在杆上作业时容易疲劳，因此适用于杆上短时间作业。为了保证杆上作业时的人体平稳，有经验的电工常采用两只脚扣按图 3 - 36 所示的方法定位。

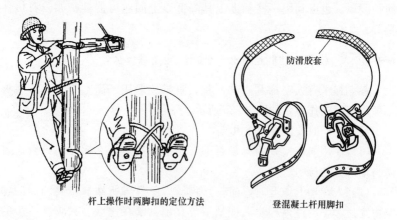

杆上操作时两脚扣的定位方法   登混凝土杆用脚扣

图 3 - 36 脚扣

在登杆前必须检查脚扣有没有破裂、腐蚀，脚扣皮带是否损坏，若已损坏应立即修理或更换。

➤ **38** 绝缘安全用具包括哪些?

答 绝缘安全用具包括绝缘杆、绝缘夹钳、绝缘靴、绝缘手套、绝缘垫和绝缘站台。绝缘安全用具分为基本安全用具和辅助安全用具。前者的绝缘强度能长时间承受电气设备的工作电压,能直接用来操作带电设备。后者的绝缘强度不足以承受电气设备的工作电压,只能加强基本安全用具的保安作用。

➤ **39** 电工包和电工工具套的功能是什么?

答 电工包和电工工具套是用来放置随身携带的常用工具或零散器材(如灯头、开关、熔丝及胶布等)及辅助工具(如铁锤、钢锯)等,如图 3-37 所示。电工工具套可用皮带系结在腰间,置于右臀部,将常用工具插入工具套中,便于随手取用。电工包横跨在左侧,内有零星电工器材的辅助工具,以备外出使用。

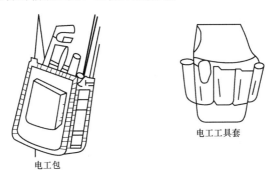

电工包

电工工具套

图 3-37 电工包和电工工具套

➤ **40** 腰带、保险绳和腰绳的功能是什么?

答 腰带、保险绳和腰绳是电工高空作业用品之一,如图 3-38 所示。

腰带用来系挂保险绳。注意腰绳应系结在臀部上端,而不能系在腰间。否则,操作时既不灵活又容易扭伤腰部。保险绳起防止摔伤作用。其一端应可靠地系结在腰带上,另一端用保险钩钩挂在牢固的横担或抱箍上。腰绳用来固定人体下部,使用时应将其系结在电杆的横担或抱箍下方，防止腰绳窜出电杆顶端而造成工伤事故。

41 绝缘杆和绝缘夹钳的功能是什么？

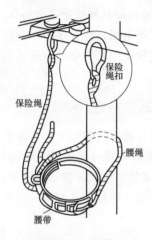

保险绳扣

保险绳

腰绳

腰带

图 3-38 腰带、
保险绳、腰绳

答 绝缘杆和绝缘夹钳都是绝缘基本安全用具。绝缘夹钳只用于 35kV 以下的电气操作，绝缘杆和绝缘夹钳都是由工作部分、绝缘部分和握手部分组成。握手部分和绝缘部分，用浸泡过绝缘漆的木材、硬塑料、胶木或玻璃钢制成，其间有护环分开。配备不同工作部分的绝缘杆，可用来操作高压隔离开关，操作跌落式熔断器，安装和拆除临时接地线，安装和拆除避雷器，以及进行测量和试验等项工作。绝缘夹钳主要用来拆除和安装熔断器及其他类似工作，考虑到电力系统内部过电压的可能性，绝缘杆和绝缘夹钳的绝缘部分和握手部分的最小长度应符合要求。绝缘杆工作部分金属钩的长度，在满足工作要求的情况下，不应该超过 5~8cm，以免操作时造成相间短路或接地短路。

42 绝缘手套和绝缘靴的功能是什么？

答 绝缘手套和绝缘靴用橡胶制成，二者都作为辅助安全用具，但绝缘手套可作为低压工作的基本安全用具，绝缘靴可作为防止跨步电压的基本安全用具，绝缘手套的长度至少应超过手腕 10cm。

43 绝缘垫和绝缘站台的功能是什么？

答 绝缘垫和绝缘站台只作为辅助安全用具。绝缘垫用厚度 5mm 以上、表面由防滑条纹的橡胶制成，其最小尺寸不应小于 0.8m×0.8m。绝缘站台用木板或木条制成。相邻板条之间的距离不得大于 2.5cm，以免鞋跟陷入；站台不得有金属零件；绝缘站台面板用支撑绝缘子与地面绝缘，支撑绝缘子高度不得小于 10cm；台面板边缘不得伸出绝缘子之外，以免站台翻倾，人员摔倒。绝缘站台最小尺寸不应小于 0.8m×0.8m，但为了便于移动和检查，最大尺寸也不应该超过 1.5m×1.0m。

➡ **44** 机械万用表分为几种？如何读数？

答 机械式万用表按旋转开关不同可分为单旋转开关型和双旋转开关型。下面以 MF-47 型万用表（见图 3-39）为例进行介绍。

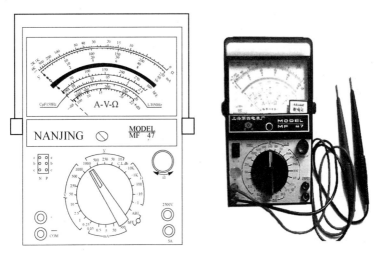

图 3-39　MF-47 型万用表

转换开关的读数：

（1）测量电阻。转换开关拨至 $R×1～R×10k$ 挡位。

（2）测交流电压。转换开关拨至 10～1000V 挡位。

（3）测直流电压。转换开关拨至 0.25～1000V 挡位。若测高电压则将笔插入 2500V 插孔即可。

（4）测直流电流。转换开关拨至 0.25～247mA 挡位。若测量大的电流，应把"正"（红）表笔插入"＋5A"孔内，此时负（黑）表笔还应插在原来的位置。

（5）测晶体管放大倍数，挡位开关先拨至 ADJ 调整调零，使指针指向右边零位，再将挡位开关拨至 h_{FE} 挡，将三极管插入 NPN 或 PNP 插座，读第五条线的数值，即为三极管放大倍数值。

（6）测负载电流和负载电压，使用电阻挡的任何一个挡位均可。

（7）音频电平的测量，应该使用交流电压挡。

45 万用表如何使用？

答 （1）使用万用表之前，应先注意表针是否指在"∞"（无穷大）的位置，如果表针不正对此位置，应用螺钉旋具调整机械调零钮，使表针正好处在无穷大的位置。

注意：此调零钮只能调半圈，否则有可能会损坏，以致无法调整。

（2）在测量前，应首先明确测试的物理量，并将转换开关拨至相应的挡位上，同时还要考虑好表笔的接法；然后再进行测试，以免因误操作而造成万用表的损坏。

（3）将红表笔（机械表为内电池负极）插入"＋"孔内，黑表笔（机械表为内电池正极）插"－"或"＊"孔内。如需测大电流、高电压，可以将红表笔分别插入 2500V 或 5A 插孔。

（4）测电阻。在使用电阻各不同量程之前，都应先将正负表笔对接，调整"调零电位器 Ω"，让表针正好指在零位，而后再进行测量，否则测得的阻值误差太大。

注意：每换一次挡，都要进行一次调零，再将表笔接在被测物的两端，就可以测量电阻值了。

电阻值的读法：将开关所指的数与表盘上的读数相乘，就是被测电阻的阻值。例如，用 $R\times100$ 挡测量一只电阻，表针指在"10"的位置，那么这只电阻的阻值是 $10\times100\Omega=1000\Omega=1k\Omega$；如果表针指在"1"的位置，其电阻值为 100Ω；若指在"100"，则为 $10k\Omega$，依次类推。

（5）测电压。电压测量时，应将万用表调到电压挡，并将两表笔并联在电路中进行测量，测量交流电压时，表笔可以不分正负极；测量直流电压时红表笔接电源的正极，黑表笔接电源的负极，如果接反，表笔会向相反的方向摆动。如果测量前不能估测出被测电路电压的大小，应用较大的量程去试测，如果表针摆动很小，再将转换开关拨到较小量程的位置；如果表针迅速摆到零位，应该马上把表笔从电路中移开，加大量程后再去测量。

注意：测量电压时，应一边观察着表针的摆动情况，一边用表笔试着进行测量，以防电压太高把表针打弯或把万用表烧毁。

（6）测直流电流。先将电路断开，再将表笔串联在电路中进行测量。红表笔接电路的正极，黑表笔接电路中的负极。测量时应该先用高挡位，如果表针摆动很小，再换低挡位。如需测量大电流，应该用扩展挡。注意：万用表的电流挡是最容易被烧毁的，在测量时千万注意。

（7）晶体管放大倍数（h_{FE}）的测量。先把转换开关转到 ADJ 挡（没有 ADJ 挡位可用 $R\times1k$ 挡）调好零位在调，再把转换开关转到 h_{FE} 进行测量。将晶体管的 b、c、e 三个极分别插入万用表上的 b、c、e 三个插孔内，PNP 型晶体管插 PNP 位置，读第四条刻度线上的数值；NPN 型晶体管插入 NPN 位置，读第五条刻度线的数值；均按实数读。

（8）穿透电流的测量。按照晶体管放大倍数（h_{FE}）的测量的方法将晶体管插入对应的孔内，但晶体管的 b 极不插入，这时表针将有一个很小的摆动，根据表针摆动的大小来估测"穿透电流"的大小，表针摆动幅度越大，穿透电流越大，否则就小。

由于万用表 CUF、LUH 刻度线及 dB 刻度线应用得很少，在此不再赘述，可参见使用说明。

46 万用表使用注意事项有哪些？

答 （1）不能在正负表笔对接时或测量时旋转转换开关，以免旋转到 h_{FE} 挡位时，表针迅速摆动，将表针打弯，并且有可能烧坏万用表。

（2）在测量电压、电流时，应该选用大量程的挡位测量一下，再选择合适的量程去测量。

（3）不能在通电的状态下测量电阻，否则会烧坏万用表。测量电阻时，应断开电阻的一端进行测试准确度高，测完后再焊好。

（4）每次使用完万用表，都应该将转换开关调到交流最高挡位，以防止由于第二次使用不注意或外行人乱动烧坏万用表。

（5）在每次测量之前，应该先看转换开关的挡位。严禁不看挡位就进行测量，这样有可能损坏万用表，这是一个从初学时就应养成的良好习惯。

（6）万用表不能受到剧烈振动，否则会使万用表的灵敏度下降。

（7）使用万用表时应远离磁场，以免影响表的性能。

（8）万用表长期不用时，应该把表内的电池取出，以免腐蚀表内的元器件。

47 机械式万用表常见故障如何检修？

答 以 MF47 型万用表为例进行介绍。

（1）磁电式表头故障。

1）摆动表头，指针摆幅很大且没有阻尼作用。故障为可动线圈断路、游丝脱焊。

2）指示不稳定。此故障为表头接线端松动或动圈引出线、游丝、分流电阻等脱焊或接触不良。

3）零点变化大，通电检查误差大。此故障可能是轴承与轴承配合不妥当，轴尖磨损比较严重，致使摩擦误差增加，游丝严重变形，游丝太脏而粘圈，游丝弹性疲劳，磁间隙中有异物等。

（2）直流电流挡故障。

1）测量时，指针没有偏转。此故障多为：表头回路断路，使电流等于零；表头分流电阻短路，从而使绝大部分电流流不过表头；接线端脱焊，从而使表头中没有电流流过。

2）部分量程不通或误差大。原因是分流电阻断路、短路或变值所引起。

3）测量误差大。原因是分流电阻变值（阻值变化大，导致正误差超差；阻值变小，导致负误差）。

4）指示没有规律，量程难以控制。原因多为量程转换开关位置窜动（调整位置，安装正确后即可解决）。

（3）直流电压挡故障。

1）指针不偏转，示值始终为零。分压附加电阻断线或表笔断线。

2）误差大。其原因是附加电阻的阻值增加引起示值的正误差，阻值减小引起示值的负误差。

3）正误差超差并随着电压量程变大而严重。表内电压电路元件受潮而漏电，电路元件或其他元件漏电，印制电路板受污、受潮、击穿、电击碳化等引起漏电。修理时，刮去烧焦的纤维板，清除粉尘，用酒精清洗电路后烘干处理。严重时，应用小刀割铜泊与铜泊之间电路板，从而使绝缘良好。

4）不通电时指针有偏转，小量程时更为明显。其故障原因是由于受潮和污染严重，使电压测量电路与内置电池形成漏电回路。

（4）交流电压、电流挡故障。

1）交流挡时指针不偏转、指示值为零或很小，多为整流元件短路或断路，或引脚脱焊。检查整流元件，如有损坏则更换，有虚焊时应重焊。

2）于交流挡时，指示值减少一半。此故障是由整流电路故障引起的，即全波整流电路局部失效而变成半波整流电路使输出电压降低，更换整流元件，故障即可排除。

3）交流电压挡，指示值超差。此故障为串联电阻阻值变化超过元件允许误差而引起的。当串联电阻阻值降低绝缘电阻降低、转换开关漏电时，将导致指示值偏高。相反，当串联电阻阻值变大时，将使指示值偏低而超差。应采用更换元件、烘干和修复转换开关的办法排除故障。

4）于交流电流挡时，指示值超差。此故障为分流电阻阻值变化或电流互感器发生匝间短路，更换元器件或调整修复元器件排除故障。

5）于交流挡时，指针抖动。此故障为表头的轴尖配合太松，修理时指针安装不紧，转动部分质量改变等，由于其固有频率刚好与外加交流电频度相同，从而引起共振。尤其是当电路中的旁路电容变质失效而没有滤波作用时更为明显。排除故障的办法是修复表头或更换旁路电容。

（5）电阻挡故障。

1）电阻挡常见故障是各挡位电阻损坏（原因多为使用不当，用电阻挡误测电压造成）。使用前，用手捏两表笔，一般情况下表不应摆动，如摆动则对应挡电阻烧坏，应予以更换。

2）$R \times 1$ 挡两表笔短接之后，调节调零电位器不能使指针偏转到零位。此故障多是由于万用表内置电池电压不足，或电极触簧受电池漏液腐蚀生锈，从而造成接触不良。此类故障在仪表长期不更换电池情况下出现最多。如果电池电压正常，接触良好，调节调零电位器指针偏转不稳定，没有办法调到欧姆零位，则多是调零电位器损坏。

3）在 $R \times 1$ 挡可以调零，其他量程挡调不到零，或只是 $R \times 10k$、$R \times 100k$ 挡调不到零。出现故障的原因是由于分流电阻阻值变小，或者高阻量程的内置电池电压不足。更换电阻元件或叠层电池，故障就可排除。

4）在 $R\times1$、$R\times10$、$R\times100$ 挡测量误差大。在 $R\times100$ 挡调零不顺利，即使调到零，但经几次测量后，零位调节又变为不正常，出现这种故障，是由于量程转换开关触点上有黑色污垢，使接触电阻增加且不稳定，清理各挡开关触点直至露出银白色为止，保证其接触良好，可排除故障。

5）表笔短路，表头指示不稳定。故障原因多是由于线路中有假焊点，电池接触不良或表笔引线内部断线，修复时应从最容易排除的故障做起，即先保证电池接触良好，表笔正常，如果表头指示仍然不稳定，就需要寻找线路中假焊点，并加以修复。

6）在某一量程挡测量电阻时严重失准，而其余各挡正常。这种故障往往是由于量程开关所指的表箱内对应电阻已经烧毁或断线所致。

7）指针不偏转，电阻示值总是无穷大。故障原因大多是由于表笔断线，转换开关接触不良，电池电极与引出簧片之间接触不良，电池日久失效已没有电压，以及调零电位器断路。找到具体原因之后作针对性的修复，或更换内置电池，故障即可排除。

48 数字万用表的结构与特点是什么？

答　数字万用表是利用模拟/数字转换原理，将被测量模拟电量参数转换成数字电量参数，并以数字形式显示的一种仪表。它比指针式万用表的精度高、速度快、输入阻抗高、对电路的影响小、读数方便准确等优点。其外形如图 3-40 所示。

49 数字万用表如何使用？

答　首先打开电源，将黑表笔插入"COM"插孔，红表笔插入"V·Ω"插孔。

（1）电阻测量。将转换开关调节到 Ω 挡，将表笔测量端接于电阻两端，即可显示相应示值，如显示最大值"1"（溢出符号）时必须向高电阻值挡位调整，直到显示为有效值为止。

为了保证测量准确性，在线测量电阻时，最好断开电阻的一端，以免在测量电阻时会在电路中形成回路，影响测量结果。

注意：不允许在通电的情况下进行在线测量，测量前必须先切断

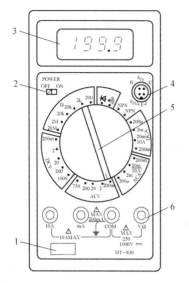

图 3 - 40　数字万用表外形

1—铭牌；2—电源开关；3—LCD 显示器；4—h_{FE} 插孔；

5—量程选择开关；6—输入插孔

电源，并将大容量电容放电。

（2）"DCV"——直流电压测量。表笔测试端必须与测试端可靠接触（并联测量）。原则上由高电压挡位逐渐往低电压挡位调节测量，直到该挡位示值的 1/3～2/3，此时的示值才是一个比较准确的值。

注意：严禁以小电压挡位测量大电压。不允许在通电状态下调整转换开关。

（3）"ACV"——交流电压测量。表笔测试端必须与测试端可靠接触（并联测量）。原则上由高电压挡位逐渐往低电压挡位调节测量，直到该挡位示值的 1/3～2/3，此时的示值才是一个比较准确的值。

注意：严禁以小电压挡位测量大电压。不允许在通电状态下调整转换开关。

（4）二极管测量。将转换开关调至二极管挡位，黑表笔接二极管负极，红表笔接二极管正极，即可测量出二极管正向压降值。

（5）晶体管电流放大系数 h_{FE} 的测量。将转换开关调至 "h_{FE}" 挡，根据被测晶体管选择 "PNP" 或 "NPN" 位置，将晶体管正确地插入测试插座即可测量到晶体管的"h_{FE}"值。

(6) 开路检测。将转换开关调至有蜂鸣器符号的挡位，表笔测试端可靠的接触测试点，若两者在（20±10）Ω，蜂鸣器就会响起来，表示该线路是通的，不响则该线路不通。

注意：不允许在被测量电路通电的情况下进行检测。

(7)"DCA"——直流电流测量。小于 200mA 时红表笔插入 mA 插孔；大于 200mA 时红表笔插入 A 插孔，表笔测试端必须与测试端可靠接触（串联测量）。原则上由高电流挡位逐渐往低电流挡位调节测量，直到该挡位示值的 1/3～2/3，此时的示值才是一个比较准确的值。

注意：严禁以小电流挡位测量大电流。不允许在通电状态下调整转换开关。

(8)"ACA"——交流电流测量。低于 200mA 时红表笔插入 mA 插孔；高于 200mA 时红表笔插入 A 插孔，表笔测试端必须与测试端可靠接触（串联测量）。原则上由高流挡位逐渐往低电流挡位调节测量，直到该挡位示值的 1/3～2/3，此时的示值才是一个比较准确的值。

注意：严禁以小电流挡位测量大电流。不允许在通电状态下调整转换开关。

50 数字万用表常见故障有哪些？如何检修？

答 (1) 仪表没有显示。首先检查电池电压是否正常（一般用的是 9V 电池，新电池也要测量）。其次检查熔丝是否正常？若不正常，则予以更换；检查稳压块是否正常？若不正常，则予以更换；限流电阻是否开路？若开路，则予以更换。再查：

1) 检查线路板上的线路是否有腐蚀或短路、断路现象（特别是主电源电路线）？若有，则应进行清洗电路板，并及时做好干燥和焊接工作。

2) 如果一切正常，测量显示集成块的电源输入的两脚，测试电压是否正常？若正常，则该集成块损坏，必须更换该集成块；若不正常，则检查其他有没有短路点？若有，则要及时处理好；若没有或处理好后，还不正常，那么该集成已经内部短路，则必须更换。

(2) 电阻挡无法测量。首先从外观上检查电路板，在电阻挡回路中有没有连接电阻烧坏？若有，则必须立即更换；若没有，则要每一个连接元件进行测量，有坏的及时更换；若外围都正常，则测量集成块损坏，必须更换。

（3）电压挡在测量高压时示值不准，或测量稍长时间示值不准甚至不稳定，此类故障大多是由于某一个或几个元件工作功率不足引起的。若在停止测量的几秒内，检查时会发现这些元件会发烫，这是由于功率不足而产生了热效应所造成的，同时形成了元件的变值（集成块也是如此），则必须更换该元件（或集成电路）。

（4）电流挡无法测量。多数是由于操作不当引起的，检查限流电阻和分压电阻是否烧坏？若烧坏，则应予以更换；检查到放大器的连线是否损坏？若损坏，则应重新连接好；若不正常，则更换放大器。

（5）示值不稳，有跳字现象。检查整体电路板是否受潮或有漏电现象？若有，则必须清洗电路板并做好干燥处理；输入回路中有没有接触不良或虚焊现象（包括测试笔），若有，则必须重新焊接；检查有没有电阻变质或刚测试后有没有元件发生超正常的烫手现象，这种现象是由于其功率降低引起的，若有此现象，则应更换该元件。

（6）示值不准。这种现象主要是测量通路中的电阻值或电容失效引起的，则更换该电容或电阻。

1）检查该通路中的电阻阻值（包括热反应中的阻值），若阻值变值或热反应变值，则予以更换该电阻。

2）检查 A/D 转换器的基准电压回路中的电阻、电容是否损坏？若损坏，则予以更换。

51 绝缘电阻表的功能与原理是什么？

答 绝缘电阻表外形如图 3-41 所示。绝缘电阻表主要用来测量设备的绝缘电阻，检查设备或线路有没有漏电现象、绝缘损坏或短路。

与绝缘电阻表表针相连的有两个线圈，其中之一同表内的附加电阻 R_F 串联，另外一个和被测电阻 R 串联，然后一起接到手摇发电机上。用手摇动发电机时，两个线圈中同时有电流通过，使两个线圈上产生方向相反的转矩，表针就随着两个转矩的合成转矩的大小而偏转某一角度，这个偏转角度决定于两个电流的比值，附加电阻是不变的，所以电流值仅取决于待测电阻的大小。图 3-42 所示为绝缘电阻表的工作原理与线路。

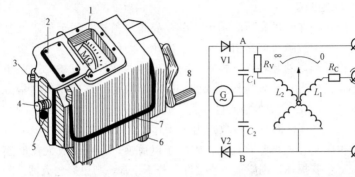

图 3 - 41　绝缘电阻表外形　　　图 3 - 42　绝缘电阻表的

1—刻度盘；2—表盘；3—接地接线柱；　　　工作原理与线路

4—线路接线柱；5—保护环接线柱；

6—橡胶底脚；7—盒体；8—摇柄

注意： 在测量额定电压在 500V 以上的电气设备的绝缘电阻时，必须选用 1000～2500V 绝缘电阻表。测量 500V 以下电压的电气设备，则以选用 500V 绝缘电阻表为宜。

➡ 52　绝缘电阻表的使用注意事项有哪些？

答　（1）正确选择其电压和测量范围。

（2）选用绝缘电阻表外接导线时，应选用单根的铜导线，绝缘强度要求在 500V 以上以免影响精确度。

（3）测量电气设备绝缘电阻时，必须先断开设备的电源，在没有通电情况下测量。对较长的电缆线路，应放电后再测量。

（4）绝缘电阻表在使用时要远离强磁场，并且平放。

（5）在测量前，绝缘电阻表应先做一次开路试验及短路试验，表针在开路试验中应指到"∞"（无穷大）处；而在短路试验中能摆到"0"处，表明绝缘电阻表工作状态正常，方可测电气设备。

（6）测量时，应清洁被测电气设备表面，避免引起接触电阻大，测量结果有误差。

（7）在测电容器时需注意，电容器的耐压必须大于绝缘电阻表发出的电压值。测完电容后，须先取下绝缘电阻表线再停止摇动摇柄，以防止已充电的电容向绝缘电阻表放电而损坏。测完的电容要进行放电。

（8）绝缘电阻表在测量时，要注意绝缘电阻表上"L"端子接电气设备的带电体一端，而标有"E"接地的端子应接设备的外壳或地线，如图 3-43（a）所示。在测量电缆的绝缘电阻时，除把绝缘电阻表"接地"端接入电气设备地之外，另一端接线路后，还要再将电缆芯之间的内层绝缘物接"保护环"，以消除因表面漏电而引起的读数误差，如图 3-43（b）所示。图 3-43（c）所示为测线路中的绝缘电阻；图 3-43（d）所示为测照明线路绝缘电阻；图 3-43（e）所示为测量架空线路对地绝缘电阻操作方法示意。

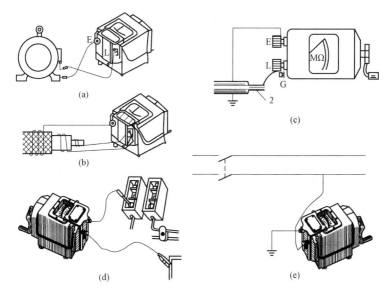

图 3-43　绝缘电阻表测量电器线路与电缆示意图
（a）测量电动机绝缘电阻；（b）测量电缆绝缘电阻；（c）测线路绝缘电阻；
（d）测量照明线路绝缘电阻；（e）测量架空线路对地的绝缘电阻

（9）在天气潮湿时，应使用"保护环"以消除绝缘物表面泄流，使被测物绝缘电阻比实际值偏低。

（10）使用完绝缘电阻表后应对电气设备进行一次放电。

（11）使用绝缘电阻表时，必须保持一定的转速，按绝缘电阻表的规定一般为 120r/min 左右，在 1min 后取一稳定读数。测量时不要用手触摸被测物及绝缘电阻表接线柱，以防触电。

（12）摇动绝缘电阻表手柄，应先慢再快，待调速器发生滑动后，应保持转速稳定不变。如果被测电气设备短路，表针摆动到"0"时，应停止摇动手柄，以免绝缘电阻表过流发热烧坏。

53 钳形电流表的功能与结构是什么？

答 钳形电流表主要用于测量焊机电流，由电流表头和电流互感线圈等组成，其外形及结构如图3-44、图3-45所示。

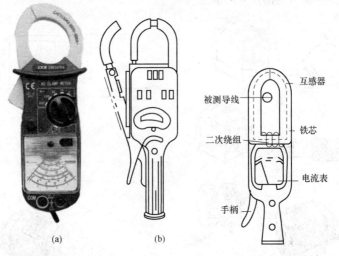

图3-44 钳形电流表外形及使用　图3-45 钳形电流表结构
（a）数字钳形表；（b）指针式钳形表

54 钳形电流表如何使用？

答 （1）在使用钳形电流表时，要正确选择钳形电流表的挡位位置。测量前，根据负载的大小粗估一下电流数值，然后从大挡往小挡切换，换挡时，被测导线要置于钳形电流表卡口之外。

（2）检查表针在不测量电流时是否指向零位，若未指零，应用小螺丝刀调整表头上的调零螺栓使表针指向零位。

（3）测量电动机电流时，扳开钳口，将一根电源线放在钳口中央位置，然后松手使钳口闭合。如果钳口接触不好，应检查弹簧是否损坏或有脏污。

（4）在使用钳形电流表时，要尽量远离强磁场。

（5）测量小电流时，如果钳形电流表量程较大，可将被测导线在钳形电流表口内多绕几圈，然后去读数。实际的电流值应为仪表读数除以导线在钳形电流表上绕的匝数。

55 电压表的功能是什么？

答　电压表是测量电压的一种仪器，如图3-46所示。电压表符号：V。在灵敏电流计里面有一个永磁体，在电流计的两个接线柱之间串联一个由导线构成的线圈，线圈放置在永磁体的磁场中，并通过传动装置与表的指针相连。大部分电压表都分为0～3V、0～15V两个量程。电压表有三个接线柱，一个负接线柱，两个正接线柱，电压表的正极与电路的正极连接，负极与电路的负极连接。电压表是个相当大的电阻器，理想的认为是断路。

图3-46　电压表

56 电压表如何接线？

答　采用一只转换开关和一只电压表测量三相电压的方式，测量三个线电压的电路如图3-47所示。其工作原理是：当扳动转换开关SA，使它的1-2、7-8触头分别接通时，电压表测量的是AB两相之间的电压U_{AB}；扳动SA使5-6、11-12触头分别接通时，测量的是U_{BC}；当扳动SA使触头3-4、9-10分别接通时，测量的是U_{AC}。

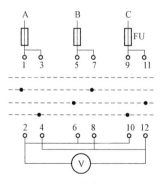

图3-47　电压测量电路

153

➤ **57** 电流表的功能是什么？

答 电流表是测量电路中电流大小的工具，主要采用磁电系电表的测量机构，如图 3‐48 所示。

➤ **58** 如何用电流表测量电路？

答 电流表测量电路如图 3‐49 所示，图中 TA 为电流互感器，每相一个，其一次绕组串接在主电路中，二次绕组各接一只电流表。三个电流互感器二次绕组接成星形，其公共点必须可靠接地。

  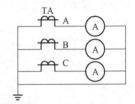

图 3‐48 电流表　　　　　　　　图 3‐49 电流测量电路

➤ **59** 电压表和电流表的选择与使用注意事项有哪些？

答 电压表和电流表的测量机构基本相同，但在测量线路中的连接有所不同。因此，在选择和使用电压表和电流表时应注意以下几点。

（1）类型的选择。当被测量是直流时，应选直流表，即磁电系测量机构的仪表。当被测量是交流时，应注意其波形与频率。若为正弦波，只需测出有效值即可换算为其他值（如最大值、平均值等），采用任意一种交流表即可；若为非正弦波，则应区分需测量的是什么值，有效值可选用磁电系或铁磁电动系测量机构的仪表，平均值则选用整流系测量机构的仪表。电动系测量机构的仪表常用于交流电流和电压的精密测量。

（2）准确度的选择。因仪表的准确度越高，价格越贵，维修也较困难。而且，若其他条件配合不当，再高准确度等级的仪表，也未必能得到准确的测量结果。因此，在选用准确度较低的仪表可满足测量要求的情况下，就不要选用高准确度的仪表。通常 0.1 级和 0.2 级仪表作为标准表选用；0.5 级和 1.0 级仪表作为实验室测量使用；1.5 级以下的仪表一般作为工程测量选用。

（3）量程的选择。要充分发挥仪表准确度的作用，还必须根据被测量的大小，合理选用仪表量程，如选择不当，其测量误差将会很大。一般使仪表对被测量的指示大于仪表最大量程的 $1/2\sim2/3$ 以上，而不能超过其最大量程。

（4）内阻的选择。选择仪表时，还应根据被测阻抗的大小来选择仪表的内阻，否则会带来较大的测量误差。因内阻的大小反映仪表本身功率的消耗，所以，测量电流时，应选用内阻尽可能小的电流表；测量电压时，应选用内阻尽可能大的电压表。

（5）正确接线。测量电流时，电流表应与被测电路串联；测量电压时，电压表应与被测电路并联。测量直流电流和电压时，必须注意仪表的极性，应使仪表的极性与被测量的极性一致。

（6）高电压、大电流的测量。测量高电压或大电流时，必须采用电压互感器或电流互感器。电压表和电流表的量程应与互感器二次侧的额定值相符。一般电压为 100V，电流为 5A。

（7）量程的扩大。当电路中的被测量超过仪表的量程时，可采用外附分流器或分压器，但应注意其准确度等级应与仪表的准确度等级相符。

另外，还应注意仪表的使用环境要符合要求，要远离外磁场。

60　什么是电能表？分为几种？

答　电工常用的电能表（见图 3-50），是用来测量电能的仪表。

单相电能表可以分为感应式单相电能表和电子式电能表两种。目前，家庭大多数用的是感应式单相电能表。其常用额定电流有 2.5、5、10、15、20A 等规格。

三相有功电能表分为三相四线制和三相三线制两种。常用的三相四线制有功电能表有 DT 系列。

三相四线制有功电能表的额定电压一般为 220V，额定电流有 1.5、3、5、6、10、15、20、25、30、40、60A 等数种，其中额定电

图 3-50　电能表

流为5A的可经电流互感器接入电路；三相三线有功电能表的额定电压（线电压）一般为380V，额定电流有1.5、3、5、6、10、15、20、25、30、40、60A等数种，其中额定电流为5A的可经电流互感器接入电路。

61 单项电能表如何接线？

答 选好单相电能表后，应检查安装和接线。图3-51所示为交叉接线图，图中的1、3为进线，2、4接负载，接线柱1要接相线。

62 如何安装与接线？

答 单项电能表与漏电保护器的安装和接线如图3-52所示。

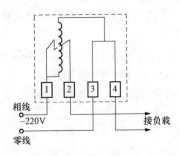
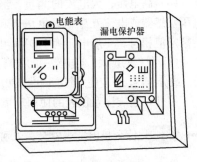

图3-51 单相电能表的交叉接线 图3-52 单相电能表与漏电保护器的安装

63 三相四线制交流电能表如何安装接线？

答 三相四线制交流电能表共有11个接线端子，其中1、4、7端子分别接电源相线，3、6、9是相线出线端子，10、11分别是中性线（零线）进、出线接线端子，而2、5、8为电能表三个电压线圈连接接线端子，电能表电源接上后，通过连接片分别接入电能表三个电压线圈，电能表才能正常工作。

三相四线制交流电能表的安装及接线如图3-53所示。

64 三相三线制交流电能表如何安装接线？

答 三相三线制交流电能表有8个接线端子，其中1、4、6为相线进线端子，3、5、8为相线出线端子，2、7两个接线端子空着，目的是与接入的电源相线通过连接片取到电能表工作电压并接入到电能表电

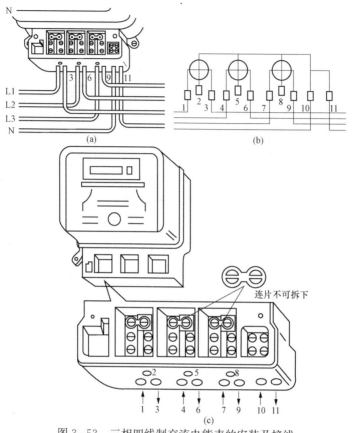

图 3-53 三相四线制交流电能表的安装及接线

（a）安装图；（b）换线图；（c）表内接线柱示意图

压线圈上。三相三线制交流电能表的安装及接线如图 3-54 所示。

65 间接式三相三线制交流电能表如何安装接线？

答 间接式（互感器式）三相三线制交流电能表配两只相同规格的电流互感器，电源进线中两根相线分别与两只电流互感器一次侧 L1 接线端子连接，并分别接到电能表的 2 和 7 接线端（2、7 接线端上原先接的小铜连接片需拆除）；电流互感器二次侧 K1 接线端子分别与电能表的 1 和 6 接线端子相连；两个 K2 接线端子相连后接到是度表的 3 和 8 接线端并同时接地。电源进线中的最后一根相线与电能表的 4 接线端相连接并

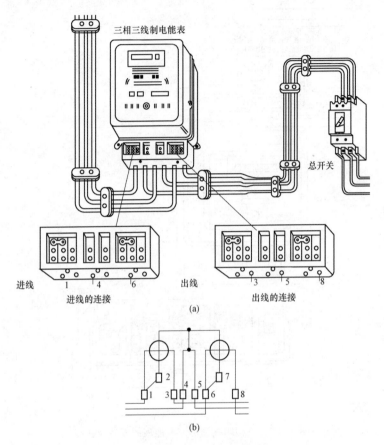

图 3-54 三相三线制交流电能表的安装及接线
(a) 安装图；(b) 接线图

作为这根相线的出线。互感器一次侧 L2 接线端子作为另两相的出线。间接式三相三线制交流电能表的安装及接线如图 3-55 所示。

➤ 66 间接式三相四线制交流电能表如何安装接线？

答 间接式三相四线制电能表由一块三相电能表配用 3 只规格相同、比率适当的电流互感器，以扩大电能表量程。接线时 3 根电源相线的进线分别接在 3 只电流互感器一次绕组接线端子 L1 上，3 根电源相线的出线分别从 3 只互感器一次绕组接线端子 L2 引出，并与总开关进线接线端子相

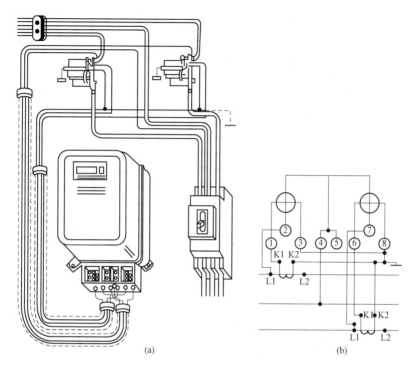

图 3-55 间接式三相三线制交流电能表的安装及接线

(a) 安装图；(b) 接线图

连。然后用 3 根铜芯绝缘分别从 3 只电流互感器一次绕组接线端子 L1 引出，与电能表 2、5、8 接线端子相连。再用 3 根同规格的绝缘铜芯线将 3 只电流互感器二次绕组接线端子 K1 与电能表 1、4、7 接线端子 K2 与电能表 3、6、9 接线端子相连，最后将 3 个 K2 接线端子用 1 根导线统一接零线。由于零线一般与大地相连，使各互感器 K2 接线端子均能良好接地。如果三相电能表中如 1、2、4、5、7、8 接线端子之间有连接片时，应事先将连接片拆除。间接式三相四线制电能表的安装及接线如图 3-56 所示。

➤ 67 电子式电能表的原理和接线方法是什么？

答 随着数字电子技术的进步，近几年来，老式机械电能表正逐步退出历史舞台，取代它是计量更准、更便于管理的电子式电能表。电子式电能表电气原理图如图 3-57 所示。

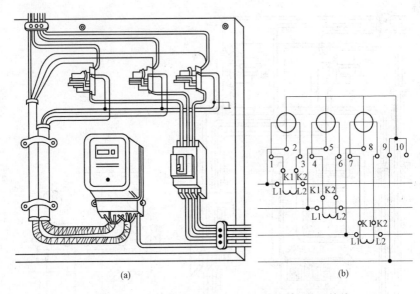

(a)　　　　　　　　　　　(b)

图 3-56　间接式三相四线制交流电能表的安装及接线
(a) 安装图；(b) 接线图

单相电子式电能表实物图 3-58 所示。

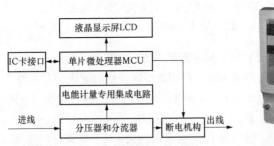

图 3-57　电子式电能表电气原理图

图 3-58　单相电子
式电能表实物图

➤ **68** 功率表的功能是什么？使用时应注意什么？

答　功率表主要用来测量电功率，实物如图 3-59 所示。

在配电屏上常采用功率表（W）、功率因数表 cosφ、频率表（Hz）、三块电流表（A）经两只电流互感器 TA 和两只电压互感器 TV 的联合

图 3 - 59 功率表

接线线路，如图 3 - 60 所示。

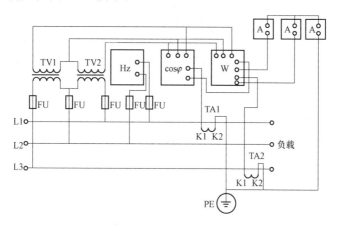

图 3 - 60 功率表和功率因数表测量线路的方法

接线时注意以下几点：

（1）三相有功功率表（W）的电流线圈、三相功率因数表（cosφ）的电流线圈以及电流表（A）的电流线圈，与电流互感器二次侧串联成电流回路。但 A 相、C 相两电流回路不能互相接错。

（2）三相有功功率表（W）的电压线圈、三相功率因数表（cosφ）的电压线圈，与电压互感器二次侧并联成电压回路，但各相电压相位不可接错。

（3）电流互感器二次侧"K2"或"－"端，与第三只电流表 A 末端相连接，并需作可靠接地。

1000 问

第四章

配电屏及配电装置

1 低压配电屏用途是什么?

答 低压配电屏又叫开关屏或配电柜,它是将低压电路所需的开关设备、测量仪表、保护装置和辅助设备等,按一定的接线方案安装在金属柜内构成的一种组合式电气设备,用以进行控制、保护、计量、分配和监视等。适用于额定工作电压不超过 380V 低压配电系统中的动力、配电、照明配电之用。

2 低压配电屏结构特点是什么?

答 我国生产的低压配电屏有固定式和手车式两大类,基本结构方式可分为焊接式和积木组合式两种。常用的低压配电屏有 PGL 型低压配电屏、BFC 型低压配电屏、GGL 型低压配电屏、GCL 系列动力中心、GCK 系列电动机控制中心、GGD 型低压配电柜。

现将以上几种低压配电屏分别介绍如下。

(1) PGL 型低压配电屏(P—配电屏,G—固定式,L—动力用)。最常使用的有 PGL1 型和 PGL2 型低压配电屏,其中 1 型分断能力为 15kA,2 型分断能力为 30kA,主要用于户内安装的低压配电屏,其结构特点如下:

1) 采用薄钢板焊接结构,可前后开启,双面进行维护。配电屏前有门,上方是仪表板,装设指示仪表。

2) 组合屏的屏间全部加有钢制的隔板,可把事故降低。

3) 主母线的电流有 1000A 和 1500A 两种规格,主母线安装于屏后柜体骨架上方,设有母线防护罩,以防止坠落物件而造成主母线短路事故。

4）屏内外均涂有防护漆层、始端屏、终端屏装有防护侧板。

5）中性母线9（零线）装置于屏的下方绝缘子上。

6）主接地点焊接在后下方的框架上，仪表门焊有接地点与壳体相连，可构成了完整的接地保护电路。

（2）BFC型低压配电屏［B—低压配电柜（板），F—防护型，C—抽屉式］。BFC低压配电屏的主要特点为各单元的所有电器设备均安装在抽屉中或手车中，当某一回路单元发生故障时，可以换用备用手车，以便迅速恢复供电。而且，由于每个单元为抽屉式，密封性好，不会扩大事故，便于维护，提高了运行可靠性。BFC型低压配电屏的主电器在抽屉或手车上均为插入式结构，抽屉或手车上均设有连锁装置，以防止误操作。

（3）GGL型低压配电屏（G—柜式结构，G—固定式，L—动力用）。GGL型低压配是屏为积木组装式结构，全封闭型式，防护等级为IP30，内部选用新型的电器元件，内部母线按三相五线装置。此种配电屏具有分断能力强、动稳定性好、维修方便等优点。

（4）GCL系列动力中心（G—柜式结构，C—抽屉式，L—动力中心）。GCL系列动力中心适用于大容量动力配电和照明配电，也可作电动机的直接控制使用。其结构型式为组装式封闭结构，防护等级为IP30，每一功能单元（回路）均为抽屉式，有隔板分开，有防止事故扩大作用，主断路导轨与柜门有机械连锁，保证人身安全。

（5）GCK系列电动机控制中心（G—柜式结构，C—抽屉式，K—控制中心）。GCK系列电动机控制中心，是一种作为企业动力配电、照明配电与电动机控制用的新型低压配电装置。根据功能特征分为JX（进线型）和KD（馈线型）两类。

GCK系列电动机控制中心为全封闭功能单元独立式结构，防护等级为IP40级，这种控制中心保护设备完善，保护特性好，所有功能单元能通过接口与可编程序控制器或微处理机连接，作为自动控制系统的执行单元。

（6）GGD型低压配电柜（G—交流低压配电柜，G—固定安装，D—电力用柜）。GGD型交流低压配电柜是新型低压配电柜。具有分断能力高，动热稳定性好，电气组合方便，实用性强，结构新颖，防护等级高等特点，可作为低压成套开关设备的更新换代产品。

CGD型配电柜的构架采用钢材局部焊接并拼接而成，主母线在柜的上部后方，柜门采用整门或双门结构；柜体后面均采用对称式双门结构，具有安装、拆卸方便的特点。柜门的安装件与构架间有完整的接地保护电路。防护等级为IP30。

➡ ③ 低压配电屏安装及投入运行前检查要注意哪些？

答 安装时，配电屏相互间及其与墙体间的距离应符合要求，且应牢固、整齐美观。要求接地良好。两侧和顶部隔板完整，门应开闭灵活，回路名称及部件标号齐全，内外清洁没有杂物。

低压配电屏在安装或检修后、投入运行前应进行下列各项检查试验：

（1）柜体与基础型钢固定没有松动，安装平直。屏面油漆应完好，屏内应清洁，没有污垢。

（2）检查各开关操作是否灵活，各触点接触是否良好。

（3）检查母线连接处接触是否良好。

（4）检查二次回路接线是否牢固，线端编号是否符合设计要求。

（5）检查接地是否良好。

（6）抽屉式配电屏应推抽灵活轻便，动、静触点大应接触良好，并有足够的接触能力。

（7）试验各表计量是否准确，继电器动作是否正常。

（8）用1000V绝缘电阻表测量绝缘电阻，应不小于0.5MΩ，应进行交流耐压试验，一次回路的试验电压为1kV。

④ 低压配电屏巡视检查包括哪些内容？

答 为了保证对用电场所的正常供电，对配电屏上的仪表和电器要经常进行检查和维护，并做好记录，以便及时发现问题和消除隐患。

对运行中的低压配电屏，通常应检查以下内容：

（1）配电屏及电屏的电气元件的名称、标志、编号等是否模糊、错误，盘上所有的操作把手、按钮和按键等的位置与现场实际情况要相符，固定不得松动，操作不得迟缓。

（2）检查配电屏上信号灯和其他信号指示是否正确。

（3）隔离开关、断路器、熔断器、互感器等的触点是否牢靠，有没有过热、变色现象。

（4）二次回路导线的绝缘不得破损、老化，并要测其绝缘电阻。

（5）配电屏上标有操作模拟板时，模拟板与现场电气设备的运行状态是否对应。

（6）仪表或表盘玻璃不得松动，仪表指示不得错误，经常清扫仪表和其他电器上的灰尘。

（7）配电室内的照明灯具要完好，照度要明亮均匀。

（8）巡视检查中发现的问题应及时处理，并记录存档。

5　低压配电装置运行维护包括哪些？

答　图4-1所示为低压配电装置干线式连接。

（1）对低压配电装置的有关设备，应定期清扫和摇测绝缘电阻，用500V绝缘电阻表测量母线、断路器、接触器和互感器的绝缘电阻，以及二次回路对地绝缘电阻等均应符合规定要求。

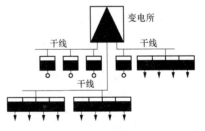

图4-1　干线式连接

（2）低压断路器故障跳闸后，在没有查明并消除跳闸原因前，不得再次合闸运行。

（3）对频繁操作的交流接触器，每三个月进行检查。

（4）定期校验交流接触器的吸引线圈，在线路电压为额定值的85%～105%时吸引线圈应可靠吸合，而电压低于额定值的40%时则应可靠释放。

（5）经常检查熔断器的熔体与实际负荷是否匹配，各连接点接触是否良好，有没有烧损现象，并在检查时清除各部位的积灰。

（6）铁壳开关的机械闭锁不得异常，速动弹簧不得锈蚀、变形。

（7）检查三相瓷底胶盖刀闸是否符合要求，在开关的出线侧是否加装了熔断器与之配合使用。

6　配电装置如何安装？

答　配电装置由总熔断器盒、电能表、电流互感器、控制开关、过载及短路保护电器组成。容量较大的要装隔离开关，将总熔断器盒装在进户管的墙上。而将电流互感器、电能表、控制开关、短路和过载保护器均安装在同一块配电板上，配电板的安装如图 4-2 所示。

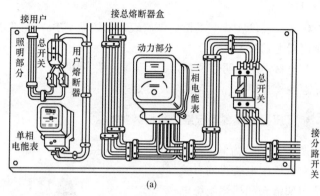

(a)

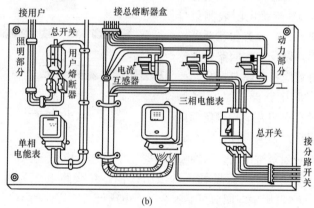

(b)

图 4-2　配电板的安装

（a）小容量配电板；（b）大容量配电板

7　漏电保护器如何安装？

答　漏电保护器也叫剩余电流动作保护电器，各种漏电保护器的外形如图 4-3 所示。

正常情况下，漏电保护器保护范围内的电路除工作电流外，没有对大地的漏电电流。各相（单相两线或三相三线或三相四线等）电流的矢量和等于零（与负荷电流大小无关，和三相电流的电流平衡与否

图 4 - 3　漏电保护器实物

无关），即 $\dot{I}_1 + \dot{I}_2 + \dot{I}_3 + \dot{I}_N = 0$。此时，漏电保护器内的零序电流互感器的二次侧没有感应电动势，漏电保护器正常运行。

非正常情况下，漏电保护器保护范围内的电路对大地出现漏电电流（由于人员触电，触电电流经过人体入地，或设备绝缘破坏，产生对地的漏电电流）或者漏电保护器保护范围内的电路与非保护范围的电路混接负载，而出现差电流，即 $\dot{I}_1 + \dot{I}_2 + \dot{I}_3 + \dot{I}_N \neq 0$，由于电流矢量和不等于零，那么漏电保护器内的零序电流互感器二次侧出现感应电动势。当漏电电流（差电流）达到规定的启动值时（如 30mA 或 50mA 等），漏电保护器动作，切断电源。

➡ 8　什么是 TN 系统？

答　电源的中性点接地，负载设备的外露可导电部分通过保护线连接到此接地点的低压配电系统，统称为 TN 系统。第一个大写英文"T"表示电源中性点直接接地，第二个大写字文字"N"表示电气设备金属外壳接零。

➡ 9　TN 系统有几种形式？

答　依据零线 N 和保护线 PE 不同的安排方式，TN 系统可分为三种形式：TN-C 系统、TN-S 系统以及 TN-C-S 系统。

➡ 10　TN-C 系统如何构成？特点是什么？

答　这种系统的零线 N 和保护线 PE 合为一根保护零线 PEN，所有设备的外露可导电部分均与 PEN 线连接，如图 4 - 4（a）所示。

TN-C 系统目前应用最为普遍。

优点：投资较省，节约导线。在一般情况下，只要开关保护装置和 PEN 线截面选择适当，是能够满足供电可靠性和用电安全性的。这种系统中，当三相负载不平衡或只有单相用电设备时，PEN 线中有电流通过。

缺点：当 PEN 线断线时，在断线点 P 以后的设备外壳上，由于负载中性点偏移，可能出现危险电压。更为严重的是，若断线点后某一设备发生碰壳故障，开关保护装置不会动作，致使断线点后所有采用保护接零的设备外壳上都将长时间带有相电压，如图 4 - 4（b）所示。

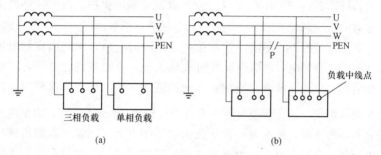

图 4 - 4　TN-C 系统

（a）TN-C 低压配电系统；（b）断线点后面所有接零设备外壳上将出现危险电压

➤ **11** **TN-S 系统如何构成？特点是什么？**

答　TN-S 系统的 N 线和 PE 线是分开设置的。所有设备的外壳只与公共的 PE 线相连接，如图 4 - 5 所示。

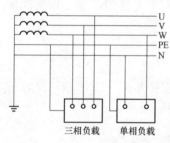

图 4 - 5　TN-S 低压配电系统

在 TN-S 系统中，N 线的作用仅仅是用来通过单相负载的电流和三相不平衡电流，故称为工作零线；对人体触电起保护作用的是 PE 线，故称为保护零线。

显然，由于 N 线与 PE 线作用不同，功能不同，所以自电源中性点之后，N 线与 PE 线之间以及对地之间均需加以绝缘。

优点：

（1）一旦 N 线断开，只影响用电设备的正常工作，不会导致在引线点后的设备外壳上出现危险电压。

（2）即使负载电流在零线上产生较大的电位差，与 PE 线相连的设备外壳上仍能保持零电位，不会出现危险电压。

（3）由于 PE 线在正常情况下没有电流通过，因此在用电设备之间不会产生电磁干扰，故适于对数据处理、精密检测装置的供电。

缺点：消耗导电材料多，投资大，适于环境条件较差，要求较严的场所。

12 **TN-C-S 系统的应用范围是什么？**

答 TN-C-S 系统指配电系统的前面是 TN-C 系统，后面则是 TN-S 系统，兼有两者的优点，保护性能介于两者之间，常用于配电系统末端环境条件较差或有数据处理设备的场所。如图 4 - 6 所示。

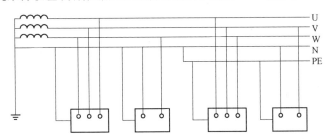

图 4 - 6 TN-C-S 低压配电系统

13 **TT 系统如何安装漏电保护器？**

答 （1）单相二线负荷（电压 220V）应使用单相二线漏电保护器。按漏电保护器的标志（输入端、输出端和相线、零线）连接即可，如图 4 - 7 所示。

如果使用三相四线漏电保护器代替，相线应接在"试验按钮"所接的相上（DZ15L-40 型为右边相）以保持"试验按钮"的作用

（2）二相二线或三相三线负荷（电压 380V）。三相三线负荷，按漏电保护器标志按即可。二相二线负荷，二线应接在试验按钮所接的相上（DZ15L-40 型为两边相）以保持"试验按钮"的作用。

（3）三相四线负荷。应使用三相四线漏电保护器，按漏电保护器的标志连接即可，如图 4-8 所示。

以上的共同要求：漏电保护器负荷侧，正常情况下，电流矢量和等于零。

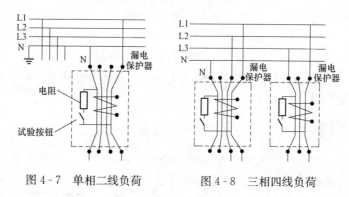

图 4-7　单相二线负荷　　　　图 4-8　三相四线负荷

1）漏电保护器负荷侧使用的零线，必须与相线同时接入漏电保护器，不得跨接或并联跨接至负荷侧，如图 4-9 所示。

2）漏电保护器负荷侧的零线不得有重复的接地点，如图 4-10 所示。

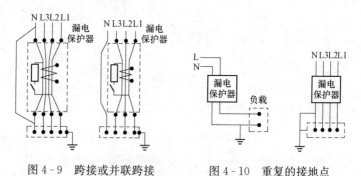

图 4-9　跨接或并联跨接　　　　图 4-10　重复的接地点

3）漏电保护器负荷侧所接的负载，不得与未经此漏电保护器的任何相、零线有电气连接，即用电设备不得借用零钱或接公共零线，如图 4-11 所示。

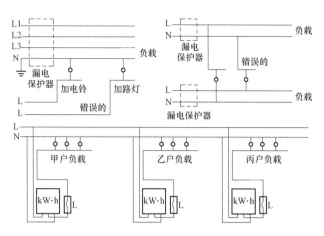

图 4 - 11 借用零线或接公共零线

14 TN 系统如何安装漏电保护器?

答 TN 系统由于保护地线（PE）与零线（N）是合一的，客观上造成零线的多点（重复）接地，所以零线与大地实际形成并联回路，为了防止人身触电死亡事故，还是需要安装漏电保护器的。那么可以按照下述办法予以解决。

TN 系统公认的有三种接线型式。

（1）TN-C 接线。整个系统的中性线与保护线是合一的，接线图即如前述的 TN 系统接线图。

（2）TN-B 接线。整个系统的中性线与保护线是分开的，如图 4 - 12 所示。

（3）TN-C-S 接线。系统中有一部分中性线与保护线是合一的，有一部分中性线与保护线是分开的，如图 4 - 13 所示。

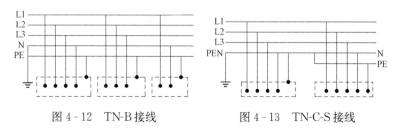

图 4 - 12 TN-B 接线   图 4 - 13 TN-C-S 接线

我们可以根据具体情况（如需要安装漏电保护器的位置）可将 TN-C 接线改为 TN-S 接线或 TN-C-S 接线，只要 PE 线不通过漏电保护器（如图 4-14 所示）那么，漏电保护器就可以正常投入运行，发挥其作用。

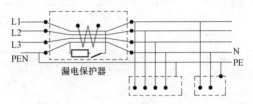

图 4-14 PE 线不通过漏电保护器

➡ **15 IT 系统如何安装漏电保护器？**

答 从目前看，采用 IT 系统供电的情况不多。现在生产的电流型漏电保护器不能安装在带电部分（包括相线和零线）与大地绝缘的系统。

关于带电部分（包括相线和零钱）经过阻抗一点接地的，则应根据其阻抗值确定是否必要安装。

如果 $\dfrac{U}{Z} < I_n$ 则不需要安装漏电保护器，式中，U 为工作电压，V；Z 为接地选用阻抗值，Ω；I_n 为选用的漏电保护器的额定电流，mA。

如果 $\dfrac{U}{Z} > I_n$ 可以安装电压相适应的漏电保护器，安装方法参照 TT 系统。

其关键是漏电保护器保护的所有用电设备，其相线、零线必须取自同一台漏电保护器的负荷侧，不能与漏电保护器电源侧混用，也不能与其他线路混用。换言之，要把漏电保护器负荷侧端子看作一个孤立源，将负荷侧所有的线路和设备看作一孤立系统。

线 路 敷 设

1 导线的敷设方法有哪些?

答 导线的敷设方法很多,常用的方法有钢管配线、瓷件配线、槽板及线槽配线、电缆桥架配线、竖井配线、插接母线配线等。同时,导线的敷设过程除导线本身之外还有很多起固定作用和设备元件安装的预埋件要随土建工程的进度同步预埋。其中,钢管配线有明配和暗配之分,有时一段线路有明配又有暗配,这要按工程的实际情况来区分。

2 配合土建工程暗设管路和铁件的准备工作包括哪些?

答 配合土建工程暗设管路和铁件是电工最基本的技能,一是要掌握埋设技能,二是通过埋设管路进一步熟悉和识读施工图样。但是由于种种原因,一些初学者及一些有经验的电工对埋设管路及铁件认识不足,最后导致了漏项、缺件、堵塞,补救的办法往往是凿墙刨洞或者改用明设,给工程的外观及质量都带来了影响。这里以一个有代表意义的实例详细介绍埋设工艺及其过程中的一些加工制作等工艺,使读者尽快掌握埋设技术。

(1) 开工前应将预埋的金属管路进行调直、除锈、吹除,然后内外刷防锈漆一道、风干,送往现场。如采用电线管可不必刷漆,因为电线管出厂时已内外刷漆。

(2) 送往现场的管材、盒、箱等材料,应进行外观、质量检查,不得有裂纹、破口、开焊及明显的机械损伤。敷设的管路其规格型号应符合设计要求。

（3）配合土建施工的主要机具有电焊机、气焊工具及氧气、乙炔气，煨弯器和煨弯机、烘炉及吹风机、切管机、压力案子等，应随材料运到现场，装车前应检查是否能用。

（4）配合土建施工使用的主要图样，如设备平面布置图、动力平面图、照明平面图、配电系统图、电缆清册、弱电系统的平面图以及有关土建结构、建筑的图样，应带到现场。

（5）预埋好的管路其管口应包扎严实，以免异物落入；进入箱、盒的管口应清除毛刺，敞口水平放置的管口，应做成喇叭口，并焊好接地螺钉；应随时摆正已下好的竖管及盒，不得由土建工人或他人移位。

管路的材料及敷设方法很多，从材料上可分为电线管（薄壁钢管）、钢管（厚壁钢管）、防爆钢管、硬塑管、半硬塑管（阻燃硫化管）、金属软管等。从敷设方法上可按土建的结构（砖结构、混凝土结构、钢结构等）分明设、暗设等。这里需要说明的是，本书以暗设为主，明设为辅，一般建筑和工业建筑采用钢管，高层建筑采用电线管，其他方法由于篇幅的关系，不再讲述，读者可参照讲述的方法进行安装预埋。

➡ 3 配合土建工程暗设管路和铁件的注意事项有哪些?

答 配合土建工程预埋管路的施工，应符合现行国家标准 GB 50258－1996《电气装置安装工程 1kV 及以下配线工程施工及验收规范》和 GB 50303－2002《建筑电气工程施工质量验收规范》的规定。

（1）敷设在多尘或潮湿场所的电线保护管，其管口及其连接处均应密封良好。

（2）电线保护管不宜穿过设备、建筑物及构筑物的基础。如必须穿过时，应有保护措施；暗配电线保护管时宜沿最近的线路敷设，并应尽量减少弯曲。埋入建筑物、构筑物内的电线保护管，与其表面的距离不应小于 15mm；进入落地式柜、箱的电线保护管，应排列整齐，管口一般宜高出柜箱基础面 50～80mm，且同一工程应保持一致。

（3）电线保护管的弯曲处，不应有折皱、凹陷和裂缝，其弯扁程度不应大于管外径的 10%。电线保护管的弯曲半径应符合以下规定：

1）管路明设时，弯曲半径不宜小于管外径的 6 倍；当两个接线盒间只有一个弯曲时，其弯曲半径不宜小于管外径的 4 倍；

2）管路暗设时，弯曲半径不宜小于管外径的 6 倍；当管路埋入地下或混凝土内时，其弯曲半径不应小于管外径的 10 倍。

（4）当电线保护管遇下列情况之一时，中间应增设接线盒或拉线盒，其位置应便于穿线。

1）管路长度每超过 30m 且无弯曲。

2）管路长度每超过 20m 且有一个弯曲。

3）管路长度每超过 15m 且有两个弯曲。

4）管路长度每超过 8m 且有三个弯曲。

（5）垂直敷设的电线保护管遇下列情况之一时，应增设固定导线用的拉线盒，其位置应便于拉线。

1）管内导线截面积为 50mm^2 及以下且长度每大于 30m。

2）管内导线截面积为 70～95mm^2 且长度每大于 20m。

3）管内导线截面积为 120～240mm^2 且长度每大于 18m。

（6）明设电线保护管，水平或垂直安装的允许偏差为 0.15%，全长偏差不应大于管内径的 1/2。

（7）在 TN-S、TN-C-S 系统中，当金属电线保护管、金属盒箱、塑料电线保护管、塑料盒箱混合使用时，金属电线保护管和金属盒箱必须与保护线（PE）有可靠的电气连接。

（8）潮湿场所和直埋于地下的电线保护管，应采用厚壁钢管或防液型可挠金属电线保护管。干燥场所的电线保护管宜采用薄壁钢管或可挠金属电线保护管。钢管不应有折扁和裂缝，管内应无铁屑和毛刺，切断口应平整，管口应光滑。

（9）钢管的内壁、外壁均应做防腐处理。当埋设于混凝土时，可不做外壁防腐处理；直埋于土层内的钢管外壁应涂两次沥青漆；采用镀锌钢管时，锌层剥落处应涂防腐漆。设计如有特殊要求，则应按设计要求进行防腐处理。

➡ **4** 电磁线导管的基本要求有哪些?

答 (1) 电磁线管道应该沿最近的线路敷设并应尽可能的减少弯曲，埋入墙内或混凝土内的管子离表面的净距不应小于 15mm。

(2) 根据设计图和现场的实际情况加工好各种接线盒、接线箱、管弯。钢管弯采用冷弯法，一般管径为 20mm 及以下时，用手扳弯管器；管径为 25mm 及以上时，使用液压弯管器。管子断口处应平齐不歪斜，刮锉光滑，没有毛刺。管子套丝螺纹应干净清晰，不乱扣、不过长。

(3) 以土建弹出的水平线为基准，根据设计图的要求确定接线盒、接线箱实际尺寸位置，而且要将接线盒、接线箱固定牢固。

(4) 管道主要用管箍螺纹连接，套丝不得有乱扣（俗称瞎扣）现象。上好管箍后，管口应对严，外露螺纹应不多于 2 扣。套管连接应该用于暗配管，套管长度为连接管径的 1.5～3 倍。连接管口的对口处应在套管的中心，焊口应焊接牢固严密。

管道没有弯时 30m 处、有一个弯时 20m 处、有两个弯时 15m 处、有三个弯时 8m 处应加装接线盒，其位置应便于穿线。接线盒、接线箱开孔应整齐并与管径相吻合，要求一管一孔，不得开长孔。管口入接线盒、接线箱，暗配管可用跨接地线焊接固定在盒棱边上，严禁管口与敲落孔焊接，管口露出接线盒、接线箱应小于 5mm，有锁紧螺母者与锁紧螺母接好，露出锁紧螺母的螺纹为 2～4 扣。

(5) 将堵好的盒子固定后敷管，管道每隔 1m 左右用铅丝绑扎牢。

(6) 用 45mm 圆钢与跨接地线焊接，跨接地线两端焊接面不得小于该跨接线截面的 6 倍，焊缝均匀牢固，焊接处刷防锈漆。

(7) 钢导管管道与其他管道间的最小间距见表 5-1。

表 5-1　　　　钢导管管道与其他管道间的最小间距

管道名称	管道敷设方式		最小间距/mm
蒸汽管路	平行	管道上	1000
		管道下	500
	交叉		300

续表

管道名称	管道敷设方式		最小间距/mm
暖气管路	平行	管道上	300
		管道下	200
	交叉		100
通风、给排水及压缩空气管	平行		100
	交叉		50

注 1. 对蒸汽管道，当管外包隔热层后，上下平行距离可减至200mm。

2. 当不能满足上述最小间距时，应采取隔热措施。

➡ **5** **电磁线导管导线如何选择？**

答 室内布线用电磁线、电缆应按低压配电系统的额定电压、电力负荷、敷设环境及其与附近电气装置、设施之间能否产生有害的电磁感应等要求，选择合适的型号和截面。

（1）对电磁线、电缆导体的截面大小进行选择时，应按其敷设方式、环境温度和使用条件确定，其额定载流量不应小于预期负荷的最大计算电流，线路电压损失不应超过允许值。单相回路中的中性线应与相线等截面。

（2）室内布线若采用单芯导线做固定装置的 PEN 干线，其截面面积对铜材应为 $8\sim16mm^2$，对铝材 $16\sim25mm^2$；当多芯电缆的线芯用于 PEN 干线时，其截面可为 $4\sim8mm^2$。

（3）当 PEN 干线所用材质与相线相同时，按热稳定要求，截面面积不应小于表 5-2 所列规定。

表 5-2 保护线的最小截面面积

装置的相线截面 S	接地线及保护线最小截面面积/mm²
$S\leqslant16$	S
$16<S\leqslant35$	16
$S>35$	$S/2$

（4）导线最小截面应满足机械强度的要求，不同敷设方式导线线芯的最小截面面积不应小于表 5-3 的规定。

表 5 - 3　　　　　　不同敷设方式导线线芯的最小截面面积

敷设方式		线芯最小截面面积/mm²		
		铜芯软线	铜导线	铝导线
敷设在室内绝缘支持件上的裸导线		—	2.5	4.0
敷设在室内绝缘支持件上的绝缘导线其支持点间路	$L \leqslant 2m$ 室内	—	1.0	2.5
	$L \leqslant 2m$ 室外	—	1.5	2.5
	$2m < L \leqslant 6m$	—	2.5	4.0
	$6m < L \leqslant 12m$	—	2.5	6.0
穿管敷设的绝缘导线		1.0	1.0	2.5
槽板内敷设的绝缘导线		—	1.0	2.5
塑料护套线明敷		—	1.0	2.5

（5）当用电负荷大部分为单相用电设备时，其 N 线或 PEN 干线的截面面积不应该小于相线截面面积。以气体放电灯为主要负荷的回路中，N 线截面面积不应小于相线截面面积；采用晶闸管调光的三相四线或三相三线配电线路，其 N 线或 PEN 干线的截面面积不应小于相线截面面积的 2 倍。

6 电磁线导管钢管暗敷设对钢管质量要求有哪些？

答　钢管不应有折扁、裂缝、砂眼、塌陷等现象。内外表面应光滑，不应有折叠、裂缝、分层、搭焊、缺焊、毛刺等现象。切口应垂直、没有毛刺，切口斜度应平齐，焊缝应整齐，没有缺陷。镀锌层应完好没有损伤，锌层厚度均匀一致，不得有剥落、气泡等现象。

7 电磁线导管钢管暗敷设时按图画线定位如何操作？

答　根据施工图和施工现场实际情况确定管段起始点的位置并标明此位置，并应将接线盒、接线箱固定，量取实际尺寸。

8 如何量尺寸割管？

答　（1）配钢管前应按每段所需长度将管子切断。切断管子的方法很多，一般用钢锯切断（最好选用钢锯条）或管子切割机割断。当管子批量较大时，可使用无齿锯。利用纤维增强砂轮片切割，操作时要用力均匀平稳，不能用力过猛，以免过载或砂轮崩裂。另外，钢管严禁用电、气焊切割。

切断后，断口处应与管轴线垂直，管口应锉平、刮光，使管口整齐光滑。当出现马蹄口时，应重新切断。管内应没有铁屑和毛刺。钢管不得有折扁和裂缝。

（2）小批量的钢管一般采用钢锯进行切割，将需要切断的管子放在台虎钳或压力钳的钳口内卡牢，注意切口位置与钳口距离应适宜，不能过长或过短，操作应准确。在锯管时锯条要与管子保持垂直，人要站直，操作时要扶直锯架，使锯条保持平直，手腕不能颤动，当管子快要断开时，要减慢速度，平稳锯断。

（3）切断管子也可采用割管器，但使用割管器切断管子，管口易产生内缩；缩小后的管口要用绞刀或锉刀刮光。

➤ ⑨ 如何进行套丝操作？

答　套丝时应把线管夹在管钳式台虎钳上，然后用套丝铰板铰出螺纹。操作时用力均匀，并加润滑油，以保护丝扣光滑。图5-1所示为管子套丝铰板。

(a)　　　　　　　　　　(b)

图5-1　管子套丝铰板

（a）钢管绞板；（b）板架与板牙

➤ ⑩ 如何进行弯管操作？

（1）弯曲弧长的计算。

弯管器的使用方法如图5-2所示。弯曲半径只按管径 d 的6倍计算，则有

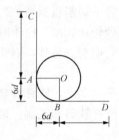

图 5 - 2　钢管弯曲
弧长的计算

$$R = 6d$$

弧长 L_{AB} 有

$$L_{AB} = \frac{2\pi R}{4} = \frac{2\pi 6d}{4} = 3\pi d \approx 10d$$

图 5 - 2 中直角弯曲时管子的总长度 L' 为

$$L' = L_{AC} + L_{BD} + 6d + 6d = L_{AC} + L_{BD} + 12d$$

圆弧弯曲后管子的实际总长度 L 为

$$L = L_{AC} + L_{BD} + L_{AB} = L_{AC} + L_{BD} + 10d$$

由计算可知，圆弧弯曲的管子长度比直角弯曲的管子长度少 $2d$，按上长度下料，并在 A、B 两点作好标记。

但是在实际安装过程中，管子的下料尺寸一般不按计算尺寸下料；而是选择比计算尺寸长的整料，把一端的尺寸卡好，并标出煨弯的标记，如在管上量出 AC 的长度，并把 A 点和 B 点标出，AB 的长度为 $10d$；然后从 A 点开始煨弯，弯曲半径按 $6d$，直至煨到 B 点，重新丈量尺寸后，把 BD 侧多余部分锯掉。这样就保证了管的实际安装尺寸。有时为了准确，在没有锯掉多余部分前，先将其拿到安装的实际位置比较，然后按实际尺寸再锯掉多余部分。锯掉部分的管子，如果不能作为再次煨弯的管子，一般和其他管子接起来再用。由此可见，计算长度可作为选料的标准，而不作为下料的尺寸。

（2）用弯管器弯管。如图 5 - 3 所示，把弯曲部分放入弯管器的口内，A 点在前，B 点在后，B 点为支点，用脚踩住管子，手往下扳动弯管器的手柄，缓慢使管子弯曲，并将支点逐点向 A 方向移，边移边扳动手柄，用力不得过猛，避免扳脱，直到移到 A 点完成 $90°$ 圆弧的弯曲。煨好后可用角尺检查角度是否准确，或在地面上划出两条垂线，并把管放在上面检查，过煨和欠煨应进行处理，偏差一般不应大于 $1/5$ 管外径。

用弯管器弯管，管子的外径一般不应超过 $25mm$，最大不超过 $32mm$；弯管器的规格通常也有大、中、小三种规格。煨弯管径稍大的管子时，可两人扳动手柄，一人在前扳起 AB 部，三人配合默契、步调一致，通常可把管子煨得很好。手工弯管器体积小、质量轻，便于携带，且可在高空作业，是配管时必备而不可少的工具。

（3）机械弯管机可分为手动弯管机和电动弯管机，如图 5 - 4 所示。

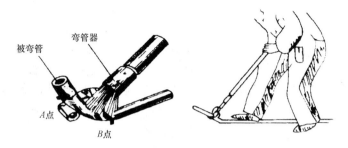

图 5-3　弯管器的使用方法

使用时，按照管子的规格，选择合适的轮子，并将管子放在两个轮子之间，将图 5-3 中的 B 点放在定轮和动轮的起始点上，扳动手柄或开动电动机，使动轮转动，直到 A 点形成 90°。如果煨制大于 90°的灯叉弯，应随时掌握角度，不要过煨。

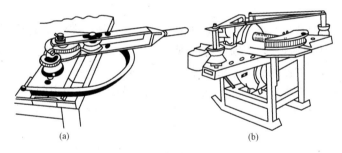

图 5-4　弯管机示意图

（a）手动；（b）电动

用弯管机弯管，最大可煨制直径是 100mm 的管子。弯管机一般设在比较固定的地方，是现场制作的必备工具。

（4）火煨法弯管。当管径超过 100mm 时，往往不能进行冷煨，在现场常采用火煨法，先将豆粒小石子灌入管内，并用木楔堵住管口，然后用烘炉将其烧红，再用固定模具将其煨成一定角度。

（5）焊接弯头法。一般大于 80mm 直径的管的弯曲可以采用焊接弯头法。弯头可用电动煨弯机或中频煨弯机加工好的直角弯头，或从市场购置弯头，但其弯曲半径必须符合规定，并且两端至少有 100mm 长的直管段。

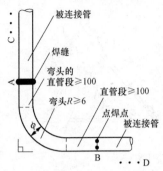

图 5-5　焊接弯头钢管的连接

使用前先丈量好尺寸，如图 5-5 所示。其中 AC 段、BD 段应用锯将料下好，将其按图在焊接平台上或是平整的地上摆成 L 形或 д 形；其管口必须平整无毛刺，否则应进行修整，使其对接严密且成 90°后，再用方尺测量，然后进行焊接。

焊接者必须是经考试合格的焊工，具有单面焊单面成形且管内不透瘤的技术，必要时可割开抽查，否则管内有瘤将会划伤导线或电缆。电焊时，先点焊好，测其角度合适后再正式施焊，应将整个圆周焊满焊严。焊好后应用钢刷扫管，清除余瘤残渣。

有时也采用套管连接法焊接弯头，这样可准确无误地保证管内无焊瘤。

弯头焊接法给高空作业配管带来了很大方便。在弯管壁较薄的线管，管内要灌满沙，否则要将钢管弯瘪，如采用加热弯曲，要使用干燥没有水分的沙灌满，并在管两端塞上木塞，如图 5-6 所示。

缝管弯曲时，应将接缝处放在弯曲的侧边，作为中间层，这样，可使焊缝在弯曲形变时既不延长又不缩短，焊缝处就不易裂开，如图 5-7 所示。

硬塑料管弯曲时，先将塑料管用电炉或喷灯加热，然后放到木模坯具上弯曲成型，如图 5-8 所示。

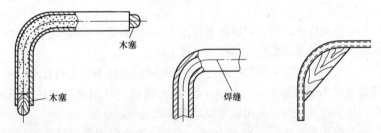

图 5-6　钢管灌沙弯曲　图 5-7　有缝管的弯曲　图 5-8　硬塑料管弯曲

11　钢管除锈与防腐应如何操作？

答　（1）管子除锈。管子外壁除锈，可用钢丝刷打磨，也可用电动除锈机除锈。

管子内壁除锈常采用以下几种方法。

1）人工清除法。用钢丝刷，两头各绑一根钢丝，穿过管子，来回拉动钢丝刷清除管内油污或脏物；也可在一根钢丝中间扎上布条或胶皮等物，在管中来回拉拽。

2）压缩空气吹除法。在管的一端，用一定压力的空气往管里吹，将管内的尘埃等物，从管子的另一端吹出。

3）高压水清洗法。用一定压力的水通入管内，利用水力清除脏物，然后用人工清除法把管内湿气擦干。

4）不良处切断清洗法。这是不得已采取的措施，在暗管中，混凝土灌进了管内，只能凿开建筑物把这段管子切除，套上一段较粗的管子。

（2）管子防腐。埋入混凝土内的管外壁外，其他钢管内、外均应刷防腐漆，埋入土层内的钢管，应刷两道沥青或使用镀锌钢管；埋入有腐蚀性土层内的钢管，应按设计规定进行防腐处理。使用镀锌钢管时，在锌层剥落处，也应刷防腐漆。

埋入砖墙内的黑色钢管可刷一道沥青；埋入焦砟层中的黑色钢管应采用水泥砂浆全面保护，厚度不应小于50mm。

12 管与盒如何连接？

答 （1）在配管施工中，管与接线盒、接线箱的连接一般情况采用螺母连接。采用螺母连接的管子必须套好丝，将套好丝的管端拧上锁紧螺母，插入与管外径相匹配的接线盒的孔内，管线要与盒壁垂直，再在盒内的管端拧上锁紧螺母；应避免左侧管线已带上锁紧螺母，而右侧管线未拧锁紧螺母。

（2）带上螺母的管端在盒内露出锁紧螺母纹应为2～4扣，不能过长或过短，如采用金属护口，在盒内可不用锁紧螺母，但入箱的管端必须加锁紧螺母。多根管线同时入箱时应注意其入箱部分的管端长度应一致，管口应平齐。

（3）配电箱内如引入管太多时，可在箱内设置一块平挡板，将入箱管口顶在挡板上，待管子用锁紧螺母固定后拆去挡板，这样管口入箱可保持一致高度。

（4）电气设备防爆接线盒的端子箱上，多余的孔应采用丝堵堵塞严密，当孔内垫有弹性密封圈时，弹性密封圈的外侧应设钢制堵板，其厚度不应小于 2mm，钢制堵板应经压盘或螺母压紧。

13 暗设钢管如何连接？

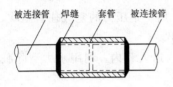

图 5-9 钢管的套管
连接示意图

答 暗设钢管的连接一般采用套管连接，套管连接就是在连接处套上内径为被连接管外径的钢管，长度为被连接管外径的 1.5～3 倍，小管取 1.5，大管取 3。连接管的对口处应在套管的中心位置，连接管的管口应齐平，并用锉刀去掉毛刺，管子的割断必须用锯或切管机，管口用圆锉锉平，严禁用气割。将管和套管放在平整的地方，最好是平台，插好找正后用电弧焊将套管两端管口和连接管管壁沿外圆周焊好、焊严焊牢，如图 5-9 所示。

14 钢管明设如何连接？

答 钢管明设应采用螺纹连接，螺纹连接就是将被连接管的管口套上螺纹，然后再拧入管箍的内螺纹中。套螺纹的工具有电动套螺纹机和手工套螺纹器（俗称带丝），每个套螺纹机或套螺纹器都有三副板牙，以适合套三种不同规格的管子。先将板牙按管子的规格选好，安装在套螺纹器上，然后把管子固定在有压力钳的案子上，同时用锉刀把管口外圆锉成稍有锥形。调整套螺纹器上的活动度盘，使牙与牙之间有适合管子需要的距离，一般应小于管外径，然后用固定螺钉固定好。双手握住套螺纹器的两只手柄将其套在管子上，并用调节手柄使套螺纹器后面的三个支持脚贴紧管子，保证螺纹不乱。这时用双手推套螺纹器（与管子垂直）并顺时针转动，如图 5-10 所示，就可在管子上套出螺纹来。套完后，把套螺纹器取下，并

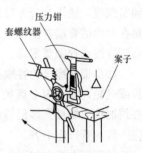

图 5-10 手工套螺纹
操作示意图

再次调整板牙间距，使之小于第一次的间距一点，再套一次。一般2～3次即可套出合乎要求的螺纹。套螺纹时应充分注油，一般使用菜籽油。套螺纹的长度应大于1/2管接头的长度。

电动套螺纹机套螺纹与手工套螺纹基本相同，主要区别是电动机械代替了人力，提高了效率，参照手工套螺纹和电动切管机的操作方法即可。

套好螺纹后用相应规格的管接头有内螺纹、管箍的连接，连接时应用管钳子将管和接头拧紧，管插接前应在螺纹处包扎生料带，保证连接的严密性。连接处拧紧后应焊接跨接线，如图5-11所示。

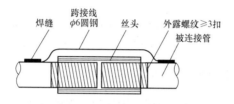

图5-11　钢管的套螺纹连接

管路的连接一般不得用焊接法，以免焊渣将导线的绝缘滑伤。

15 钢管与接线盒如何连接？

答　钢管的端部与各种接线盒连接时，应在接线盒内外各用一个薄形螺母锁紧，夹紧的方法如图5-12所示。先在线管管口拧入一个螺母，管口穿入接线盒后，在盒内再拧入一个螺母，然后用两把扳手把两个螺母反向拧紧，如果需要密封，则在两螺母之间各垫入封口垫圈。

图5-12　线管与接线盒的连接

16 硬塑料管如何连接？

答　（1）插入法连接。连接前先将连接的两根管子的管口分别倒成内侧角和外侧角，如图5-13（a）所示，接着将阴管插接段（长度为1.2～1.5倍的管子直径）放在电炉或喷灯上加热至呈柔软状态后，将阳管插入部分涂一层胶合剂后迅速插入阴管，立即用湿布冷却，使管子恢复原来硬度，如图5-13（b）所示。

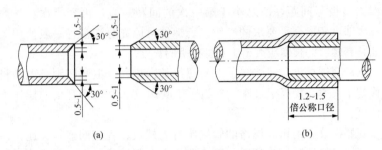

图 5-13 硬塑料管的插入法连接

(a) 管口倒角；(b) 插入法连接

（2）套接法连接。连接前先将同径的硬塑料管加热扩大成套管，并倒角，涂上粘接剂，迅速插入热套管中，如图 5-14 所示。

17 防爆钢管如何连接？

答 （1）防爆钢管敷设时，钢管间及钢管与电气设备应采用螺纹

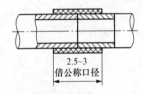

图 5-14 硬塑料管的套
管接法连接

连接，不得采用套管焊接。螺纹连接处应连接紧密牢固，啮合扣数应不少于 6 扣，并应加防松螺母牢固拧紧，应在螺纹上涂电力复合脂或导电性防锈脂，不得在螺纹上缠麻或绝缘胶带及涂其他油漆。除设计有特殊要求外，各连接处不能焊接接地线。

（2）防爆钢管管道之间不得采用倒扣连接，当连接有困难时可以采用防爆活接头连接，其结合面应贴紧。防爆钢管与电气设备直接连接若有困难时，应采用防爆可挠管连接，防爆可挠管应没有裂纹、孔洞、机械损伤、变形等缺陷。

（3）爆炸危险场所钢管配线，应使用镀锌水、煤气管或经防腐处理的厚壁钢管（敷于混凝土的钢管外壁可不防腐）。

（4）钢管配线的隔离密封。钢管配线必须设不同形式的隔离密封盒，盒内填充非燃性密封混合填料，以隔绝管道。

（5）管道通过与其他场所相邻的隔墙，应在隔墙任一侧装设横向式隔离密封盒且应将管道穿墙处的孔洞堵塞严密。

（6）管道通过楼板或地坪引入相邻场所时，应在楼板或地坪的上

方装设纵向式密封盒，并将楼板或地坪的穿管孔洞堵塞严密。

（7）当管径大于 50mm，管道长度超过 15m 时，每 15m 左右应在适当地点装设一个隔离密封盒。

（8）易积聚冷凝水的管道应装设排水式隔离密封盒。

18　固定接线盒、接线箱如何连接？

答　（1）接线盒、接线箱固定应平整牢固、灰浆饱满，纵横坐标准确，符合设计图和施工验收规范规定。

（2）砖墙稳埋接线盒、接线箱。

1）预留接线盒、接线箱孔洞。根据设计图规定的接线盒、接线箱预留具体位置，随土建砌体电工配合施工，在约 300mm 处预留出进入接线盒、接线箱的管子长度，将管子甩在接线盒、接线箱预留孔外，管端头堵好，等待最后一管一孔地进入接线盒、接线箱，稳埋完毕。

2）剔洞埋接线盒、接线箱，再接短管。按画线处的水平线，对照设计图找出接线盒、接线箱的准确位置，然后剔洞，所剔洞应比接线盒、接线箱稍大一些。洞剔好后，先用水把洞内四壁浇湿，并将洞中杂物清理干净。依照管道的走向敲掉盒子的敲落孔，用水泥砂浆填入，将接线盒、接线箱放端正，待水泥砂浆凝固后，再接短管入接线盒、接线箱。

3）组合钢模板、大模板混凝土墙稳埋接线盒、接线箱。

a）在模板上打孔，用螺钉将接线盒、接线箱固定在模板上；拆模前及时将固定接线盒、接线箱的螺钉拆除。

b）利用穿筋盒，直接固定在钢筋上，并根据墙体厚度焊好支撑钢筋，使盒口或箱口与墙体平面平齐。

4）滑模板混凝土墙稳埋接线盒、接线箱。

a）预留接线盒、接线箱孔洞，采取下盒套、箱套，然后待滑模板过后再拆除盒套或箱套，同时稳埋盒或箱体。

b）用螺钉将接线盒、接线箱固定在扁铁上，然后将扁铁焊在钢筋上，或直接用穿筋固定在钢筋上，并根据墙厚度焊好支撑钢筋，使盒口平面与墙体平面平齐。

5）顶板稳埋灯头盒。

a）加气混凝土板、圆孔板稳埋灯头盒。根据设计图标注出灯头的位置尺寸，先打孔，然后由下向上剔洞，洞口下小上大。将盒子配上相应的固定体放入洞中，并固定好吊顶，待配管后用高强度等级水泥砂浆稳埋牢固。

b）现浇混凝土楼板等，需要安装吊扇、花灯或吊装灯具超过3～5 kg 时，应预埋吊钩或螺栓，其吊挂力矩应保证承载要求和安全。

6）隔墙稳埋开关盒、插座盒。

如在砖墙泡沫混凝土墙等剔槽前，应在槽两边弹线，槽的宽度及深度均应比管外径大，开槽宽度与深度以大于1.5倍管外径为宜。砖墙可用錾子沿槽内边进行剔槽；泡沫混凝土墙可用手提切割机锯成槽的两边后，再剔成槽。剔槽后应先稳埋盒，再接管，管道每隔1m左右用镀锌钢丝固定好管道，最后抹灰并抹平齐。如为石膏圆孔板时，应该将管穿入板孔内并敷至盒或箱处。

在配管时应与土建施工配合，尽量避免切割剔凿，如需切割剔凿墙面敷设线管，剔槽的深度、宽度应合适，不可过大、过小，管线敷设好后，应在槽内用管卡进行固定，再抹水泥砂浆，管卡数量应依据管径大小及管线长度而定，不需太多，以固定牢固为标准。

➡ **19** **管道接地如何处理？**

答 （1）线管配线的钢管必须可靠接地。为此，在钢管与钢管、钢管与配电箱及接线盒等连接处，用 $\phi 6 \sim \phi 10\text{mm}$ 圆钢制成的跨接线连接，如图 5-15 所示。并在干线始末两端和分支线管上分别与接地体可靠连接，使线路所有线管都可靠的接地。

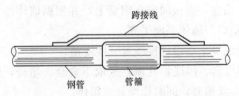

图 5-15　线管连接处的跨接线

（2）跨接线的直径可参照表 5-4 的内容。地线的焊接长度要求达到接地线直径 6 倍以上。钢管与配电箱的连接地线，为了方便检修，可先在钢管上焊一专用接地螺栓，再用接地导线与配箱可靠连接。

表 5 - 4　　　　　　　　　跨 接 线 选 择 表

公称直径/mm		跨接线/mm	
电磁线管	钢管	圆钢	扁钢
≤32	≤25	$\phi6$	—
40	32	$\phi8$	—
50	40～50	$\phi10$	—
70～80	70～80	—	25×4

（3）卡接。镀锌钢管应用专用接地线卡连接，不得采用熔焊连接地线。

（4）管道应做整体接地连接，穿过建筑物变形缝时，应有接地补偿装置。可采用跨接或卡接，以使整个管道形成一个电气通路。

20　管道补偿如何操作？

答　管道在通过建筑物的变形缝时，应加装管道补偿装置。管道补偿装置是在变形缝的两侧对称预埋一个接线盒，用一根短管将两接线盒相邻面连接起来，短管的一端与一个盒子固定牢固，另一端伸入另一盒内，且此盒上的相应位置的孔要开长孔，其长度不小于管径的 2 倍。如果该补偿装置在同一轴线墙体上，则可有拐角箱作为补偿装置，如不在同一轴线上则可用直筒式接线箱进行补偿。其做法可参照图 5 - 16 和图 5 - 17，也可采用防水型可挠金属电磁线管跨越两侧接线箱盒并留有适当余量。

21　钢管暗敷设工艺分为几种？其方法分别是什么？

答　暗配的电磁线管道应该沿最近的路线敷设，并应尽量减少弯头；埋入墙或混凝土内的管子，其离表面的净距不应小于 15mm。

（1）在现浇混凝土楼板内敷设。在浇灌混凝土前，先将管子用垫块（石块）垫高 15mm 以上，使管子与混凝土模板间保持足够距离，再将管子用钢丝绑扎在钢筋上，或用铁钉卡在模板上，如图 5 - 18 所示。

灯头盒可用铁钉固定或用钢丝缠绕在铁钉上如图 5 - 19 所示，其安装方法如图 5 - 20 所示。

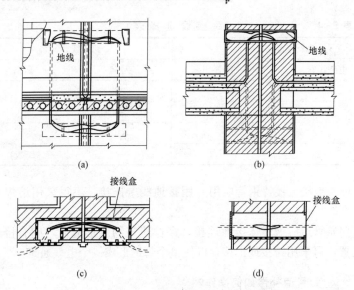

图 5-16 暗配管线遇到建筑伸缩缝时的做法示意图

（a）一式接线箱在地板上（下）部做法；（b）二式接线箱在地板上（下）部做法；

（c）、（d）平面

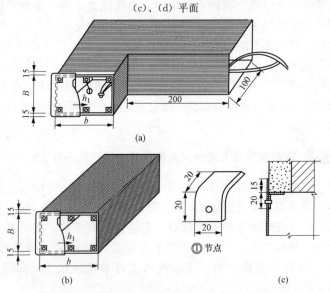

图 5-17 建筑伸缩沉降缝处转角接线箱做法示意图

（a）一式接线箱做法；（b）二式接线箱做法；（c）接线箱与砖墙交接做法

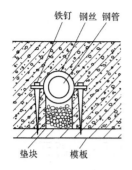

图 5 - 18 钢管在模板上固定

 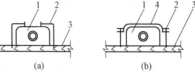

图 5 - 19 灯头盒在模板上固定

（a）用铁钉固定；（b）用钢丝、铁钉固定

1—灯头盒；2—铁钉；3—模板；4—钢丝

接线盒可用钢丝或螺钉固定，方法如图 5 - 21 所示。待混凝土凝固后，必须将钢丝或螺钉切断除掉，以免影响接线。

钢管敷设在楼板内时，管外径与楼板厚度应配合。当楼板厚度为80mm 时，管外径不应超过 40mm；厚度为 120mm 时，管外径不应超过 50mm。若管径超过上述尺寸，则钢管改为明敷或将管子埋在楼板的垫层内，灯头盒位置需在浇灌混凝土前预埋木砖，待混凝土凝固后再取出木砖进行配管，如图 5 - 22 所示。

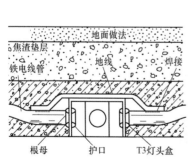

图 5 - 20 灯头盒在现浇混凝土楼板内安装

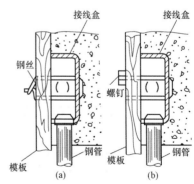

图 5 - 21 接线盒在模板上固定

（a）钢丝固定；（b）螺钉固定

（2）在预制板中敷设。暗管在预制板中的敷设方法同暗管在现浇

混凝土楼板内敷设，但灯头盒的安装需在楼板上定位凿孔，做法如图 5 - 23 所示。

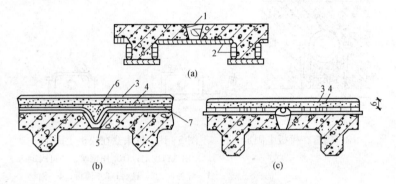

图 5 - 22　钢管在楼板垫层内敷设
(a) 在未灌混凝土前埋设木砖；(b) 钢管进接线盒；(c) 配管不弯曲
1— 木砖；2—模板；3—底面；4—焦砟垫层；5—接线盒；6—水泥砂浆保护；7—钢管

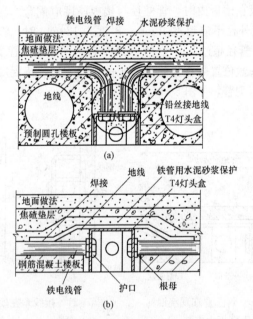

图 5 - 23　暗管在预制板中的敷设
(a) 钢管在空心楼板上敷设；(b) 钢管在槽形楼板上敷设

（3）通过建筑物伸缩缝敷设。钢管暗敷时，常会遇到建筑物伸缩缝，其通常的做法是在伸缩缝（沉降缝）处设置接线箱，并且钢管应断开，如图 5 - 24 所示。

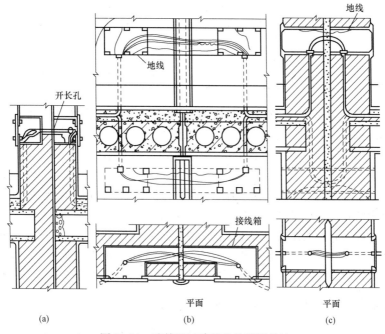

图 5 - 24　暗管通过建筑物伸缩缝做法
（a）普通接线箱在地板上部过伸缩缝时的做法；（b）一式接线箱在地板上（下）部过伸缩缝做法；（c）二式接线箱在地板上（下）部过伸缩缝做法

钢管暗敷设时，在建筑物伸缩缝处设置的接线箱主要有两种，即一式接线箱和二式接线箱，如图 5 - 25 所示，其规格见表 5 - 5。

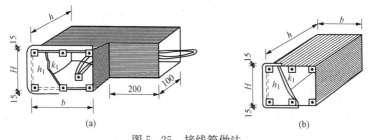

图 5 - 25　接线箱做法
（a）一式；（b）二式

193

表 5 - 5　　　　　　　　钢管与接线箱配用规格尺寸　　　　　　　　　mm

每侧入箱电磁线 管规格和数量		接线箱规格			箱厚	固定盖板螺 丝规格数量
		L	b	h	h_1	
一式接线箱	40 以下二支	150	250	180	1.5	M5×4
	40 以上二支	200	300	180	1.5	M5×6
二式接线箱	40 以下二支	150	200	同墙厚	1.5	M5×4
	40 以上二支	200	300	同墙厚	1.5	M5×6

(4) 埋地钢管敷设。埋地钢管敷设时，钢管的管径应不小于 20mm，且不应该穿过设备基础；如必须穿过，且设备基础面积较大时，钢管管径应不小于 25mm。在穿过建筑物基础时，应再加保护管保护。

直接埋入土中的钢管也需用混凝土保护，如不采用混凝土保护时，可刷沥青漆进行保护。

埋入有腐蚀性或潮湿土中的管线，如为镀锌管丝接，应在丝头处抹铅油缠麻，然后拧紧丝头；如为非镀锌管件，应先刷沥青漆油后在缠生料带，然后再刷一道沥青漆。

➡ 22　明配管敷设基本要求有哪些？

答　(1) 明配管弯曲半径一般不小于管外径的 6 倍，如只有一个弯时应不小于管外径的 4 倍。

(2) 根据设计首先测出接线盒、接线箱与出线门的准确位置，然后按照安装标准的固定点间距要求确定支、吊装架的具体位置，固定点的距离应均匀，管卡与终端、转弯中点、电气器具或箱盒边缘的距离为 150～500mm。钢管中间管卡的最大距离：$\phi5 \sim \phi20$mm 时为 1.5m，$\phi25 \sim \phi32$mm 时为 2m。

(3) 吊顶内管道敷设。在灯头测定后，用不少于 2 个螺钉（栓）把灯头盒固定牢固，管道应敷设在主龙骨上边，管送入箱、盒，并应里外带锁紧螺母。管道主要采用配套管卡固定，固定间距不小于 1.5m。吊顶内灯头盒至灯位采用金属软管过渡，长度不应该超过 0.5m，其两端应使用专用接头。吊顶内各种接线盒、接线箱的安装口方向应朝向检查口以便于维护检查。

（4）设备与钢管连接时，应将钢管敷设到设备内。如不能直接进入时，在干燥房间内，可在钢管出口处加装保护软管引入设备；在潮湿房间内，可采用防水软管或在管口处装设防水弯头再套绝缘软管保护，软管与钢管、软管与设备之间的连接应用软管接头连接，长度不应超过1m。钢管露出地面的管口距地面高度应不小于200mm。

（5）明制箱盒安装应牢固平整，开孔整齐并与管径相吻合，要求一管一孔。钢管进入灯头盒、开关盒、接线盒及配电箱时，露出锁紧螺母的螺纹为2～4扣。

（6）支架固定点的距离应均匀，管卡与终端、转弯中点、电气器具或接线盒边缘，固定距离均应为150～300mm。管道中间的固定点间距离应小于表5-6的规定。

表5-6　　　　　　　　钢管中间管卡最大距离

钢管名称	钢管直径/mm			
	15～20	25～30	40～50	65～100
厚壁钢管	1500	2000	2500	3500
薄壁钢管	1000	1500	2000	—

（7）接线盒、接线箱、盘配管应在箱、盘100～300mm处加稳固支架，将管固定在支架上，盒管安装应牢固平整，开孔整齐并与管径相吻合。要求一管一孔，不得开长孔。铁制接线盒、接线箱严禁用电气焊开孔。

23 明配管放线如何定位？

答　根据设计图纸确定明配钢管的具体走向和接线盒、灯头盒、开关箱的位置，并注意尽量避开风管、水管，放线后按照安装标准规定的固定点间距的尺寸要求，计算确定支架、吊装架的具体位置。

24 支架、吊装架预制加工有哪些规定？

答　支架、吊装架应按设计图要求进行加工。支架、吊装架的规格设计没有规定时，应不小于以下规定：扁钢支架30mm×3mm；角钢支架25mm×25mm×3mm。埋设支架应为燕尾型或T型，埋设深度应不小于 120mm。

25 明配管道敷设应注意什么？

答 （1）检查管件是否通畅，去掉毛刺，调直管子。

（2）敷管时，先将管卡一端的螺钉（栓）拧进一半，然后将管敷设在管卡内，逐个拧牢。使用铁支架时、可将钢管固定在支架上，不许将钢管焊接在其他管道上。

（3）水平或垂直敷设明配管允许偏差值。管道在 2m 以下时，偏差为 3mm，全长不应超过管子内径的 1/2。

（4）管道连接。明配管一律采用丝接。

（5）钢管与设备连接。应将钢管敷设到设备内，如不能直接进入时，应符合下列要求。

1）在干燥的房屋内，可在钢管出口处加保护软管引入设备，管口应包缠严密。

2）在室外或潮湿的房间内，可在管口处装设防水弯头，由防水弯头引出的导线应套绝缘保护软管，经弯成防水弧度后再引入设备。

3）管口距地面高度一般不低于 200mm。

（6）金属软管引入设备时，应符合下列要求。

1）金属软管与钢管或设备连接时，应采用金属软管接头连接，长度不应该超过 1m。

2）金属软管用管卡固定，其固定间距不应大于 lm，不得利用金属软管作为接地导体。

（7）配管必须到位，不可有裸露的导线没有管保护。

26 明配管接地线如何连接？

答 明配管接地线，与钢管暗敷设相同，但跨接线应紧贴管箍，焊接或管卡连接应均匀、美观、牢固。

27 明配管如何进行防腐处理？

答 螺纹连接处、焊接处均应补刷防锈漆，面漆按设计要求涂刷。

28 **钢管明敷设施工工艺有哪些?**

答 (1)明管沿墙拐弯做法如图5-26所示。

(2)钢管引入接线盒等设备如图5-27所示。

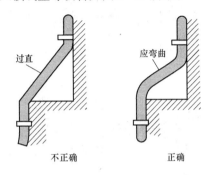

图5-26　明管沿墙拐弯

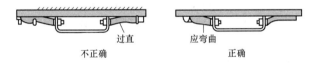

图5-27　钢管引入接线盒做法

(3)电磁线管在拐角时要用拐角盒,其做法如图5-28所示。

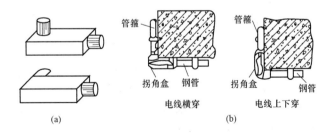

图5-28　配管在拐角处做法
(a)拐角盒;(b)在拐角上的做法

(4)钢管沿墙敷设采用管卡直接固定在墙上或支架上,如图5-29所示。

（5）钢管沿层面梁底面及侧面敷设方法如图5-30（a）所示。钢管沿层架底面及侧面的敷设方法如图5-30（b）所示。

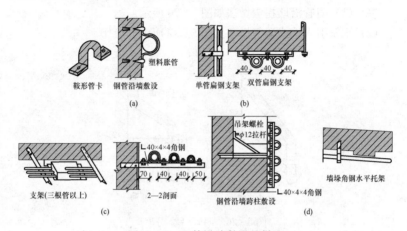

图5-29　配管沿墙敷设的做法

（a）管卡固定；（b）扁钢支架沿墙垂直敷设；
（c）角钢支架沿墙水平敷设；（d）沿墙跨越柱子敷设

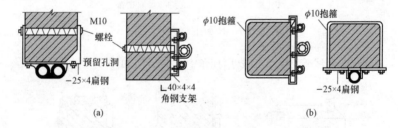

图5-30　钢管沿层面梁底面及侧面敷设方法图

（a）钢管沿层面梁底面及侧面敷设；（b）钢管沿层架底面及侧面敷设

（6）多根钢管或管组可用吊装敷设，如图5-31所示。

（7）钢管沿钢屋架敷设如图5-32所示。

（8）钢管采用管卡槽的敷设。管卡槽及管卡由钢板或硬质尼龙塑料制成，安装如图5-33所示。

（9）钢管通过建筑物伸缩缝（沉降缝）的做法如图5-34所示。拉线箱的长度一般为管径的8倍。当管子数量较多时，拉线箱高度应

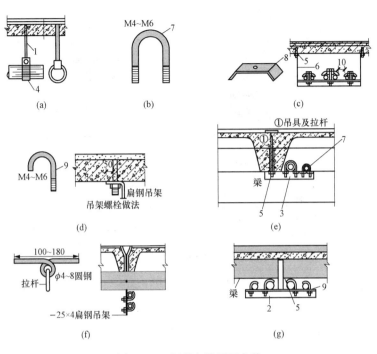

图 5‐31　钢管在楼板下安装

(a) 单管吊装；(b) 双管吊装；(c) 多管吊装；(d) 吊装架螺栓做法；
(e) 钢管在预制板下敷设；(f) 钢管沿预制板梁下吊装；(g) 钢管在现浇楼板梁下吊装
1—圆钢（ϕ10）；2—角钢支架（$L40\times4$）；3—角钢支架（$L30\times3$）；4—吊管卡；
5—吊装架螺栓（M8）；6—扁钢吊装架（—40×4）；7—螺栓管卡；
8—卡板（2～4mm 钢板）；9—管卡

图 5‐32　钢管沿钢屋架敷设

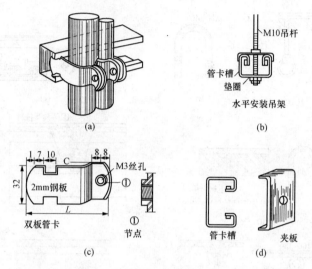

图 5-33 钢管在卡槽上安装

加大。

（10）钢管在龙骨上安装如图 5-35 所示。

（11）钢管进入灯头盒、开关盒、接线盒及配电箱时，露出锁紧螺母的螺纹为 2～4 扣。当在室外或潮湿房屋内，采用防潮接线盒、配电箱时，配管与接线盒、配电箱的连接应加橡胶垫，做法如图 5-36 所示。

（12）钢管配线与设备连接时，应将钢管敷设到设备内，钢管露出地面的管口距地面高度应不小于 200mm。如不能直接进入时，可按下列方法进行连接。

1）在干燥房间内，可在钢管出口处加保护软管引入设备。

2）在室外或潮湿房间内，可采用防湿软管或在管口处装设防水弯头。当由防水弯头引出的导线接至设备时，导线套绝缘软管保护，并应有防水弯头引入设备。

3）金属软管引入设备时，软管与钢管、软管与设备间的连接应用软管接头连接。软管在设备上应用管卡固定，其固定点间距应不大于1m，金属软管不能作为接地导体。

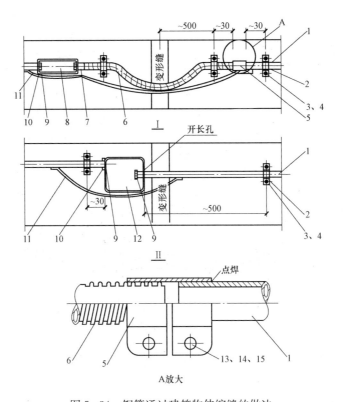

图 5-34 钢管通过建筑物伸缩缝的做法

1—钢管或电磁线管；2—管卡子；3—木螺钉；4—塑料胀管；5—过渡接头；
6—金属软管；7—金属软管接头；8—拉线箱；9—护门；10—锁紧螺母；
11—跨接线；12—拉线箱；13—半圆头螺钉；14—螺母；15—垫圈

29 护墙板、吊顶内管道敷设应如何操作？

答 吊顶内、护墙板内管道敷设的固定参照明配管施工工艺；连接、弯度、走向等参照暗配管施工工艺，接线盒可使用暗盒。

会审时要与通风暖卫等专业协调并绘制大样图，经审核没有误后，在顶板或地面进行弹线定位。如吊顶是有格块线条的，灯位必须按格块分均，护墙板内配管应按设计要求测定接线盒、接线箱位置，弹线定位，如图 5-37 所示。

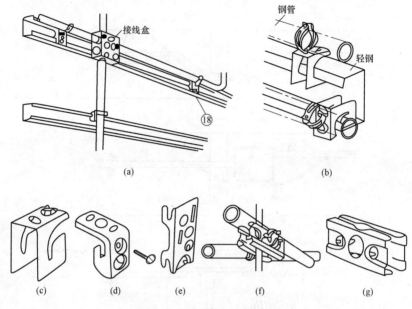

图 5 - 35　钢管在龙骨上安装图

(a)、(b) 钢管在轻钢龙骨上安装示意图；

(c)、(d)、(e) 钩形卡；

(f) 圆钢夹板管卡安装示意图；(g) 圆钢夹板卡

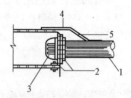

图 5 - 36　配管与防潮接线盒连接

1—钢管；2—锁紧螺母；3—管螺母；4—橡胶垫；5—接地线

　　灯位测定后，用不少于 2 个螺钉（栓）把灯头盒固定牢固。如有防火要求，可用防火棉、毡或其他防火措施处理灯头盒。没有用的敲落孔不应敲掉，已脱落的要补好。

　　管道应敷设在主龙骨的上边，管入接线盒、接线箱必须搣弯，并

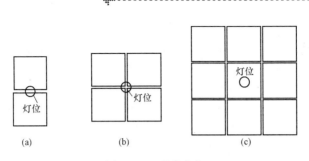

图 5 - 37 弹线定位

（a）两块板缝中；（b）在四块板角缝的十字中；（c）在一块板中心

应里外带锁紧螺母。采用内护口，管进接线盒、接线箱以内锁紧螺母平为准。固定管道时，如为木龙骨可在管的两侧钉钉，用铅丝绑扎后再把钉钉牢；如为轻钢龙骨可采用配套管卡和螺钉（栓）固定，或用拉铆钉固定。直径 25mm 以上和成排管道应单独设支架。

管道敷设应牢固畅顺，禁止做拦腰管或拌脚管。遇有长丝接管时，必须在管箍后面加锁紧螺母。管道固定点的间距不得大于 1.5m，受力灯头盒应用吊杆固定，在管进盒处及弯曲部位两端15～30cm处加固定卡固定。

吊顶内灯头盒至灯位可采用阻燃型普利卡金属软管过渡，长度不应该超过 1m，其两端应使用专用接头。吊顶内各种接线盒、接线箱的安装，接线盒、接线箱口的方向应朝向检查口以便于维修检查。

30 阻燃塑料管（PVC）敷设应注意哪些？

答 保护电磁线用的塑料管及其配件必须由经阻燃处理的材料制成，塑料管外壁应有间距不大于1m的连续阻燃标记和制造厂标，且不应敷设在高温和易受机械损伤的场所。塑料管的材质及适用场所必须符合设计要求和施工规范的规定。

31 PVC管材如何选择？

答 对于硬质塑料管，在工程施工时应按下列要求进行选择。

（1）硬质塑料管应具有耐热、耐燃、耐冲击并有产品合格证，其内外管径应符合国家统一标准。管壁厚度应均匀一致，没有凸棱、凹陷、气泡等缺陷。

（2）硬质聚氯乙烯管应能反复加热弯制，即热塑性能要好。再生硬质聚氯乙烯管不应再用到工程中。

（3）电气线路中，使用的刚性 PVC 塑料管必须具有良好的阻燃性能，否则隐患极大，因阻燃性能不良而酿成的火灾事故屡见不鲜。

（4）工程中，使用的电磁线保护管及其配件必须由阻燃处理材料制成。塑料管外壁应有间距不大于 1m 的连续阻燃标记和制造厂标，其氧指数应为 27% 及以上，有离火自熄的性能。

（5）选择硬质塑料管时，还应根据管内所穿导线截面、根数选择配管管径。一般情况下，管内导线总截面积（包括外护层）不应大于管内空截面面积的 40%。

32 **管道固定可通过几种方法？**

答 （1）胀管法。先在墙上打孔，将胀管插入孔内，再用螺钉（栓）固定。

（2）剔注法。按测定位置，剔出墙洞并用水把洞内浇湿，再将拌好的高强度等级砂浆填入洞内，填满后，将支架、吊装架或螺栓插入洞内，校正埋入深度和平直度，再将洞口抹平。

（3）先固定两端支架、吊装架，然后拉直线固定中间的支架、吊装架。

33 **管道敷设的步骤是什么？**

答 （1）断管。小管径可使用剪管器，大管径可使用钢锯锯断，断口后将管口锉平齐。

（2）管子的弯曲。管子的弯曲的方法有冷弯和热搣两种。

1）冷弯法。冷弯法只适用于硬质 PVC 塑料管在常温下的弯曲。在弯管时，将相应的弯管弹簧插入管内需弯曲处，两手握住管弯曲处弹簧的部位，用手逐渐弯出需要的弯曲半径来，如图 5 - 38 所示。

图 5 - 38　冷弯管

当在硬质 PVC 塑料管端部冷弯 90° 弯

曲或鸭脖弯时，如用手冷弯管有一定困难，可在管口处外套一个内径略大于管外径的钢管，一手握住管子，一手扳动钢管即可弯出管端长度适当的 90°弯曲。

弯管时，用力和受力点要均匀，一般需弯曲至比所需要弯曲角度要小，待弯管回弹后，便可达到要求，然后抽出管内弯簧。

此外，硬质 PVC 塑料管还可以使用手扳弯管器冷弯管，将已插好弯簧的管子插入配套的弯管器，手扳一次即可弯出所需弯管。

2）热搣法。采用热搣法弯曲塑料管时，可用喷灯、木炭或木材来加热管材，也可用水煮、电炉子或碘钨灯加热等。但是，应掌握好加热温度和加热长度，不能将管烤伤、变色。

对于管径 20mm 及以下的塑料管，可直接加热搣弯。加热时，应均匀转动管身，达到适当温度后，应立即将管放在平木板上拭弯，也可采用模型搣弯。如在管口处插入一根直径相适宜的防水线或橡胶棒或氧气带，用手握住需搣弯处的两端进行弯曲，当弯曲成型后将弯曲部位插入冷水中冷却定型。

弯曲 90°时，管端部应与原管垂直，有利于瓦工砌筑。管端不应过长，应保证管（盒）连接后管子在墙体中间位置上，如图 5 - 39（a）所示。

在管端部搣鸭脖弯时，应一次搣成所需长度和形状，并注意两直管段间的平行距离，且端部短管段不应过长，防止预埋后造成砌体墙通缝，如图 5 - 39（b）所示。

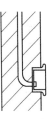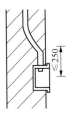

图 5 - 39　管端部的弯曲
(a) 管端 90°弯曲；(b) 管端鸭脖弯

对于管径在 25mm 及以上的塑料管，可在管内填砂弯曲。弯曲时，先将一端管口堵好，然后将干砂子灌入管内镦实，将另一端管口堵好后，用热砂子加热到适当温度，即可放在模型上弯制成形。

硬塑 PVC 塑料管也可同硬质聚氯乙烯管一样进行热弯，其方法相似，可参考。

塑料管弯曲完成后，应对其质量进行检查。管子的弯曲半径不应小于管外径的 6 倍；埋于地下或混凝土楼板内时，不应小于管外径的

10倍。为了防止渗漏、穿线方便及穿线时不损坏导线绝缘层，并便于维修，管的弯曲处不应有褶皱、凹穴和裂缝现象，弯扁程度不应大于管外径的10%。

注意：敷管时，先将管卡一端的螺钉（栓）拧紧一半，然后将管敷设于管卡内，逐个拧紧。

34 管与管的连接可通过几种方法进行？

答 （1）插接法。对于不同管径的塑料管，其采用的插接方法也不相同：对于φ50mm及以下的硬塑料管多采用加热直接插接法；而对于φ65mm及以上的硬塑料管常采用模具胀管插接法。

1）加热直接插接法。塑料管连接时，应先将管口倒角，外管倒内角，内管倒外角，如图5-40所示。然后将内、外管插接段的尘埃等污垢擦净，如有油污时可用二氯乙烯、苯等溶剂擦净。插接长度应为管径的1.1～1.8倍，可用喷灯、电炉、炭化炉加热，也可浸入温度为130℃左右的热甘油或石蜡中加热至软化状态。此时，可在内管段涂上胶合剂（如聚乙烯胶合剂），然后迅速插入外管，待内外管线一致时，立即用湿布冷却，如图5-41所示。

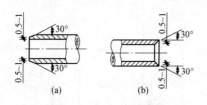

图5-40 管口倒角（塑料管）
(a) 内管；(b) 外管

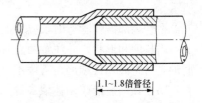

图5-41 塑料管插接

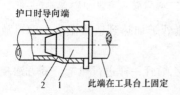

图5-42 模具胀管插接
1—成型模；2—硬聚氯乙烯管

2）模具胀管插接法。与上述方法相似，也是先将管口倒角，再清除插接段的污垢，然后加热外管插接段。待塑料管软化后，将已被加热的金属模具插入（见图5-42），冷却（可用水冷）至50℃后脱模。模具外径应比硬管外径大2.5%左右；当无金属模具时，可用木模代替。

在内、外插接面涂上胶合剂后，将内管插入外管，插入深度为管内径的 1.1～1.8 倍，加热插接段，使其软化后急速冷却（可浇水），收缩变硬即连接牢固。

（2）套管连接法。采用套管连接时，可用比连接管管径大一级的塑料管做套管，长度应该为连接管外径的 1.5～3 倍（管径为 50mm 及以下者取上限值；50mm 以上者取下限值）。将需套接的两根塑料管端头倒角，并涂上胶粘剂，再将被连接的两根塑料管插入套管，并使连接管的对口处于套管中心，且紧密牢固。套管加热温度应该取 130℃ 左右。塑料管套管连接如图 5 - 43 所示。

在暗配管施工中常采用不涂胶合剂直接套接的方法，但套管的长度不应该小于连接管外径的 4 倍，且套管的内径与连接管的外径应紧密配合才能连接牢固。

（3）波纹管的连接。波纹管由于成品管较长（$\phi 20mm$ 以下为每盘100m)，在敷设过程中，一般很少需要进行管与管的连接。如需要进行连接，可按图 5 - 44 进行。

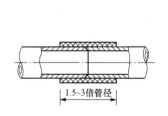

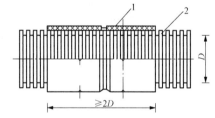

图 5 - 43 塑料管套管连接

图 5 - 44 塑料波纹管连接
1—塑料管接头；2—聚氯乙烯波纹管

➡ 35 管与盒（箱）的连接可通过几种方法进行？

答 硬质塑料管与盒（箱）连接，有的需要预先进行连接，有的则需要在施工现场配合施工过程在管子敷设时进行连接。

（1）硬塑料管与盒连接时，一般把管弯成 90°，在盒的后面与盒子的敲落孔连接，尤其是埋在墙内的开关、插座盒可以方便瓦工的砌筑。如果撅成鸭脖弯，在盒上方与盒的敲落孔连接，预埋砌筑时立管不易固定。

图 5 - 45 管盒连接件

(2) 硬质塑料管与盒（箱）的连接，可以采用成品管盒连接件（见图 5 - 45）。连接时，管插入深度应该为管外径的 1.1～1.8 倍，连接处结合面应涂专用胶合剂。

(3) 连接管外径应与盒（箱）敲落孔相一致，管口平整、光滑，一管一孔顺直进入盒（箱），在盒（箱）内露出长度应小于 5mm，多根管进入配电箱时应长度一致，排列间距均匀。

(4) 管与盒（箱）连接应固定牢固，各种盒（箱）的敲落孔不被利用的不应被破坏。

(5) 管与盒（箱）直接连接时要掌握好入盒长度，不应在预埋时使管口脱出盒子，也不应使管插入盒内过长，更不应后打断管头，致使管口出现锯齿或断在盒外。

36 使用保护管应注意什么？

答 硬塑料管埋地敷设（在受力较大处，应该采用重型管）引向设备时，露出地面 200mm 段，应用钢管或高强度塑料管保护。保护管埋地深度不少于 50mm，如图 5 - 46 所示。

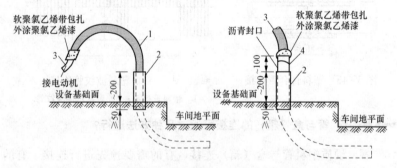

图 5 - 46 硬塑料管暗敷引至设备做法

1—聚氯乙烯塑料管（直径 15～40mm）；2—保护钢管；
3—软聚氯乙烯管；4—硬聚氯乙烯管（直径 50～80mm）

37 扫管穿带线应注意什么?

答　对于现浇混凝土结构,如墙、楼板,应及时进行扫管,即随拆模随扫管,这样能够及时发现堵管不通现象,便于处理,可在混凝土未终凝时,修补管道。对于砖混结构墙体,应在抹灰前进行扫管。有问题时修改管道,便于土建修复。经过扫管后确认管道畅通,及时穿好带线,并将管口、盒口、箱口堵好,加强成品配管保护,防止出现二次堵塞管道现象。

38 电磁线穿管和导线槽敷设一般规定有哪些?

答　(1)一般要求穿管导线的总截面不应超过线管内径截面的40%,线管的管径可根据穿管导线的截面和根数按表5-7所示选择。

表5-7　　　　　　　　　　　导线穿管管径选用

线管 种类 穿导线根数 线管规格 (直径)/mm 导线截面积/mm²	铁管的标称直径(内径)/mm					电磁线管的标称 直径(外径)/mm				
	两根	三根	四根	六根	九根	两根	三根	四根	六根	九根
1	13	13	13	16	23	13	16	16	19	25
1.5	13	16	16	19	25	13	16	19	25	25
2	13	16	16	19	25	16	16	19	25	25
2.5	16	16	16	19	25	16	16	19	25	25
3	16	16	19	19	32	16	16	19	25	32
4	16	19	19	25	32	16	16	19	25	32
5	16	19	19	25	32	16	19	25	25	32
6	19	19	19	25	32	16	19	25	25	32

续表

线管种类	铁管的标称直径（内径）/mm					电磁线管的标称直径（外径）/mm				
穿导线根数 线管规格 （直径）/mm 导线截面积/mm²	两根	三根	四根	六根	九根	两根	三根	四根	六根	九根
8	19	19	25	32	32	19	25	25	32	36
10	19	25	25	32	51	25	25	32	38	61
16	25	25	32	38	51	25	32	32	38	51
20	25	32	32	51	64	25	32	38	51	64
25	32	32	38	51	64	32	38	38	51	64
35	32	38	51	51	64	32	38	51	64	64
50	38	51	51	64	76	38	51	64	64	76

（2）配线的布置应符合设计规定，当设计没有规定时室内外绝缘导线与地面的距离应符合表 5-8 的规定。

表 5-8　设计没有规定时室内外绝缘导线与地面的距离

敷设方式		最小距离/m
水平敷设	室内	2.5
	室外	2.7
垂直敷设	室内	1.8
	室外	2.7

（3）在顶棚内由接线盒引向器具的绝缘导线，应采用可挠性金属软管或金属软管等，保护导线不应有裸露部分。

（4）穿线时，应穿线、放线互相配合，统一指挥，一端拉线，一端送线，号令应一致，穿线才顺利。

（5）配线工程施工完毕后，应进行各回路的绝缘检查，保证保护地线连接可靠，对带有漏电保护装置的线路应做模拟动作并做好记录。

➤ **39** 穿管施工的准备工作包括哪些？

答 （1）检查所有预埋管路进柜、进箱、进盒或进电缆一端是否已接地良好或已和箱盒焊接可靠，是否已做成喇叭口状且毛刺已修整，多根管路并列时，是否整齐、垂直；否则应补焊或修复。出地坪的管修整时可用气焊火焰将管烤红，然后用另一根直径稍大的管套入管口扳正即可。

（2）检查管路到设备一端的标高是否适合设备高度、设备接线盒的位置和管路出线口位置是否一致，管口是否已套螺纹，边缘的毛刺是否已锉光滑，管口是否已焊接好接地螺钉等，否则应修复或补焊，管口没套螺纹的应将其烤打成喇叭口状。

（3）用接地绝缘电阻表测量管路的接地电阻，应小于或等于 4Ω，否则要找出原因修复，通常要逐一检查焊点和连接点是否可靠或漏焊，即可找出故障点。

（4）将管口的包扎物取掉，用高压空气吹除管内的异物杂土，一般用小型空压机，吹除时要前后呼应，以免发生事故；凡吹不通者多是硬物堵塞，要修复。修复管路堵塞是一项细致耐心的工作，不要急于求成。管径较大者可用管道疏通机，管径较小者可用刚性较大的硬铁丝从管的两端分别穿入，顶部做成尖状，当穿不动时即为堵塞点，然后往复抽动铁丝，逐渐将堵塞物捣碎，最后再吹除干净。明设管路可将堵塞处锯断，取出堵塞物，然后用一接线盒将锯削处填补整齐。

（5）按照图样核对管径、线径、导线型号及根数，根据管路的长度加上两端接线的余量确定导线的长度。接线余量一般不超过 $2m$，通常是用米绳从管口到接线点实际测量，或者把线放开用线实测，避免浪费。

导线的根数与电动机启动方法和电动机的绕组有关。一般直接启动和降压启动的电动机是 3 根导线；Y—△启动的电动机是 6 根导线；延边△启动的电动机是 9 根导线；频敏变阻器启动的绕线电动机是两根管，每管 3 根导线；双速电动机是 6 根导线；三速电动机是 10 根导线；

直流电动机一般是串励 2 根导线，并励或复励 3 根导线；电磁调速电动机是三根管，一根是主回路 3 根导线，另一根是调速回路 2 根导线，第三根是测速回路 3 根导线，其中调速回路和测速回路必须是多股的软铜导线，同步电动机二根管，一根是主回路 3 根导线，另一根是励磁回路 2～3 根导线。

（6）整盘导线的撤开最好使用放线架，放线架也可自制，如图 5-47 所示，如果没有放线架应顺缠绕的反方向转动线盘，另一人拉着首端撤开，如图 5-48 所示，切不可用手一圈一圈地撤开，严禁导线打纽或成麻花状，撤开时要检查导线的质量。

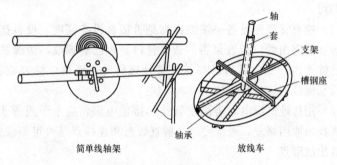

图 5-47　简易放线架示意图

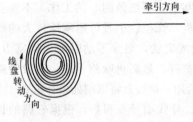

图 5-48　线盘撤开方向

（7）撤开后的导线必须伸直，否则妨碍穿线。伸直的方法很多，通常是两人分别将导线的两端拽住在干净平整的地面上，一起将导线撑起再向地面摔打，边摔边撑，使其伸直。细导线可三根或几根一块伸直，粗导线则应一根一根分别伸直，也可将一端固定在一物体上，一人从另端用上法伸直。

（8）准备好滑石粉和穿带线用的不同规格的铁丝。带线一般用 $\phi2～\phi3$mm 的刚性铁丝，粗导线、距离长时，则用 8 号或 10 号镀锌铁丝。

穿线前，必须将管子需要动火的修复焊接工作做完，穿线后严禁在管子上焊接烘烤，否则要损坏导线的绝缘。所用的导线、线鼻子、绝缘材料、辅助材料必须是合格品，导线要有生产厂家的合格证。

➤ **40 导线如何选择？**

答 （1）应根据设计图要求选择导线露天架空。进（出）户的导线应使用橡胶绝缘导线，严禁使用塑料绝缘导线。

（2）相线、中性线及保护地线的颜色应加以区分，用黄绿色相间的导线作为保护地线，淡蓝色导线作为中性线。同一单位工程的相线颜色应予统一规定。

➤ **41 穿带线的操作方法是什么？**

答 根据管径、线径大小，选择合适的刚性铁丝作为带线。每根管应有两根带线，一根为主带线，长度应大于整个管路的全长，另一根为辅助带线，长度大于1/2管路全长。把主带线的一端煨成半圆环状小钩，直径视带线粗细而定，一般为10～20mm；辅助带线也煨同样一个小钩，并将其折90°，钩端为顺时针方向，如图5-49所示。先将主带线从管的一端穿入，穿入的长度至少为1/2管路全长，穿时应握着管口部分导线的100mm左右往里送，特别是越穿越困难的时候。当穿不动时，可将带线稍拉出一些再往里送，直到实在送不动为止，一般情况下能穿入1/2管路全长。如果穿不到1/2管路全长，则将主带线全部拉出，从管的另一端穿入，直到大于1/2管路全长。然后将辅助带线从另一端管口送入，直到大于1/2管路全长为止，这时将辅助带线留在管口外的部分按顺时针转动，使其在管内部分也顺时针转动，当转动到手感觉吃力时，即可轻轻向外拉辅助带线，如果这时主带线也慢慢移动，则说明两个小钩已经挂在一起，即可将主带线从管口另一端拉出；如果这时主带线不动，则说明两个小钩没有钩在一起，应重新穿入辅助带线，直至两个小钩挂在一起，拉出主带线为止。一般情况下，按上述方法可顺利穿入主带线，主要是耐心和带线的刚性。

还有一种机械穿线法，就是用穿线枪，使用方法极为简单。先把柔性活塞装入枪膛，系好尼龙绳和活塞，并对着管口，管的另端用管堵堵好，将空压机贮气罐和枪腔进气口用高压输气管接好，检查无误后，开动气泵，达到压力后扣动穿线枪的扳机，即可将尼龙绳穿入管

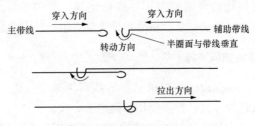

图 5-49 带线的穿入方法

内。细导线可用尼龙绳直接牵引穿入，粗导线可用其将带线引入。柔性活塞可按管径选择，共有七个规格，管堵头有三个规格。使用穿线枪时要注意安全，枪体要专人保管。

导线穿入线管前，线管口应先套上护圈，接着按线管长度，加上两端连接所需的长度余量剪切导线，削去两端导线绝缘层，标好同一根导线的记号，然后将所有导线按图 5-50 所示方法与钢丝引线缠绕，由一个人将导线理成平行束往线管内送，另一个人在另一端慢慢抽拉钢丝引线，如图 5-51 所示。

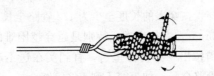

图 5-50 导线与引线的缠绕

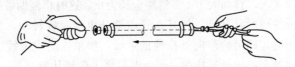

图 5-51 导线穿入管内的方法

穿管导线的绝缘强度应不低于 500V，导线最小截面规定为铜芯线 1mm^2，铝芯线 2.5mm^2。线管内导线不准有接头，也不准穿入绝缘破损后经过包缠恢复绝缘的导线。管内导线一般不得超过 10 根，同一台电动机包括控制和信号回路的所有导线，允许穿在同一根线管内。

➡ **42** 电磁线、电缆与带线的绑扎应注意什么？

答 （1）当导线根数较少时，例如2～3根导线，可将导线前端的绝缘层削去，然后将线芯直接插入带线的盘圈内并折回压实，绑扎牢固，使绑扎处形成一个平滑的锥形过渡部位。

（2）当导线根数较多或导线截面较大时，可将导线前端的绝缘层削去，然后将线芯错开排列在带线上，用绑线缠绕扎牢，使绑扎接头处形成一个平滑的锥形过渡部位，便于穿线。

（3）电缆应加金属网套进行固定。

➡ **43** 导线槽铺线的施工准备包括哪些工作？

答 导线槽内配线前应将导线槽内的积水和污物清除干净。清扫明敷导线槽时，可用抹布擦净导线槽内残余的杂物和积水，使导线槽内外保持清洁；清扫暗敷地面内的导线槽时，可先将带线穿通至接线口，然后将布条绑在带线一端，从另一端将布条拉出，反复多次就可以将导线槽内的杂物和积水清理干净，也可以用空气压缩机将导线槽内的杂物和积水吹出。

（1）导线槽应平整，没有扭曲变形，内壁没有毛刺，附件齐全。

（2）导线槽直线段连接采用连接板，用垫圈、弹簧垫圈、螺母紧固，接口缝隙严密平齐，导线槽盖装上后平整、没有翘角，出线口的位置准确。

（3）导线槽进行交叉、转弯、丁字连接时，应采用单通、二通、三通等进行变通连接，导线接头处应设置接线盒或将导线接头放在电气器具内。

（4）导线槽与接线盒、接线箱、柜等接茬时，进线和出线口等处应采用抱脚连接，并用螺栓紧固，末端应加装封堵。

（5）不允许将穿过墙壁的导线槽与墙上的孔洞一起抹死。

（6）敷设在强、弱电竖井处的导线槽在穿越楼板时应进行封堵处理（采用防火堵料）。

➡ **44** 导线槽可以分为几类？

答 导线槽根据材料分类主要分为金属导线槽与塑料导线槽。

(1) 金属导线槽。金属导线槽配线一般适用于正常环境的室内场所明敷设，由于金属导线槽多由厚度为 0.4～1.5mm 的钢板制成，其构造特点决定了在对金属导线槽有严重腐蚀的场所不应采用金属导线槽配线。具有导线槽盖的封闭式金属导线槽，有与金属导管相当的耐火性能，可用在建筑物顶棚内敷设。

为适应现代化建筑物电气线路复杂多变的需要，金属导线槽也可采取地面内暗装的布线方式。它是将电磁线或电缆穿在经过特制的壁厚为 2mm 的封闭式矩形金属导线槽内，直接敷设在混凝土地面、现浇钢筋混凝土楼板或预制混凝土楼板的垫层内。

(2) 塑料导线槽。塑料导线槽由导线槽底、导线槽盖及附件组成，是由难燃型硬质聚氯乙烯工程塑料挤压成型的，规格较多，外形美观，可起到装饰建筑物的作用。塑料导线槽一般适用于正常环境的室内场所明敷设，也可用于科研实验室或预制板结构而没法暗敷设的工程；还适用于旧工程改造更换线路；同时也可用于弱电磁线路吊顶内暗敷设场所。

在高温和易受机械损伤的场所不应该采用塑料导线槽布线。

45　金属导线槽敷设时导线槽如何选择？

答　金属导线槽内外应光滑平整、没有棱刺、扭曲和变形现象。选择时，金属导线槽的规格必须符合设计要求和有关规范的规定，同时，还应考虑到导线的填充率及载流导线的根数，同时满足散热、敷设等安全要求。

金属导线槽及其附件应采用表面经过镀锌或静电喷漆的定型产品，其规格和型号应符合设计要求，并有产品合格证等。

46　金属导线槽敷线时如何测量定位？

答　(1) 金属导线槽安装时，应根据施工设计图。用粉线袋沿墙、顶棚或地面等处，弹出线路的中心线并根据导线槽固定点的要求分出均匀挡距。标出导线槽支、吊装架的固定位置。

(2) 金属导线槽吊点及支持点的距离，应根据工程具体条件确定，一般在直线段固定间距不应大于 3m，在导线槽的首端、终端、分支、转角、接头及进出接线盒处应不大于 0.5m。

（3）导线槽配线在穿过楼板及墙壁时，应用保护管，而且穿楼板处必须用钢管保护，其保护高度距地面不应低于1.8m。

（4）过变形缝时应做补偿处理。

（5）地面内暗装金属导线槽布线时，应根据不同的结构形式和建筑布局，合理确定线路路径及敷设位置：

1）在现浇混凝土楼板的暗装敷设时，楼板厚度不应小于200mm。

2）当敷设在楼板垫层内时，垫层厚度不应小于70mm，并应避免与其他管道相互交叉。

47 金属导线槽敷线时导线槽如何固定？

答 （1）木砖固定导线槽。配合土建结构施工时预埋木砖。加气砖墙或砖墙应在剔洞后再埋木砖，梯形木砖较大的一面应朝洞里，外表面与建筑物的表面对齐，然后用水泥沙浆抹平，待凝固后，再把导线槽底板用木螺钉固定在木砖上。

（2）塑料胀管固定导线槽。混凝土墙、砖墙可采用塑料胀管固定塑料导线槽。根据胀管直径和长度选择钻头，在标出的固定点位置上钻孔，不应歪斜、豁口，应垂直钻好孔后，将孔内残存的杂物清理干净，用木锤把塑料胀管垂直敲入孔中，直至与建筑物表面平齐，再用石膏将缝隙填实抹平。

（3）伞形螺栓固定导线槽。在石膏板墙或其他护板墙上，可用伞形螺栓固定塑料导线槽。根据弹线定位的标记，找好固定点位置，把导线槽的底板横平竖直地紧贴在建筑物的表面。钻好孔后将伞形螺栓的两伞叶掐紧合龙插入孔中，待合龙伞叶自行张开后，再用螺母紧固即可，露出导线槽内的部分应加套塑料管。固定导线槽时，应先固定两端再固定中间。

48 导线槽在墙上如何安装？

答 （1）金属导线槽在墙上安装时，可采用塑料胀管安装。当导线槽的宽度$b\leqslant100$mm时，可采用一个胀管固定；如导线槽的宽度$b>100$mm时，应采用两个胀管并列固定。

1）金属导线槽在墙上固定安装的固定间距为500mm，每节导线槽的固定点不应少于2个。

2）导线槽固定螺钉紧固后，其端部应与导线槽内表面光滑相连，导线槽导线槽底应紧贴墙面固定。

3）导线槽的连接应连续没有间断，导线槽接口应平直、严密，导线槽在转角、分支处和端部均应有固定点。

（2）金属导线槽在墙上水平架空安装时，既可使用托臂支承，也可使用扁钢或角钢支架支承。托臂可用膨胀螺栓进行固定，当金属导线槽宽度 $b \leqslant 100mm$ 时，导线槽在托臂上可采用一个螺栓固定。

制作角钢或扁钢支架时，下料后，长短偏差不应大于 5mm，切口处应没有卷边和毛刺。支架焊接后应没有明显变形，焊缝均匀平整，焊缝处不得出现裂纹、咬边、气孔、凹陷、漏焊等缺陷。

→ 49 导线槽在吊顶上如何安装？

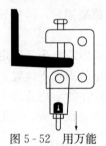

图 5-52 用万能吊具固定

答 （1）吊装金属导线槽在吊顶内安装时，吊杆可用膨胀螺栓与建筑结构固定。当在钢结构上固定时，可进行焊接固定，将吊装架直接焊在钢结构的固定位置处；也可以使用万能吊具与角钢、槽钢、工字钢等钢结构进行安装，如图 5-52 所示。

（2）吊装金属导线槽在吊顶下吊装时，吊杆应固定在吊顶的主龙骨上，不允许固定在副龙骨或辅助龙骨上。

→ 50 导线槽在吊装架上如何安装？

答 导线槽用吊装架悬吊安装时，可根据吊装卡箍的不同形式采用不同的安装方法。当吊杆安装完成后，即可进行导线槽的组装。

（1）吊装金属导线槽时，可根据不同需要，选择开口向上安装或开口向下安装。

（2）吊装金属导线槽时，应先安装干线导线槽，后安装支线导线槽。

（3）导线槽安装时，应先拧开吊装器，把吊装器下半部套入导线槽内，使导线槽与吊杆之间通过吊装器悬吊在一起。如在导线槽上安装灯具时，灯具可用蝶形螺栓或蝶形夹卡与吊装器固定在一起，然后再把导线槽逐段组装成形。

（4）导线槽与导线槽之间应采用内连接头或外连接头连接，并用沉头或圆头螺栓配上平垫和弹簧垫圈用螺母紧固。

（5）吊装金属导线槽在水平方向分支时，应采用二通接线盒、三通接线盒、四通接线盒进行分支连接。在不同平面转弯时，在转弯处应采用立上弯头或立下弯头进行连接，安装角度要适宜。

（6）在导线槽出线口处应利用出线口盒，如图5-53（a）所示进行连接；末端要装上封堵，如图5-53（b）所示进行封闭，在接线盒、接线箱出线处应采用抱脚，如图5-53（c）所示进行连接。

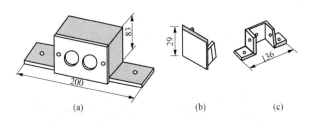

图5-53　金属导线槽安装配件图
(a) 出线口盒；(b) 封堵；(c) 抱脚

51 导线槽在地面内如何安装？

答　金属导线槽在地面内暗装敷设时，应根据单导线槽或双导线槽不同结构形式选择单压板或双压板，与导线槽组装好后再上好卧脚螺栓。然后，将组合好的导线槽及支架沿线路走向水平放置在地面或楼（地）面的抄平层或楼板的模板上，然后再进行导线槽的连接。

（1）导线槽支架的安装距离应按照工程具体情况进行设置，一般应设置于直线段大于3m或在导线槽接头处、导线槽进入分线盒200mm处。

（2）地面内暗装金属线盒的制造长度一般为3m，每0.6m设一个出线口。当需要导线槽与导线槽相互连接时，应采用导线槽连接头，如图5-54所示。

导线槽的对口处应在导线槽连接头中间位置上，导线槽接口应平直，紧定螺钉应拧紧，使导线槽在同一条中心轴线上。

（3）地面内暗装金属导线槽为矩形断面，不能进行导线槽的弯曲

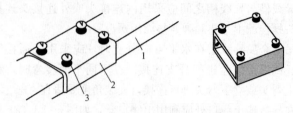

图 5-54　导线槽连接头示意图

1—导线槽；2—导线槽连接头；3—紧定螺钉

加工，当遇有线路交叉、分支或弯曲转向时，必须安装分线盒，如图 5-55 所示。当导线槽的直线长度超过 6m 时，为方便导线槽内穿线也应该加装分线盒。

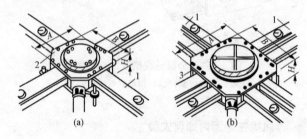

图 5-55　单双导线槽分线盒安装示意图

（a）单导线槽分线盒；（b）双导线槽分线盒

1—导线槽；2—单槽分线盒；3—双槽分线盒

导线槽与分线盒连接时，导线槽插入分线盒的长度不应该大于 10mm。分线盒与地面高度的调整依靠盒体上的调整螺栓进行。双导线槽分线盒安装时，应在盒内安装便于分开的交叉隔板。

（4）组装好的地面内暗装金属导线槽，不明露地面的分线盒封口盖，不应外露出地面；需露出地面的出线盒口和分线盒口不得突出地面，必须与地面平齐。

（5）地面内暗装金属导线槽端部与配管连接时，应使用导线槽与管过渡接头。当金属导线槽的末端没有连接管时，应使用封端堵头拧牢堵严。导线槽地面出线口处，应用不同需要零件与出线口安装好。

52 导线槽附件如何安装?

答 导线槽附件如直通、三通转角、接头、插口、盒和箱应采用相同材质的定型产品。导线槽底、导线槽盖与各种附件相对接时,接缝处应严实平整,没有缝隙。

盒子均应两点固定,各种附件角、转角、三通等固定点不应少于两点(卡装式除外)。接线盒、灯头盒应采用相应插口连接,导线槽的终端应采用终端头封堵,在线路分支接头处应采用相应接线箱,安装铝合金装饰板时,应牢固平整严实。

53 金属导线槽接地如何处理?

答 金属的导线槽必须与 PE 线或 PEN 干线有可靠电气连接,并符合下列规定。

(1)金属导线槽不得熔焊跨接接地线。

(2)金属导线槽不应作为设备的接地导体,当设计没有要求时,金属导线槽全长不少于 2 处与 PE 线或 PEN 干线连接。

(3)非镀锌金属导线槽间连接板的两端跨接铜芯接地线,截面面积不小于 $4mm^2$,镀锌导线槽间连接板的两端不跨接接地线,但连接板两端不少于 2 个有防松螺母或防松垫圈的连接固定螺栓。

54 塑料导线槽敷设时导线槽如何选择?

答 选用塑料导线槽时,应根据设计要求和允许容纳导线的根数来选择导线槽的型号和规格。选用的导线槽应有产品合格证件,导线槽内外应光滑没有棱刺,且不应有扭曲、翘边等现象。塑料导线槽及其附件的耐火及防延燃的要求应符合相关规定,一般氧指数不应低于 27%。

电气工程中,常用的塑料导线槽的型号有 VXC2 型、VXC25 型导线槽和 VXCF 型分线式导线槽。其中,VXC2 型塑料导线槽可应用于潮湿和有酸碱腐蚀的场所。

弱电线路多为非载流导体,自身引起火灾的可能性极小,在建筑物顶棚内敷设时,可采用难燃型带盖塑料导线槽。

55 塑料导线槽敷设时弹线如何定位?

答 塑料导线槽敷设前,应先确定好盒(箱)等电气器具固定点的准确位置,从始端至终端按顺序找好水平线或垂直线。用粉线袋在导线槽布线的中心处弹线,确定好各固定点的位置。在确定门旁开关导线槽位置时,应能保证门旁开关盒处距门框边 0.15~0.2m。

56 塑料导线槽敷设时导线槽如何固定?

答 塑料导线槽敷设时,应该沿建筑物顶棚与墙壁交角处的墙上及墙角和踢脚板上口线上敷设。

导线槽导线槽底的固定应符合下列规定。

(1)塑料导线槽布线应先固定导线槽底,导线槽导线槽底应根据每段所需长度切断。

(2)塑料导线槽布线在分支时应做成 T 字形分支,导线槽在转角处导线槽底应锯成 45°角对接,对接连接面应严密平整,没有缝隙。

(3)塑料导线槽底可用伞形螺栓固定或用塑料胀管固定,也可用木螺钉将其固定在预先埋入在墙体内的木砖上,如图 5-56 所示。

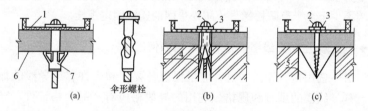

图 5-56 导线槽导线槽底固定

(a)用伞形螺栓固定;(b)用塑料胀管固定;(c)用木砖固定

1—导线槽底;2—木螺钉;3—垫圈;4—塑料胀管;

5—木砖;6—石膏壁板;7—伞形螺栓

(4)塑料导线槽导线槽底的固定点间距应根据导线槽规格而定。固定导线槽时,应先固定两端再固定中间,端部固定点距导线槽底终点不应小于 50mm。

(5)固定好后的导线槽底应紧贴建筑物表面,布置合理,横平竖直，导线槽的水平度与垂直度允许偏差均不应大于 5mm。

（6）导线槽导线槽盖一般为卡装式。安装前，应比照每段导线槽导线槽底的长度按需要切断，导线槽盖的长度要比导线槽底的长度短一些，如图 5-57 所示，其 A 段的长度应为导线槽宽度的一半，在安装导线槽盖时供做装饰配件就位用。塑料导线槽导线槽盖如不使用装饰配件，导线槽盖与导线槽底应错位搭接。导线槽盖安装时，应将导线槽盖平行放置，对准导线槽底，用手一按导线槽盖，即可卡入导线槽底的凹槽中。

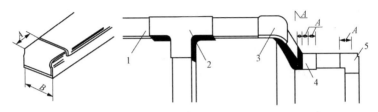

图 5-57　导线槽沿墙敷设示意图

1—直线导线槽；2—平三通；3—阳转角；4—阴转角；5—直转角

（7）在建筑物的墙角处导线槽进行转角及分支布置时，应使用左三通或右三通。分支导线槽布置在墙角左侧时使用左三通，分支导线槽布置在墙角右侧时应使用右三通。

（8）塑料导线槽布线在导线槽的末端应使用附件堵头封堵。

57　金属导线槽内导线的敷设应注意什么？

答　（1）金属导线槽内配线前，应清除导线槽内的积水和杂物。清扫导线槽时，可用抹布擦净导线槽内残存的杂物，使导线槽内外保持清洁。

清扫地面内暗装的金属导线槽时，可先将引线钢丝穿通至分线盒或出线口，然后将布条绑在引线一端送入导线槽内，从另一端将布条拉出，反复多次即可将槽内的杂物和积水清理干净。也可用压缩空气或氧气将导线槽内的杂物积水吹出。

（2）放线前应先检查导线的选择是否符合要求，导线分色是否正确。

（3）放线时应边放边整理，不应出现挤压背扣、扭结、损伤绝缘等现象，并应将导线按回路（或系统）绑扎成捆，绑扎时应采用尼龙绑扎带或线绳，不允许使用金属导线或绑线进行绑扎。导线绑扎好后，应分层排放在导线槽内并做好永久性编号标志。

（4）穿线时，在金属导线槽内不应该有接头，但在易于检查（可拆卸盖板）的场所，可允许在导线槽内有分支接头。电磁线电缆和分支接头的总截面面积（包括外护层），不应超过该点导线槽内截面面积的 75%；在不易于拆卸盖板的导线槽内，导线的接头应置于导线槽的接线盒内。

（5）电磁线在导线槽内有一定余量。导线槽内电磁线或电缆的总截面面积（包括外护层）不应超过导线槽内截面面积的 20%，载流导线不应该超过 30 根。当设计没有此规定时，包括绝缘层在内的导线总截面面积不应大于导线槽截面面积的 60%。

控制、信号或与其相类似的线路，电磁线或电缆的总截面面积不应超过导线槽内截面面积的 50%，电磁线或电缆根数不限。

（6）同一回路的相线和中性线，敷设于同一金属导线槽内。

（7）同一电源的不同回路没有抗干扰要求的线路可敷设于同一导线槽内；由于导线槽内电磁线有相互交叉和平行紧挨现象，敷设于同一导线槽内有抗干扰要求的线路用隔板隔离，或采用屏蔽电磁线和屏蔽护套一端接地等屏蔽和隔离措施。

（8）在金属导线槽垂直或倾斜敷设时，应采取措施防止电磁线或电缆在导线槽内移动，使绝缘层造成损坏，拉断导线或拉脱拉线盒（箱）内导线。

（9）引出金属导线槽的线路，应采用镀锌钢管或普利卡金属套管，不应该采用塑料管与金属导线槽连接。导线槽的出线口应位置正确、光滑、没有毛刺。

引出金属导线槽的配管管口处应有护口，电磁线或电缆在引出部分不得遭受损伤。

58 塑料导线槽内导线的敷设应注意什么？

答 对于塑料导线槽，导线应在导线槽导线槽底固定后开始敷设。导线敷设完成后，再固定导线槽盖。

导线在塑料导线槽内敷设时，应注意以下几点。

（1）导线槽内电磁线或电缆的总截面面积（包括外护层）不应超过导线槽内截面面积的 20%，载流导线不应该超过 30 根（控制、信号等线路可视为非载流导线）。

（2）强、弱电线路不应同时敷设在同一根导线槽内。同一路径没有抗干扰要求的线路，可以敷设在同一根导线槽内。

（3）放线时先将导线放开抻直，从始端到终端边放边整理，导线应顺直，不得有挤压、背扣、扭结和受损等现象。

（4）电磁线、电缆在塑料导线槽内不得有接头，导线的分支接头应在接线盒内进行。从室外引进室内的导线在进入墙内一段应使用橡胶绝缘导线，严禁使用塑料绝缘导线。

59 金属套索应如何选择？

答 为抗锈蚀和延长使用寿命，布线的金属套索应采用镀锌金属套索，不应采用含油芯的金属套索。由于含油芯的金属套索易积存灰尘而锈蚀，难以清扫，故而不应该使用。

为了保证金属套索的强度，使用的金属套索不应有扭曲、松股、断股和抽筋等缺陷。单根钢丝的直径应小于 0.5mm，因为金属套索在使用过程中，常会发生因经常摆动而导致钢丝过早断裂的现象，所以钢丝的直径应小，以便保持较好的柔性。在潮湿或有腐蚀性介质及易贮纤维灰尘的场所，为防止金属套索发生锈蚀，影响安全运行，可选用塑料护套金属套索。

选用圆钢做金属套索时，在安装前应调直、预拉伸和刷防腐漆。如采用镀锌圆钢，在校直、拉伸时注意不得损坏镀锌层。

60 金属套索附件应如何选择？

答 金属套索附件主要有拉环、花篮螺栓、金属套索卡和索具套环及各种接线盒等。

（1）拉环。拉环用于在建筑物上固定金属套索。为增加其强度，拉环应采用不小于 φ16mm 的圆钢制作。二式拉环的接口处应焊死，其适用于所受拉力不大于 3900N 的地方。

（2）花篮螺栓。花篮螺栓也叫作索具螺旋扣、紧线扣等，用于拉紧钢绞线，并起调整松紧作用。金属套索配线所用的花篮螺栓主要有 CC 型、CO 型和 OO 型三种，其外形如图 5-58 所示。

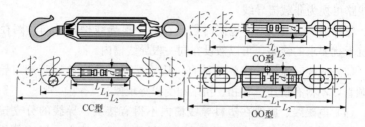

图 5-58　花篮螺栓的外形

金属套索的松弛度受金属套索的张力影响，可通过花篮螺栓进行调整。如果金属套索长度过大，通过一个花篮螺栓将没法调整，此时，可适当增加花篮螺栓。通常，金属套索长度在 50m 以下时，可装设一个花篮螺栓；超过 50m 时，两端均须安装花篮螺栓。同时，金属套索长度每增加 50m，均应增加一个中间花篮螺栓。

（3）金属套索卡。金属套索卡又称钢丝绳轧头、夹线盘、钢丝绳夹等，与钢绞线用套环配合作夹紧钢绞线末端用。

（4）钢丝绳套环也叫作索具套环、三角圈、心形环，是钢绞线的固定连接附件。钢绞线与钢绞线或其他附件间连接时，钢丝绳一端嵌在套环的凹槽中，形成环状，保护钢丝绳连接弯曲部分受力时不易折断。

➡ **61 金属套索安装的要求是什么？**

答　（1）固定电气线路的金属套索，其端部固定是否可靠是影响安全的关键，所以金属套索的终端拉环埋件应牢固可靠，金属套索与终端拉环套接处应采用心形环，固定金属套索的线卡不应少于 2 个，金属套索端头应用镀锌铁线绑扎紧密。

（2）金属套索中间固定点的间距不应大于 12m，中间吊钩应使用圆钢，其直径不应小于 8mm。吊钩的深度不应小于 20mm。

（3）金属套索的终端拉环应固定牢固，并能承受金属套索在全部负载下的拉力。

（4）金属套索必须安装牢固，并作可靠的明显接地。中间加有花篮螺栓时，应做跨接地线。金属套索是电气装置的可接近的裸露导体，为了防止由于配线而造成的金属套索漏电，防止触电危险，金属套索端头必须与 PE 线或 PEN 干线连接可靠。

（5）金属套索装有中间吊装架，可改善金属套索受力状态。为防止金属套索受振动跳出而破坏整条线路，所以在吊装架上要有锁定装置，锁定装置既可打开放入金属套索，又可闭合防止金属套索跳出。锁定装置和吊装架一样，与金属套索间没有强制性固定。

62 构件预加工与预埋的要求是什么？

答 （1）按需要加工好吊卡、吊钩、抱箍等铁件（铁件应除锈、刷漆），如金属套索采用圆钢时，必须先抽直。

金属套索如为钢绞线，其直径由设计决定，但不得小于 4.5mm；如为圆钢，其直径不得小于 8mm；钢绞线不得有背扣、松股、断股、抽筋等现象；如采用镀锌圆钢，抽直时不得损坏镀锌层。

（2）如未预埋耳环，则按选好的线路位置，将耳环固定。耳环穿墙时，靠墙侧垫上不小于 150mm×150mm×8mm 的方垫圈，并用双螺母拧紧。耳环钢材直径应不小于 10mm，耳环接口处必须焊死。

（3）墙上金属套索安装步骤如下：先按需要长度将金属套索剪断，擦去油污，预抽直后，一端穿入耳环，垫上心形环。如为金属套索钢绞线，用钢丝绳扎头（钢线卡子）将钢绞线固定两道；如为圆钢，可搬成环形圈，并将圈口焊牢，当焊接有困难时，也可使用钢丝绳扎头固定两道。然后，将另一端用紧线器拉紧后，搬好环形圈与花篮螺栓相连，垫好心形环，再用钢丝扎头固定两道。紧线器要在花篮螺栓吃力后才能取下，花篮螺栓应紧至适当程度。最后，用钢丝将花篮螺栓绑牢，吊钩与金属套索同样需要用钢丝绑牢，防止脱钩。在墙上安装好的金属套索如图 5-59 所示。

63 金属套索吊装管布线的方法是什么？

答 金属套索吊装管布线就是采用扁钢吊卡将钢管或塑料管以及灯具吊装在金属套索上，其具体安装方法如下。

（1）吊装布管时，应按照先干线后支线的顺序，把加工好的管子从始端到终端顺序连接。

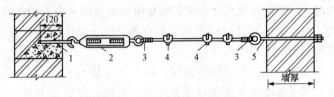

图 5 - 59　墙上金属套索安装

1—耳环；2—花篮螺栓；3—心形环；4—钢丝绳扎头；5—耳环

（2）按要求找好灯位，装上吊灯头盒卡子（见图 5 - 60），再装上扁钢吊卡（见图 5 - 61），然后开始敷设配管。扁钢吊卡的安装应垂直、牢固、间距均匀；扁钢厚度应不小于 1.0mm。

图 5 - 60　吊灯头盒卡子　　　　图 5 - 61　扁钢吊卡

（3）从电源侧开始，量好每段管长，加工（断管、套扣、械弯等）完毕后，装好灯头盒，再将配管逐段固定在扁钢吊卡上，并作好整体接地（在灯头盒两端的钢管，要用跨接地线焊牢）。

吊装钢管时，应采用铁制灯头盒；吊装硬塑料管时，可采用塑料灯头盒。

（4）金属套索吊装管配线的组装如图 5 - 62 所示，图 5 - 62 中 L：钢管为 1.5m，塑料管为 1.0m。金属套索吊装塑料护套线组装如图 5 - 63 所示。

对于钢管配线，吊卡距灯头盒距离应不大于 200mm，吊卡之间距离不大于 1.5m；对塑料管配线，吊卡距灯头盒不大于 150mm，吊卡之间距离不大于 1m，线间最小距离 1mm。

64　剥削导线的方法是什么？

答　剥削线芯绝缘层常用的工具有电工刀、克丝钳和剥皮钳。一般 4mm² 以下的导线原则上使用剥皮钳，使用电工刀时，不允许用刀在

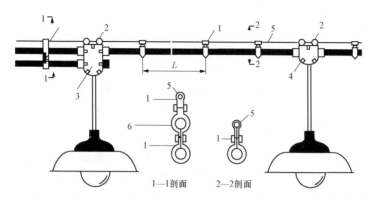

图 5-62　金属套索吊装管配线组装圈

1—扁钢吊卡；2—吊灯头盒卡子；3—五通灯头；4—三通灯头盒；

5—金属套索；6—钢管或塑料管

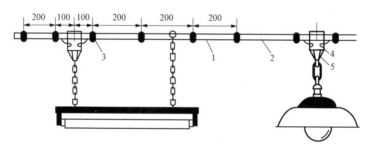

图 5-63　金属套索吊装塑料护套线组装图

1—塑料护套线；2—金属套索；3—铝导线卡；4—塑料接线盒；5—接线盒安装钢板

导线周围转圈剥削绝缘层，以免破坏线芯。剥削线芯绝缘层的方法如图 5-64 所示。

（1）单层削法。不允许采用电工刀转圈剥削绝缘层，应使用剥皮钳，如图 5-65（a）所示。

（2）分段削法。一般适用于多层绝缘导线剥削，如编制橡皮绝缘导线，用电工刀先削去外层编织层，并留有 12mm 的绝缘层，线芯长度随接线方法和要求的机械强度而定，如图 5-65（b）所示。

（3）用钢丝钳剥离绝缘层的方法。首先用左手拇指和食指捏住线头，再按连接所需长度，用钳头刀口轻切绝缘层。注意，只要切破绝

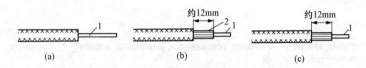

图 5-64　剥削线芯绝缘层的方法

（a）单层削法；（b）分段削法；（c）斜削法

1—导体；2—橡皮

缘层即可，千万不可用力过大，使切痕过深，因软线每股芯线较细，极易被切断，哪怕隔着未被切破的绝缘层，往往也会被切断。再迅速移动钢丝钳握位，从柄部移至头部。在移位过程中切不可松动已切破绝缘层的钳头。同时，左手食指应围绕一圈导线，并握拳捏住导线。然后两手反向同时用力，左手抽、右手勒，即可使端部绝缘层脱离芯线，如图 5-65（c）所示。

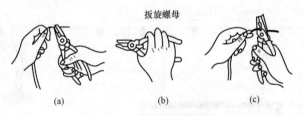

图 5-65　剥削方法

（a）单层削法；（b）分段削法；（c）用钢丝钳剥离绝缘层的方法

→ 65　塑料绝缘硬线剥离的方法是什么？

答　（1）端头绝缘层的剥离。通常采用电工刀进行剥离，但 4mm^2 及以下的硬线绝缘层，则可用剥线钳或钢丝钳进行剥离。

用电工刀剥离的方法如图 5-66 所示。

用电工刀以 45°倾斜切入绝缘层，当切近线芯时就应停止用力，接着应使刀子倾斜角度为 15°左右，沿着线芯表面向前头端部推出，然后把残存的绝缘层剥离线芯，用刀口插入背部以 45°角削断。

（2）中间绝缘层的剥离。中间绝缘层只能用电工刀剥离，方法如图 5-67 所示。

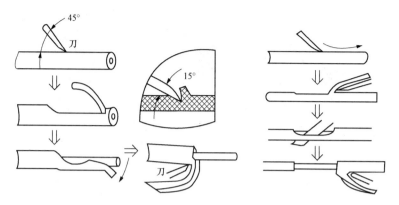

图 5-66　塑料绝缘硬线端头绝缘层的剥离　　图 5-67　塑料绝缘硬线中
间绝缘层的剥离

在连接所需的线段上，依照上述端头绝缘层的剥离方法，推刀至连接所需长度为止，把已剥离部分绝缘层切断，用刀尖把余下的绝缘层挑开，并把刀身伸入已挑开的缝中，接着用刀口切断一端，再切断另一端。

66　剥线钳剥线的方法是什么？

答　剥线钳为内线电工、电机修理、仪器仪表电工常用的工具之一，它适宜于塑料橡胶绝缘电磁线、电缆芯线的剥皮，使用方法如图 5-68 所示：将带剥皮的线头至于钳头的刀口中，用手将钳柄一捏，然后再一松绝缘皮与便于芯线脱开。

（1）根据缆线的粗细型号，选择相应的剥线刀口。

（2）将准备好的电缆放在剥线工具的刀刃间，选择好要剥线的长度。

（3）握住剥线工具手柄，将电缆夹住，缓缓用力使电缆外表皮慢慢剥落。

（4）松开工具手柄，取出电缆线，这时电缆金属整齐露出外面，其余绝缘塑料完全脱落。

67　塑料护套线剥离的方法是什么？

答　这种导线只能进行端头连接，不允许进行中间连接。它有

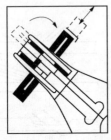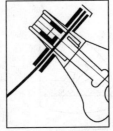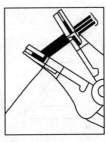

图 5 - 68　剥线钳的使用方法

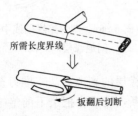

图 5 - 69　塑料护套线
护套层的剥离

两层绝缘结构，外层统包着两根（双芯）或三根（三芯）同规格绝缘硬线，称护套层。在剥离芯线绝缘层前应先剥离护套层。

（1）护套层的剥离方法。通常都采用电工刀进行剥离，方法如图 5 - 69 所示。

用电工刀尖从所需长度界线上开始，从两芯线凹缝中划破护套层，剥开已划破的护套层。向切口根部扳翻，并切断。

注意：在剥离过程中，务必防止损伤芯线绝缘层，操作时，应始终沿着两芯线凹缝划去，切勿偏离，以免切着芯线绝缘层。

（2）芯线绝缘层的剥离方法。与塑料绝缘硬线端头绝缘层剥离方法完全相同，但切口相距护套层至少 10mm，如图 5 - 70 所示。所以，实际连接所需长度应以绝缘层切口为准，护套层切口长度应加上这段错开长度。注意：实际错开长度应按连接处具体情况而定。如导线进木台后 10mm 处即可剥离护套层，而芯线绝缘层却需通过木台并穿入灯开关（或灯座、插座）后才可剥离，这样，两者错开长度往往需要 40mm 以上。

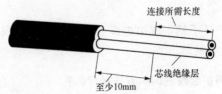

图 5 - 70　塑料护套线芯线绝缘层的剥离

68　软电缆剥离的方法是什么？

答　（1）外护套层的剥离方法。用电工刀从端头任意两芯线缝隙中割破部分护套层，把割破已可分成两片的护套层连同芯线（分成两组）同时进行反向分拉来撕破护套层，当撕拉难以破开护套层时，再用电工刀补割，直到所需长度为止，扳翻已被分割的护套层，在根部分别切断。

（2）麻线扣结方法。软电缆或是作为电动机的电源引线使用，或是作为田间临时电源馈线等使用，因而受外界的拉力较大，故在护套层内除有芯线外，尚有2～5根加强麻线。这些麻线不应在护套层切口根部剪去，应扣结加固，余端也应固定在插头或电器内的防拉压板中，以使这些麻线能承受外界拉力，保证导线端头不遭破坏。把全部芯线捆扎住后扣结，位置应尽量靠在护套层切口根部，余端压入防拉压板后扣结。

（3）绝缘层的剥离方法。每根芯线绝缘层可按剥离塑料绝缘软线的方法剥离，但护套层与绝缘层之间也应错开，要求和注意事项与塑料护套线相同。

69　导线的连接有几种方式？

答　导线的连接分导线与导线、导线与设备元件、导线与电缆、电缆与电缆、电缆与设备元件的连接。导线的连接与导线的材质、截面大小、敷设方式、电压等线、连接部位、结构形式、导线型号等条件有关。

70　导线连接的总体要求及标准规范是什么？

答　（1）导线的连接必须符合电气装置安装工程施工及验收规范的要求，标准号 GB 50258—1996、GB 50173—1992。当无特殊要求或规定时，导线的芯线应采用焊接、压板压接或套管连接；低压系统、电流较小时，可采用绞接、缠绕连接。

（2）熔焊连接的焊缝不应有凹陷、夹渣、断股、裂纹及根部未焊合的缺陷。焊缝的外形尺寸应符合焊接工艺要求，焊接后应清除残余焊剂和焊渣。

（3）锡钎焊连接的焊缝应饱满，表面光滑；焊剂应无腐蚀性，焊后应清除残余焊剂。

（4）压板或其他专用夹具，应与导线线芯规格相匹配；紧固件应拧紧到位，防松装置齐全。

（5）套管连接器件和压模等应与导线线芯相匹配；压接深度、压口数量、压接长度应符合表（对应于图5-71）的要求。

（6）剖切导线绝缘层时，不得损伤线芯；线芯连接后，绝缘带应包缠均匀紧密，其绝缘强度不应低于导线原绝缘强度。在接线端子的根部与导线绝缘层间的空隙处，应用绝缘带包缠严密。凡包扎绝缘的接头，相与相、相与零线间应错开一定距离，以免发生相与相、相与零线间的短路。

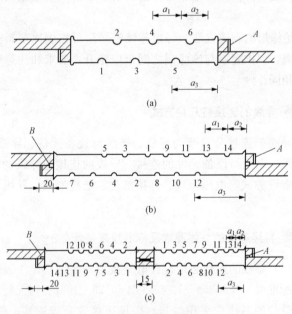

图5-71　钳压管连接图

（a）LJ-35铝绞线；（b）LGJ-35钢芯铝绞线；（c）LGJ-240钢芯铝绞线

1、2、3……表示压接操作顺序；A—绑线；B—垫片

表 5 - 9   钳压压口数及压后尺寸

导线型号		压口数	压后尺寸 D/mm	钳压部位尺寸/mm		
				a_1	a_2	a_3
铝绞线	LJ-16	6	10.5	28	20	34
	LJ-25	6	12.5	32	20	36
	LJ-35	6	14.0	36	25	43
	LJ-50	8	16.5	40	25	45
	LJ-70	8	19.5	44	28	50
	LJ-95	10	23.0	48	32	56
	LJ-120	10	26.0	52	33	59
	LJ-150	10	30.0	56	34	62
	LJ-185	10	33.5	60	35	65
钢芯铝绞线	LGJ-16/3	12	12.5	28	14	28
	LGJ25/4	14	14.5	32	15	31
	LGJ-35/6	14	17.5	34	42.5	93.5
	LGJ-50/8	16	20.5	38	48.5	105.5
	LGJ-70/10	16	25.0	46	54.5	123.5
	LGJ-95/20	20	29.0	54	61.5	142.5
	LGJ-120/20	24	33.0	62	67.5	160.5
	LGJ-150/20	24	36.0	64	70	166
	LGJ-185/25	26	39.0	66	74.5	173.5
	LGJ-240/30	2×4	43.0	62	68.5	161.5

（7）在配线的分支线连接处和架空线的分支线连接处，干线不应受到支线的横向拉力。

（8）架空线路中，不同材质、不同规格、不同绞制方向的导线严禁在档内连接。其他部位及低压配电线路中不同材质的导线不得直接连接，必须由过渡元件完成。

（9）10kV 及以下架空线路的导线当采用缠绕法连接时，连接部位的线股应缠绕良好紧密，不应有断股、松股等缺陷。

（10）采用接续管连接的导线，连接后的握着力与原导线的保持计算拉断力比，接续管不小于95%，螺栓式耐张线夹不小于90%，缠绕法不小于80%。

（11）任何形式的连接方法，导线连接后的电阻不得大于与所接线长度相同长度导线的电阻。

（12）导线与设备、元件、器具的连接应符合下列要求：

1）截面$10mm^2$及以下的单股铜芯线、单股铝芯线可直接与设备、元件、器具的端子连接，其中铜芯线应先搪锡再连接。

2）截面为$2.5mm^2$及以下的多股铜芯线的线芯应先拧紧且搪锡或压接端子后再与设备、元件、器具的端子连接。

3）多股铝芯线和截面大于$2.5mm^2$的多股铜芯线的终端，除设备自带插接式端子外，应焊接或压接端子后，再与设备、元件、器具的端子连接。

（13）铜质导线采用绞接或缠绕接法时，必须先经搪锡或镀锡处理后再连接，连接后再进行蘸锡处理。其中单股与单股、单股与软铜线的连接可先进行除去氧化膜的处理，连接后再蘸锡。

（14）以任何形式连接后，都应把毛刺或不妥处修理合适并符合要求。

71 铜质导线的锡如何处理？

答 （1）打磨氧化膜。单股可用砂纸直接去除氧化膜；多股可先散开并用钳子叼住端头拉直后再用砂纸除去氧化膜；软导线可先将导线拧紧，拧紧时应戴干净手套或用钳子以免污染线芯，然后再用砂纸除去氧化膜。打磨的长度应与接头或终端的长度相应，一般应稍长一点。

（2）打磨后应立即用干净白布擦去铜屑并在打磨处涂上锡钎焊的钎焊剂，钎焊剂应选用中性无腐蚀性的钎焊剂。

（3）搪锡或镀锡、蘸锡。

1）用电烙铁蘸上锡在涂钎焊剂处来回摩擦即可上锡，上锡后用干净棉丝将污物、油迹擦掉。

2）将锡置于锡锅内并加热熔化，然后将打磨好且有钎焊剂的线芯插入锡锅，稍后即可拔出并用干净棉丝除去污物、油迹，并放出光泽。

（4）连接好后，稍用砂纸打磨，涂钎焊剂后再次插入锡锅蘸锡，并除去污物、油迹。

（5）作业时应注意锡溅、防烫和防火。

72　导线的绞接和缠绕连接如何操作？

答　（1）单芯导线一字形接头。将被连接的两导线的绝缘皮削掉，其长度一般为 100～150mm，截面小的取 100mm，截面大的取 150mm。

（2）将两导线线芯 2/3 长度处按顺时针方向绞在一起并用钳子紧紧叼住，绞合圈数 2～3 圈。

（3）一手握钳，另一手将一线芯按顺时方向紧密缠绕在另一线芯上，缠绕的方向应与另一线芯垂直，圈数 6～10 圈，截面小的取 6 圈，大的取 10 圈，然后把多余部分剪掉，并用钳子将其端头与另一线芯掐住挤紧，不得留有毛刺。

（4）用同样方法把另一线芯缠绕好，圈数相同，将接头修整平直，然后用绝缘带将其按后圈压前圈半个带宽、正反各包扎一次，包扎的始末应压住原绝缘皮一个带宽，如图 5 - 72 所示。

（5）图 5 - 73 所示是用绑线缠绕连接的单芯一字接头，要求基本同前所述。

73　单股导线 T 形接头如何连接？

答　（1）将总线分支点绝缘皮削掉 50mm，露出线芯，将支线端部的绝缘皮削掉 100～150mm，截面积小的取 100mm，截面积大的取 150mm。

（2）将支线线芯在总线上线芯的一端打一个结，并用钳子叼住结处，另手将支线线芯按顺时针方向紧紧缠在总线线芯处，一般为 6～10 圈，截面积小的取 100mm，截面积大的取 150mm。然后把多余部分剪掉，把端头用钳子掐紧，修整后不得留有毛刺。

（3）包扎同上，如图 5 - 73 所示。单芯导线的十字连接及较大截面的缠绕连接也可参见图 5 - 73。

74　单股导线倒人字接头（跐头）如何连接？

答　（1）将被连接的几根导线的绝缘皮削掉，其中一根为

237

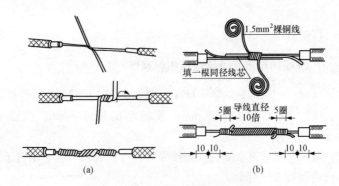

图 5 - 72　单芯导线的一字形连接

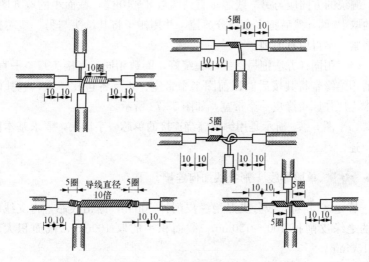

图 5 - 73　单芯导线的 T 形、十字形连接

150mm，截面积小的取 100mm，截面积大的取 150mm。

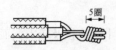

图 5 - 74　单股导线的
倒人字连接

（2）将剥削后的几根导线从线芯处对齐，然后用最长的一根线芯将其余几根紧紧缠在一起，圈数 6～10 圈，多余部分剪断揿紧。

（3）被缠绕的几根从距最后一圈 5mm 处剪断，也可翻起几根并与缠绕圈揿紧，如图 5-74 所示。

（4）包扎时可直接用绝缘胶带进行包扎。

75 多股导线的一字形接头如何连接？

答　（1）绝缘导线应先将绝缘层削掉，然后把两根导线的端头散开成伞状，散开长度按截面定，一般为 200～400mm。同时用钳子叼住撑直每股导线。

（2）两端头交叉在一起后两边合拢并用钳子敲打，使其紧紧连在一起且根根理顺，不得交叉。

（3）在交叉中点用同质独股裸线紧密缠绕 50mm，其头部和尾部分别与两边合拢的线芯紧密结合，并从结合处挑起合拢线芯的一根或两根线芯将其压住，然后用这根挑起的线芯紧密地缠绕合拢的线芯，缠绕圈与合拢线芯的中心轴线垂直，当这根挑起的线芯即将缠完时，其尾部与合拢线芯紧密结合，并从结合处再挑起一根或两根线芯将其压住，然后用力缠绕，重复上述动作以达到连接长度。

（4）最后用一根线芯缠绕线芯的尾部约 50mm，然后与合拢的线芯中的一根紧紧地绞在一起约 30～40mm，即小辫收尾，并将多余部分剪掉，然后用钳子将其敲打与导线并在一起。

（5）修整接头，将其理直包扎绝缘。

（6）上述方法叫作自缠法，如图 5-75 所示，也可从交叉中心另用同质单股线芯缠绕，最后用小辫收尾。

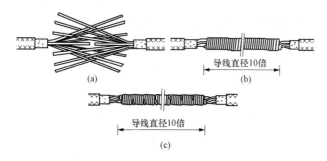

图 5-75　多股导线的一字形缠绕连接

（a）端头散开成伞状；（b）交叉在一起两边合拢缠紧；（c）合拢的线芯绞紧

➡ 76 多股导线的 T 形接头如何连接？

答 （1）绝缘导线应先将绝缘层削掉 200～400mm 并撑直，再将分支点的绝缘层削掉 200～250mm。

（2）将导线线芯分成两部分，并从原导线有绝缘部位分成 T 形，然后将其与分支点挨在一起。

（3）从中点开始向两边分别用上述自缠法，将其与总线缠绕，小辫收尾。或者用同质单股线芯（线径应大于或等于多股线中每股的线径）绑线缠绕，先把绑线团成圈状，将端头伸直与挨在一起的线芯一端对齐，并将其合拢到中点部位或另一端，拐一直角与合拢线芯垂直后紧紧缠绕，并将自身也一同缠绕在里面，线圈与之垂直，一直绕到末端，最后与自身的端头小辫收尾，这种方法叫作绑线法，如图 5 - 76 所示。

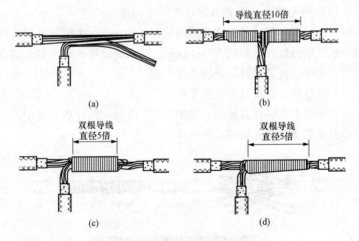

(a)　　　　　　　　　　　(b)

(c)　　　　　　　　　　　(d)

图 5 - 76　多股导线的 T 形缠绕连接
(a) 与分支点挨在一起；(b) 中点向两边分别自缠法；
(c) 同质单股线芯绑线缠绕；(d) 自身出线缠绕

（4）修整接头，并理直后包绝缘。

（5）多股导线也可像单股线一样先打一个结，然后用自缠法或绑线法连接。

➤ **77** 多股导线的倒人字接头如何连接？

答　（1）绝缘导线的削剥同前，并将其散开撑直。

（2）将每根撑直后的线芯并在一起理顺不得交叉，然后将几根导线撑直且并在一起的线芯合拢在一起，并将其用一手掐紧。

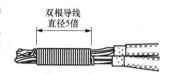

图 5-77　多芯导线的倒人字缠绕连接

（3）用自缠法将其缠绕、最后小辫收尾；或用绑线法缠绕绑扎，最后小辫收尾。

（4）修整并包绝缘，如图 5-77 所示。

➤ **78** 多股导线的一字形压板如何连接？

答　（1）选择与导线截面、材质相同的线夹，同时检查其外观有无裂纹、砂眼和不妥，检查其螺栓、平垫圈、弹簧垫圈、螺母，并试拧一次。

（2）用钢丝刷除去线芯和线夹沟槽内的氧化物和污垢，并用汽油擦干净，然后涂上中性凡士林膏，同时用 $\phi1\sim\phi2\text{mm}$ 镀锌铁线将线芯端头绑扎 10mm，并清除毛刺。

（3）将线端正反方向分别放入线夹的沟槽内，上下夹板夹好后用螺栓先稍紧一点，然后调整端头露出夹板的长度，一般为 20～30mm，并按截面选择。

（4）用扳手将螺母拧紧，以弹性垫圈拧平为准，拧紧时几条螺栓应分别逐步拧紧，先拧两端的，后拧中间的，最后再分别拧半圈，如图 5-78 所示。

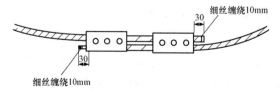

图 5-78　多芯导线的一字形压板连接

79 多股导线的 T 形压板如何连接？

答 （1）选择、检查、除污、擦净、绑扎端头同前。

（2）将导线直接置入线夹沟槽或在总线上打一个结后再置入沟槽，露出夹板长度一般为 20～30mm。

（3）用扳手拧紧螺母即可，如图 5-79 所示。

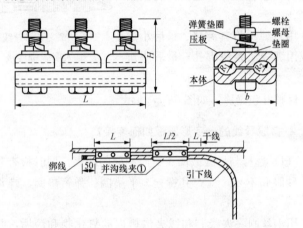

图 5-79　多芯导线的 T 形压板连接

80 多股导线的倒人字压板如何连接？

答 （1）选择、检查、除污、擦净、绑扎。

（2）将导线同相朝下置入线夹沟槽内，露出夹板长度一般为 20～30mm。

（3）用扳手拧紧螺母即可，如图 5-80 所示。

81 铜线和铝线如何连接？

答 （1）单股铜线和单股铝线连接时，铜线应先镀锡，然后用铝线在铜线上或在线径较大的导线上缠绕，一般为 6～10 圈，最后将铜线翻起与铝线缠绕圈掐紧。这种方向只能用在 T 形和倒人字的接法中。

（2）多股铜线和多股铝线连接时，铜线应先镀锡，然后按其截面大小选择铜铝并沟线夹，按上述方法连接。同样，只能用在 T 形和倒人字的接法中。

82 铜软线与硬单股导线如何连接？

答　铜软线指截面 2.5mm² 及以下的，硬单股导线指截面 10mm²
及以下的单股导线。

（1）将铜软线的绝缘层削掉，削切长度一般
按器具的电流选择，可选用 50～100mm，然后将
其镀锡，如果与铜质硬单股导线连接，也应一同
镀锡，其镀锡长度为 20～30mm。

（2）将铜软线紧紧地缠绕在硬单股导线上，
缠绕前准备一节与软铜线截面相近的铜质单股导
线且先镀锡，并将其与硬单股导线并在一起被铜
软线缠绕，当缠到 20～30mm 时将铜软线与这节
铜质单导线小辫绞紧收尾。

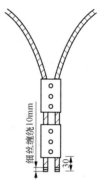

（3）如果是倒人字接头，还应把硬单股导线 图 5-80　多股导线
的末端翻起并与软铜线缠绕圈掐紧。　　　　　　　　的倒人字压板连接

此种方法仅适用于 T 形或倒人字的且电流小于 10A 以下的接头上。

双芯绝缘导线的连接应使接头错开并包扎绝缘布，如图 5-81 所示。

图 5-81　双芯绝缘导线的连接

83 导线与硬母线如何连接？

答　如图 5-82 所示。

（1）截面 10mm² 及以下的单股导线（铜线应先镀锡）可按导线的
截面选择螺钉（平垫圈、弹簧垫圈、螺母、螺杆全镀锌或铜），并按螺
杆的直径斜端头弯成顺时针的小圆圈，同时按螺杆的走丝在母线上打
孔，然后用选定的螺钉固定，打孔时应避免铅/铜屑落到电气元件或设
备上，导线与螺钉的对应关系是 2.5mm²/4mm，4mm²/6mm，6mm²/
10mm，10mm²/12mm，分子指导线分母指螺钉直径。

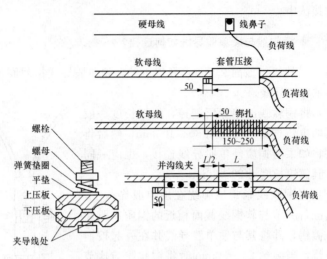

图 5 - 82　导线与硬母线的连接

（2）截面 2.5mm² 及以下的多股软铜线镀锡后可按（1）的方法与母线连接。上述若为铜母线开孔处也应镀锡。

（3）截面大于 10mm² 以上的多股导线（铜线应先镀锡）可按截面大小、母线材质选择线鼻子与母线或设备连接。线鼻子分铜质、铝质和铜铝过渡三种，分别适用于铜与铜质、铝与铝质、铜与铝或铝与铜质导线与母线或设备连接，使用时将处理好的线芯插入鼻子的连接管内再用压钳去压，方法与套管压接相同，一般压两个坑即可。

（4）导线与硬母线的连接不应使导线受到拉力。

84 压线帽应如何使用？

　　答　对于 4mm² 及以下的单股导线、2.5mm² 及以下的铜软线进行倒人字形接头（跪头）时可使用压线帽。铜导线使用压线帽时也应镀锡后进行。使用时先将导线剥去绝缘，长度不超过压线帽的深度，根数与截面按表 5 - 10 选择，如连接根数不够则填充同径同质线芯，然后用专用的压线钳挤压线帽即可完成，可不必包扎绝缘，如图 5 - 83 所示。

表 5 - 10 　　　　　　　　　　**YMT 压线帽使用规范**

压线管内接线线芯组合编号	压线管内导线规格/mm² BV（铜芯） 导线根数				色别	配用压线帽型号	线芯进入压接管削线长度 L/mm	压线管内加压所需充实线芯总根数	组合方案实际工作线芯根数	利用管内工作线芯回折根数作填充线
	1.0	1.5	2.5	4.0						
2000	2	—	—	—	黄	YMT-1	13	4	2	2
3000	3	—	—	—				4	3	1
4000	4	—	—	—	黄	YMT-1	13	4	4	—
1200	1	2	—	—				3	3	—
6000	6	—	—	—	白	YMT-2	15	6	6	—
0400	—	4	—	—				4	4	—
3200	3	2	—	—				5	5	—
1020	1	—	2	—				3	3	—
2110	2	1	1	—				4	4	—
0200	—	—	2	—	红	YMT-3	18	4	2	2
0030	—	—	3	—				4	3	1
0040	—	—	4	—				4	4	—
0230	—	2	3	—				5	5	—
0420	—	4	2	—				6	6	—
1021	1	—	2	1				4	4	—
0202	—	2	—	2				4	4	—
8010	8	—	1	—				9	9	—
L20（铝芯）	—	—	2	—	绿	YML-1	18	4	2	2
L30	—	—	3	—				4	3	1
L40	—	—	4	—				4	4	—
L32	—	—	3	2	蓝	YML-2	18	5	5	
L04	—	—	—	4				4	4	

注　铝芯线可参考此表。

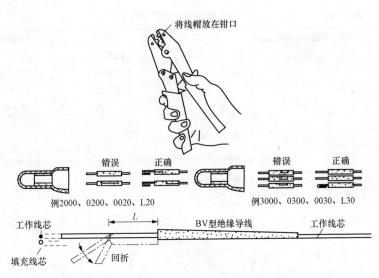

将线帽放在钳口

错误　正确　　　　　错误　正确

例2000、0200、0020、L20　　　例3000、0300、0030、L30

工作线芯　　　　　　　　L　　　　　　BV型绝缘导线　　　　　　工作线芯

填充线芯　　　回折

图5-83　压线帽的使用方法

现将上述导线的连接方法适用范围列于表5-11中，共读者使用时参考。

表5-11　　　　各种导线连接方法适用范围及用途一览表

连接方法 范围及用途	单股硬导线绞接		多股硬导线缠绕			压板（并沟线夹）			套管压接		铜线与铝钱		软铜线与单股导线	螺钉压接	线鼻子压接	压线帽压接
	一字形	T形 人字形	一字形	T形	人字形	一字形	T形	人字形	一字形	人字形	单股	多股				
高压架空			√≤10kV			√										
高压分支				√≤10kV	√	√										
高压过引			√≤10kV			√			√							
高压接引				√≤10kV	√	√										
避雷线接引				√	√											
低压架空	×									×	×					
低压分支		√			√		√	√	√				√			
低压过引	√	√	√													

246

续表

连接方法 范围及用途	单股硬导线绞接			多股硬导线缠绕			压板（并沟线夹）			套管压接		铜线与铝线		软铜线与单股导线	螺钉压接	线鼻子压接	压线帽压接
	一字形	T形	人字形	一字形	T形	人字形	一字形	T形	人字形	一字形	人字形	单股	多股				
低压进户			✓				✓		✓	✓							
低压接引		✓			✓		✓	✓				✓					
低压接线盒		✓		✓													✓
导线与母线															✓	✓	
照明支路	✓			✓									✓	✓<10A			
重复接地接引				✓				✓									
与设备/元件															✓	✓	
与设备/元件引出线		✓			✓									✓<10A			
低压盘后分支	✓	✓		✓										✓<10A			✓
低压盘后接引	✓	✓		✓										✓<10A			

注　适用划"✓"，禁止划"×"，无标注严禁使用。

85　单股导线如何连接？

答　单股导线可与设备、元件的端子直接连接，但铜线必须镀锡。端子为螺钉时，导线应弯成顺时针方向的直径与螺钉相应的圆环，直接用螺钉加垫片、弹簧垫圈压紧拧紧。端子为针孔接线柱时，可将导线直接插入针孔并拧紧螺钉，端子针孔较大且单股线不能充填满时，可插入同样多节裸线，以便拧紧。端子为瓦形垫片螺钉端子时，可将导线直接插入瓦形垫下，同时瓦形垫另侧插入同样一节裸线并拧紧螺钉，接两根导线时，可一侧一根。瓦形垫片螺钉端子不得将导线弯成U形卡入。上述螺钉拧紧时要适度，一般使弹簧垫圈压平即可，以防螺钉溢扣。上述接法如图5-84所示。

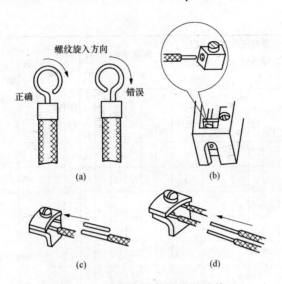

图 5-84 单股导线与设备的连接

(a) 单股芯线端部的弯环方法；(b) 单股芯线与针孔接线压接法；
(c) 瓦形垫片下一个线头连接方法；(d) 瓦形垫片下两个线头连接方法

86 多股导线如何连接？

答 多股导线与设备端子连接时，必须压接相应规格的线鼻子。铝导线使用的铜铝过渡线算子、铜导线使用的铜线算子以及设备的铜端子接触面应镀锡处理，固定线算子的螺栓应平垫圈，弹簧垫圈齐全且为镀锌件，螺母拧至弹簧垫圈压平即可，以防溢扣。

维修作业时，如一时找不到合适的线鼻子，可按下述方法手工制作一个线鼻子，待找到成品线鼻子后再更换，如图 5-85 所示。

(1) 剥掉绝缘层，一般为 200mm。

(2) 将导线撑直，铜线用砂纸打出金属光泽。

(3) 用其中一根导线在其根部绝缘剥切处紧紧缠绕 10mm。

(4) 将导线从缠绕处均匀分为两部分。

(5) 用一个比设备端子直径稍大一个规格的螺杆置于分开的根门路，并把两部分弯成螺杆直径的半圆，把上部开口紧紧闭合。

(6) 用其一根导线将闭合口处紧紧缠绕 10mm。

248

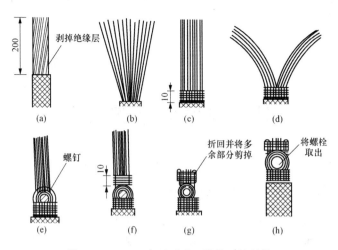

图 5 - 85　50mm² 以下手工线算子的制作

（7）把和缠绕处相邻的导线一一折回并与缠绕圈掐紧，将多余部分剪掉。

（8）套上相应的平垫圈和螺母将其压紧，或在台虎钳上将其压紧，铜线上焊剂蘸锡。

做好后试套入端子螺栓，用较大的垫片（将做成的线鼻子全压住即可）螺母将其拧紧即可。

87　多股软铜线与设备元件如何连接?

答　必须焊接线鼻子，一般锡钎焊即可。2.5mm² 及以下的软铜线可镀锡后按图 5 - 84 所示直接与设备元件的端子连接。

导线的连接、导线与设备元件的连接最根本的一条就是必须紧密可靠并能承受一定的拉力，在一个检修周期内，不得因载流或在允许过流的条件下发热、松动、断裂、生锈腐蚀或发生其他不妥。

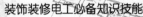

第六章

室外架空线路的安装

1 电杆分为几种？应如何选择？

答 常用的电杆有木电杆、金属杆、水泥电杆三种。

（1）木电杆。木电杆质量轻，搬运和架设方便，缺点是容易腐朽，使用年限短，已被淘汰。

（2）金属电杆。最常见的是铁塔。多由角铁焊接而成，多用在高压输电磁线路上。

（3）水泥电杆。是最常用的一种，强度大，使用年限长。

选用水泥电杆时，其表面应光洁平整，壁厚均匀，没有外露钢筋，杆身弯曲不超过杆长的 2%。

2 电杆立杆应如何操作？

答 电杆立起前，应将顶端封堵，防止电杆投入使用后，杆内积水，浸蚀钢筋，导致电杆断裂。

在现代施工工作中，一般采用起重机械立杆的方法如图 6-1 所示。

起吊时，坑边站两人负责电杆入坑，由一人指挥。当杆顶吊离地面 500mm 时，应停止起吊，检查吊绳及各绳扣没有误，方可继续起吊。当电杆吊离地面 200mm 时，坑边两人将杆根移至坑口，电杆继续起吊，电杆就会一边竖起，一边伸入坑内，坑边两人要推动杆根，使其便于入抗。

3 横担的功能是什么？分为几种？

答 横担是用来安装绝缘子、避雷器等设施的，横担的长度是根据架空线根数和线间距离来确定，通常把它可分为木横担、铁横担和

图 6 - 1　起重机立杆

陶瓷横担三种。

（1）木横担。木横担按断面形状分为圆横担和方横担两种，已淘汰。

（2）铁横担。铁横担是用角铁制成的，坚固耐用，使用最多，使用前应采用热镀锌处理，可以延长使用寿命。

（3）陶瓷横担。陶瓷横担（瓷横担绝缘子）其优点是不易击穿，不易老化，绝缘能力高，安全可靠，维护简单，在高压线路上主要应用。

➡ **4** 横担安装应注意什么？

答　线路横担安装要求：横担安装方向及安装如图 6 - 2、图 6 - 3 所示。为了使横担安装方向统一，便于认清来电方向，直线杆单横担应装于受电侧。90°转角杆及终端杆，当采用单横担时，应装于拉线侧。

横担安装应平整，安装偏差端部上下歪斜不应超过 20mm，左右扭斜不应超过 20mm。

横担安装，应符合下列规定数值：

（1）垂直安装时，顶端顺线路歪斜不应大于 10mm。

（2）水平安装时，顶端应向上翘起 5°~10°，顶端顺线路歪斜不应大于 20。

（3）全瓷或瓷横担的固定处应加软垫。

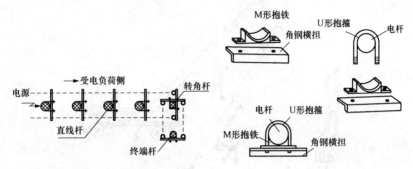

图 6-2 横担的安装方向和单横担安装　　图 6-3 单横担的安装方向

5 绝缘子的作用是什么？分为几种？

答　绝缘子俗称为瓷瓶，作用是用来固定导线，应有足够的电气绝缘能力和机械强度，使带电导线之间或导线与大地之间绝缘。

（1）针式绝缘子如图 6-4 所示。针式绝缘子分为高压针式绝缘子和低压针式绝缘子两种，由于横担有铁、木两种。所以针式绝缘子又分为长柱、短柱及弯脚式绝缘子。针式绝缘子适用于直线杆上或在承力杆上用来支持跳线的地方。

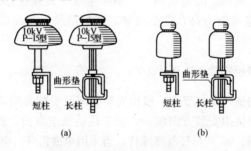

图 6-4 针式绝缘子安装图
（a）高压针式绝缘子安装图；（b）低压针式绝缘子安装图

（2）蝶式绝缘子如图 6-5 所示。蝶式绝缘子用于终端杆、转角杆、分支杆、耐张杆以及导线需承受拉力的地方。

（3）拉线绝缘子又称为拉线球，居民区、厂矿内电杆的拉线从导

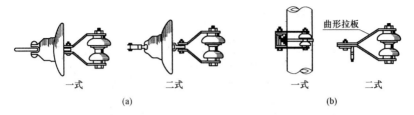

图 6-5 蝶式绝缘子安装图

(a) 高压悬式加蝶式绝缘子安装图；(b) 低压蝶式绝缘子安装图

线之间穿过时，应装设拉线绝缘子。拉线绝缘子距地面不应小于 2.5mm。其作用如下：

1) 防止维修人员上杆带电作业时，人体碰及上拉线而造成单相触电。

2) 防止导线与拉线短路时造成线路接地或人体触及中、下拉线时造成人体触电。

6 瓷件配线包括哪些? 如何安装?

答 瓷件包括瓷瓶、瓷柱、瓷夹，适用于室内外、木结构民用或小型工业厂房的动力及照明线路的明设。

(1) 划线确定线路途径、元件安装位置同前，在固定瓷柱、瓷夹的部位应预埋木砖，或采用塑料膨胀螺钉，固定瓷瓶的部位应预埋钢制横担或支架。

(2) 将成盘的导线放开撑直，先将直线段一端的导线与瓷件固定或绑扎好，然后在另一端将导线撑紧且导线应进入瓷件的紧固或绑扎槽的位置，再将导线撑紧或绑扎好。

(3) 导线经过热源应尽量远离，或者将此段线路做成暗装。导线的穿墙、交叉做法是在该段导线上套绝缘管，如图 6-6 所示，导线在瓷瓶、瓷柱的绑扎方法如图 6-7 所示，动力或三相四线制配线如图 6-8 所示。

(4) 接线方法。在直线段的分支线采用 T 形，如图 6-9 所示。在终端采用倒人字形，在瓷柱处采用丁字形，如图 6-6 所示。

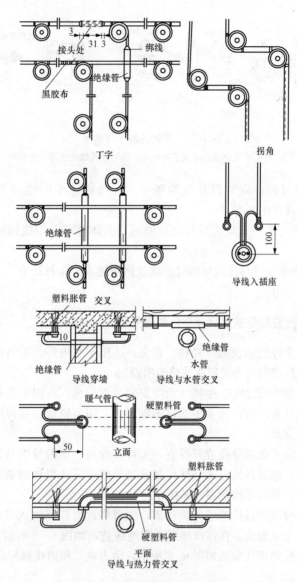

图 6-6 瓷件配线安装示意图

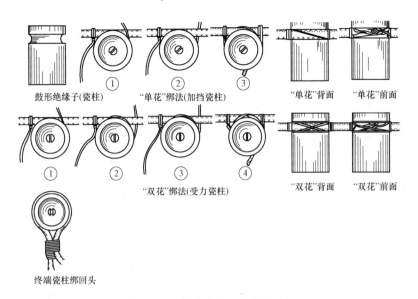

鼓形绝缘子(瓷柱)　①　"单花"绑法(加挡瓷柱)　②　③　"单花"背面　"单花"前面

①　②　"双花"绑法(受力瓷柱)　③　④　"双花"背面　"双花"前面

终端瓷柱绑回头

图6-7　导线在瓷件上的绑扎方法

7　瓷件配线应注意什么?

答　(1) 敷设的导线应平直,无松弛现象,导线的转角应为$90°$且不应有损伤;当线路交叉时,应将其中靠近建筑物的那条线路的每根导线穿入绝缘管内;用绑线绑扎导线时,应先包扎保护层,绑扎时不得损伤导线。

(2) 导线转角、分支或进入电具时,应有支持瓷件,支持瓷件与转角中点、分支点或电具边缘的距离,如使用瓷夹配线为$40\sim60\text{mm}$,如使用瓷柱配线为$60\sim100\text{mm}$。

(3) 室内绝缘导线与建筑物表面的最小距离,如使用瓷夹应不小于5mm,如使用瓷柱、瓷瓶配线应不小于10mm;在室外,雨雪能落到导线上的地方一般不用瓷夹配线和瓷柱配线,应使用瓷瓶配线,瓷瓶不得倒装。

8　拉线的作用是什么? 安装拉线的要求是什么?

答　电杆拉线(板线)是为了平衡电杆所受到的各方面的作用力,并抵抗风压等,防止电杆倾倒,所使用的金属导线。

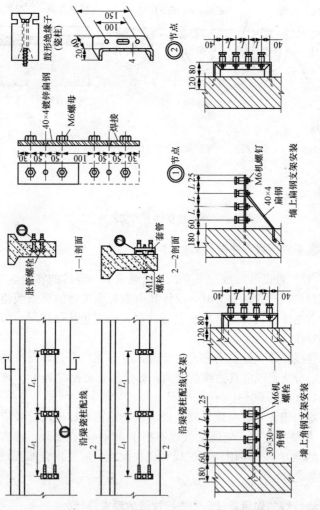

图 6 - 8　动力或三相四线制的瓷件配线示意图

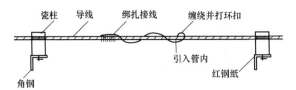

图 6-9 直导线的 T 形接线示意图

安装拉线要求如下：

（1）安装拉线与是杆的夹角不应该小于 45°，拉线穿过公路时，对路面最低垂直距离不应小于 6m。

（2）终端杆的拉线及耐张杆承力拉线应与线路方向对正，分角拉线应与线路分角线方向对正，防风拉线应与线路方向垂直。

（3）合股组成的镀锌铁线用作拉线时，股数必须三股以上，并且单股直径不应在 4mm 以上。

（4）当一根电杆上装设多条拉线时，拉线不应有过松、过紧，受力不均匀等现象。

9 拉线可以分为几种？

答 拉线的种类如图 6-10 所示。

（1）终端拉线：用于终端和分支杆。

（2）转角拉线：用于转角杆。

（3）人字拉线：用于基础不坚固和跨越加高杆及较大耐张段中间的直线杆上。

（4）高桩拉线：用于跨越公路和渠道等处。

（5）自身拉线：用于受地形限制不能采用一般拉线处，它的强度有限，不应该用在负载重的电杆上，如图 6-10 所示。

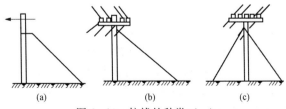

图 6-10 拉线的种类（一）

（a）终端拉线；（b）转角拉线；（c）人字拉线；

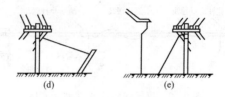

图6-10 拉线的种类（二）

(d) 高桩拉线；(e) 自身拉线

10 在实际施工中对埋设电杆的要求有哪些？

答 （1）电杆埋设深度应符合表6-1所列数值。

表6-1 电杆埋设深度表

杆长/m	8.0	9.0	10.0	11.0	12.0	13.0	15.0
埋深/m	1.5	1.6	1.7	1.8	1.8	2.0	2.3

电杆埋深要求，最小不得小于1.5m，杆根埋设必须夯实。

（2）杆上设变压器台的电杆一般埋设深度不小于2m。

（3）由于电杆受荷重，土质影响，杆基的稳定不能满足要求，常采用卡盘对基础进行补强，所以水泥杆的卡盘的埋深不小于电杆埋深的1/3，最小不得小于0.5m。

11 架空室外线路时导线架设要求有哪些？

答 （1）导线在架设过程中，应防止发生磨伤、断股、弯等情况。

（2）导线受损伤后，同一截面内，损伤面积超过导电部分截面积的17％应锯断后重接。

（3）同一档距内，同一根导线的接头，不得超过1个，导线接头位置与导线固定处的距离必须大于0.5m.

（4）不同金属、规格、导线严禁在挡距内连接。

（5）1~10kV的导线与拉线、电杆或构架之间的净空距离，不应小于200mm，1kV以下配电磁线路，不应小于50mm。1~10kV引下线与1kV以下线路间的距离不应小于200mm。

➤ **12** 导线对地距离及交叉跨越要求有哪些？

答 低压架空线路导线间最小距离：

（1）水平排列。档距在 40m 以内时为 30cm，档距在 40m 以外时为 40cm。

（2）垂直排列时为 40cm。

（3）导线为多层排列时接近电杆的相邻导线间水平距离为 60cm。高、低压同杆架设时，高、低压导线间最小距离不小于 1.2m。

（4）不同线路同杆架设时，要求高压线路在低压动力线路的上端，弱电磁线路在低压动力线路的下端。

（5）低压架空线路与各种设施的最小距离，见表 6-2。

表 6-2 低压架空线路与各种设施的最小距离

序号	低压架空线路与各种设施	最小距离/m
1	距凉台、台阶、屋顶的最小垂直距离	2.5
2	导线边线距建筑物的凸出部分和没有门窗的墙	1
3	导线至铁路轨顶	7.5
4	导线至铁路车厢、货物外廓	1
5	导线距交通要道垂直距离	6
6	导线距一般人行道地面垂直距离	5
7	导线经过树木时，裸导线在最大弧垂和最大偏移时，最小距离	1
8	导线通过管道上方，与管道的垂直距离	3
9	导线通过管道下方，与管道的垂直距离	1.5
10	导线与弱电磁线路交叉不小于 1.25m，平行	1
11	沿墙布线经过里巷、院内人行道时，至地面垂直距离	3.5
12	距路灯线路	1.2

（6）沿墙敷设。绝缘导线应水平或垂直敷设，导线对地面距离不应低于 3m，跨越人行道时不应低于 3.5m。水平敷设时，零线设在最外侧。垂直敷设时，零线在最下端。跨越通车道路时，导线距地不低于 6m。沿墙敷设的导线间距离 20～30cm。

➤ **13** 登杆使用的工具有哪些？如何进行登杆操作？

答 登杆使用的工具有脚扣和安全带。脚扣如图 6-11 所示，不同长度的杆杆径不同，要选用不同规格的脚扣，如登 8m 杆用 8m 杆脚扣。

现在还有一种通用脚扣，大小可调。使用前要检查脚扣是否完好，有没有断裂痕迹，脚扣皮带是否结实。

安全带为了确保登高安全，在高空作业时支撑身体，使双手能松开进行作业的保护工具，如图 6-12 所示。

登杆前先系好安全带，为了便于在杆上操作安全带的腰带系在胯骨以下，系得不要太紧。把腰绳和安全绳挎在肩上。脚扣的皮带不要系得过紧，以脚能从皮带中脱出，而脚扣又不会自行脱落为好。用脚扣登杆的方法如图 6-13 所示。

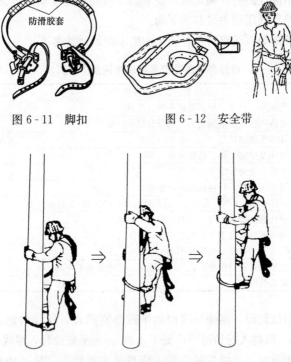

图 6-11　脚扣　　　　图 6-12　安全带

图 6-13　用脚扣登杆

登杆时，应用双手抱住电杆，一脚向上跨扣，脚上提时不要翘脚尖，脚要放松，用脚扣的重力使其自然挂在脚上，脚扣平面一定要水平，否则上提过程中脚扣会碰杆脱落。每次上跨间距不要过大，以膝盖成直角最合适。上跨到位后，让脚扣尖靠向电杆，脚后跟用力向侧后方踩，脚扣就很牢固地卡在杆上，卡稳后不要松脚，要把重心移过来，另一脚上提松开脚扣，做第二跨，注意脚扣上提时两脚扣不要相碰以免脱落。

由于杆梢直径小，登杆时越向上脚扣越容易脱扣下滑，要特别注意。当到达工作位置，应先挂好安全绳，且安全带与线杆有一定倾斜角度。调整脚扣到合适操作的位置，将两脚可相互扣死，如图 6 - 14 所示。

脚扣和安全绳、都稳固后，方可以松开手进行操作。另外，杆前不要忘记带工具袋，并带上一根细绳，以便从杆下提取工件。

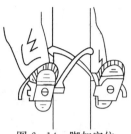

图 6 - 14　脚扣定位

14 敷设进户线应如何进行？

答　进户线是指从室外支持铁件处接下来引到室内电能表或配电盘（室内第一支持点）的一段线路。进户线的敷设，应按以下要求进行：

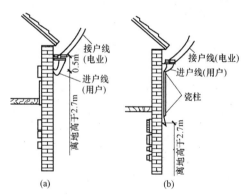

图 6 - 15　绝缘线穿瓷管进户

(a) 穿瓷管进户；(b) 瓷柱支持瓷管进户

（1）进户线的长度不应该超过 1m，超过时应使用绝缘子在中间固定。室内一端应能够接到电能表接线盒内（或经熔体盒再进电能表接线盒内）；室外一端与接户线搭接后要有一定的裕度。进户中性线应有明显标志。

（2）进户点至地面距离大于 2.7m 时，应采用绝缘导线穿瓷管进户，并使进户管口与接户线的垂直距离保持 0.5m 左右，如图6-15所示。

（3）进户点至地面距离小于 2.7m 时，应加装进户杆（落地杆或短杆），采用塑料护套线穿瓷管或者采用绝缘导线穿钢管（或硬塑料管）进户，如图 6 - 16 所示。

（4）进户点至地面距离虽然大于 2.7m，但与原来已加高的或由于安全要求必须加高的接户线垂直距离在 0.5m 以上时，应按图 6-17 所示方法使进户线与接户线相连接。此时接户线和进户线应采用绝缘良好的铜芯或铝芯导线，不得使用软线，也不得有接头。进户线的最小截面，当采用铜芯绝缘线时为 1.5mm²，采用铝芯绝缘线时为 2.5mm²。

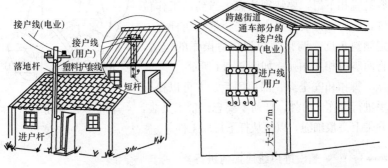

图 6-16 加装进户杆（落地 杆或短杆）进户

图 6-17 角铁加装瓷瓶支持 单根绝缘线穿管进户

(5) 选择进户线截面的原则是：对于电灯和电热负载，导线的安全载流量≥所有电器的额定电流之和，对于接有电动机的负载，导线的安全载流量，应按对电动机供电的线路的工作电流来确定。

15 电力电缆有哪些分类？如何检查？

答 按绝缘材料分类有油浸纸绝缘、塑料绝缘、橡胶绝缘。

按结构特征分类有统包型、分相型、扁平型、自容型等。

电力电缆敷设前，必须进行外观、电气检查，检查电缆表面有没有损伤，并测量电力电缆绝缘电阻。

16 室外敷设有几种方法？

答 室外敷设的方法有很多，分为桥架、沿墙支架、金属套索吊挂、电缆隧道、电缆沟、直埋等。应根据环境要求、电缆数量等具体情况，来决定敷设方式。

17 架空明敷应注意哪些？

答 (1) 在缆桥、缆架上敷设电缆时，相同电压的电缆可以并列敷设，但电缆间的净距不应小于 3.5cm。

（2）架空明敷的电缆与热力管道净距不应小于 1m，达不到要求应采取隔热措施，与其他管道净距不应小于 0.5m。

（3）电缆支架或固定点间的距离，水平敷设电力电缆不应大于 1m，控制电缆不应大于 0.8m。

（4）金属套索上，水平悬吊电力电缆固定点间距离不应大于 0.75m，控制电缆不应大于 0.6m。

垂直悬吊电力电缆不应大于 1.5m，控制电缆不应大于 0.75m。

18　直埋电缆应注意哪些？

答　电缆线路的路径上有可能存在使电缆受到机械损伤、化学作用、热影响等危害的地段，要采取相应保护措施，以保证电缆安全运行。

（1）室外直埋电缆，深度不应小于 0.7m，穿越农田时，不应小于 1m。避免由于深翻土地、挖排水沟或拖拉机耕地等原因损伤电缆。

（2）直埋电缆的沿线及其接头处应有明显的方位标志，或牢固的标桩。水泥标桩不小于 120mm×120mm×600mm，如图 6 - 18 所示。

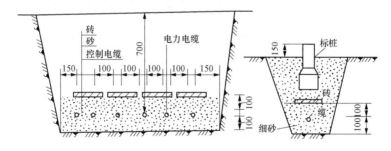

图 6 - 18　电缆埋设及标桩做法图

（3）非铠装电缆不准直接埋设。

（4）电缆应埋设在建筑物的散水以外。

（5）直埋电缆的上、下须铺不小于 100mm 厚的软土或沙层，并盖砖保护，防止电缆受到机械损伤。

（6）多根电缆并列直埋时，线间水平净距不应小于 100mm。

（7）电缆与道路、铁路交叉时应穿保护管，保护管应伸出路基两侧各 2m。

（8）电缆与热力管沟交叉时，如果电缆用石棉、水泥管保护，其长度应伸出热力管沟两侧各 2m。采用隔热层保护时，应超出热力管沟两侧各 1m。

➤ 19 水底敷设应注意哪些?

答 （1）水底电缆应利用整根的，不能有接头。

（2）敷设于水中的电缆，必须贴于水底。

（3）水底电缆引至架空线路时，引出地面处离栈道不应小于 10m。

（4）在河床及河岸容易遭受冲刷的地方，不应敷设电缆。

➤ 20 桥梁上敷设应注意哪些?

答 （1）敷设于桥上的电缆，电缆应穿在耐火材料制成的管中，如没有人接触，电缆可敷设在桥上侧面。

（2）在经常受到振动的桥梁上敷设的电缆，采取防振措施。桥的两端和伸缝处留有电缆松弛部分，以防电缆由于结构胀缩而受到损坏。

➤ 21 电缆终端头和中间接头制作要求是什么?

答 （1）电力电缆的终端头和中间接头，要保证密封良好，防止电缆油漏出使绝缘干枯，绝缘性能降低。同时，纸绝缘有很大的吸水性，极易受潮，也同样导致绝缘性能降低。

（2）电缆终端头、中间接头的外壳与电缆金属护套及铠装层应良好接地。接地线应采用铜绞线，其截面不应该小于 100mm^2。

（3）不同牌号的高压绝缘胶或电缆油，不应该混合使用。

（4）电缆接头的绝缘强度，不应低于电缆本身的绝缘强度。

第七章

照明装置设计及室内
电气装置的安装

1 什么是一般照明？

答 一般照明是指不考虑特殊或局部的需要，为照亮整个工作场所而设置的照明。这种照明灯具往往是对称均匀排列在整个工作面的顶棚上，因而可以获得基本上均匀的照明。一般照明在均匀布灯情况下，其距高比（L/H）不能超过所选用灯具的最大允许值，并且边缘灯具离墙距离不能大于灯距的 $1/2$。

2 什么是局部照明？

答 局部照明指的是对局部地点需要高照度并对照射方向有要求时，而采取局限于工作部位的固定或移动的照明。局部照明最好在下列情况采用：

（1）局部需要有较高的照度，如精密仪器装配。

（2）由于遮挡使一般照明照射不到的某些范围，如大型机床。

（3）视功能降低的人需要有较高的照度。

（4）需要减少工作区内的反射眩光，如加工强反光的工件。

（5）为加强某方向光照以增强质感，如橱窗、展览品布置。

3 什么是灯具保护角？

答 灯具保护角是指人眼在灯具保护角范围内看不到光源，以避免直接眩光。一般灯具的保护角如图 7-1 所示。保护角 α 是由灯丝（或发光体）最边缘点与灯罩沿口连线和通过灯丝（或发光体）中心的水平线之间的夹角。

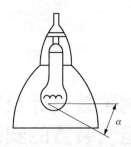

图 7-1　一般照明器的保护角

➤ **4** 什么是照度均匀值?

答　照度均匀值指的是用工作面上最低照度与平均照度之比来表示。又称"平均均匀度"。如果用最低照度与最高照度之比，即称为"最低均匀度"。

➤ **5** 常用光源如何分类?

答　常用光源可分两大类：热辐射光源和气体放电光源。热辐射光源有白炽灯、卤钨灯。气体放电光源有荧光灯、高压汞灯、高压钠灯、氙灯、金属卤化物灯。

➤ **6** 白炽灯适用于哪些场合?

答　白炽灯主要适用于下列场合：①照度要求不高的厂房；②需要局部照明的场所和事故照明灯；③开关频繁的信号灯或舞台用灯；④电台或通信中心，为了防止气体放电灯引起干扰的场所；⑤需要调节光源亮暗的场所；⑥医疗用的特殊灯具。

➤ **7** 白炽灯的主要光电参数有哪些?

答　白炽灯的主要光电参数见表 7-1。表中给出白炽灯的型号、功率和初始的光通量。型号 PZ 为普通白炽灯，PZS 是双螺旋普通白炽灯，PZM 是蘑菇形普通白炽灯，220 是灯的额定电压。

表 7-1   白炽灯的光电参数

光源型号	功率/W	初始光通量/lm
PZ 220-15	15	110
25	25	220
40	40	350
60	60	630
100	100	1250
150	150	2090
200	200	3920
300	300	4610
500	500	8300
1000	1000	18 600
PZS 200-40	40	415
60	60	715
100	100	1350
PZM 220-15	15	107
25	25	213
60	60	632

8 局部照明灯泡有哪些规格？

答 局部照明灯泡一般采用低压灯泡,有 6、12、36V。6V 的功率有 10、20W;12V 的功率有 10、15、20、25、30、40、60、100W;36V 的功率有 15、25、40、60、100W。

9 卤钨灯有何特点？

答 卤钨灯是在白炽灯泡中充入微量卤化物,灯丝温度比一般白炽灯高,使蒸发到玻壳上的钨与卤化物形成卤钨,遇灯丝分解把钨送回钨丝,如此再生循环,既提高发光效率又延长使用寿命。卤钨灯有两种:一是硬质玻璃卤钨灯;另一种是石英卤钨灯。石英卤钨灯由于卤钨再生循环好,灯的透光性好,光通量的输出不受影响,而且石英的膨胀系数很小,即使点亮的灯碰到水也不会炸裂;由于它具有良好的光谱特性,是影视照明灯中的新秀。

➡ **10** 荧光灯有何特点?

答 荧光灯又叫日光灯,是使用最广的气体放电光源,是依靠汞蒸气电离形成气体放电,导致管壁的荧光物质发光。我国生产的荧光灯有普通荧光灯和三基色荧光灯。三基色荧光灯具有高显指数,色温达5600K,在这种光源下,保证物体颜色的真实性。荧光灯大多用于照度要求较高,能识别颜色的场所。

➡ **11** 荧光灯的光电参数有哪些?

答 常用荧光灯的光电参数见表7-2。

表7-2 常用荧光灯的光电参数

类别		型号	额定功率/W	工作电流/mA	光通量/lm	平均寿命/h	灯管直径φ/mm×长度l/mm	镇流器参数		功率因数cosφ
								阻抗/Ω	最大功耗/W	
直管型	预热式	YZ6RR	6	140	160		16×226.7	1400		0.34
		8RR	8	150	250	1500	16×302.4	1285	4.5	0.38
		15RR	15	330	450	3000	16×451.6	256	8	0.33
		20RR	20	370	775	3000	16×604	214	8	0.35
		30RR	30	405	1295		16×908.8	460	8	0.43
		40RR	40	430	2000	5000	40.5×1213.6	390	9	0.52
		100RR	100	1500	4400	2000	1213.6	123	20	0.37
	快启动式 YZK	15RR	15	330	450	3000	40.5×451.6	202	4.5	0.27
		20RR	20	370	770		40.5×604	196	6	0.32
		40RR	40	430	2000	5000	40.5×1213.6	168	12	0.55
	细管 YZS	20RR	20	360	1000	3000	32.5×604	540	8	0.35
		40RR	40	420	2560	5000	1213.6	390	9	0.52
	三基色	STS40	40	430	3000	5000	40.5×1213.6	390	9	0.52

类别		型号	额定功率/W	工作电流/mA	光通量/lm	平均寿命/h	灯管直径 ϕ/mm ×长度 l/mm	镇流器参数		功率因数 cosφ
								阻抗/Ω	最大功耗/W	
环形管		YH22 RR	22	365	780	2000	29×210			
紧凑型	双曲灯	YSO18	18	180	835	3000	12	整体尺寸 160×ϕ70		
	H灯	HY 7	7	180	380				133×32	
		9	9	170	530	3000	12	整体尺寸 165×32		
		11	11	155	800				234×32	

注 型号中 RR 表示日光色，RN 表示暖白色，RL 表示冷白色。

除紧凑型荧光灯外，其他灯管引出线都采用二针式灯帽，YZK 型灯中已有单针式瞬时启动的新灯管。

紧凑型的双曲灯采用 E27 灯头，使用方法与白炽灯相同；H 灯采用内藏电容和起辉器的塑料灯头，有导向和固定作用。

表中环形管的尺寸，29 表示灯管直径，210 表示圆环的外径。

12 新型荧光灯有哪几种?

答 新型荧光灯有三基色荧光灯、环形荧光灯、双曲灯、H 灯和双 D 灯等，其中双曲灯风冷镇流器，可以直接替换白炽灯，这些新型荧光灯大多属于节能新光源。

13 荧光高压汞灯有何特点?

答 荧光高压汞灯的发光原理与荧光灯相似。它的优点是光效高、寿命长，它的缺点是功率因数低。荧光高压汞灯，远看光源的光色洁白，光源的色表好，但灯光照在人脸上是青灰色的，所以说它的显色指数低。大多用于道路、广场等不需要仔细辨别颜色的场所，这种光源目前已逐渐被高压钠灯和钪钠灯所取代。

14 高压钠灯有何特点?

答 高压钠灯是利用高压钠蒸气放电而发光。它的光效比高压汞灯高，寿命长达 2500～5000 小时，缺点是显色性差，光源的色表和显色指数都比较低，多用于道路、车站、码头、广场等大面积照明。

15 金属卤化物灯有何特点？

答 金属卤化物灯是利用各种不同的金属蒸气发出各种不同光色的灯。我国生产的金属卤化物灯有钠铊铟灯、镝灯、镝铽灯、钪钠灯等，其优点是光色好，光效高。

镝铽灯具有全波长光谱，被称为第三代光源。它在刚点燃时，光色不正常，启动时要用触发器，有直流、交流二种。钪钠灯是国内金属卤化物灯的新产品，是节能光源，具有光效高、光色好的特点，且启动快、启动电流小、控制方便、节电效果好，显色性比高压钠灯有很大的提高，适用于道路、车间大面积照明。

16 如何选用各种照明光源？

答：照明光源的选用时要根据照明要求和使用场所的特点，选用时通常考虑以下几方面：

（1）照明开闭频繁、需要及时点亮、需要调光的场所，以及因频闪效应影响视觉效果以及防止电磁波干扰的场所，最好采用白炽灯或卤钨灯。例如交通信号灯、应急照明灯、舞台灯、剧院调光灯以及电台、通信中心用灯等。

（2）振动较大的场所，例如冶金车间、锻工加工车间，最好采用荧光高压汞灯或高压钠灯。有高挂条件并需大面积照明的场所，例如施工工地，足球场子、中心广场等，宜采用金属卤化物灯。

（3）识别颜色要求较高，视条件要求较好的场所，如商店、百货商场、纺织品检验车间，最好采用三基色荧光灯、白炽灯和卤钨灯。

（4）对于一般性生产车间和辅助车间、仓库和站房，以及非生产性建筑物、办公楼和宿舍、厂区道路等，优先考虑采用投资低廉的白炽灯或简易荧光灯。

（5）选用光源时还要考虑照明器的安装高度。例如白炽灯适于 2～4m，荧光灯适于 2～3m，荧光高压汞灯适于 3.5～6.5m，卤钨灯适于 6～7m，金属卤化物灯适于 6～14m，高压钠灯适于 6～7m。

（6）在同一场所，当采用一种光源的光色较差时，这时可以考虑采用两种或多种光源混光的办法，以改善光色。

17　室内照明应采用哪种光源？

答　室内照明一般最好采用白炽灯、荧光灯或汞灯、钠灯、铳钠灯等光源。

18　照度标准如何分级？

答　照度标准分级要符合以下系列：

0.2、0.5、1、2、3、5、10、20lx；

30、50、75、100、150、200lx；

300、500、750、1000、1500、2500lx。

19　居住建筑的照度标准应该是多少？

答　居住建筑各种房间的推荐照度见表 7-3。

表 7-3　　　　　　　　　居住建筑的照度标准

房间名称	推荐照度/lx
厕所、盥洗室	5～15
起居室、餐室、厨房	15～30
卧室、婴儿哺乳室	20～50
单身宿舍、活动室	30～50

20　照明系统中每一单相回路最多装几盏灯？

答　除花灯、彩灯、大面积照明灯以外，照明系统中每一单相回路（单相）一般不能超过 15A，灯和插座的数量不宜超过 20 个。

21　白炽灯照明线路的灯具分为几部分？

答　（1）灯泡。灯泡由灯丝、玻璃壳和灯头三部分组成。灯头有螺口和插口两种。白炽灯按工作电压分有 6、12、24、36、110、220V 六种，其中 36V 以下的灯泡为安全灯泡。在安装灯泡时，必须注意灯泡电压和线路电压一致。

（2）灯座（见图 7-2）。

(3) 开关（见图 7 - 3）。

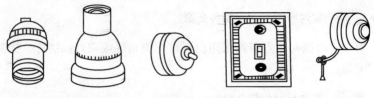

图 7 - 2　常用灯座　　　　　图 7 - 3　常用开关

22　白炽灯照明线路原理图如何连接？

答　（1）单联开关控制白炽灯接线原理图如图 7 - 4 所示。

（2）双联开关控制白炽灯接线原理图如图 7 - 5 所示。

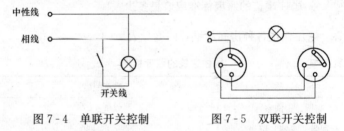

图 7 - 4　单联开关控制　　　　图 7 - 5　双联开关控制
白炽灯接线原理图　　　　　　白炽灯接线原理图

23　单控开关接线盒如何安装？接线操作的步骤是什么？

答　单控开关安装前，应先对其单控开关接线盒进行安装，然后将其单控开关固定到单控开关接线盒上，完成单控开关的安装，如图 7 - 6 所示。

（1）开关在安装接线前，应清理接线盒内的污物，检查盒体无变形、破裂、水渍等易引起安装困难及事故的遗留物。

（2）先把接线盒中留好的导线理好，留出足够操作的长度，长出盒沿 10～15cm。注意不要留得过短，否则很难接线；也不要留得过长，否则很难将开关装进接线盒。

（3）用剥线钳把导线的绝缘层剥去 10mm，把线头插入接线孔，用小螺钉旋具把压线螺钉旋紧。注意线头不得裸露。

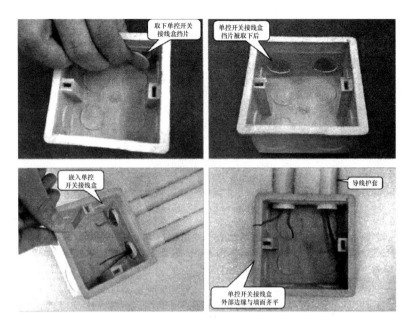

图 7 - 6　接线盒安装步骤

➤ **24　圆木如何安装？**

答　圆木普通式安装如图 7 - 7 所示，先在准备安装挂线盒的地方打孔，预埋木榫或膨胀螺栓。在圆木底面用电工刀刻两条槽；在圆木中间钻 3 个小孔。将两根导线嵌入圆木槽内，并将两根电源线端头分别从两个小孔中穿出，用木螺丝通过第三个小孔将圆木固定在木榫上。

圆木在楼板上安装如图 7 - 8 所示。首先在空心楼板上选好弓板位置，按图示方法制作弓板，将圆木安装在弓板上。

➤ **25　挂线盒如何安装？**

答　挂线盒的安装如图 7 - 9 所示。将电源线由吊盒的引线孔穿出，确定好吊线盒在圆木上的位置后，用螺丝将其紧固在圆木上。一般这方便木螺丝旋入，可先用钢锥钻一个小孔。拧紧螺丝，将电源线接在吊线盒的接线桩上。按灯具的安装高度要求，取一段铜芯软线做挂线盒与灯头之间的连接线，上端接挂线盒内的接线桩，下端接灯头接线

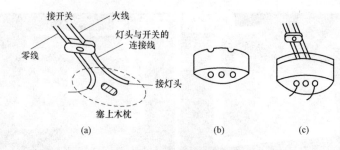

图 7 - 7 圆木普通式安装

(a) 打孔；(b) 圆木；(c) 穿线

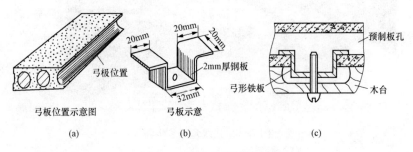

图 7 - 8 圆木在楼板上安装

桩。为了不使接头处承受灯具重力，吊灯电源线在进入挂线盒盖后，在离接线端头 50mm 处打一个结（电工扣）。

➡ **26 灯头如何安装？**

答 （1）吊灯头的安装如图 7 - 10 所示。把螺口灯头的胶木盖子卸下，将软吊灯线下端穿过灯头盖孔，在离导线下端约 30mm 处打一电工扣。把去除绝缘层的两根导线下端芯线分别压接在两个灯头接线端子上。旋上灯头盖。注意一点，相线应接在跟中心铜片相连的接线桩上，零线应接在螺口相连的接线桩上。

（2）平灯头的安装如图 7 - 11 所示。平灯座在圆木上的安装与挂线盒在圆木上的安装方法大体相同，只是由穿出的电源线直接与平灯座两接线桩相接，而且现在多采用圆木与灯座一体结构的灯座。

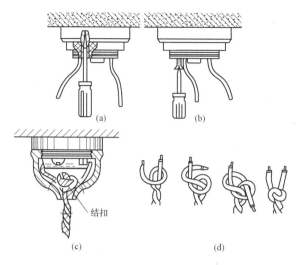

图 7 - 9　挂线盒的安装图

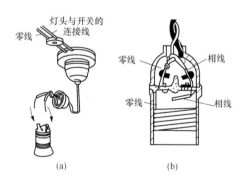

图 7 - 10　吊灯头的安装图

（a）穿线；（b）接相线、零线

27 **吸顶式灯具如何安装？**

答　（1）较轻灯具的安装如图 7 - 12 所示。首先用膨胀螺栓或塑料胀管将过渡板固定在顶棚预定位置。在底盘元件安装完毕后，再将电源线由引线孔穿出，然后托着底盘穿过渡板上的安装螺栓，上好螺母。安装过程中因不便观察而不易对准位置时，可用十字螺丝刀穿过

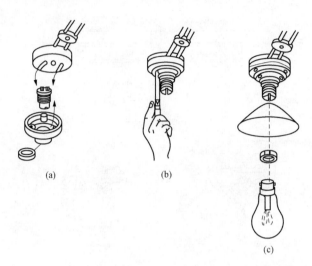

图 7 - 11　平灯头的安装图

(a) 接线；(b) 安装卡门矮脚或底座；(c) 灯罩、灯头、灯泡组装

底盘安装孔，顶在螺栓端部，使底盘轻轻靠近，沿铁丝顺利对准螺栓并安装到位。

(2) 较重灯具的安装如图 7 - 13 所示。用直径为 6mm，长约 8cm 的钢筋做成图示的形状。再做一个图示形状的钩子，钩子的下段铰 6mm 螺纹。将钩子勾住后再送入空心楼板内。做一块和吸顶灯座大小相似的木板，在中间打个孔，套在钩子的下段上并用螺母固定。在木板上另打一个孔，以穿电磁线用，然后用木螺丝将吸顶灯底座板固定在木板上，接着将灯座装在钢圈内木板上，经通电试验合格后，最后将玻璃罩装入钢圈内，用螺栓固定。

(3) 嵌入式安装如图 7 - 14 所示。制作吊顶时，应根据灯具的嵌入尺寸预留孔洞，安装灯具时，将其嵌在吊顶上。

28　日光灯一般接法是什么？

答　日光灯一般接法如图 7 - 15 所示。安装时开关 S 应控制日光灯相线，并且应接在镇流器一端，零线直接接日光灯另一端，日光灯启辉器并接在灯管两端即可。

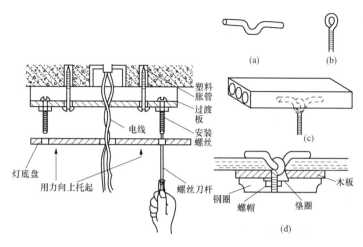

图 7 - 12   较轻灯具的安装图   图 7 - 13   较重灯具的安装图

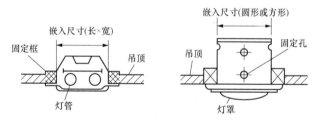

图 7 - 14   嵌入式安装图

安装时，镇流器、启辉器必须与电源电压、灯管功率相配套。

双日光灯线路一般用于厂矿和户外广告要求照明度较高的场所，在接线时应尽可能减少外部接头，如图 7 - 16 所示。

➤ 29   日光灯的安装步骤与方法是什么？

答   (1) 组装接线如图 7 - 17 所示。启辉器座上的两个接线端分别与两个灯座中的一个接线端连接，余下的接线端，其中一个与电源的中性线相连，另一个与镇流器的一个出线头连接。镇流器的另一个出线头与开关的一个接线端连接，而开关的另一个接线端则与电源中的一根相线相连。与镇流器连接的导线既可通过瓷接线柱连接，也可直接连接，接线完毕，要对照电路图仔细检查，以免错接或漏接。

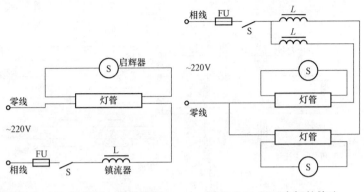

图 7 - 15　日光灯一般的接法　　　图 7 - 16　双日光灯的接法

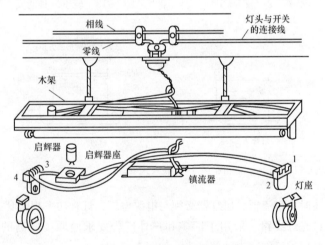

图 7 - 17　组装接线图

（2）安装灯管如图 7 - 18 所示。安装灯管时，对插入式灯座，先将灯管一端灯脚插入带弹簧的一个灯座，稍用力使弹簧灯座活动部分向外退出一小段距离。另一端趁势插入不带弹簧的灯座。对开启式灯座，先将灯管两端灯脚同时卡入灯座的开缝中，再用手握住灯管两端头旋转约 1/4 圈，灯管的两个引脚即被弹簧片卡紧使电路接通。

（3）安装启辉器如图 7 - 19 所示。开关、熔断器等按白炽灯安装方

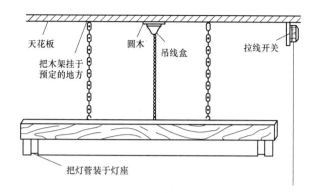

图 7-18 安装灯管图

法进行接线。在检查没有错误后，即可通电试用。

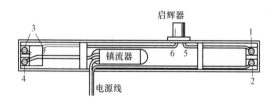

图 7-19 安装启辉器图

（4）近几年发展使用了电子式日光灯，安装方法是用塑料胀栓直接固定在顶篷之上即可。

➡ **30** **什么是双控开关？**

答 双控开关是指可以对照明灯具进行两地控制，该开关主要使用在两个开关控制一盏灯的环境下，也可分为单位双控开关、双位双控开关和多位双控开关等，单位双控开关的外形结构同单控开关相同，但背部的接线柱有所不同，线路的连接方式也有很大的区别，因此，可以实现双控的功能。双控开关设计示意图如图 7-20 所示。

➡ **31** **双控开关的设计要求是什么？**

答 双控开关的设计规划图、根据设计要求，采用双控开关控制客厅内吊灯的启停工作，双控开关安装在客厅的两个进门处，安装位

279

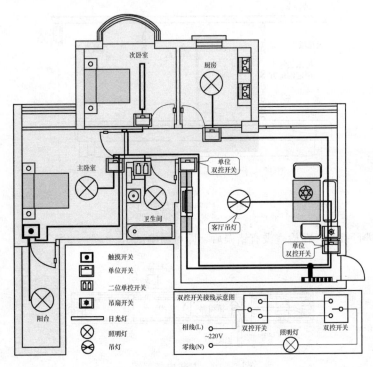

图 7 - 20 双控开关设计示意图

置同单控开关要求,距地面的高度应为 1.3m,距门框的距离应为
0.15～0.2m。从双控开关的接线示意图可看出双控开关控制照明灯的
线路是通过两个单刀双掷开关进行控制的,如图 7 - 21 所示。

32 双控开关的接线盒内预留导线及线路的敷设方式是什么?

答 双控开关控制照明线路时,按动任何一个双控开关面板上的
开关键钮,都可控制照明灯的点亮和熄灭,也可按动其中一个双控开
关面板上的按钮点亮照明灯,然后通过另一个双控开关面板上的按钮
熄灭照明灯。

双控开关接线盒内预留导线及线路的敷设方式如图 7 - 22 所示。

进行双控开关的接线时,其中一个双控开关的接线盒内预留 5 根导
线,而另一个双控开关接线盒内只需预留 3 根导线,即可实现双控。连

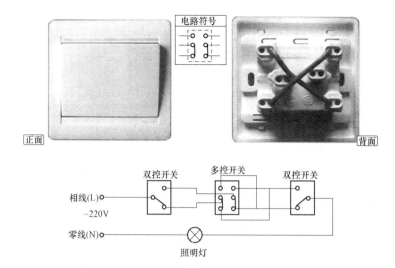

图 7 - 21 多控开关外形及接线示意图

接时，需根据接线盒内预留导线的颜色进行正确的连接。

➤ 33 双控开关的接线如何连接?

答 双控开关安装时也应做好安装前的准备工作，将其开关的护板取下，便于拧入固定螺钉将开关固定在墙面上，如图 7 - 23 所示。

使用一字螺丝刀插入双控开关护板和双控开关底座的缝隙中，撬动双控开关护板，将其取下，取下后，即可进行线路的连接了。

双控开关的接线操作需分别对两地的双控开关进行接线和安装操作，安装时，应严格按照开关接线图和开关上的标识进行连接，以免出现错误连接，不能实现双控功能。

➤ 34 双控开关与 5 根预留导线的连接如何操作?

答 由于双控开关接线盒内预留的导线接线端子长度不够，需使用剥线钳分别剥去预留 5 根导线一定长度的绝缘层，用于连接双控开关的接线柱。

剥线操作完成后将双控开关接线盒中的电源供电端零线（蓝）与照明灯的零线（蓝色）进行连接，由于预留的导线为硬铜线，因此，

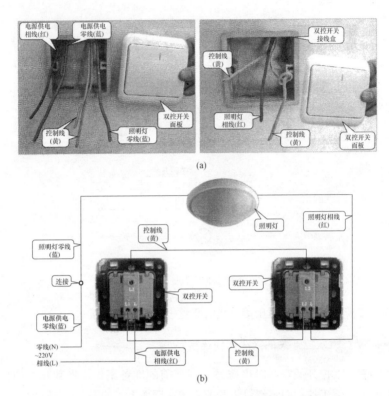

图 7-22 双控开关接线盒内预留导线及线路的敷设方式

(a) 内部预留导线；(b) 线路连接方式

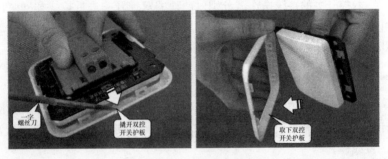

图 7-23 双控开关拆卸

在连接零线时需要借助尖嘴钳进行连接，并使用绝缘胶带对其进行绝缘处理，如图 7 - 24 所示。

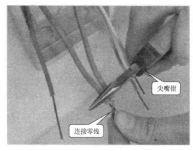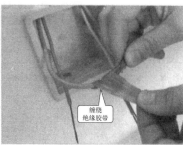

图 7 - 24　剥线接线

将连接好的零线盘绕在接线盒内，然后进行双控开关的连接，由于与双控开关连接的导线的接线端子过长，因此，需要将多余的连接线剪断，如图 7 - 25 所示。

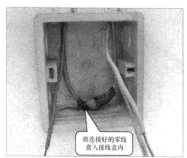

图 7 - 25　接线后整理

对双控开关进行连接时，使用合适的螺丝刀将三个接线柱上的固定螺钉分别拧松，以进行线路的连接。如图 7 - 26 所示。

将电源供电端相线（红色）的预留端子插入双控开关的接线柱 L 中，插入后，选择合适的十字螺丝刀拧紧该拉线柱的固定螺钉，固定电源供电端的相线，如图 7 - 27 所示。

图 7 - 26　松螺丝

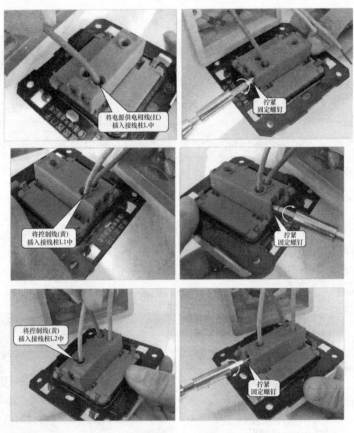

图 7-27 接线

　　将两根控制线（黄色）的预留端子分别插入双控开关的接线柱 L1 和 L2 中，插入后，选择合适的十字螺丝刀拧紧该接线桩的固定螺钉，固定控制线，如图 7-28 所示。

　　控制线包括 L1 和 L2，连接时应注意导线上的标记，该导线接线盒中，网扣的为 L2 控制线，另一个则为 L1 控制线，连接时应注意。到此双控开关与 5 根预留导线的接线便完成了。

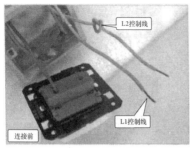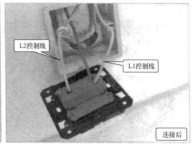

图 7 - 28　接线完成

➡ **35** 双控开关与 3 根预留导线的连接如何操作?

答　将两根控制线(黄色)的预留端子分别插入开关的接线柱 L1 和 L2 中,插入后,选择合适的十字螺丝刀拧紧该接线柱的固定螺钉,固定控制线、连接时,需通过网扣辨别控制线 L1 和 L2,如图 7 - 29 所示。

将照明灯相线(红色)的预留端子插入双控开关的接线挂 L,插入后,选择合适的十字螺丝刀拧紧该接线柱的固定螺钉,固定照明灯相线。到此双控开关与 3 根预留导线的接线便完成了,如图 7 - 30 所示。

两个双控开关接线完成后,即可使用固定螺钉将其双控开关面板固定到双控开关接线盒上,完成双控开关的安装,如图 7 - 31 所示。

双控开关接线完成后,将多余的导线盘绕到双控开关接线盒内,并将双控开关放置到双控开关接线盒上,使其双控开关面板的固定点与双控开关接线盒两侧的固定点相对应,但发现双控开关的固定孔被双控开关的按板遮盖住,此时,需将双控开关按板取下,如图 7 - 32 所示。

取下双控开关按板后,在双控开关面板与双控开关接线盒的对应固定孔中拧入固定螺钉,固定双控开关,然后再将双控开关按板安装上。

将双控开关护板安装到双控开关面板上,使用同样的方法将另一个双控开关面板安装上,至此,双控开关面板的安装便完成了,如图 7 - 33所示。

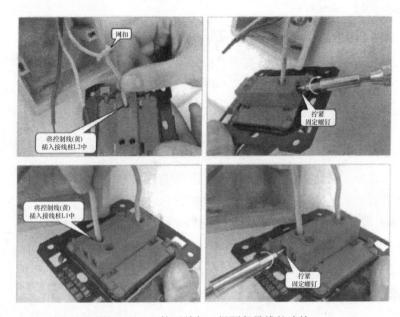

图 7-29 双控开关与 3 根预留导线的连接

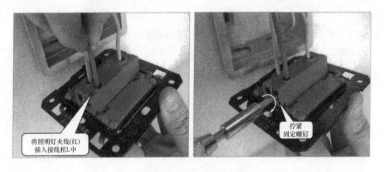

图 7-30 连接相线

　　安装完成后，也要对安装后的双控开关进行检验操作，将室内的电源接通，按下其中一个双控开关，照明灯点亮，然后按下另一个双控开关，照明灯熄灭，说明双控开关安装正确。

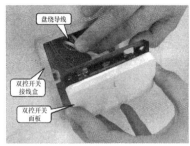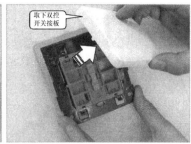

图 7 - 31　面板安装

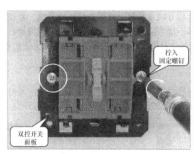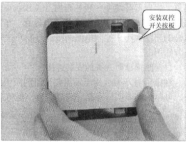

图 7 - 32　固定开关

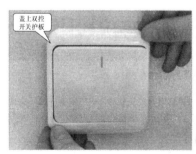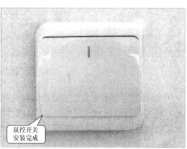

图 7 - 33　安装完成

36 什么是 LED 灯?

答　LED 即发光二极管,是一种能够将电能转化为可见光的固态的半导体器件,它可以直接把电能转化为光,其英文为 Light Emitting Diode,习惯上用其英文首写字母 LED 来表示该器件的名称。

37 LED 的特点是什么?

答　LED 是继火、白炽灯、荧光灯后人类照明的第四次革命,与前三次有本质区别的是,LED 依靠电流通过固体直接辐射光子发光,发光效率是白炽灯的 10 倍,是荧光灯的 2 倍。同时理论寿命长 100 000h,防震、安全性好,不易破碎,非常环保。

由于 LED 可以实现几百种甚至上千种颜色的变化。在现阶段讲究个性化的时代里,LED 颜色多样化有助于 LED 装饰灯市场的发展。LED 可以做成小型装饰灯,礼品灯以及一些发光饰品应用在酒店、音乐酒吧、居室中。

38 LED 室内装饰及照明的灯具主要有哪些?

答　LED 点光源、LED 玻璃线条灯、LED 球泡灯、LED 灯串、LED 洗墙灯、LED 地砖、LED 墙砖、LED 日光灯、LED 大功率吸顶盘等。

近年来,LED 在家庭新居装修的应用正在逐渐流行。随着照明灯饰的发展,传统的灯具已经无法满足现在家庭照明的需要,家庭灯具不只仅限于用来照明了,从以前一个房间安装一个灯泡,到现在装修安装的各种各样的灯具已经发生了超越时代的变化。从传统的白炽灯泡、日光灯,到现在的吊灯、水日灯、筒灯、射灯等各种灯具,现在的灯具不完全是用来照明了,还有一个作用就是艺术照明和装饰照明,灯具不但能起到照明效果,而且更多地体现了艺术氛围,灯光在夜间也是一种装饰和调节气氛的工具。例如,在室内吊顶时,采用方向可任意调节的装饰性暗光灯具,借助 LED 灯光控制器,可营造出多种浪漫的情景。各种 LED 灯如图 7 - 34 所示。

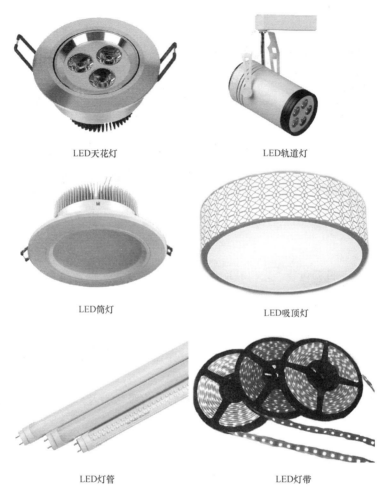

LED天花灯

LED轨道灯

LED筒灯

LED吸顶灯

LED灯管

LED灯带

图 7 - 34　各种 LED 灯

39 吸顶灯施工过程是什么?

答　(1) 钻孔和固定挂板。对现浇的混凝土实心楼板,可直接用电锤钻,打入膨胀螺钉,用来固定挂板,固定挂板时,在木螺钉往膨胀螺钉里面上的时候,不要一边完全上进去了才固定另一边,那样容易导致中一边的孔位置对不齐,正确的方法是粗略固定好一边,使其不会偏移,然后固定另一边,两边要同时且交替进行,如图 7 - 35

所示。

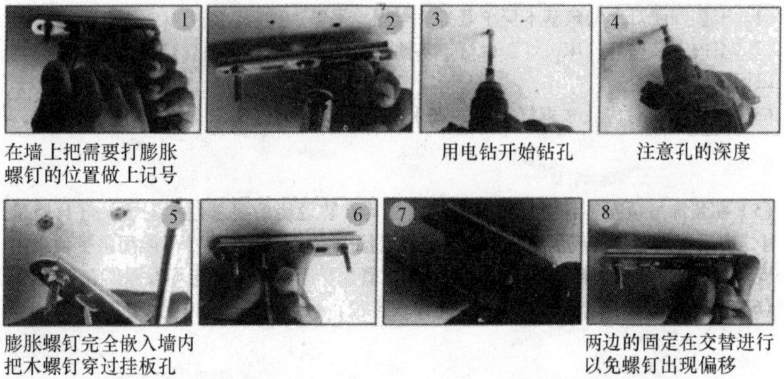

在墙上把需要打膨胀
螺钉的位置做上记号　　　　　用电钻开始钻孔　　　注意孔的深度

膨胀螺钉完全嵌入墙内
把木螺钉穿过挂板孔　　　　　　　　　　　两边的固定在交替进行
　　　　　　　　　　　　　　　　　　　　以免螺钉出现偏移

图 7-35　钻孔与挂板固定

（2）拆开包装，先把吸顶盘接线柱上自带的一点线头去掉，并把灯管取出来。

（3）将 220V 的相线（从开关引出）和零线连接在接线柱上，与灯具引出线相接有的吸顶灯的吸顶盘上没有设计接线柱，可将电源线与灯具引出线连接，并用黄蜡带包紧，外加包黑胶布，将接头放到吸顶盘内。

（4）将吸顶盘的孔对准吊板的螺钉，将吸顶盘及灯座固定在天花板上。

（5）按说明书依次装上灯具的配件和装饰物。

（6）插入灯泡或安装灯管（这时可以试下灯是否全亮）。

（7）把灯罩盖好。

安装吸顶灯过程如图 7-36 所示

➡ 40　吸顶灯安装注意事项有哪些？

答　（1）吸顶灯不可直接安装在可燃的物件上，有的家庭为了美观用油漆后的三层板衬在吸顶灯的背后，实际上这很危险，必须采取隔热措施；如果灯具表面高温部位靠近可燃物时，也要采取隔热或散热措施。

（2）吸顶灯每个灯具的导线线芯的截面积，铜芯软线不小于

拆除吸顶盘接线柱上的连线并取下灯管

在接线柱上接线

吸盘固定

装好灯罩

图 7 - 36　安装吸顶灯过程

$0.4mm^2$，否则引线必须更换。导线与灯头的连接、灯头间并联导线的连接要牢固，电气接触应良好，以免由于接触不良，出现导线与接线端之间产生火花，而发生危险。

（3）如果吸顶灯中使用的是螺口灯头，则其相线应接在灯座中心触点的端子上，零线应接在螺纹的端子上。灯座的绝缘外壳不能有破损和漏电，以防更换灯泡进触电。

（4）与吸顶灯电源进线连接的两个线头，电气接触应良好，还要分别用黑胶布包好，并保持一定的距离，如果有可能尽量不将两线头放在同一块金属片下，以免短路，发生危险。

➤ 41　吊灯安装的过程是什么？

答　由于组合吊灯较重，需要在楼板上预埋吊钩，在吊钩上安装过渡件，然后进行灯具组装。灯具较小，质量较轻，也可用钩形膨胀螺栓固定过渡件，如图 7 - 37 所示。注意，每颗膨胀螺栓的理论质量限制应该在 8kg 左右，20kg 最

图 7 - 37　钩形膨胀螺栓

少应该用 3 个。同时，应安装固定好接线盒。

由于组合吊灯的配件比较多，所以组装灯具一般在地面上进行。为防止损伤灯具。可在地面上垫一张比较大的包装纸或布。下面介绍组合吊灯的组装方法。

（1）弯管穿线，如图 7 - 38 所示。

图 7 - 38　弯管穿线

（2）连接灯杯、灯头，如图 7 - 39 所示。

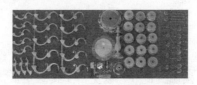

图 7 - 39　连接灯杯、灯头

（3）直管穿电源线，如图 7 - 40 所示。

图 7 - 40　直管穿线

（4）将连接好灯杯、灯头的弯管（若干支）安装固安在直管上，如图 7 - 41 所示。

（5）安装灯鼓，如图 7 - 42 所示。

（6）组装连接吸顶盘，如图 7 - 43 所示。

图 7 - 41　组装灯体

图 7 - 42　安装灯鼓

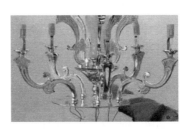

图 7 - 43　组装连接吸顶盘

（7）安装灯罩，如图 7 - 44 所示。

42　嵌入式筒灯安装的过程是什么？

答　相对于普通明装的灯具，筒灯是一种更具有聚光性的灯具，一般都被安装在天花板吊顶内（因为要有一定的顶部空间，一般吊顶需要在 150mm 以上才可以装）。嵌入式筒灯的最大特点就是能保持建筑装饰的整体统一与完美，不会因为灯具的设置而破坏吊顶艺术的完美统一。筒灯通常用于普通照明或辅助照明，在无顶灯或吊灯的区域安装筒灯，光线相对于射灯要柔和。一般来说，筒灯可以装白炽灯泡，也可以装节能灯。筒灯如图 7 - 45 所示。

图 7 - 44　安装灯罩

图 7 - 45　筒灯

43 筒灯常见规格尺寸有哪些?

答 括号内为开孔尺寸,后面为最大开孔尺寸:

(1) 2 寸筒灯($\phi70$)——$\phi90\times100H$;

(2) 2.5 寸筒灯($\phi80$)——$\phi102\times100H$;

(3) 3 寸筒灯($\phi90$)——$\phi115\times100H$;

(4) 3.5 寸筒灯($\phi100$)——$\phi125\times100H$;

(5) 4 寸筒灯($\phi125$)——$\phi145\times100H$;

(6) 5 寸筒灯($\phi140$)——$\phi165\times175H$;

(7) 6 寸筒灯($\phi170$)——$\phi195\times195H$;

(8) 8 寸筒灯($\phi210$)——$\phi235\times225H$;

(9) 10 寸筒灯($\phi260$)——$\phi285\times260H$。

44 筒灯安装注意事项有哪些?

答 筒灯的安装除了需要根据多大尺寸就开与之对应大小的安装孔之外,还需要注意一些事项才能保证其安装质量良好,筒灯安装示意图如图 7-46 所示。一般安装筒灯过程中需要注意:

①天花板开孔
用工具将天花板按相对应的灯具的开孔尺寸开孔,请务必按照其尺寸进行开孔操作。

②连接导线
正确按照使用说明书连接导线与灯具接线端子,安装时必须由专业电工操作,敬请遵循接线安全规范。

③放入天花板
将产品两侧的弹簧扣垂直,装入开孔后的天花板中,请确认灯具和开孔尺寸是否符合。

④放下弹簧扣
确认开孔尺寸以及正确接线后,放下产品两侧的弹簧扣,放下后请确定是否安装稳定。

图 7-46 筒灯安装示意图一

(1) 装置筒灯前切忌堵截电源,关掉开关,别的还要避免触电,装置前请查看装置孔尺度能否符合要求,一起查看接线端和电源输入线衔接能否结实,如有松动请锁紧后再进行操作,不然能够致使灯具不能正常点亮,查看灯具与装置面能否平坦贴合,如有缝隙请作恰当调整。

（2）筒灯的储存要求，LED筒灯安装前为纸箱包装，在运输过程中不允许受剧烈机械冲击和暴晒雨淋，在安装时一定不要触摸灯泡表面，而且在安装筒灯时尽量不要安装在有热源和腐蚀性气体的地方。

（3）筒灯一般使用高压（110V/220V）电源的灯杯，不宜工作在频繁断电状态下。

（4）在安装商场天花板筒灯时，可以把商场上部的安装孔按所要求的尺寸事先开好，然后按电源线接在灯具的接线端子上，注意正负极，当接线完毕确认检查安装无误后，将弹簧卡竖起来，与灯体一起插入安装孔内，用力向上顶起，LED筒灯就可以自动摊进去，接通电源，灯具即可正常工作。

➡ **45** 水晶灯安装过程是什么？

答　水晶灯光芒璀璨夺目，常常被当成复式等户型装饰挑空客厅的首选，但由于水晶吊灯本身质量较大，安装成为关键环节，如果安装不牢固，它就可能成为居室里的"杀手"。

水晶灯一般分为吸顶灯、吊灯、壁灯和台灯几大类，需要电工安装的主要是吊灯和吸顶灯，虽然各个款式品种不同，但一般安装方法相似。

目前，水晶灯的电光源主要有节能灯、LED或者是节能灯与LED的组合。由于大多数水晶灯的配件都比较多，安装时一定要认真阅读说明书。

（1）打开包装，检查各个配件是否齐全，有无破损。

（2）检查配件后，接上主灯线通电检查，如果有通电不亮等情况，应及时检查线路（大部分是运输中线路松动）；如果不能检查出原因，应及时与商家联系。这个步骤很重要，否则配件全部挂上后才发现灯具部分不亮，又要拆下，徒劳无功。

灯的配件如图7-47所示，会发现一个十字的铁架，也叫作"背条"，背条上会有四个螺丝帽，对准灯上的四个空，然后拧紧，图7-48所示。

图 7-47　灯的配件　　　　　图 7-48　安装灯架

（3）拧紧之后，再把背条固定在棚顶上，如图 7-49 所示。固定完后，再把灯上面的白色膜撕掉。

（4）把灯的两个电线和棚顶的两根电源线连接，缠上胶布。把灯上面的四个眼插入背条上面的螺丝上，然后用螺丝帽带上，这样就可以把灯固定上了。

（5）接着拿出灯里面的零件把附件的铁片的膜撕掉。

（6）按照图纸的说明，将串珠一串一串的串好，如图 7-50 所示。

图 7-49　安好的十字架　　　　图 7-50　装好串珠

（7）串好后先放一边，拿出灯泡，把灯上面全部拧好后，打开来试灯，试完后，再拿遥控器试试，以确保灯的正常使用，如图 7-51 所示。

（8）接着把串好的铁片往灯上面挂，中间一圈挂长的，旁边就越来越短，如图 7-52 所示。

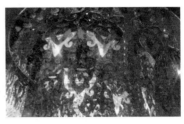

图 7 - 51 安装灯泡　　　　　图 7 - 52 挂接装饰品

还有三个长度的铝棒，用一个圆环把它们全部穿好，如图 7 - 53 所示。

铝棒的两头都有孔，用圆环穿好，然后有一头挂水晶球，接着往灯上挂，挂完后就会出现如图 7 - 54 的样子。

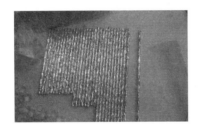

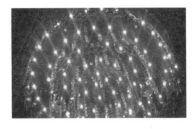

图 7 - 53 穿好铝棒　　　　　图 7 - 54 灯柱效果图

（9）接着用串珠，穿入 DNA 模型一样的玻璃，然后往上挂。全部挂完之后，打开的效果如图 7 - 55 所示。

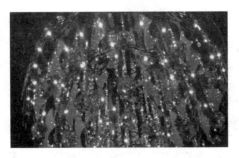

图 7 - 55 装好后效果图

46 水晶灯安装注意事项有哪些?

答 (1) 安装水晶灯之前先把安装图认真看明白,安装顺序不要搞错。

(2) 安装灯具时,如果是装有遥控装置的灯具,必须分清相线与零线,否则不能通电或容易烧毁。

(3) 如果灯体比较大,比较难接线的话,可以把灯体电源的连接线加长,一般加长到能够接触到地上为宜,这样会容易安装,装上后可以把电源线收藏于灯体内部,不影响美观和正常使用。

(4) 为了避免水晶上印有指纹和汗渍,在安装时操作者应戴上白色手套。

47 壁灯的安装方法是什么?

答 壁灯的安装方法比较简单,待位置确定好后,主要是固定壁灯灯座,一般采用打孔的方法,通过膨胀螺栓将壁灯固定在墙壁上,如图 7-56 所示。

卧室灯具最好都采用两地控制,安装在门口的开关和安装在床头的开关均可控制顶灯和壁灯,即顶灯和壁灯两地开关控制,使用非常方便。

48 LED 灯带的安装方法是什么?

答 LED 灯带如图 7-57 所示。

图 7-56 壁灯安装　　　　图 7-57 LED 灯带

(1) 首先确定一下要安装的长度,然后取整数截取。因为这种灯带是 1m 一个单元，只有从剪口截断，才不会影响电路，如果随意剪断，会造成一个单元不亮。

举例：如果需要 7.5m 的长度，灯带就要剪 8m。剪口截断灯带如图 7 - 58 所示。

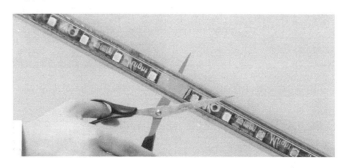

图 7 - 58　剪口截断灯带

（2）链接插头。LED 本身是二极管，直流电驱动，所以是有正负极的，如果正负极反接，就处于绝缘状态，灯带不亮。

如果连接插头通电不亮，只需要拆开接灯带的另外一头就可以。灯带头如图 7 - 59 所示。

将插针对准导线

向前推让插针与导线结合

盖上尾塞防止漏电

图 7 - 59　灯带头

（3）灯带的摆放。灯带是盘装包装，新拆开的灯带会扭曲，不好安装，可以先整理平整，在放进灯槽内即可。由于灯带是单面发光，如果摆放不平整就会出现明暗不均匀的现象特别是拐角处一定注意，如图 7 - 60 所示。

灯槽内空间狭小，无法用普通卡子进行固定。整理过程消耗大量时间精力，效果往往不好。现在市场上有一种专门用于灯槽灯带安装的卡子,叫灯带伴侣,使用之后会大大提高安装速度和效果,安装固定如图 7 - 61 所示。

图 7 - 60　效果图

图 7 - 61　安装固定

使用专用灯带卡子后的效果,如图 7 - 62 所示。

图 7 - 62　安装后效果图

49　LED 灯带使用注意事项有哪些?

答　(1)电源线粗细应该根据实际可能出现的最大电流,产品功率布线长度(建议不要超过 10m)以及低压传输线损而定。

(2)灯带两端出线处应做好防水处理。

(3)禁止带电触摸,带电作业。

(4)最多可以串接 10m,严禁超串接。

(5)用合格的开关电源(带短路保护,过低保护,超载保护)。

(6)可在带有"剪刀口"符号的链接处剪开,不影响其功能。

50　水银灯如何安装?

答　高压水银荧光灯应配用瓷质灯座;镇流器的规格必须与荧光

灯泡功率一致。灯泡应垂直安装。功率偏大的高压水银灯由于温度高，应装置散热设备。对自镇流水银灯，没有外接镇流器，直接拧到相同规格的瓷灯口上即可。高压水银荧光灯的安装如图 7-63 所示。

51 钠灯如何安装？

答 高压钠灯必须配用镇流器，电源电压的变化不应该大于±5%。高压钠灯功率较大，灯泡发热厉害，因此电源线应有足够平方数。高压钠灯的安装如图 7-64 所示。

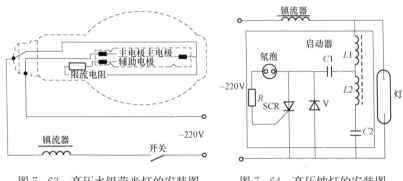

图 7-63 高压水银荧光灯的安装图　　图 7-64 高压钠灯的安装图

52 碘钨灯如何安装？

答 碘钨灯必须水平安装，水平线偏角应小于 4°。灯管必须装在专用的有隔热装置的金属灯架上，同时，不可在灯管周围放置易燃物品。在室外安装，要有防雨措施。功率在 1kW 以上的碘钨灯，不可安装一般电灯开关，而应安装漏电保护器。碘钨灯的安装如图 7-65 所示。

53 根据控制形式插座可以分为几种？

答 插座根据控制形式可以分为无开关、总开关、多开关三种类别。一般建议选用多开关的电源插座，一个开关按钮控制一个电源插头，除了安全之外也能控制待机耗电以便节约能源，多用于常用电器处，如微波炉、洗衣机等。

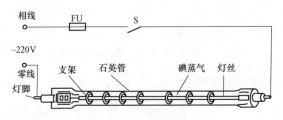

图 7-65 碘钨灯的安装图

54 根据安装形式插座可以分为几种？

答 电源插座根据安装形式可以分为墙壁插座、地面插座两种类别。墙壁插座可分为三孔、四孔、五孔等，一般来讲，住宅的每个主要墙面至少各有一个 5 孔插座，电器设置集中的地方应该至少安装两个 5 孔插座，如电视机摆放位置，如果要使用空调或其他大功率电器，一定要使用带开关的 16A 插座。地面插座可分为开启式、跳起式、螺旋式等类型，还有一类地面插座，不用的时候可以隐藏在地面以下，使用的时候可以翻开来，既方便又美观。

55 各国插座的标准是什么？

答 值得注意的是，目前各国插座的标准有所不同，如图 7-66 所示。选用插座时一定要看清楚，否则与家庭所用电器的插头不匹配，则安装的插座就成了摆设。

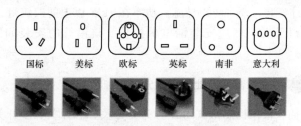

| 国标 | 美标 | 欧标 | 英标 | 南非 | 意大利 |

图 7-66 各国插座的标准

56 插座应如何选择？

答 目前市场上的插座品种繁多，形式大体相同，但质量却有高低之分。安装插座前，安装电工应向业主介绍清楚，首先对开关、插座的品牌有一定的认识和了解。建议业主在选择产品造型美观性的同时，更应注意选择产品的质量，选择知名品牌的开关、插座，以确保用电的安全性。

品牌开关、插座的面板的使用的材料在阻燃性、绝缘性、抗冲击性等技术指标方面一般在国家标准之上，优质品牌产品材质稳定性更强。开关机板、边框除了采用塑料之外，也有不锈钢、铜合金等金属材质。近来又出现了铝合金材质，表面进行磨砂或拉丝处理后，外观豪华大方，开关时的手感很特别。

品牌开关采用银合金做触点，锡磷青铜复合材料做导电桥。

插座好不好用看插套，插套的好坏关键看采用的材料和处理的工艺。好的插套采用锡磷青铜（颜色紫红色）。锡磷青铜片弹性好，抗疲劳，不易氧化，特别是经过酸洗、磷化、抗氧化处理后导电性能更稳定。优质插座的插套应该采用优质锡磷青铜以一体化工艺制作，无铆接点，电阻低，不容易发热，更安全耐用，插拔次数可以达到 10 000 次，高档的可以达到 15 000次。例如西门子、西蒙、飞雕、正泰等。

好的插座都要有安全保护门，如旋转式保护门设计，特殊单边锁紧结构，可以保护小朋友、视力差的人士或在光线不足时免遭触电危险。

开关、插座属于国家强制实行 3C 认证电工产品，符合国家标准并通过国家 3C 认证的产品才能保障使用安全。

➡ 57　插座的接线有几种方式?

答　（1）单相两孔插座有横装和竖装两种。横装时，面对插座的右极接相线（L），左极接零线（中性线 N），即"左零右相"；竖装时，面对插座的上极接相线，下极接中性线，即"上相下零"。

（2）单相三孔插座接线时，保护接地线（PE）应接在上方，下方的右极接相线，左极接中性线，即"左零右相中 PE"。插座接线正视图、后视图及接线原理如图 7 - 67、图 7 - 68 所示。

（3）多个插座导线连接时，不允许拱头连接，应采用 LC 型压接帽压接总头后，再进行分支线连接。

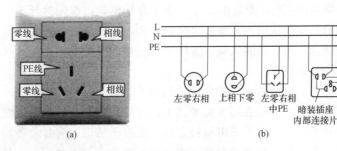

图 7-67　插座接线正视图

（a）实物示意图；（b）接线原理图

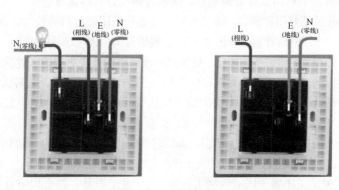

图 7-68　插座接线后视图

58　安装电源插座的准备工作是什么？

答　首先要把墙壁开关插座安装工具准备好。

开关插座安装工具：测量要用的卷尺（但水平尺也可以进行测量的）、线坠、钻孔时要用的电钻和扎锥，手用绝缘手套和剥线钳等。

墙壁开关插座安装准备：在电路电线、底盒安装以及封面装修完成后安装。

墙壁开关插座的安装需要满足重要作业条件，第一要安装的墙面要刷白，油漆和壁纸在装修工作完成后才可开始操作。一些电路管道和盒子需铺设完毕，要完成绝缘遥测。

动手安装时天气要晴朗，房屋要通风干燥，要切断开关闸刀电箱电源。安装示意如图 7-69 所示。

➤ 59　电源插座安装步骤是什么?

第一次安装电源墙壁开关插座要保证它的安全和耐用性。

安装及更换开关盒,要先用手机拍几张开关内部原本的接线图,在拆卸时对开关插座盒中的接线要必须认清楚。安装工作要仔细进行,不允许出现接错线和漏掉一支线未接的情况。

开关盒流程主要为清洁、接线、固定安装。

(1)如需更换开关盒,旧的底盒在拆卸完好后,应对底盒墙内部进行清洁,把灰尘和杂物清除。

开关插座安装于木工油漆工等之后进行,用抹布把盒内残存灰尘擦净,这样可防止杂质影响电路工作。

(2)电源线处理(见图 7-70)。将盒内甩出的导线留出一段将来要维修的长度,然后把线削出一些线芯,注意削线芯时不要碰伤线芯。可参考拍下的几张手机图,将导线按顺时针方向缠绕在开关插座对应的接线柱上,然后旋紧压头,这一步骤要求线芯不得外露。

图 7-69　插座安装方法　　　　　　图 7-70　电源线处理

(3)插座三线接线方法(见图 7-71)。相线、零线和地线需要与插座的接口连接正确。把相线接入开关 2 个孔中的一个 A 标记内,把另外一个孔中留出绝缘线接入插座 3 个孔中的 L 孔内进行对接。零线接入插座 3 个孔中的 N 孔内接牢。地线接入插座 3 个孔中的 E 孔内接牢。若零线与地线错接,使用电器时会出现黑灯及开关跳闸现象。

(4)开关插座固定安装(见图 7-72)。将导线按各自的位置从开关插座的线孔中穿出。

先将底盒内留出的导线由塑料台的出线孔中穿出来，再把塑料台紧紧贴在墙面中，再用螺丝把它固定在底盒上。固定好后，将导线按刚刚打开盒时的接线方式，把各自的位置从开关插座的线孔中穿出来，并把导线压紧压牢。

（5）墙壁开关插座面板固定。将墙壁开关插座紧贴于塑料台上，方向位置摆正，然后用工具把螺丝固定牢，最后盖上装饰板。

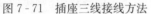

图 7-71　插座三线接线方法　　图 7-72　开关插座固定安装

60　电源插座安装注意事项有哪些？

答　（1）插座必须按照规定接线，对照导线的颜色对号入座，相线要接在规定的接线柱上（标注有"L"字母），220V电源进入插座的规定是"左零右相"。

（2）单相三孔插座最上端的接地孔一定要与接地线接牢、接实、接对，绝不能不接。零线与保护接地线切不可错接或接为一体。

（3）接线一定要牢靠，相邻接线柱上的电线要保持一定的距离，接头处不能有毛刺，以防短路。

（4）安装单相三孔插座时，必须是接地线孔装在上方，相线零线孔在下方，单相三孔插座不得倒装。

（5）插座的额定电流应大于所接用电器负载的额定电流。

（6）卫生间等潮湿场所，不宜安装普通型插座，应安装防溅水插座。

61　三孔插座如何暗装？

答　将导线剥去15mm左右绝缘层后，按图7-73所示分别接入插座接线桩中，拧紧螺丝，如图7-73（a）所示。将插座用平头螺丝固定在开关暗盒上，压入装饰钮，如图 7-73（b）所示。

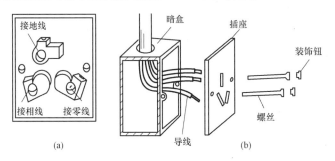

(a)　　　　　　　　　　　　　　　　(b)

图 7-73　三孔插座的暗装

（a）外形；（b）接线

62 二脚插头如何安装？

答　将两根导线端部的绝缘层剥去，在导线端部附近打一个电工扣；拆开端头盖，将剥好的多股线芯拧成一股，固定在接线端子上。注意不要露铜丝毛刷，以免短路。盖好插头盖，拧上螺丝即可，如图 7-74所示。

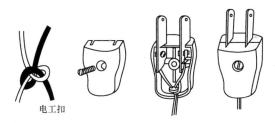

图 7-74　二脚插头的安装

63 三脚插头如何安装？

答　三脚插头的安装与两脚插头的安装类似，不同的是导线一般选用三芯护套软线。其中一根带有黄绿双色绝缘层的芯线接地线。其余两根一根接零线，一根接相线，如图 7-75 所示。

64 单相三线插座接线电路的接线方法是什么?

答 单相三线插座电路由电源开关 S、熔断器 FU、导线及三芯插座 XS1～XSn 等构成,其接线电路如图 7-76 所示。熔断器的额定容量可按电路导线额定容量的 0.8 倍确定。开关 S 也可选用带漏电保护的断路器(又称漏电断路器或漏电开关)。

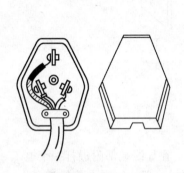

图 7-75　三脚插头安装 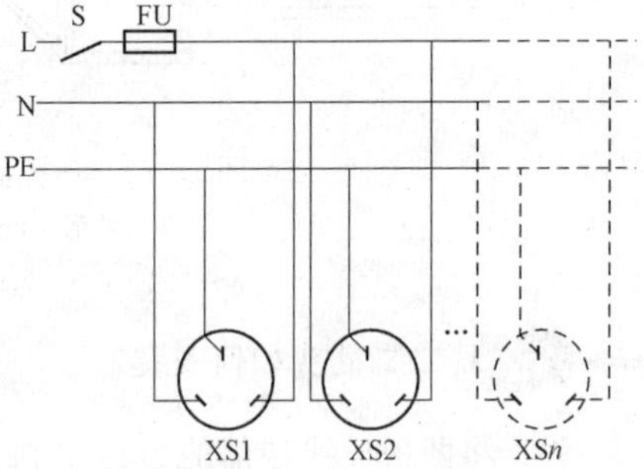　　　图 7-76　单相三线插座接线电路

65 四孔三相插座接线电路的接线方法是什么?

答 图 7-77 所示为四孔三相插座接线电路,它由电源开关、连接导线和四芯插座等组成。

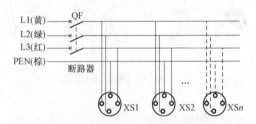

图 7-77　四孔三相插座接线电路

图 7-78 中 L1、L2、L3 分别为 1、2、3 相相线,QF 为三相插座的电源控制开关,PEN 为中性线,XS1～XSn 为四孔三相插座。四孔三相插座下方的三个插孔之间的距离相对近些,分别用来连接三相相线,面对插座从左到右接 L1、L2、L3 接线;上方单独有一个插孔,用来连

接 PEN 线。所有四孔三相插座都按统一约定接线，并且插头与负载的接线也对应一致。

为了方便安装和检修，统一按黄（L1）、绿（L2）、红（L3）、棕（PEN）的顺序配线，各相色线不得混合安装，以防相位出错。

66　什么是断路器？

答　断路器又称为低压空气开关，简称"空开"，它是一种既有开关作用，又能进行自动保护的低压电器。它操作方便，既可以手动合闸、拉闸，也可以在流过电路的电流超过额定电流之后自动跳闸。这不仅仅是指短路电流，还包括用电器过多，电流过大，一样会跳闸。

67　断路器的作用是什么？

答　在家庭电路中，断路器的作用相当于刀开关、漏电保护器等电器部分或全部的功能总和，所以被广泛应用于家庭配电线路中作为电源总开关或分支线路保护开关。当住宅线路或家用电器发生短路或过载时，它能自动跳闸，切断电源，从而有效地保护这些设备免受损坏或防止事故扩大。

断路器的保护功能有短路保护和过载保护，这些保护功能由断路器内部的各种脱扣器来实现。

68　短路保护功能的原理是什么？

答　断路器的短路保护功能是由电磁脱扣器完成的，电磁脱扣器是由电磁线圈、铁心和衔铁组成的电磁动作机械。线圈中通过正常工作电流时，电磁吸引力比较小，衔铁不会动作；当电路中发生严重过载或短路故障时，电流急剧增大，电磁吸引力增大，吸引衔铁动作，带动脱扣机构动作，使主触头断开。

电磁脱扣器是瞬时动作，只要电路中短路电流达到预先设定值，开关立刻就会做出反应，自动跳闸。

69　过载保护功能的原理是什么？

答　断路器的保护功能是由热脱扣器来完成的。热脱扣器由双金属片与热元件组成，双金属片是把铜片和铁片锻合在一起。由于铜和铁的热膨胀系数不同，发热时铜片膨胀量比铁片大，双金属片向铁片一侧弯曲变形，双金属片的弯曲可以带动动作机构使主触头断开。加热双金属片的热量来自串联在电路中的发热元件，这是一种电阻值较高的导体。

当线路发生一般性过载时，电流虽不能使电磁脱扣器动作，但能使热元件产生一定热量，促使双金属片受热弯曲，推动杠杆使搭钩与锁扣脱开，将主触头分断，切断电源。

热脱扣器是延时动作，因为双金属片的弯曲需要加热一定时间，因此电路中要过载一段时间，热脱扣器才动作。一般来说，电路中允许出现短时间过载，这时并不必须切断电源，热脱扣器的延时性恰好满足了这种短时的工作状态的要求。只有过载超过一定时间，才认为是出现故障，热脱扣器才会动作。

➡ 70 小型断路器如何选用？

答 家庭用断路器可分为二极（2P）和一级（1P）两种类型。一般用二极（2P）断路器做电源保护，用单极（1P）断路器做分支回路保护。小型断路器如图 7-78 所示。

图 7-78 小型断路器

单极（1P）断路器用于切断 220V 相线，双极（2P）断路器用于220V 相线与零线同时切断。

目前家庭使用 DZ 系列的断路器，常见的有以下型号/规格：C16、C25、C32、C40、C60、C80、C10、C120 等规格，其中 C 表示脱扣电流，即额定启跳电流，如 C32 表示启跳电流为 32A。

断路器的额定启跳电流如果选择偏小，则易频繁跳闸，引起不必要的停电；如果选择过大，则达不到预期的保护效果。因此家装断路器，正确选择额定容量电流大小很重要。那么，一般家庭如何选择或验算总负荷电流的总值呢？

（1）电风扇、电熨斗、电热毯、电热水器、电暖器、电饭锅、电炒锅等电气设备，属于电阻性负载，可用额定功率直接除以电压进行计算，即 $I = \dfrac{P}{U} = \dfrac{总功率}{220V}$。

（2）吸尘器、空调、荧光灯、洗衣机等电气设备，属于感性负载，具体计算时还要考虑功率因数问题，为便于估算，根据其额定功率计算出来的结果再翻一倍即可。例如，额定功能 20W 的日光灯的分支电流

$$I = \frac{P}{U} \times 2 = \frac{20}{220V} \times 2 = 0.18A$$

电路总负荷电流等于各分支电流之和。知道了分支电流和总电流，就可以选择分支断路器及总断路器、总熔断器，电能表以及各支路电线的规格，或者验算已设计的这些电气部件的规格是否符合安全要求。

在设计、选择断路器时，要考虑到以后用电负荷增加的可能性，为以后需求留有余量。为了确保安全可靠，作为总闸的断路器的额定工作电流一般应大于 2 倍所需的最大负荷电流。

家用电器功率计算，

例如：

1P＝735W，一般可视为 750W。

1.5P＝1.5×750W，一般可视为 1125W。

2P＝2×750W，一般可视为 1500W。

2.5P＝2.5×750W＝1875W，一般可视为 1900W。

以此类推，可计算出家用空调的功率。

71 总断路器与分断路器如何选择？

答 现代家居用电一般是按照明回路、电源插座回路、空调回路

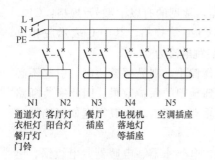

N1　N2　N3　N4　N5

通道灯　客厅灯　餐厅　电视机　空调插座
衣柜灯　阳台灯　插座　落地灯
餐厅灯　　　　　　　　等插座
门铃

图7-79　家庭配电回路示例

等进行分开布线，其好处是当其中一个回路（如插座回路）出现故障时，其他回路仍可以正常供电，如图7-79所示。插座回路须安装漏电保护装置，防止家用电器漏电造成人身电击事故。

（1）住户配电箱作为总闸的断路器一般选择双极32～63A小型断路器。

（2）照明回路一般选择10～16A小型断路器。

（3）插座回路一般选择16～20A小型断路器。

（4）空调回路一般选择16～25A小型断路器。

以上选择仅供参考，每户的实际用电器功率不一样，具体选择要按设计为准。

也可采用双极或1P＋N（相线＋中性线）小型断路器，当线路出现短路或漏电故障时，立即切断电源的相线和中性线，确保人身安全及用电设备的安全。

家庭选配断路器的基本原则：照明小、插座中，空调大，应根据用户的要求和装修个性的差异性，结合实际情况进行灵活的配电方案选择。

➡ **72　断路器如何安装？**

答　断路器一般应垂直安装在配电箱中，其操作手柄及传动杠杆的开、合位置应正确，如图7-80所示。

单极组合式断路器的底部有一个燕尾槽，安装时把靠上面的槽勾入导轨边，再用力压断路器的下边，下边有一个活动的卡扣，就会牢牢卡在导轨上，卡住后断路器可以沿导轨横向移动调整位置。拆卸断路器时，找一活动的卡扣另一端的拉环，用螺丝刀撬动拉环，把卡扣拉出向斜上方扳动，断路器就可以取下来。

图7-80　断路器安装实物图

73 断路器安装前如何检测?

答 (1)用万用表电阻挡测量各触点间的接触电阻。万用表置于"$R\times100$"挡或"$R\times1k$"挡,两表笔不分正、负,分别接低压断路器进、出线相对应的两个接线端,测量主触头的通断是否良好。当接通按钮被按下时,其对应的两个接线端之间的阻值应为零,当切断按钮被按下时,各触点间的接触阻值应为无穷大,表明低压断路器各触点间通断情况良好,否则说明该低压断路器已损坏。

有些型号的低压断路器除主触头外还有辅助触头,可用同样方法对辅助触头进行检测。

(2)用绝缘电阻表测量两极触点间的绝缘电阻。用500V绝缘电阻表测量不同极的任意两个接线端间的绝缘电阻(接通状态和切断状态分别测量),均应为无穷大。如果被测低压断路器是金属外壳或外壳上有金属部分,还应测量每个接线端与外壳之间的绝缘电阻,也均应为无穷大,否则说明该低压断路器绝缘性能太差,不能使用。

74 什么是家用漏电断路器?有何功能?

答 家用漏电断路器具有漏电保护功能,即当发生人身触电或设备漏电时,能迅速切断电源,保障人身安全,防止触电事故,同时,还可用来防止由于设备绝缘损坏,产生接地故障电流而引起的电气火灾危险。

为了用电安全,在配电箱中应安装漏电断路器,可以安装一个总漏电断路器,也可以在每一个带保护线的三线支路上安装漏电断路器,一般插座都装漏电断路器。家庭常用的是单相组合式漏电断路器,如图7-81所示。

图7-81　漏电断路器

75 漏电断路器由哪些部分构成?

答 漏电断路器实质上是加装了检测漏电元件的塑壳式断路器,主要由塑料外壳、操作机构、触头系统、灭弧室、脱扣器、零序电流互感器及试验装置等组成。

76 漏电断路器有几种？

答 漏电断路器有电磁式电流动作型、晶体管（集成电路）电流动作型两种。电磁式电流动作型漏电断路器是直接动作型，晶体管或集成电路式电流动作型漏电断路器是间接动作，即在零序电流互感器和漏电脱扣器之间增加一个电子放大电路，因而使零序电流互感器的体积大大缩小，也缩小了漏电保护断路器的体积。

77 电磁式电流动作型漏电断路器的工作原理是什么？

答 电磁式电流动作型漏电断路器原理如图 7-82 所示。

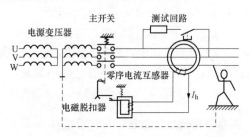

图 7-82　电磁式电流动作型漏电断路器原理

漏电断路器上除了开关扳把外，还有一个按钮为试验按钮，用来试验断路器的漏电动作是否正常，断路器安好后，通电合闸，按一下试验按钮，断路器应自动跳闸。当断路器漏电动作跳闸时，应及时排除故障后，再重新合闸。

注意：不要认为家庭安装了漏电断路器，用电就平安无事了。漏电断路器必须定期检查，否则，即使安装了漏电断路器不能确保用电安全。

78 漏电断路器漏电动作电流及动作时间如何选择？

答 额定漏电动作电流指在制造厂规定的条件下，保证漏电断路器必须动作的漏定电流值。漏电断路器的额定漏电动作电流主要有 5、10、20、30、50、75、100、300mA 等几种。家用漏电断路器漏电动作电流一般选用 30mA 及以下额定动作电流，特别潮湿区域，如浴室、卫生间等最好选用额定动作电流为 10mA 的漏电断路器。

额定漏电动作时间是指在制造厂规定的条件下，对应额定漏电动作电流的最大漏电分断时间。单相漏电断路器的额定漏电动作时间，主要有小于或等于 0.1s、小于 0.15s、小于 0.2s 等几种。小于或等于 0.1s 的为快速型漏电断路器，防止人身触电的家庭用单相漏电断路器，应选用此类漏电断路器。

79 漏电断路器额定电流如何选择？

答　目前市场上适合家庭生活用电的单相漏电断路器，从保护功能来说，大致有漏电保护专用，漏电保护和过电流保护兼用，漏电、过电流、短路保护兼用等三种产品。漏电断路器的额定电流主要有 6、10、16、20、40、63、100、160、200A 等多种规格。对带过电流保护的漏电断路器，同一等级额定电流下会有几种过电流脱扣器额定电流值。例如，DZL18-20/2 型漏电断路器，它具有漏电保护与过流保护功能，其额定电流为 20A，但其过电流脱扣器额定电流有 10、16、20A 三种，因此过电流脱扣器额定电流的选择，应尽量接近家庭用电的实际电流。

80 漏电断路器额定电压、频率、极数如何选择？

答　漏电断路器的额定电压有交流 220V 和交流 380V 两种，家庭生活用电一般为单相电，故应选用额定电压为交流 220V/50Hz 的产品。漏电断路器有 2 极、3 极、4 极三种，家庭生活用电应选 2 极的漏电断路器。

81 漏电断路器安装时应注意哪些问题？

漏电断路器的安装方法与前面介绍的断路器的安装方法基本相同，下面介绍安装漏电断路器应注意的几个问题。

（1）漏电断路器在安装之前要确定各项使用参数，也就是检查漏电断路器的铭牌上所标注的数据，是否确实达到了使用者的要求。

（2）安装具有短路保护的漏电断路器，必须保证有足够的飞弧距离。

（3）安装组合式漏电断路器时应使用铜质导线连接控制回路。

（4）要严格区分中性线（N）和接地保护线（PE），中性线和接地保护线不能混用。N 线要通过漏电断路器，PE 线不通过漏电断路器，如图 7-83（a）所示。如果供电系统中只有 N 线，可以从漏电断路器上口接线端分成 N 线和 PE 线，如图 7-83（b）所示。

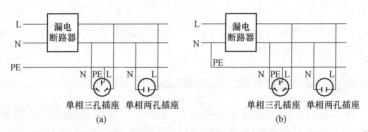

图 7-83　单相 2 极式漏电断路器的接线

（a）有 N 和 PE 线时的接线；（b）只有 N 线时的接线

注意： 漏电断路器后面的零线不能接地，也不能接设备外壳，否则会合不上闸。

（5）漏电断路器在安装完毕后要进行测试，确定漏电断路器在线路短路时有可靠动作。一般来说，漏电断路器安装完毕后至少要进行 3 次测试并通过后，才能开始正常运行。

➡ 82　漏电保护器与空气断路器的区别是什么？

答　（1）空气断路器一般为低压的，即额定工作电压为 1kV。空气断路器是具有多种保护功能的、能够在额定电压和额定工作电流状况下切断和接通电路的开关装置。它的保护功能的类型及保护方式由用户根据需要选定，例如，短路保护、过电流保护、分励控制、欠压保护等，其中前两种保护为空气断路器的基本配置，后两种为选配功能。所以，空气断路器还能在故障状态（负载短路、负载过电流、低电压等）下切断电气回路。

（2）漏电断路器是一种利用检测被保护电网内所发生的相线对地漏电或触电电流的大小，而作为发出动作跳闸信号，并完成动作跳闸任务的保护电器。在装设漏电断路器的电网中，正常情况下，电网相线对地泄漏电流（对于三相电网是不平衡泄漏电流）较小，达不到漏电断路器的动作电流值，因此漏电断路器不动作。当被保护电网内发生漏电或人身触电等故障后，通过漏电断路器检测元件的电流达到其漏电或触电动作电流值时，则漏电断路器就会发出跳闸的指令，执行其所控制断路器的基本功能。另外还能在负载回路出现漏电（其泄漏电流达到设定值）时迅速分断开关，以避免在负载回路出现漏电时产生对人员的伤害和对电气设备的不利影响。

（3）漏电断路器不能代替空气断路器。虽然漏电断路器比空气开关多了一项保护功能，但在运行过程中因漏电的可能性经常存在而会出现经常跳闸的现象，导致负载会经常出现停电，影响电气设备的持续、正常的运行。所以，一般只在施工现场临时用电或工业与民用建筑的插座回路中采用。

简而言之，空气断路器仅是开关闭合器的作用，没有漏电自动跳闸的保护功能。漏电断路器既有开关闭合器的作用，也具有漏电自动跳闸的保护功能。漏电断路器保护的主要是人身，一般动作值是毫安级；而空气断路器就是纯粹的过电流跳闸，一般动作值是安级。

➤ ⑧⑶ 楼宇住宅配电箱有几个？作用分别是什么？

答　为了安全供电，每个家庭都要安装一个配电箱。楼宇住宅家庭通常有两个配电箱，一个是统一安装在楼层总配电间的配电箱，在那里主要安装的是家庭的电能表和配电总开关；另一个则是安装在居室内的配电箱，在这里主要安装的是分别控制房间各条线路和断路器，许多家庭在室内配电箱中还安装有一个总开关。

➤ ⑧④ 配电箱的结构是什么？

答　家庭户内配电箱担负着住宅内的供电与配电任务，并具有过载保护和漏电保护功能。配电箱内安北京地区的电气设备可分为控制电器和保护电器两大类：控制电器是指各种配电开关；保护电器是指在电路某一电器发生故障时，能够自动切断供电电路的电器，从而防止出现严重后果。

家庭常用配电箱有金属外壳和塑料外壳两种，主要由箱体、盖板、上盖和装饰片等组成。对配电箱的制造材料要求较高，上盖应选用耐火阻燃 PS 塑料，盖板应选用透明 PMMA，内盒一般选用 1.00mm 厚度的冷轧板并表面喷塑。

85 配电箱内部结构是什么？

答 家庭户内配电箱一般嵌装在墙体内，外面仅可见其面板。户内配电箱一般由电源总闸单元、漏电保护单元和回路控制单元这3个功能单元构成。

86 电源总闸单元的功能是什么？

答 电源总闸单元一般位于配电箱的最左边，采用电源总闸（隔离开关）作为控制元件，控制着入户总电源。拉下电源总闸，即可同时切断入户的交流220V电源的相线和零线。

87 漏电保护器单元的功能是什么？

答 一般设置在电源总闸的右边，采用漏电断路器（漏电保护器）作为控制与保护元件。漏电断路器的开关扳手平时朝上处于"合"位置；在漏电断路器面板上有一试验按钮，供平时检验漏电断路器用。当户内线路或电器发生漏电，或万一有人触电时，漏电断路器会迅速动作切断电源（这时可见开关扳手已朝下处于"分"位置）。

88 回路控制单元的功能是什么？

答 回路控制单元一般设置在配电箱的右边，采用断路器作为控制元件，将电源分若干路向户内供电。对于小户型住宅（如一室一厅），可分为照明回路、插座回路和空调回路。各个回路单独设置各自的断路器和熔断器。对于中等户型、大户型住宅（如两室一厅一厨一卫，三室一厅一厨一卫等），在小户型住宅回路的基础上可以考虑增设一些控制回路，如客厅回路、主卧室回路、次卧室回路、厨房回路、空调1回路，空调2回路等，一般可设置8个以上的回路，居室数量越多，设置的回路就越多，其目的是达到用电安全，方便。图7-84为建筑面积在90m² 左右的普通两居室配电箱控制回路设计实例。

户内配电箱在电气上，电源总闸、漏电断路器、回路控制3个功能单元是顺序连接的，即交流220V电源首先接入电源总闸，通过电源总闸后进入漏电断路器，通过漏电断路器后分几个回路输出。

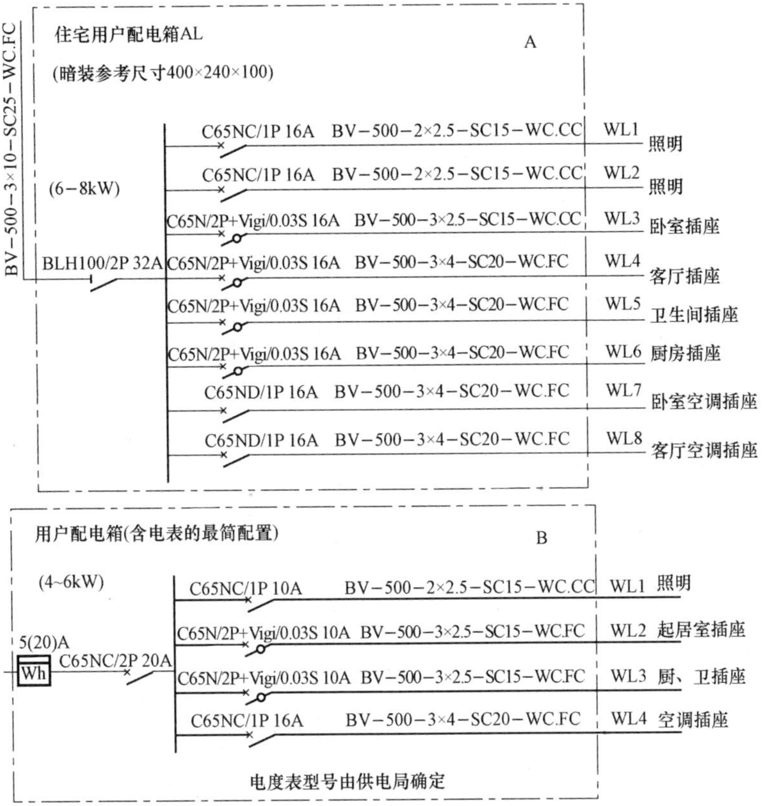

住宅用户配电箱AL　　　　　　　　　　　　　　　　A

(暗装参考尺寸400×240×100)

BV−500−3×10−SC25−WC.FC

(6−8kW)

BLH100/2P 32A

C65NC/1P 16A　　BV−500−2×2.5−SC15−WC.CC　WL1　照明

C65NC/1P 16A　　BV−500−2×2.5−SC15−WC.CC　WL2　照明

C65N/2P+Vigi/0.03S 16A　　BV−500−3×2.5−SC15−WC.CC　WL3　卧室插座

C65N/2P+Vigi/0.03S 16A　　BV−500−3×4−SC20−WC.FC　WL4　客厅插座

C65N/2P+Vigi/0.03S 16A　　BV−500−3×4−SC20−WC.FC　WL5　卫生间插座

C65N/2P+Vigi/0.03S 16A　　BV−500−3×4−SC20−WC.FC　WL6　厨房插座

C65ND/1P 16A　　BV−500−3×4−SC20−WC.FC　WL7　卧室空调插座

C65ND/1P 16A　　BV−500−3×4−SC20−WC.FC　WL8　客厅空调插座

用户配电箱(含电表的最简配置)　　　　　　　　　B

(4~6kW)

5(20)A

Wh　C65NC/2P 20A

C65NC/1P 10A　　　　BV−500−2×2.5−SC15−WC.CC　WL1　照明

C65N/2P+Vigi/0.03S 10A　BV−500−3×2.5−SC15−WC.FC　WL2　起居室插座

C65N/2P+Vigi/0.03S 10A　BV−500−3×2.5−SC15−WC.FC　WL3　厨、卫插座

C65NC/1P 16A　　　　BV−500−3×4−SC20−WC.FC　WL4　空调插座

电度表型号由供电局确定

图 7-84　两居室配电箱控制回路设计实例

➡ 89 配电箱的安装分为几种?

答　配电箱是单元住户用于控制住宅中的各个支路的,将住宅中的用电分配成不同的支路,主要目的是为便于用电管理、便于日常使用、便于电力维护。

家庭户内配电箱的安装可分为明装、暗装和半露式三种。明装通常采用悬挂式,可以用金属膨胀螺栓等将箱体固定在墙上;暗装为嵌入式,应随土建施工预埋,也可在土建施工时预留孔然后采用预埋。现代家居装修一般采用暗装配电箱。

对于楼宇住宅新房,房产开发商一般在进门处靠近天花板的适当位置留有户内配电箱的安装位置,许多开发商已经将户内配电箱预埋安装，装修时，应尽量用原来的位置。

90 配电箱的安装位置有何要求？

答 配电箱多位于门厅、玄关、餐厅和客厅，有时也会被装在走廊里。如果需要改变安装位置，则在墙上选定的位置上开一个孔洞，孔洞应比配电箱的长和宽各大 20mm 左右，预留的深度为配民箱厚度加上洞内壁抹灰的厚度。在预埋配电箱时，箱体与墙之间的填以混凝土即可把箱体固定住，如图 7 - 85 所示。

户内配电箱应安装在干燥、通风部位，且无妨碍物，方便安装。同时，配电箱不宜安装过高，一般安装标高为 1.8m，以便操作。

91 家庭配电箱安装应注意什么问题？

答 （1）家庭配电箱分金属外壳和塑料外壳两种，有明装式和暗装式两类，其箱体必须完好无缺。

（2）家庭配电箱的箱体内接线汇流排应分别设立零线、保护接地线、相线，且要完好无损，具良好绝缘。

（3）空气开关的安装座架应光洁无阻并有足够的空间。家庭配电箱安装示意图，如图 7 - 86 所示。

图 7 - 85　配电箱安装示意　　图 7 - 86　家庭配电箱安装示意图

92 家庭配电箱的安装要点是什么？

答 （1）家庭配电箱应安装在干燥、通风部位，且无妨碍物，方便使用。

（2）家庭配电箱不宜安装过高，一般安装标高为 1.8m，以便操作。

（3）进配电箱的电管必须用锁紧螺帽固定。

（4）若家庭配电箱需开孔，孔的边缘须平滑、光洁。安装实际图如图 7-87 所示。

（5）配电箱埋入墙体时应垂直、水平，边缘留 5～6mm 的缝隙。

（6）配电箱内的接线应规则、整齐，端子螺丝必须紧固。效果图如图 7-88 所示。

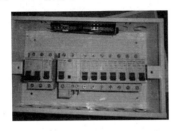 

图 7-87　安装实际图　　　　图 7-88　效果图

（7）各回路进线必须有足够长度，不得有接头。

（8）安装后标明各回路使用名称。

（9）家庭配电箱安装完成后须清理配电箱内的残留物。

93 家庭配电箱应如何接线？

答　家庭配电箱接线图如图 7-89 所示。

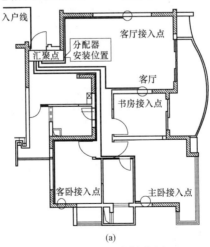

(a)

图 7-89　家庭配电箱接线图（一）

（a）平面图

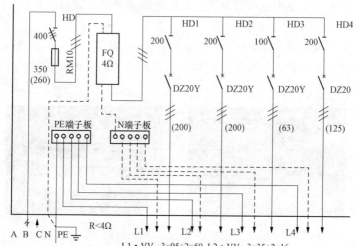

A·VV-0.6/1kV-3×120+2×70　L1·VV-3×95+2×50　L2·VV-3×35+2×16
L3·VV-3×10+2×6　L4·VV-3×25+2×16

(b)

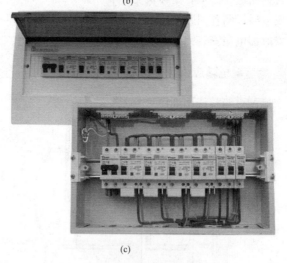

(c)

图 7-89　家庭配电箱接线图（二）

(b) 原理图；(c) 实物图

94　配电箱安装注意事项有哪些?

答 (1) 配电箱规格型号必须符合国家现行统一标准的规定；材

质为铁质时，应有一定的机械强度，周边平整无损伤，涂膜无脱落，厚度不小于 1.0mm；进出线孔应为标准的机制孔，大小相适配，通常将进线孔靠箱左边，出线孔安排在中间，管间距在 10～20mm，并根据不同的材质加设锁扣或护圈等，汇流排与箱体绝缘，汇流排材质为铜质；箱底边距地面不小于 1.5m。

（2）箱内断路器和漏电断路器安装牢固；质量应合格，开关动作灵活可，漏电装置动作电流不大于 30mA，动作时间不大于 0.1s；其规格型号和回路数量应符合设计要求。

（3）箱内的导线截面积应符合设计要求，材质合格。

（4）箱内进户线应留有一定余量，一般为箱周边的一半。走线规矩、整齐，无绞接现象，相线、工作零线、保护地线的颜色应严格区分。

（5）工作零线、保护地线应经汇流排配出，户内配电箱电源总断路器（总开关）的出线截面积不应小于进线截面积，必要时应设相线汇流排。10mm^2 及以下单股铜芯线可直接与设备器具的端子连接，小于或等于 2.5mm^2 多股铜芯线应先拧紧搪锡或压接端子后与设备、器具连接，大于 2.5mm^2 多股铜芯线除设备自带插接式端子外，应接续端子后与设备器具的端子连接，但不得采用开口端子，多股铜芯线与插接式端子连接前端部拧紧搪锡；对可同时断开相线、零线的断路器的进出导线应左边端子孔接零线，右边端子孔接相线连接。箱体应有可靠的接地措施。

（6）导线与端子连接紧密，不伤芯，不断股，插接式端子线芯不应过长，应为插接端子深度的 1/2，同一端子上导线连接不多于 2 根，且截面积相同，防松垫圈等零件齐全。

（7）配电箱的金属外壳应可靠接地，接地螺栓必须加弹簧垫圈进行防松处理。

（8）配电箱箱内回路编号齐全，标识正确。

（9）若设计与国家有关规范相违背时，应及时与设计师沟通，经修改后再进行安装。

95　房屋装修用配电板电路有几种？

答　房屋装修用配电板线路常见的有单相三线配电板和三相五线

配电板两种。

96 单相三线配电板电路如何连接？特点是什么？

答　单相三线配电板由带漏电保护的电源开关 SD、电源指示灯 HL、三芯电源插座 XS1-XS6 以及绝缘导线等组成。其电路如图 7 - 90 所示。

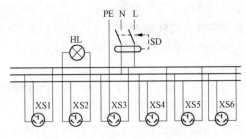

图 7 - 90　单相三线配电板电路

由于单相三线配电板使用得非常频繁，故引入配电板的电源线要用优质的护套橡胶三芯多股软铜导线。配电板的所有配线均安装在配电板的反面，然后用三合板或其他合适的木板封装，并且用油漆涂刷一遍。每次使用配电板之前，均应对护套绝缘电源线进行安全检查，如有破损，应处理后再用。电源工作零线与保护零线要严格区别开来，不能相互交叉接线。

当合上电源开关 SD 后，若信号灯点亮，则表示配电板上的电路和插座均已带电。装修作业时，应将配电板放在干燥、没有易燃物品、没有金属物品相接触的安全地段。配电板通常垂直安放，也可倾斜一定的角度安放，尽量避免平仰放置。

97 三相五线配电板线路如何连接？特点是什么？

答　三相五线配电板电路由一只漏电开关（SD）、一只四芯插座、六只三芯插座以及若干绝缘导线等组成。其电路如图 7 - 91 所示。

由于装修用三相五线配电板使用频繁，故引入配电板的电源线要用优质的护套橡胶五芯多股软铜导线。配电板的所有配线安装在配电板的反面，然后用三合板或其他合适的木板封装，并且用油漆刷一遍。

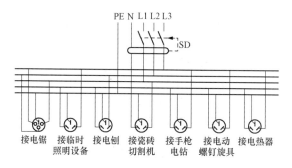

图 7 - 91 三相五线配电板电路

每次使用配电板之前，均应对护套绝缘电源线进行安全检查，如有破损，应处理后再用。电源工作零线与保护零线要严格区分开来，不能相互交叉接线。

使用中，配电板要远离可燃气体，也不要与水接触，以防电路短路，影响安全。如果作业现场人手较杂，应设法将配电板安置在安全的地方，例如固定在墙上或牢固的支架上，不得随意丢放，如果通过人行道，在必要时还应加穿管防护。

➡ 98 一室一厅配电电路如何构成？如何连接？

答 住宅小区常采用单相三线制，电能表集中装于楼道内。一室一厅配电电路如图 7 - 92 所示。

一室一厅配电电路中共有三个回路，即照明回路、空调回路、插座回路。图 7 - 92 中，QS 为双极隔离开关；QF1～QF3 为双极低压断路器，其中 QF2～QF3 具有漏电保护功能（即剩余电流保护器，俗称漏电断路器，又叫 RCD）。对于空调回路，如果采用壁挂式空调器，因为人不易接触空调器，可以不采用带漏电保护功能的断路器，但对于柜式空调器，则必须采用带漏电保护功能的断路器。

为了防止其他家用电器用电时影响电脑的正常工作，可以把图 7 - 92 中的插座回路再分成家电供电和电脑供电两个插座回路。两路共同受 QF3 控制，只要有一个插座漏电，QF3 就会立即跳闸断电，PE 为保护接地线。

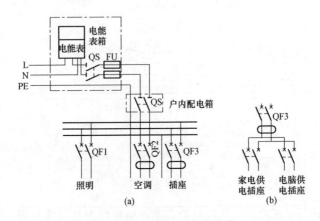

图 7-92　一室一厅配电电路

(a) 插座总控制方式；(b) 插座分开控制方式

99　两室一厅配电电路如何连接？

答　一般居室的电源线都布成暗线，需在建筑施工中预埋塑料空心管，并在管内穿好细铁丝，以备引穿电源线。待工程安装完工时，把电源线经电能表及用电器控制闸刀后通过预埋管引入居室内的客厅，客厅墙上方预留有一暗室，暗室前为木制开关板，装有总电源闸刀，然后分别把暗线经过开关引向墙上壁灯。

吊灯以及电扇电源线分别引向墙上方天花板中间处，安装吊灯和吊扇时，两者之间要有足够的安全距离或根据客厅的大小来决定。如果是长方形客厅，可在客厅中间的一半中心安装吊灯，另一半中心安装吊扇，也可只安装吊灯（这对有空调的房间更为适宜）。安装吊扇处要在钢筋水泥板上预埋吊钩，再把电源线引至客厅的彩电电源插座、台灯插座、音响插座、冰箱插座以及备用插座等用电设施。

卧室应考虑安装壁灯、吸顶灯及一些插座。厨房要考虑安装抽油烟机电源、换气扇电源以及电热器具插座。

卫生间要考虑安装壁灯电源、抽风机电源以及洗衣机三眼单相插座和电热水器电源插座等。总之要根据居室布局尽可能地把电源一次安装到位。两室一厅居室电源布线分配电路如图 7-93 所示。

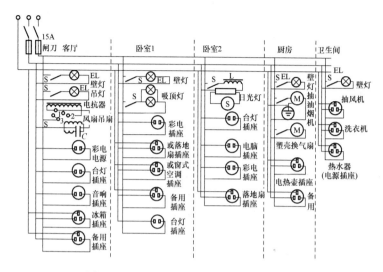

图 7-93 两室一厅居室电源布线分配电路

100 **三室两厅配电电路如何连接？**

答 图 7-94 所示为三室两厅配电电路。它共有 10 个回路，总电源处不装漏电保护器。这样做主要是由于房间面积大，分路多，漏电电流不容易与总漏电保护器匹配，容易引起误动或拒动。另外，还可以防止回路漏电引起总漏电保护器跳闸，从而使整个住房停电。而在回路上装设漏电保护器就可克服上述缺点。

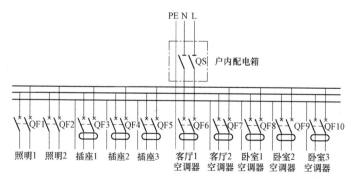

图 7-94 三室两厅配电电路

元器件选择：总开关采用双极 63A 隔离开关，照明回路上安装 6A 双极断路器，空调器回路根据容量不同可选用 15A 或 20A 的断路器；插座回路可选用 10A 或 15A 的。电路进线采用截面积 $16mm^2$ 的塑料铜导线，其他回路都采用截面积为 $2.5mm^2$ 的塑料铜导线。

101 四室两厅配电电路如何构成？

答 图 7-95 所示为四室两厅配电电路，它共有 11 个回路，比如：照明、插座、空调等。其中两路作照明，如果一路发生短路等故障时，另一路能提供照明，以便检修。插座有三路，分别送至客厅、卧室、厨房，这样插座电磁线不至于超负荷，起到分流作用。六路空调回路，通至各室，即使目前不安装，也须预留，为将来要安装时做好准备，空调为壁挂式，所以可不装漏电保护断路器。

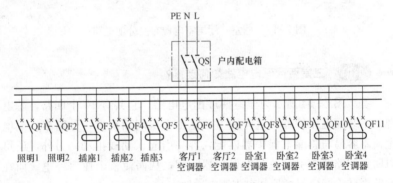

图 7-95 四室两厅配电电路

102 家用单相三线闭合型安装电路如何连接？

答 家用单相三线闭合安装电路如图 7-96 所示。它由漏电保护开关 SD、分线盒子 X1～X4 以及回形导线等组成。

一户作为一个独立的供电单元，可采用安全可靠的三线闭合电路安装方式。该电路也可以用于一个独立的房间。如果用于一个独立的房间，则四个方向中的任意一处都可以作为电源的引入端，当然电源开关也应随之换位，其余分支可用来连接负载。

在电源正常的条件下，闭合型电路中的任意一点断路都会影响其他负载的正常运行。在导线截面积相同的条件下，与单回路配线比较，其带负载能力提高 1 倍。闭合型电路灵活方便，可以在任一方位的接线盒内装入单相负载，不仅可以延长电路使用寿命而且可以防止发生电气火灾。

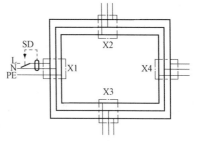

图 7 - 96　家用单相三线闭合型安装电路

103 照明电路的常见故障有几种？

答　照明电路的常见故障主要有断路、短路和漏电三种。

104 断路的原因是什么？

答　产生断路的原因主要是熔丝熔断、线头松脱、断线、开关没有接通，铜铝接头腐蚀等。

105 短路的原因是什么？

答　造成短路的原因大致有以下几种：

（1）用电器具接线不好，以致接头碰在一起。

（2）灯座或开关进水，螺口灯头内部松动或灯座顶芯歪斜造成内部短路。

（3）导线绝缘外皮损坏或老化损坏，并在零线和相线的绝缘处碰线。

106 漏电的原因是什么？如何查找？

答　相线绝缘损坏而接地，用电设备内部绝缘损坏使外壳带电等原因，均会造成漏电。漏电不但造成电力浪费，还可能造成人身触电伤亡事故。

漏电保护装置一般采用漏电开关。当漏电电流超过整定电流值时，漏电保护器动作，切断电路。若发现漏电保护器动作，则应查出漏电接地点并进行绝缘处理后再通电。

照明线路的接地点多发生在穿墙部位和靠近墙壁或天花板等部位。查找接地点时,应注意查找这些部位。

漏电查找方法如下:

(1) 首先判断是否确定漏电。要用绝缘电阻表,看其绝缘电阻值的大小,或在被检查建筑物的总开关上串接一只万用表,接通全部电灯开关,取下所有灯泡,进行仔细观察。若电流表指针摇动,则说明漏电。指针偏转的多少,表明漏电电流的大小。若偏转多则说明漏电大。确定漏电后可按下一步继续进行检查。

(2) 判断是相线与零线之间的漏电,还是相线与大地间的漏电,或者是两者兼而有之。以接入万用表检查为例,切断零线,观察电流的变化。电流指示不变,是相线与大地之间漏电;电流指示为零,是相线与零线之间的漏电;电流表指示变小但不为零,则表明相线与零线、相线与大地之间均有漏电。

(3) 确定漏电范围。取下分路熔断器或拉下开关刀闸,电流若不变化,则表明是总线漏电;电流指示为零,则表明是分路漏电;电流指示变小但不为零,则表明总线与分路均有漏电。

(4) 找出漏电点。按前面介绍的方法确定漏电的线段后,依次拉断该线路灯具的开关,当拉断某一开关时,电流指针回零或变小,若回零则是这一分支线漏电,若变小则除该分支漏电外还有其他漏电处;若所有灯具开关都拉断后,电流表指针仍不变,则说明是该段干线漏电。

依照上述方法依次把故障范围缩小到一个较短线段或小范围之后,便可进一步检查该段线路的接头,以及电磁线穿墙处等有否漏电情况。当找到漏电点后,包缠好进行绝缘处理。

➡ 107 浴霸的安装流程是什么?

答 浴霸的安装流程是:吊顶安装的准备—取下面罩(拧下灯泡,将弹簧从面罩的环上脱下面罩)—接线(用软线将浴霸以及开关面板连接好)—连接通风管—将箱体推进风孔—固定浴霸灯—安装面罩,如图 7 - 97 所示。

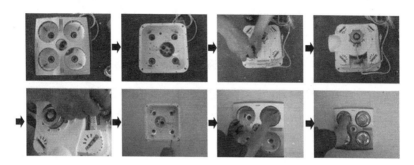

图 7-97　浴霸安装流程

108 集成吊顶浴霸边角线如何安装？

答　集成吊顶浴霸的收编条安装要平整、牢固，确定安装高度，并划出水平线。在做好贴好瓷砖后，水平的情况下，将集成吊顶的配套边角线，紧密固定在瓷砖上，要做到无明显缝隙。边角线安装如图 7-98 所示。

109 集成吊顶浴霸龙骨如何安装？

答　下吊杆及架置轻钢龙骨，吊杆、龙骨间的距离要做到和面板大小一致。在顶部打膨胀眼并固定所有吊杆，吊杆下口与吊钩连接好，再把主龙骨架在吊钩中间并予固定，调节高度螺母使主龙骨底平面距收边条上平面线 3cm 并紧固。龙骨的安装如图 7-99 所示。

图 7-98　边角线安装

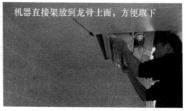

机器直接架放到龙骨上面，方便取下

图 7-99　龙骨的安装

110 集成吊顶浴霸副龙骨如何安装？

答　根据实际的安装长度减 5mm 截取所需的副龙骨，套上三角吊件，按图纸要求把所有的副龙骨用三角吊件暂时挂靠在主龙骨上。副龙骨安装如图 7 - 100 所示。

111 集成吊顶浴霸扣板如何安装？

答 戴好干净的手套，安装扣板要考虑整体美观度和两边对称性。

切割方法：将模板固定，用美工刀和直尺刻画三次以上，折边处用剪刀剪成 90°角，用手折压 2～3 次即可。将模板切割口对应面卡在副龙骨内，切割口面架于收边条上，并拉出收边条卡位将模板卡紧，此时可将三角吊件用钢钳和主龙骨卡紧。

中间部分模板的安装时，将模板的两个对应面分别卡在副龙骨内，控制好模板间的间隙，保持拼缝直线。完成每一排模板安装后，都要将三角吊件用钢钳和主龙骨卡紧。扣板的安装如图 7 - 101 所示。

图 7 - 100　副龙骨安装

图 7 - 101　扣板的安装

112 集成吊顶浴霸主机如何安装？

图 7 - 102　主机的安装

答 按照图纸设计遇到取暖类主机安装位置时，以主机面板代替模板，确认准确的主机安装位置；再把主机箱体放置于副龙骨上方固定好。安装（嵌入）电器，要做到面板和电器接口平整，无缝隙。主机的安装如图 7 - 102 所示。

113 集成吊顶浴霸顶部走线和扣面板如何安装？

答 顶部走线，确定哪些地方需要安装灯具，哪些地方需要安装厨卫电器，提前将线路布置好。扣面板，这个环节直接关系到吊顶的整体效果。不但要做到平整，而且要做到缝直。

114 什么是五开浴霸？

答 五开浴霸指的是有五个开关的浴霸，主要包括换气、照明、取暖三个方面的功能。五开浴霸一般以灯泡浴霸系列为主，采用两盏或四盏灯泡，照明效果集中，一开灯泡就可以取暖，不需要提前进行预热，灯泡浴霸电路如图 7 - 103 所示。

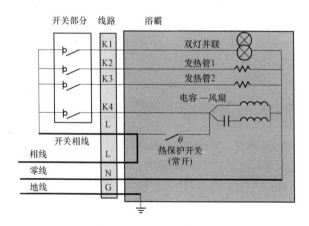

图 7 - 103　五开浴霸电路图

目前常用的除了灯泡浴霸外，还用一种 PTC 系列的浴霸，主要以 PTC 陶瓷发热元件为主，其热效率高、稳定。

115 五开浴霸如何接线？

答 五开浴霸一般包括照明、排风、吹风、取暖 1、取暖 2 功能，有的还有装饰灯功能。由于浴霸是装置在卫生间中，使用的时候难免会碰到水或蒸汽。因此五开浴霸的安装位置和开关接法应能够长时间在潮湿环境下使用，不会出现任何的安全事故。五开浴霸开关接线电路图如

图 7 - 104 所示，各开关功能触点见图中标注。实物图如图 7 - 105 所示。

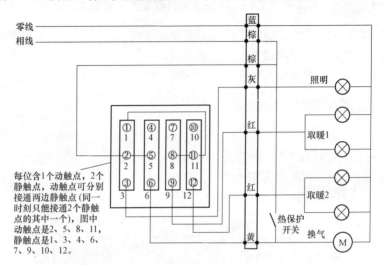

每位含1个动触点，2个静触点，动触点可分别接通两边静触点(同一时刻只能接通2个静触点的其中一个)，图中动触点是2、5、8、11，静触点是1、3、4、6、7、9、10、12。

图 7 - 104　五开浴霸接线电路图

116　五开浴霸接线时如何区分电线颜色?

答　对于初学者，要想弄通五开浴霸的接线原理，首先要读懂图 7 - 104 中各开关控制的负载是哪个，然后按照原理接线即可。在接线前要先观察接线的位置，记住不同颜色的线以及对应的接线柱颜色，然后再剪断接线。对于以新换旧的或者浴霸烧损的安装或者更换开关时，为了防止出错，应在原来的位置上，把一个个对应颜色的线头接上，并固定在原来的位置，接通电源试验后正常再安装到墙壁固定，如图 7 - 106 所示。常用浴霸电线颜色与对应功能见表 7 - 4。

图 7 - 105　五开浴霸接线实物图

图 7 - 106　接线前先观察接线的位置

334

表 7 - 4   浴霸常用的电线颜色与功能对照表

序号	芯线颜色	对应功能	线径要求（mm）
1	蓝色	中性线	1.5
2	棕色	火线	1.5
3	白色	风暖1	1
4	红色	灯暖	1
5	黄色	换气	0.75
6	黑色	吹风	0.75
7	橙色	风暖2	0.75
8	绿色	负离子	0.5
9	绿色	低速	0.75
10	绿色	导风	0.5
11	灰色	照明	0.75
12	黄绿色	接地	1

注 本表线径是以目前浴霸主机相同颜色中较粗的一款为准。

117 五开浴霸开关是如何接线的？

答 五开浴霸开关的实际接线图如图 7 - 107 所示，对灯泡、换气 1/换气 2、照明、转向等几个开关，要让总电源控制中心控制所有的开

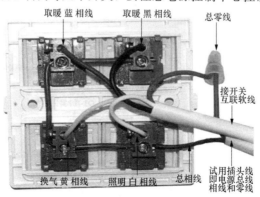

图 7 - 107 五开浴霸开关接线图

关按钮，其他的开关能够自主独立的运作。这种方式的浴霸开关接线有 18 根接线头、16 个接线柱，全部要自已排列接线，排线方式见图 7 - 107。目前的浴霸开关生产厂家在浴霸接线方面已经做了简化，提前对开关进行了接线，在实际接线中只要按照实际颜色线加长并接入对应的接线柱中即可。

118 五开浴霸开关的安装位置有何要求？

答 五开浴霸开关安装在卫生间外，可减少一定事故的发生，但是又不方便在洗澡的时候控制开关浴霸，因此一般都安装在卫生间内。安装浴霸开关在卫生间内时，开关安装的位置要远离花洒喷头，并需防水罩来保护浴霸开关，如图 7 - 108 所示，或者是预留防水的地方来安装浴霸开关。

119 储水式电热水器按照安装方式可分为几种？

答 储水式电热水器按照安装方式可分为壁挂（横式）式电热水器和落地式（竖式），壁挂式电热水器容积通常为 40～100L，落地式热水器容积通常为 100L 以上。家用储水式电热水器具有安装方便，出水量大，水温稳定等特点，但传统的储水式电热水器加热速度慢，等待时间较长。储水式电热水器最重要的部件是内胆，关系到热水器的使用性能和寿命，在选择时一定要注意内胆的材质及防腐抗垢的性能。储水式电热水器如图 7 - 109 所示。

图 7 - 108 防水开关　　　　　图 7 - 109 储水式电热水器

120 什么是即热式电热水器？

答 即热式电热水器是一种可以通过电子加热元器件来快速加热流水，并且能通过电路控制水温、流速、功率等，使水温达到适合人体洗浴温度的热水器。即开即热，无须等待，通常在数秒内可以启动加热。即热式电热水器如图7-110所示。

图 7-110 即热式电热水器

121 储水式电热水器安装示意图是什么？

答 储水式电热水器安装示意图如图7-111所示。

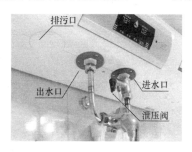

图 7-111 储水式电热水器安装示意图

122 储水式电热水器安装步骤是什么？

答 （1）安装位置。确保墙体能承受两倍于灌满水的热水器质量，固定件安装牢固；确保热水器有检修空间。

（2）水管连接。热水器进水口处（蓝色堵帽）连接一个泄压阀，热水管应从出水口（红色堵帽）连接。在管道接口处都要使用生料带，防止漏水，同时安全阀不能旋的太紧，以防损坏。如果进水管的水压与安全阀的泄压值相近时，应在远离热水器的进水管道上安装一个减压阀。

（3）电源。确保热水器是可靠接地的。使用的插座必须可靠接地。

（4）充水。所有管道连接好之后，打开水龙头或阀门，向热水器充水，排出空气直到热水龙头有水流流出，表明水已加满。关闭水龙

337

头，检查所有的连接处，是否有漏水。如果有漏水，排空水箱，修好漏水连接处，然后重新给热水器充水。

储水式电热水器安装平面图如图 7 - 112 所示。

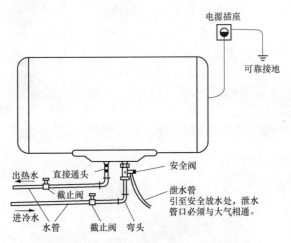

图 7 - 112　储水式电热水器安装平面图

123　即热式电热水器安装步骤是什么？

图 7 - 113　缠生料带

答　（1）安装位置确定。在安装前首先要打开 PPR 管的封盖，用扳手拧开即可，然后打开总开关水阀，将里面的杂质冲洗干净。冲干净以后关闭总水阀，然后用干净抹布将残留水滴擦净，装好角阀，一定要缠生料带，如图 7 - 113 所示。

（2）安装挂板。在即热式电热水器里面都有一个纸板，这个纸板上面有钻孔的位置，将纸板紧贴墙面，然后用记号笔画好对应位置，一般情况下即热式电热水器安装位置并无具体要求，不过最好在 1.5～1.6m 的位置安装，保持视线与显示屏平齐即可，也可以防止小孩子乱动。安装挂板如图 7 - 114 所示。

（3）安装防电墙。取出电热水器，将两个防电墙装在冷热水出水管处，拧好既可，如图 7 - 115 所示。有的即热式电热水器套装中并没有防电墙，那么说明已经是内置防电墙了，或者有些根本就不需要防电墙。

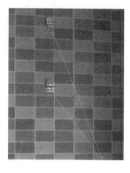

图 7 - 114　安装挂板

图 7 - 115　安装防电墙

（4）安装水流调节阀。在进水口处，即冷水管防电墙的下部安装水流调节阀，如图 7 - 116 所示。

（5）挂装热水器。将电热水器挂在背板上，将 4 分的软管连接上冷水的角阀，另一头连接到水流调节阀上，如图 7 - 117 所示。

图 7 - 116　安装水流调节阀

图 7 - 117　挂装热水器

（6）连接进水管。将出水管道连接好，如果是只连接花洒，那么只需连接花洒的软管即可，如果需要给其他地方供水，那么需要 ppr 管热熔连接，并在旁开三通角阀连接花洒。

（7）连接花洒。连接软管和花洒头，如图 7 - 118 所示。

（8）安装空气断路器。将空气断路器装好，并且将即热式电热水器的裸露电源线接在空气断路器上，如图 7 - 119 所示。

图 7 - 118　连接花洒

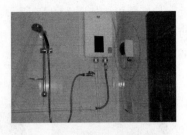

图 7 - 119　安装空气断路器

（9）测试。先通水，再通电，测试无漏水后，安装完毕。

第八章

弱电系统的安装

1 CATV 系统由几部分构成？

答 共用天线电视系统主要由信号接收部分、前端信号处理单元部分、干线传输分配系统、用户分配网络及用户终端五个主要部分组成，图 8-1 是其组成框图。

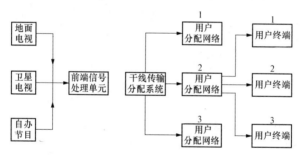

图 8-1 共用天线电视系统组成框图

2 CATV 系统的主要功能有什么？

答 （1）解决电视信号接收的问题，使远离电视发射台的用户和被高大建筑遮挡的用户可以看到清晰的电视节目。

（2）可以削弱和消除重影干扰问题。

（3）美化城市市容，利于安全。避免了天线林立的情况。

（4）丰富了电视节目信号源。有了共用天线系统，可以接收三十几个频道。用电缆传输电视信号的系统就叫作有线电视（或电缆电视）系统（YSTV）。

3 卫星电视是如何工作的?

答 卫星电视是通过位于 36876km 高的同步轨道上的静止卫星传输信号的电视系统。由于卫星在天空中,从地面接收一般没有遮挡,还有就是卫星电视的频率极高,不易受其他电信号干扰,因此卫星电视信号的接收质量要比地面电视信号接收质量高一些。

接收卫星电视节目必须使用专门的抛物面型卫星接收天线和卫星电视接收机。在天空的卫星有许多颗,由于每颗卫星的位置不同,接收天线必须对准卫星才能接收。

卫星电视接收系统如图 8-2 所示。

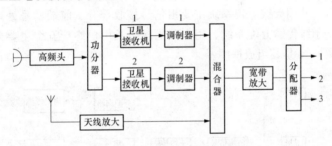

图 8-2　卫星电视接收系统图

图 8-2 中,功分器是用来把卫星电视信号分成几路,经卫星接收机还原成普通信号,再经过调制器调制成电视信号传输出去。一个调制器调制出的信号就相当一个电视频道,要求不能与现有的天线电视节目频道重叠。

现在全国各省、市电视台都开通了卫星电视节目,各城市的电视系统为了充分利用卫星电视节目源,纷纷把地方电视网改建成有线电视网以满足人们需要。

4 卫星接收天线的结构是怎样的? 如何安装?

答 卫星接收天线的形状:反射面呈抛物面形,分为板状天线和网状天线,天线的口径直径为 0.25~7.6m。反射面一般为 6 到 8 瓣,安装时组成一个整体。天线按馈电方式分为前馈式和后馈式,如图 8-3、图 8-4 所示。后馈式效果好但价格昂贵,一般使用前馈板状天线。

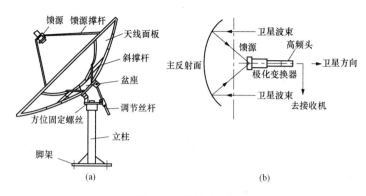

图 8-3 前馈式天线

（a）结构图；（b）剖面图

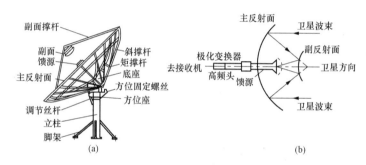

图 8-4 后馈式天线

（a）结构图；（b）剖面图

卫星天线安装时，通常把脚架固定在地脚螺栓上，用钢筋或角铁从三个方向拉紧，再固定在屋顶或地面上。

天线要安装在朝卫星方向没有遮挡的地方，安装时要调整两个方向一个是方位角，就是朝卫星的水平方向。可以使用指南针校准方向。另一个是仰角，天线所在地理位置不同，朝向卫星的仰起角度也不同，调整天线上的调节丝杆调整仰角，调整时要用卫星接收机和电视监视达到最佳效果。

5 天线放大器的功能是什么？

答 电视信号的强弱不等，这就需要使用天线放大器把信号加强。

放大器的放大倍数叫增益，用 dB 表示。天线放大器的增益一般为 10～20dB，dB 可以相加减，比如天线信号 50dB，放大器增益 20dB，放大器输出信号就是 70dB。

天线放大器是对某个频道用的，哪个频道信号弱，就选购哪个频道的天线放大器。安装时，天线放大器要装在天线下 1m 内的位置，放大器有防雨盒。

➤ 6 混合器的功能是什么？

答 多个电视信号进入同一个传输系统，要使用一个专门的器件进行连接，把多个信号混合后从一个输出端输出，这样的器件就是混合器，如图 8-5 所示。

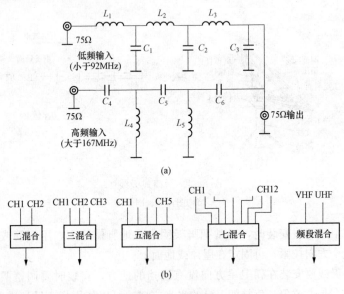

图 8-5 混合器

（a）电路图示例；（b）图形符号

由于输入的信号源个数和频道不同，混合器分二混合、三混合、七混合等。

7 宽带放大器的功能是什么?

答　电视信号要想进行传输，需要克服线路上的衰减，因此，需要先把信号电平提高到一定水平，这就需要使用放大器。现在的信号是全频道信号，放大器的工作频率也要够宽，要能放大所有频道信号而不失真，这种放大器叫宽带放大器。

放大器的参数有两个：一个是增益，一般为 $20 \sim 40$dB；另一个是最高输出电平，为 $90 \sim 120$dB。放在混合器后面，作为系统放大器的叫主放大器；放在每个楼中，作为本楼放大器的叫线路放大器。

放大器使用的电源，一般都放在前端设备箱中。

8 分配器的功能是什么? 分为几种?

答　电视信号要分配给各个用户，需要通过一定的器件进行分接，分配器就是这样一种器件。分配器是把一个信号平均地分成几等份，有二分配器、三分配器、四分配器等，如图 8-6 所示。

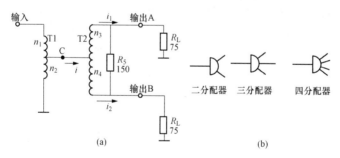

图 8-6　分配器
(a) 电路图；(b) 图形符号

分配器有铝壳的也有塑料壳的，暗敷施工时分配器放在顶层的天线箱里，一般用铝壳的。明敷施工时，固定在墙上，在室外要加防雨盒。分配器入口端标有 IN，出口端标有 OUT。

9 传输线的功能是什么? 分为几种?

答　天线信号要使用专门的传输线传输，传输线如图 8-7 所示为同轴电缆，特性阻抗为 75Ω 和 50Ω，在共用天线系统中用的是 75Ω 同

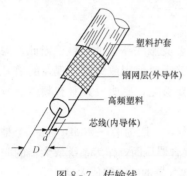

图 8-7　传输线

轴电缆与各种设备连接，彩色电视的输入端也是 75Ω 同轴电缆中心是铜导线，外面包一层绝缘材料，现在工程中常用耦芯型和物理发泡型，这一层绝缘材料决定电缆的质量。绝缘层外有一层镀铝塑料薄膜，膜外为金属网状线，这两层既做屏蔽用，也是外接线，这层线与设备外壳及大地连接起屏蔽作用。最外面是聚氯乙烯护套。

电缆按绝缘外径分为 $\phi5$、$\phi7$、$\phi9$、$\phi12$ 等规格。一般到用户端用 $\phi5$ 电缆，楼与楼间用 $\phi9$ 电缆，大系统干线用 $\phi12$ 电缆。

10　光缆的特点是什么？结构是什么？原理是什么？

答　城市有线电视系统现在普遍采用光缆电缆混合网，干线传输使用光缆，用户分配用电缆。与电缆相比，光缆的频带宽、容量大、损耗小、也不会受电磁干扰。

光缆里面是光导纤维，可以是一根光导纤维，也可以是多根纤捆在一起，电视系统使用的是多根光纤的光缆，光缆的结构如图 8-8 所示。图中 KEVLAR 是增加电缆抗拉强度的纱线。

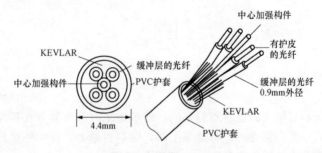

图 8-8　光缆结构示意图

光纤由芯心、包层、一次涂复和二次涂复组成、纤芯和包层由超高纯度的二氧化硅制成。光纤分为单模型和多模型两种，电流光缆使用单模光纤，纤芯直径 $6\sim8.5\mu m$，包层直径 $125\mu m$，一次涂复层的外

径为 $250\sim500\mu m$，为增加强度要进行二次涂复，外径为 $1\sim2mm$，如图 8-9 所示。

纤芯是中空的玻璃管，由于纤芯和包层的光学性质不同，光线在纤芯内被不断反射，传向前方，如图 8-10 所示。

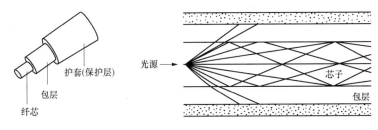

图 8-9 光纤结构示意图   图 8-10 光导纤维传输原理图

电视光缆中传输的是被电视信号调制的激光，产生这种激光信号的设备叫激光发送机，电视台通常用光发送机把混合好的电视信号通过光缆发送出去。

在光缆另一端要使用接收机把光信号转换回电视信号，电视信号经放大器放大后送入住宅电缆分配系统，信号的传输如图 8-11 所示。

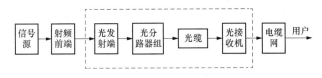

图 8-11 光缆传输示意图

如果光发送机功率较小，或长距离传输信号有衰减，都需要使用光放大器对光信号进行放大。如果想把一路光信号分配到多根光缆中去，可以使用光分路器。

光缆末端与光接收机连接时，不能用整根光缆连接，而是要使用一根单芯光缆进行连接，这根光缆称光纤跳线，跳线两端都接有连接器，在光缆末端也做好连接器，光发送机、光放大器和光接收机也装有连接器，将连接器插好就可以完成光缆与设备的连接，或光缆间的连接，如图 8-12 所示。

光纤也可以直接对接，但要把断口磨光用熔接机熔焊在一起。光

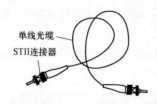

单线光缆
STII连接器

图 8-12 光纤连接器示意图

纤与连接器的连接要使用环氧树脂粘接，光纤连接须经过专门的培训人员进行操作。

每台光接收机的位置叫一个光节点，每个光节点要预留四根光纤，其中一根下行信号，一根上行信号，这样才能实现双向传输，还要有两根备用。从发送端到每个光节点都要求光缆直通，光缆中途不做光分路器，因此从光发送机输出需要用光分路器分出多路信号，用一根多芯光缆传输，到每个光节点取出本节点的光纤，余下的光缆继续传输，如图 8-13 所示。

11 用户盒如何安装？

答 用户盒面板安装在用户墙内预埋的接线盒上，或带盒体明装在墙上。用户盒盒上只有一个进线口，一个用户插座，要与分支器和分配器配合使用。

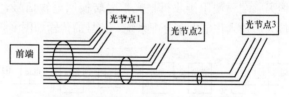

图 8-13 到各个光节点的光缆示意图

12 连接件如何安装？

答 在 CATV 系统中，电缆与各种设备器件和电视设备要连接，导线间有时也要连接，这些连接不能按电力导线的接线方法进行，而要使用专门的连接件。

（1）工程用高频插头。与各种设备连接所用的插头，叫工程用高频插头，平时也叫 F 头。这种插头直接利用电缆芯线，插入相应高频插座，插头实际是一个连接紧固螺丝，拧在插座上，使导线不会松脱，另外插头起连接外金属网的作用，如图 8-14 所示。

（2）与电视机连接用插头。接电视机的插头是 75Ω 插头，可以用于 CATV 系统。使用时将电缆护套剥去 1cm，留下铜网，去掉铝膜，再剥去约 0.6cm 内绝缘，把铜芯接在插头芯螺钉上，把铜网接在插头外套金属筒上，如图 8‑15 所示。

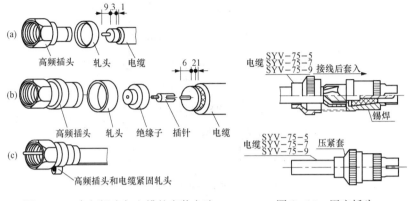

图 8‑14 高频插头与电缆的安装方法   图 8‑15 用户插头

13 共用天线电视系统包括几部分？

答 一个共用天线电视系统包括前端设备、干线分配系统、支线分配系统、用户，如图 8‑16 所示。

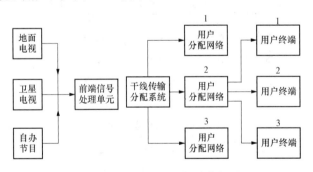

图 8‑16 共用天线电视系统框图

一幢楼中信号分配可以使用分支器加用户终端盒，也可以使用分配器加串接单元，如图 8‑17、图 8‑18 所示。信号电平变化情况如图 8‑19 所示。图中线路末端不能是空置的，要接一只 75Ω 负载电阻，作用是防止线路末端产生的反射波干扰。

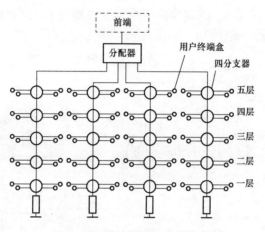

图 8-17 分支器加用户终端盒

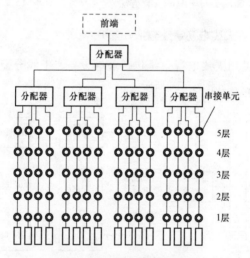

图 8-18 分支器加串接单元

➤ **14** 火灾自动报警与消防联动控制系统的功能是什么？结构是什么？

答 火灾自动报警与消防联动控制系统，是对火灾进行监测、控制、报警、扑救的系统。它的基本工作原理是：当建筑物内某一现场着火或已构成着火危险，通过各种对光、温、烟、红外线等反应灵敏

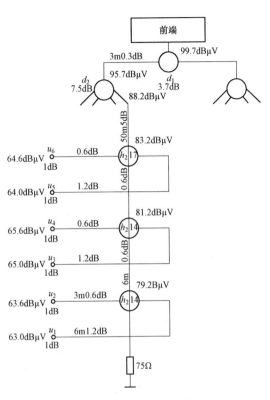

图 8-19　信号电平变化情况

的火灾探测器便把现场实际状态检测到的信息（烟气、温度、火光等）以电信号形式立即送到控制器。控制器将这些信息与现场正常状态进行比较，若确认已着火或即将着火，则输出两路信号：一路令声光显示动作，发出音响报警，显示火灾现场地址（楼层、房间）、时间、火灾专用电话开通向消防队报警等；另一路指令则指示设于现场的执行器，开启各种消防设备，如喷淋水、喷射灭火剂、启动排烟机、关闭隔火门等。为了防止系统失录和失控，在各现场附近还设有手动开关，用以报警和启动消防设施。

消防系统结构示意图如图 8-20 所示。

消防系统中常用电气元件、装置和线路包括：火灾探测器、报警器、声光报警和消防灭火执行装置等。

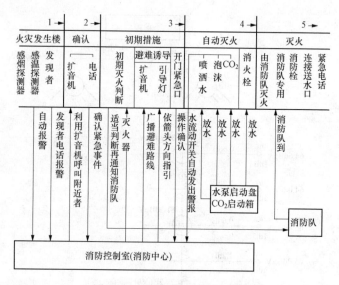

图 8-20 消防系统结构示意图

15 火灾探测器分为几种？

答 火灾探测器是整个报警系统的检测单元，可分为感烟、感温、光电、复合式探测器，火灾探测器的分类如下。

16 感烟式火灾探测器分为几种？工作原理是什么？

答 指通过烟雾敏感检测原件检测发出报警信号的装置，其敏感元件有离子感烟式和光电感烟式两种。

离子感烟式是利用火灾的烟雾进入感烟器电离室，烟雾吸收电子，使电离室的电流和电压发生变化，引起电路和动作报警。光电式是利用烟雾对光线的遮挡使光线减弱，光电元件产生动作电流使电路动作报警，如图 8-21 所示。感烟式火灾探测器如图 8-22 所示。由于火灾初起时要产生大量烟雾，因此感烟式火灾探测器是在火灾报警系统中用得最多的一种探测器。

17 感温式火灾探测器的原理是什么？

答 感温式火灾探测器的原理是火灾发生时，利用火灾时周围气

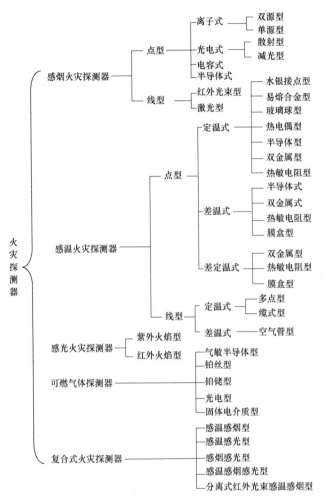

温急剧升高，通过温度敏感元件使电路动作报警，常用半导体热敏元件等。

➤ 18 光电式火灾探测器的原理是什么？

答　火光发出的红外光线或紫外光线，作用于光电器件上使电路动作报警是光电式火灾探测器的原理。

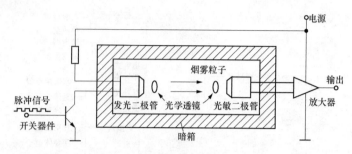

图 8-21　光电式烟感火灾探测器

图 8-22　感烟式火灾探测器

➡ **19** **可燃气体探测式火灾探测器的功能是什么？**

答　可燃气体探测式火灾探测器的功能是检测房间内某些可燃气体，防止可燃气体泄漏造成火灾。

➡ **20** **复合式火灾探测器的功能是什么？**

答　复合式火灾探测器的功能是把两种或多种探测器组合起来，可以更准确地探测到火灾，如感温感烟型、感光感烟型等。

火灾报警系统的图形符号见表 8-1。

表 8-1　　　　　　　　　　火灾报警系统图形符号

符　　号			名　　称
☐			报警启动装置
●	或	W	感温火灾探测器
●	或	WD	定温火灾探测器

续表

符 号	名 称
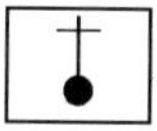 ✝● 或 WC	差温火灾探测器
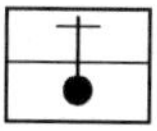 ✝● 或 WCD	差定温组合式火灾探测器
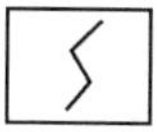 ∫ 或 Y	感烟火灾探测器
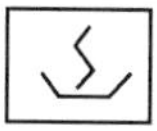 ∫ 或 YLZ	离子感烟火灾探测器
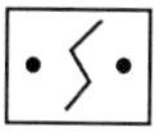 •∫• 或 YGD	光电感烟火灾探测器
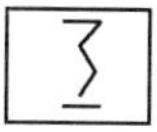 ∫ 或 YDR	电容感烟火灾探测器
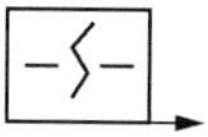 —∫— 或 YHS	红外光束感烟火灾探测器（发射部分）
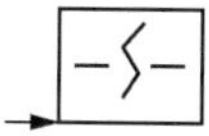 —∫— 或 YHS	红外光束感烟火灾探测器（接收部分）
 ∧ 或 G	感光火灾探测器（火焰探测器）
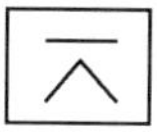 ∧ 或 GZW	紫外火焰探测器
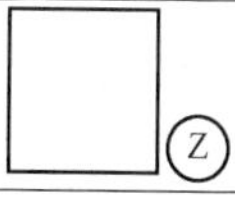 Ⓩ	带终端的火灾探测器
 ⅄	火灾报警按钮
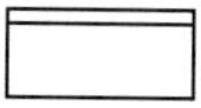 ▭	火灾报警装置
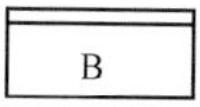 B	火灾报警控制器
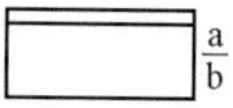 a/b	单路火灾报警控制器 a—型号；b—容量（b=1）

符号	名　称
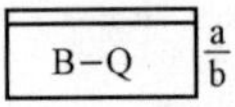 B-Q $\frac{a}{b}$	区域火灾报警控制器 a—型号；b—容量（路数）
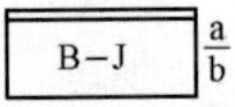 B-J $\frac{a}{b}$	集中火灾报警控制器 a—型号；b—容量（路数）
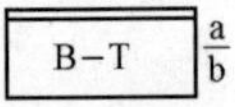 B-T $\frac{a}{b}$	通用火灾报警控制器 a—型号；b—容量（路数）
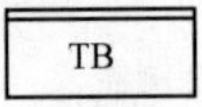 TB	火灾探测—报警控制器
 $\frac{a}{b}$	火灾部位显示盘 a—型号；b—容量
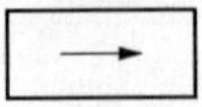 →	诱导灯
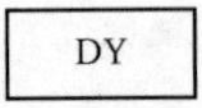 DY	专用火警电源 a—型号；b—输出电压；c—容量
 DY	专用火警电源（交流）a—型号；b—输出电压；c—容量
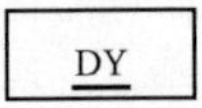 DY	专用火警电源（直流）a—型号；b—输出电压；c—容量
 DY	专用火警电源（交直流）a—型号；b—输出电压；c—容量
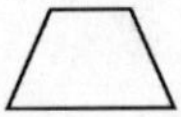	火灾警报装置
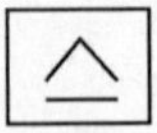 或 GHW	红外火焰探测器
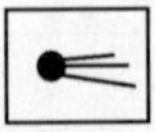 或 Q	可燃气体探测器
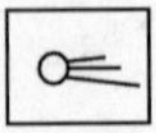 或 QQB	气敏半导体可燃气体探测器
 或 QCH	催化型可燃气体探测器
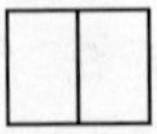 或 F	复合式火灾探测器

续表

符 号	名 称
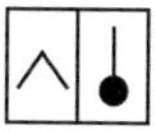 或 FGW	复合式感光感温火灾探测器
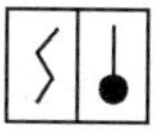 或 FYW	复合式感烟感温火灾探测器
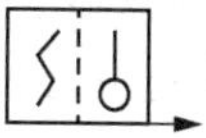 或 FHS	红外光束感烟感温火灾探测器（发射部分）
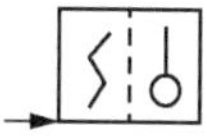 或 FHS	红外光束感烟感温火灾探测器（接收部分）
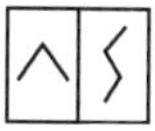 或 FGY	复合式感光感烟火灾探测器
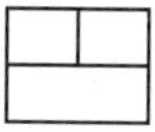	对三种火灾参数变化响应的复合式火灾探测器（无产品，名称暂不定）
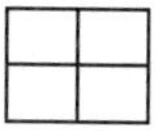	对四种火灾参数变化响应的复合式火灾探测器（无产品，名称暂不定）
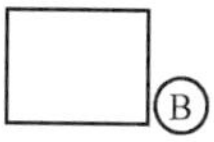	防爆型火灾 探测器
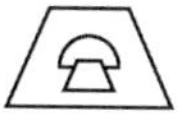	报警电话
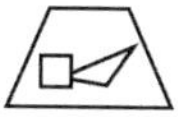	火灾警报器
	火灾显示器（光信号）
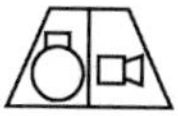	火灾显示器（声、光信号）
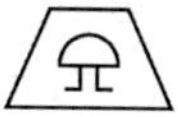	火警电铃
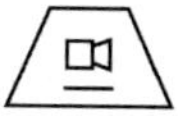	紧急事故广播
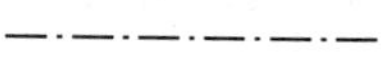	警戒区域界限

大多建筑中大量安装的是感烟式探测器，它通常被安装在天花板下面，每个探测器保护面积75m² 左右，安装高度不大于12m，要避开门窗口，空调送风口等通风的地方。

21 报警器的功能是什么？

答 火灾探测器得到的信号要送往火灾报警器。由于探测器很多，先接在区域报警器上，再接到总报警器上，如图8-23所示。报警器上可以显示出报警的探测器的具体位置。总报警器放在消防控制中心，由这里对火灾进行处理。发生火灾后要通过铃声通知人员撤离。

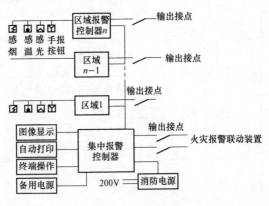

图8-23 报警系统图

22 消防灭火执行装置包括哪些？

答 消防灭火执行装置主要包括喷淋水灭火、气体灭火、消火栓、排烟、隔离等装置。

23 喷淋水灭火的原理是什么？

答 在建筑的天花板下装有喷头，喷头口用易熔玻璃球堵住。当发生火灾室温升高时，玻璃球熔化，水自动喷出灭火，如图8-24所示。

24 气体灭火的特点是什么？

答 在不能用水灭火的场合，要使用二氧化碳等气体灭火剂，由控制中心控制实施灭火。

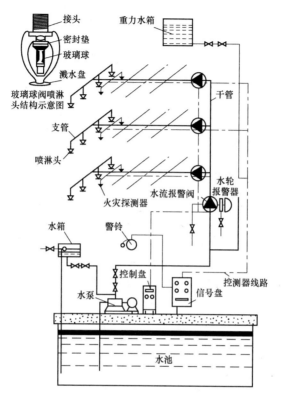

图 8 - 24 喷淋灭火系统图

25 **消火栓的功能是什么?**

答 建筑物内都有消火栓可以用来灭火,一般楼内的灭火设备只能扑灭小火,对大火是没有能力的。

为了防止火势蔓延和烟气造成的人员伤亡,建筑物内都设有排烟口、防火门,需要根据火灾情况开启或关闭这些设施,有效地控制火势。建筑物消防系统如图 8 - 25 所示。

26 **防盗报警与出入口控制系统如何组成?**

答 许多建筑物都安装了保安系统,它主要由防盗报警和出入口控制系统组成,保安系统示意图如图 8 - 26 所示。保安系统图形符号如图 8 - 27 所示。

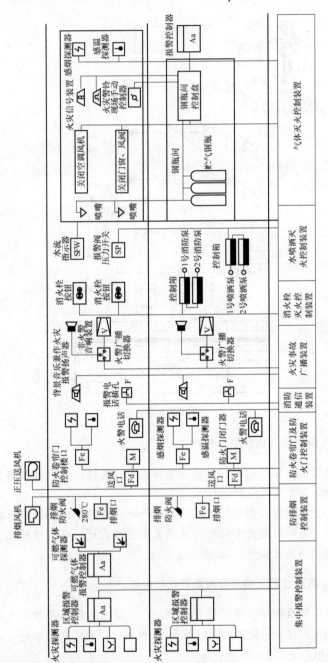

图 8-25 建筑物消防系统图

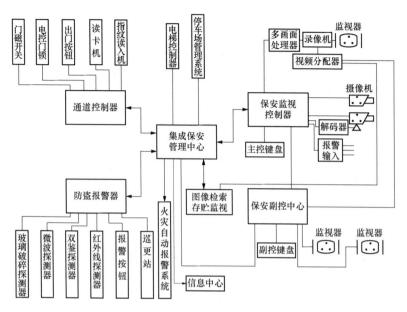

图 8 - 26　保安系统示意图

27 玻璃破碎探测器有几种？结构与安装方式是什么？

答　玻璃破碎探测器粘贴在玻璃内侧，有导电簧片式、压电检测式多种，不同产品的探测范围不同，安装方式也有所不同。在老式防盗器中还有使用导电簧片式玻璃破碎探测器，其结构与安装方式如图8-28所示。

28 红外线探测器分为几种？特点是什么？

答　红外线探测器分为主动式和被动式两种。主动式红外线探测器由收、发两部分装置组成，发射装置向几米甚至百米远的接收装置辐射一束红外线，当有目标遮挡时，接收装置接收不到特定的红外线信号，这样就发出报警信号。在建筑物内可以用多台主动式红外线探测器组成一个探测网，主动式红外线探测器，如图8-29所示。

被动式红外线探测器是依靠接收物体发出的红外线来进行报警的，由红外线探头和报警器组成。被动式红外线探测器有一定的探测角度，探测角度可以进行自动调整。被动式红外线探测器布置示意图如图8-30所示。

防盗探测器	对射式主动红外线探测器(发射部分)	玻璃破碎探测器	电控门锁	脚挑报警开关
防盗报警控制器	对射式主动红外线探测器(接收部分)	感烟探测器	电磁门锁	磁卡读卡机
超声波探测器 SP	被动红外线探测器 PIP	门磁开关	出门按钮	指纹读入机
微波探测器 MP	微波/被动红外线双鉴探测器	振动感应器	报警按钮	非接触式读卡机
报警警铃	保安控制器	按键式自动电话机	报警闪灯	打印机 PRT
报警喇叭	对讲门口主机 DMZH	室内对讲机 DZ	巡更站	显示器 CRT
可视对讲门口主机 KVD	对讲门口子机 DMD	室内可视对讲机 KVDZ	计算机 CPU	报警通信接口 ACI

图 8-27 保安系统图形符号

➡ **29** 超声波探测器的特点是什么？

答 超声波探测器发出 25～40kHz 的超声波被超声波接收机接收，并与发射波相比较，当室内没有物体移动时，发射波与反射波的频率相同，室内有物体移动时，反射波会产生 ±100Hz 的多普勒频移，接收机检测后会发出报警信号，如图 8-31 所示。

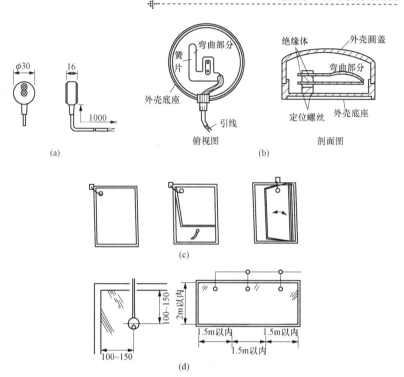

图 8 - 28　导电簧片式玻璃破碎探测器结构与安装方式图

（a）玻璃破碎探测器规格尺寸；（b）导电簧片式玻璃破碎探测器结构图；
（c）玻璃破碎探测器安装位置示意图；（d）玻璃破碎探测器安装方法

30 周界报警器的特点是什么？

答　利用物体对空间电磁场的影响，探测是否有物体进入被探测区域。常见的有泄漏电缆式报警器如图 8 - 32 所示；平行电磁线式报警器如图 8 - 33 所示。

31 用户端报警系统如何安装？

答　单体住宅的用户安装了各种报警探测器后，需要和公（保）安值班系统连接才能起到真正报警作用。用户端报警系统框图如图 8 - 34 所示，安装示意图如图 8 - 35 所示。

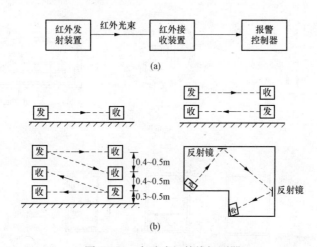

图 8-29　主动式红外线探测器

（a）主动红外线探测器组成；（b）主动式红外报警器的几种布置

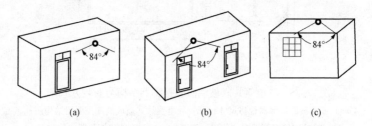

图 8-30　被动式红外线探测器布置示意图

（a）安装在墙角监视窗户；（b）安装在墙面监视门窗；（c）安装在吊顶监视门

32　**家庭局域网的特点是什么？**

答　目前的家庭网络应用最多的连接是宽带路由器连接。这种方式的最大优点是价格低，而且稳定可靠，不仅适合一般家庭，对于中小企业来说也是很好的选择。

宽带路由器是近几年来新兴的一种网络产品，它伴随着宽带的普及应运而生。宽带路由器在一个紧凑的箱子中集成了路由器、防火墙、带宽控制和管理等功能，具备快速转发能力，灵活的网络管理和丰富的网络状态等特点。多数宽带路由器针对中国宽带应用优化设计、可

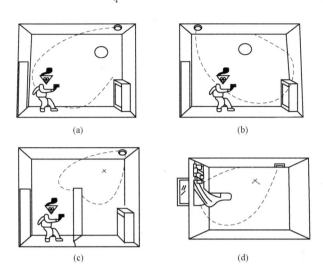

图 8-31 超声波探测器安装示意图

（a）正确；（b）正确；（c）不正确；（d）不正确

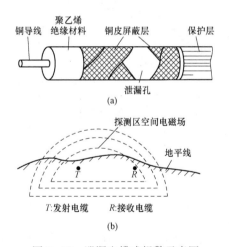

图 8-32 泄漏电缆式报警示意图

（a）泄漏电缆结构示意图；（b）泄漏电缆埋入地下及产生空间场的示意图

满足不同的网络流量环境，具备满足良好的电网适应性和网络兼容性。多数宽带路由器采用高度集成设计，集成 10/100（MH/S）宽带以太网

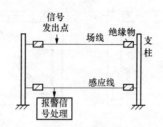

图 8-33 平行电磁线式报警示意图

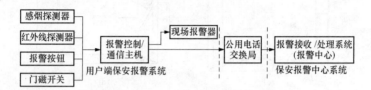

图 8-34 用户端报警系统框图

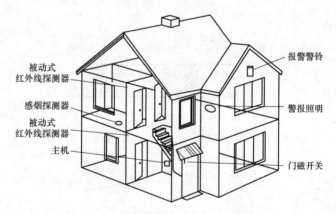

图 8-35 用户端报警系统安装示意图

WAN 接口、并内置多口 10/100（MH/S）自适应交换机，方便多台机器连接内部网络与 Internet。

宽带路由器有高、中、低档次之分，高档次企业级宽带路由器的价格可达数千，而目前的低价宽带路由器已降到百元内，其性能已基本能满足学校宿舍、办公室等应用环境的需求，成为目前家庭、学校宿舍用户的组网首选产品之一。图 8-36 所示为家庭网络结构示意图。

33 什么是网卡? 有什么作用?

答 网卡也叫网络适配器（Network Interface Card，NIC），网卡是局域网中最基本的部件之一，它是连接计算机与网络的硬件设备。无论是双绞线连接、同轴电缆连接还是光纤连接，都必须借助于网卡才能实现数据的通信。网卡的外观如图 8-37 所示。

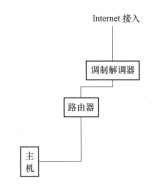

图 8-36 家庭网络结构示意图

图 8-37 网卡

34 什么是调制解调器? 有什么作用? 分为几类?

答 MOdulator/DEModulator（调制器/解调器）是在发送端通过调制将数字信号转换为模拟信号，而在接收端通过解调再将模拟信号转换为数字信号的一种装置。

Modem，其实是 Modulator（调制器）与 Demodulator（解调器）的简称，中文称为调制解调器。根据 Modem 的谐音，称之为"猫"。调制解调器的外观如图 8-38 所示。

（1）调制解调器的用途。计算机内的信息是由"0"和"1"组成数字信号，而在电话线上传递的却只能是模拟电信号。于是，当两台计算机要通过电话线进行数据传输时，就需要一个设备负责数模的转换。这个数模转换器就是 Modem。计算机在发送数据时，先由 Modem 把数

图 8-38 调制解调器

字信号转换为相应的模拟信号，这个过程称为"调制"。经过调制的信号通过电话载波传送到另一台计算机之前，也要经由接收方的 Modem 负责把模拟信号还原为计算机能识别的数字信号，这个过程称为"解调"。正是通过这样一个"调制"与"解调"的数模转换过程，从而实现了两台计算机之间的远程通信。

（2）调制解调器的分类。一般来说，根据 Modem 的形态和安装方式，大致可以分为以下四类。

1）外置式 Modem。外置式 Modem 放置于机箱外，如图 8 - 39 所示。通过串行通信口与主机连接。这种 Modem 方便灵巧、易于安装，闪烁的指示灯便于监视 Modem 的工作状况。但外置式 Modem 需要使用额外的电源与电缆。

2）内置式 Modem。内置式 Modem 在安装时需要拆开机箱，并且要对中断和 COM 口进行设置，安装较为繁琐。这种 Modem 要占用主板上的扩展槽，但无需额外的电源与电缆，且价格比外置式 Modem 要便宜一些，如图 8 - 40 所示。

图 8 - 39　外置调制解调器　　　　图 8 - 40　内置调制解调器

3）PCMCIA 插卡式 Modem。插卡式 Modem 主要用于笔记本电脑，体积纤巧。配合移动电话，可方便地实现移动办公。

4）机架式 Modem。机架式 Modem 相当于把一组 Modem 集中于一个箱体或外壳里，并由统一的电源进行供电。机架式 Modem 主要用于 Internet/Intranet、电信局、校园网、金融机构等网络的中心机房。

除以上四种常见的 Modem 外，现在还有 ISDN 调制解调器和一种称为 Cable Modem 的调制解调器，另外还有一种 ADSL 调制解调器。Cable Modem 利用有线电视的电缆进行信号传送，不但具有调制解调功

能，还集路由器、集线器、桥接器于一身，理论传输速度更可达
10Mbit/s 以上。通过 Cable Modem 上网，每个用户都有独立的 IP 地
址，相当于拥有了一条个人专线。

➤ **35** 调制解调器如何安装？

答 Modem 的安装过程可以分为硬件安装与软件安装两步。

（1）Modem 的硬件安装。

1）外置式 Modem 的安装。

第一步：连接电话线。把电话线的 RJ11 插头插入 Modem 的 Line
接口，再用电话线把 Modem 的 Phone 接口与电话机连接。

第二步：关闭计算机电源，将 Modem 所配的电缆的一端（25 针阳
头端）与 Modem 连接，另一端（9 针或者 25 针插头）与主机上的
COM 口连接。

第三步：将电源变压器与 Modem 的 POWER 或 AC 接口连接。接
通电源后，Modem 的 MR 指示灯应长亮。如果 MR 灯不亮或不停闪烁，
则表示未正确安装或 Modem 自身故障。对于带语音功能的 Modem，还
应把 Modem 的 SPK 接口与声卡上的 LineIn 接口连接，当然也可直接
与耳机等输出设备连接。

另外，Modem 的 MIC 接口用于连接驻极体麦克风，但最好还是把
麦克风连接到声卡上。

2）内置式 Modem 的安装。

第一步：根据说明书的指示，设置好有关的跳线。由于 COM1 与
COM3、COM2 与 COM4 共用一个中断，因此通常可设置为 COM3/
IRQ4 或 COM4/IRQ3。

第二步：关闭计算机电源并打开机箱，将 Modem 卡插入主板上任
一空置的扩展槽。

第三步：连接电话线。把电话线的 RJ11 插头插入 Modem 卡上的
Line 接口，再用电话线把 Modem 卡上的 Phone 接口与电话机连接。此
时拿起电话机，应能正常拨打电话。

（2）Modem 的软件安装。当硬件安装完成后，打开计算机，外置
式 Modem 还应打开 Modem 的开关。对于大多数 Modem，Windows 会
报告"找到新的硬件设备"，此时只需选择"硬件厂商提供驱动程序"，

并插入 Modem 的安装盘即可。如果 Windows98 启动后未能侦测到 Modem，也可以按以下步骤完成安装。

第一步：进入 Windows 的"控制面板"，双击"调制解调器"图标，并在属性窗口中单击"添加"按钮。

第二步：选中"不检测调制解调器，而将从清单中选定一个"，然后单击"下一步"按钮。

第三步：在 Modem 列表中选择相应的厂商与型号，然后单击"下一步"按钮。或者插入 Modem 的安装盘后，选择"从磁盘安装"即可。要证明 Modem 是否安装成功，可使用 Windows 附件中的电话拨号程序随便拨打一个电话，如果成功的话，说明 Modem 已被正确安装。对于上网用户，还需要安装拨号网络和协议。

（3）Modem 指示灯含义。

MR：Modem 已准备就绪，并成功通过自检。

TR：终端准备就绪。

SD：Modem 正在发出数据。

RD：Modem 正在接收数据。

OH：摘机指示，Modem 正占用电话线。

CD：载波检测，Modem 与对方连接成功。

RI：Modem 处于自动应答状态。某些 Modem 用 AA 表示。

HS：高速指示，速率大于 9600。

36 什么是集线器？功能是什么？

答 集线器（见图 8-41）的英文为"Hub"。"Hub"是"中心"的意思，集线器的主要功能是对接收到的信号进行再生整形放大，以扩大网络的传输距离，同时把所有节点集中在以它为中心的节点上。它工作于 OSI（开放系统互联参考模型）参考模型第一层，即"物理层"。集线器与网卡、网线等传输介质一样，属于局域网中的基础设备，采用 CSMA/CD（一种检测协议）访问方式。

集线器属于数据通信系统中的基础设备，它和双绞线等传输介质一样，是一种不需任何软件支持或只需很少管理软件管理的硬件设备，它被广泛应用到各种场合。集线器工作在局域网（LAN）环境，像网卡一样，应用于 OSI 参考模型第一层，因此又被称为物理层设备。集

线器内部采用了电器互联，
当维护 LAN 的环境是逻辑总
线或环型结构时，完全可以
用集线器建立一个物理上的
星型或树型网络结构。在这

图 8-41　集线器

方面，集线器所起的作用相当于多端口的中继器。其实，集线器实际
上就是中继器的一种，其区别仅在于集线器能够提供更多的端口服务，
所以集线器又叫多口中继器。

➡ 37 集线器的工作特点是什么？

答　依据 IEEE802.3 协议，集线器功能是随机选出某一端口的设
备，并让它独占全部带宽，与集线器的上联设备（交换机、路由器或
服务器等）进行通信。由此可以看出，集线器在工作时具有以下两个
特点。

首先是 Hub 只是一个多端口的信号放大设备，工作中当一个端口
接收到数据信号时，由于信号在从源端口到 Hub 的传输过程中已有了
衰减，所以 Hub 便将该信号进行整形放大，使被衰减的信号再生（恢
复）到发送时的状态，紧接着转发到其他所有处于工作状态的端口上。
从 Hub 的工作方式可以看出，它在网络中只起到信号放大和重发作用，
其目的是扩大网络的传输范围，而不具备信号的定向传送能力，是一
个标准的共享式设备。因此有人称集线器为"傻 Hub"或"哑 Hub"。

其次是 Hub 只与它的上联设备（如上层 Hub、交换机或服务器）
进行通信，同层的各端口之间不会直接进行通信，而是通过上联设备
再将信息广播到所有端口上。由此可见，即使是在同一 Hub 的不同两
个端口之间进行通信，都必须要经过两步操作：第一步是将信息上传
到上联设备；第二步是上联设备再将该信息广播到所有端口上。

不过，随着技术的发展和需求的变化，目前的许多 Hub 在功能上
进行了拓宽，不再受这种工作机制的影响。由 Hub 组成的网络是共享
式网络，同时 Hub 也只能够在半双工下工作。

Hub 主要用于共享网络的组建，是解决从服务器直接到桌面最经
济的方案。在交换式网络中，Hub 直接与交换机相连，将交换机端口
的数据送到桌面。使用 Hub 组网灵活，它处于网络的一个星型结点，

对结点相连的工作站进行集中管理，不让出问题的工作站影响整个网络的正常运行，并且用户的加入和退出也很自由。

38 集线器按结构和功能可以分为几类？

答 按结构和功能分类，集线器可分为未管理的集线器、堆叠式集线器和底盘集线器三类。

（1）未管理的集线器。最简单的集线器通过以太网总线提供中央网络连接，以星形的形式连接起来。这称之为未管理的集线器，只用于很小型的至多 12 个节点的网络中（在少数情况下，可以更多一些）。未管理的集线器没有管理软件或协议来提供网络管理功能，这种集线器可以是没有源的，也可以是有源的，有源集线器使用得更多。

（2）堆叠式集线器。堆叠式集线器是稍微复杂一些的集线器。堆叠式集线器最显著的特征是 8 个转发器可以直接彼此相连。这样只需简单地添加集线器并将其连接到已经安装的集线器上就可以扩展网络，这种方法不仅成本低，而且简单易行。

（3）底盘集线器。底盘集线器是一种模块化的设备，在其底板电路板上可以插入多种类型的模块。有些集线器带有冗余的底板和电源。同时，有些模块允许用户不必关闭整个集线器便可替换那些失效的模块。集线器的底板给插入模块准备了多条总线，这些插入模块可以适应不同的段，如以太网、快速以太网、光纤分布式数据接口（Fiber Distributed Data Interface，FDDI）和异步传输模式（Asynchronous Transfer Mode，ATM）中。有些集线器还包含有网桥、路由器或交换模块。有源的底盘集线器还可能会有重定时的模块，用来与放大的数据信号关联。

39 集线器按局域网的类型可以分为几类？

答 从局域网角度来区分，集线器可分为五种不同类型。

（1）单中继网段集线器。最简单的集线器，是一类用于最简单的中继式 LAN 网段的集线器，与堆叠式以太网集线器或令牌环网多站访问部件（MAU）等类似。

（2）多网段集线器。从单中继网段集线器直接派生而来，采用集线器背板，这种集线器带有多个中继网段。其主要优点是可以将用户分布于多个中继网段上，以减少每个网段的信息流量负载，网段之间的信息流量一般要求独立的网桥或路由器。

（3）端口交换式集线器。该集成器是在多网段集线器基础上，将用户端口和多个背板网段之间的连接过程自动化，并通过增加端口交换矩阵（PSM）来实现的集线器。PSM 可提供一种自动工具，用于将任何外来用户端口连接到集线器背板上的任何中继网段上。端口交换式集线器的主要优点是，可实现移动、增加和修改的自动化特点。

（4）网络互联集线器。端口交换式集线器注重端口交换，而网络互联集线器在背板的多个网段之间可提供一些类型的集成连接，该功能通过一台综合网桥、路由器或 LAN 交换机来完成。目前，这类集线器通常都采用机箱形式。

（5）交换式集线器。目前，集线器和交换机之间的界限已变得模糊。交换式集线器有一个核心交换式背板，采用一个纯粹的交换系统代替传统的共享介质中继网段。这类集线器和交换机之间的特性几乎没有区别。

➤ **40** 集线器的常见端口有几种？

答 集线器通常都提供三种类型的端口，即 RJ-45 端口、BNC 端口和 AUI 端口，以适用于连接不同类型电缆构建的网络。一些高档集线器还提供有光纤端口和其他类型的端口。

➤ **41** RJ-45 端口的作用是什么？有何特点？

答 RJ-45 端口可用于连接 RJ-45 接头，适用于由双绞线构建的网络，这种端口是最常见的，一般来说以太网集线器都会提供这种端口。平常所讲的多少口集线器，就是指的具有多少个 RJ-45 端口。RJ-45 端口如图 8-42 所示。

集线器的 RJ-45 端口即可直接连接计算机、网络打印机等终端设

图 8-42　RJ-45 端口

373

备，也可以与其他交换机、集线器等集线设备和路由器进行连接。需要注意的是，当连接至不同设备时，所使用的双绞线电缆的跳线方法有所不同。

42 BNC 端口的功能是什么？有何特点？

答 BNC 端口就是用于与细同轴电缆连接的接口，它一般是通过 BNCT 型接头进行连接的，如图 8 - 43 所示。

大多数 10Mbit/s 集线器都拥有一个 BNC 端口。当集线器同时拥有 BNC 和 RJ - 45 端口时，由于既可通过 RJ - 45 端口与双绞线网络连接，又可通过 BNC 接口与细同轴电缆网络连接，因此，可实现双绞线和细同轴电缆两个采用不同通信传输介质的网络之间的连接。这种双接口的特性可用于兼容

图 8 - 43 BNC 端口

原有的细同轴电缆网络（10Base - 2），并可实现逐步向主流的双绞线网络（10Base - T）的过渡，当然还可实现与远程细同轴电缆网络（少于 185m）之间的连接。

同样，如果两个网络之间的距离大于 100m，使用双绞线不能实现两个网络之间的连接时，这时也可以通过集线器的 BNC 端口利用细同轴电缆传输将两个输网络连接起来，而两个网络都可以仍采用双绞线这种廉价、常见的传输介质。不过要注意这两个网络之间的距离仍不能大于 185m。

43 AUI 端口的功能是什么？有何特点？

答 AUI 端口可用于连接粗同轴电缆的 AUI 接头，因此这种接口用于与粗同轴电缆网络的连接，它的示意图如图 8 - 44 所示，目前带有这种接口的集线器比较少，主要是在一些骨干级集线器中才具备。

由于采用粗同轴电缆作为传输介质的网络造价较高，且布线较为困难，所以，实践中真正用于粗同轴电缆进行布线的情况已十分少见。不过，由于单段粗同轴电缆的（10Base - 5）所支持的传输距离高达 500m，因此，完全可以使用粗同轴电缆作为较远距离网络之间连接的

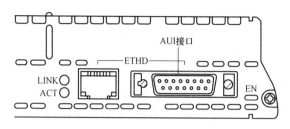

图 8 - 44　AUI 端口示意图

通信电缆。因此，也可以作为一种廉价的远程连接解决方案。

借助于收发器，AUI 端口也可实现与 RJ - 45 端口、BNC 端口甚至光纤接口的连接。

44 集线器堆叠端口的功能是什么？

答　这种端口是只有可堆栈集线器才具备的，它的作用也就是如它的名字一样，是用来连接两个可堆栈集线器的。一般来说一个可堆栈集线器中同时具有两个外观类似的端口：一个标注为"UP"，另一个就标注为"DOWN"，在连接时是用电缆从一个集线器的"UP"端口连接到另一个可堆集线器的"DOWN"端口上，都是"母头"，所以连接线端就必须都是"公头"了，端口示意图如图 8 - 45 所示。

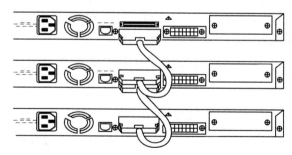

图 8 - 45　集线器堆叠端口示意图

45 什么是双绞线？功能是什么？分为几类？

答　双绞线简称 TP，由两根绝缘导线相互缠绕而成，将一对或多对双绞线放置在一个保护套便成了双绞线电缆。双绞线既可用于传输模拟信号，又可用于传输数字信号，如图 8-46 所示。

图 8-46　双绞线

双绞线可分为非屏蔽双绞线 UTP 和屏蔽双绞线 STP，适合于短距离通信。非屏蔽双绞线价格便宜，传输速度偏低，抗干扰能力较差。屏蔽双绞线抗干扰能力较好，具有更高的传输速度，但价格相对较贵。双绞线需用 RJ-45 或 RJ-11 连接头插接。

46 同轴电缆的特点是什么？分为几种？

答　同轴电缆由绕在同一轴线上的两个导体组成。具有抗干扰能力强，连接简单等特点，信息传输速度可达每秒几百兆位，是中、高档局域网的首选传输介质，如图 8-47 所示。

同轴电缆分为 50Ω 和 75Ω 两种。50Ω 同轴电缆适用于基带数字信号的传输；75Ω 同轴电缆适用于宽带信号的传输，既可传送数字信号，也可传送模拟信号。在需要传送图像、声

图 8-47　同轴电缆

音、数字等多种信息的局域网中，应用用宽带同轴电缆。

同轴电缆需用带 BNC 头的 T 型连接器连接。

47 什么是光纤？有何特点？

答　光纤又称为光缆或光导纤维，由光导纤维纤芯、玻璃网层和能吸收光线的外壳组成。具有不受外界电磁场的影响，没有限制的带宽等特点，可以实现每秒几十兆位的数据传送，尺寸小、质量轻，数据可传送几百千米，但价格昂贵，如图 8-48 所示。

图 8-48　光纤

光纤需用 ST 型头连接器连接。

48 **没有线传输媒介包括哪些?**

答　没有线传输媒介包括:没有线电波、微波、红外线等。

49 **网线如何制作?**

答　由于光纤一般只在主干网上使用,且必须有专用仪器,制作过程复杂平时和少用(专业人员做主干网才用所以在此不作介绍)。同轴电缆已经接近淘汰,做小型局域网一般都是双绞线连接的以太网所以同轴电缆制作也不作介绍。下面主要介绍双绞线的制作。

双绞线又分直连双绞线和交叉对联双绞线。直连双绞线主要应用在不同种接口互联时,例如交换机和电脑连接、路由器和交换机相连等。交叉对联双绞线主要用在同种接口互联时,例如两台电脑直接相连。

国际上排线标准主要有两种:

标准 568B:橙白—1,橙—2,绿白—3,蓝—4,蓝白—5,绿—6,棕白—7,棕—8。

标准 568A:绿白—1,绿—2,橙白—3,蓝—4,蓝白—5,橙—6,棕白—7,棕—8。

注意:双绞线一共有八根线分别两两绞合到一块起到抵消磁场作用(单一导线在通电时会产生磁场)。

下面分图讲解一下直连双绞线的做法,所需工具有网箝、测线器,如图 8 - 49 所示。

图 8 - 49　制作网线的工具

(1) 首先用钳子下口把线剪齐,如图 8 - 50 所示。

(2) 用钳子中间有缺口的地方剥线去掉外面绝缘皮(2cm 左右),如图 8 - 51 所示。

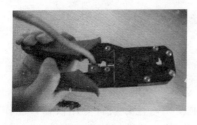

图 8-50　剪线　　　　　　　　　　图 8-51　剥线

（3）用手把线捋直，按照标准 568B 或标准 568A 排列线序（一套网络中的线要统一为一种标准），如图 8-52 所示。

（4）拿一个水晶头簧片对着自己，双绞线自下而上插入水晶头，如图 8-53 所示。

（5）头放入网箍的压线部位使劲压下，如图 8-54 所示。

图 8-52　排列线序　　　　　　　　图 8-53　插入水晶头

（6）这时候网线就算是做好了，接着进行网线测试，如图 8-55 所示。

图 8-54　压线　　　　　　　　　　图 8-55　测试网线

当测线器顺序亮灯且 1～8 全亮则网线制作成功，若有哪一个没亮灯则证明对应的那一根线断开或没接好重新做。

交叉对联双绞线一头用 568A 标准，另一头用 568B 标准即可，制作方法同上。

50 **网线插座如何安装？**

答　入户的网络线路需要安装网络接线盒，这样，用户将网络传输线（双绞线）的一端连接网络接线盒，另一端插头接在上网设备的网络端口上，即可实现网络功能，如图 8-56 所示。

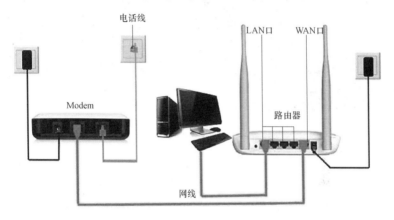

图 8-56　网络连接示意图

网络传输线（双绞线）是网络系统中的传输介质，网络接线盒的安装就要将入户的网络传输线与网络接线盒连接，以便用户通过网络接线盒上的网络传输接口（RJ-45 接口）登录网络。如图 8-57 所示为网络接线盒（网络信息模块）的实物外形。

图 8-57　网络信息模块插座

网络传输线（双绞线）与网络接线盒上接口模块的安装连接可分为网络传输线（双绞线）的加工处理和网络接线盒上接口模块的连接两个操作环节。

51 网络传输线（双绞线）如何加工处理？

答 对网络传输线（双绞线）进行加工，应当使用剥线钳剥在距离接口处 2cm 的地方进行剥去安装槽内预留网线的绝缘层，如图 8 - 58 所示。

图 8 - 58 使用剥线钳将网络传输线（双绞线）的绝缘层剥落

将网络传输线（双绞线）内部的线芯进行处理如图 8 - 59 所示。

将网络传输线（双绞线）内的线芯接口使用剥线钳进行剪切整齐，并将其按照顺序进行排列便于与网络信息模块的连接。

图 8 - 59 将网络传输线（双绞线）内部的线芯进行处理

52 网络传输线（双绞线）与网络接口模块如何连接？

答 打开网络接口模块上的护板，并拆下网络信息模块上的压线板，具体操作如图 8 - 60 所示。

将网络接口模块上的护板打开，并将其取下，将网络接口模块翻转，即可看到网络信息模块，用手将网络信息模块上的压线板取下。在压线板上可以看到网络传输线（双绞线）的连接标准。

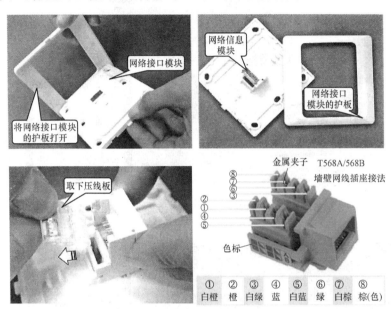

图8-60 将网络信息模块上的压线板取下

网络信息模块与网络传输线（双绞线）的连接，具体操作如图8-61所示。

将网络传输线（双绞线）穿过网络信息模块压线板的两层线槽，将其放入网络信息模块，并使用钳子将压线板进行压紧。

将网络接线模块固定在墙上，具体操作如图8-62所示。

当确认网络传输线（双绞线）连接无误后，将连接好以后的网络接线模块安装到接线盒上，再将网络接线信息模块的护板安装固定。

插入网络传输线（双绞线）进行测试，具体操作如图8-63所示。

当网络接口模块固定好以后，应当将连接水晶头的网络传输线（双绞线）插入网络信息模块中，对其进行测试，确保网络可以正常工作即可。

381

图 8 - 61　将网络传输线（双绞线）与网络信息模块进行连接

图 8 - 62　将网络接线模块固定在墙上　　图 8 - 63　插入网络传输线
测试网络信息模块接口

➡ 53　网络插座如何增加？

答　通常，网络传输线（双绞线）入户后只提供一个网络接口。随磁卡生活品质的提高，人们对生活质量有了更高的要求，许多家庭中已经不仅仅局限于使用一台计算机上网，因此网络插座的增设在目前家庭装修中非常普遍。

如图 8 - 64 所示为网络总线入户线盒。

可以看到，入户网络传输线（双绞线）只有一根，按照传统制作方式，将网络接线盒接入与入户的网络传输线接头，即可通过网络传输将网络信号传送给计算机，使其可以正常上网。

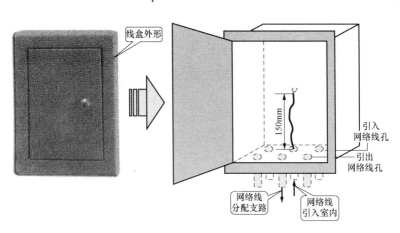

图 8‑64　网络总线入户线盒

　　网络入户总线经接线盒进入室内，由于网络属于弱电，应当采用金属材质的入户线盒。

　　在网络入户总线盒只有一根网线和信息模块，若需要将其分为两根网线，则需要再安装网络盒。

第九章

电视监控系统

1 电视监控系统的发展过程是什么？

答 视频监控系统发展了短短二十几年时间，从最早模拟监控到前些年火热数字监控再到现在网络视频监控，发生了翻天覆地变化。在 IP 技术逐步统一全球的今天，从技术角度出发，视频监控系统发展划分为第一代模拟视频监控系统（CCTV），到第二代基于"PC＋多媒体卡"数字视频监控系统（DVR），到第三代完全基于 IP 网络视频监控系统（IPVS）。

2 传统模拟闭路电视监控系统（CCTV）的特点是什么？

答 传统模拟闭路电视监控系统依赖摄像机、电缆、录像机和监视器等专用设备。例如，摄像机通过专用同轴电缆输出视频信号。电缆连接到专用模拟视频设备，如视频画面分割器、矩阵、切换器、卡带式录像机（VCR）及视频监视器等。模拟 CCTV 存在大量局限性。

有限监控能力只支持本地监控，受到模拟视频电缆传输长度和电缆放大器限制。有限可扩展性系统通常受到视频画面分割器、矩阵和切换器输入容量限制。录像量大的用户必须从录像机中取出或更换新录像带保存，且录像带易于丢失、被盗或无意中被擦除。录像质量不高是主要限制因素，录像质量随拷贝数量增加而降低。

3 当前"模拟—数字"监控系统（DVR）的特点是什么？

答 "模拟—数字"监控系统是以数字硬盘录像机 DVR 为核心半模拟—半数字方案，从摄像机到 DVR 仍采用同轴电缆输出视频信号，通过 DVR 同时支持录像和回放，并可支持有限 IP 网络访问，由于

DVR 产品五花八门，没有标准，所以这一代系统是非标准封闭系统，DVR 系统仍存在大量局限。

复杂布线"模拟—数字"方案仍需要在每个摄像机上安装单独视频电缆，导致布线复杂性。有限可扩展性 DVR 典型限制是一次最多只能扩展 16 个摄像机。有限可管理性需要外部服务器和管理软件来控制多个 DVR 或监控点。有限远程监视/控制能力不能从任意客户机访问任意摄像机。只能通过 DVR 间接访问摄像机。磁盘发生故障风险与 RAID 冗余和磁带相比，"模拟—数字"方案录像没有保护，易于丢失。

4　全 IP 视频监控系统 IPVS 的特点是什么？

答　全 IP 视频监控系统的优势是摄像机内置 Web 服务器，并直接提供以太网端口。这些摄像机生成 JPEG 或 MPEG4 数据文件，可供任何经授权客户机从网络中任何位置访问、监视、记录并打印，而不是生成连续模拟视频信号形式图像。全 IP 视频监控系统的巨大优势是：

（1）简便性。所有摄像机都通过经济高效有线或者无线以太网简单连接到网络，能够利用现有局域网基础设施。可使用 5 类网络电缆或无线网络方式传输摄像机输出图像以及水平、垂直、变倍（PTZ）控制命令（甚至可以直接通过以太网供）。

（2）强大中心控制。一台工业标准服务器和一套控制管理应用软件就可运行整个监控系统。

（3）易于升级与全面可扩展性。轻松添加更多摄像机。中心服务器将来能够方便升级到更快速处理器、更大容量磁盘驱动器以及更大带宽等。

（4）全面远程监视。任何经授权客户机都可直接访问任意摄像机。也可通过中央服务器访问监视图像。

（5）坚固冗余存储器。可同时利用 SCSI、RAID 以及磁带备份存储技术永久保护监视图像不受硬盘驱动器故障影响。

5　电视监控系统如何组成？

答　电视监控系统由摄像部分、传输部分、控制部分以及显示和记录部分四大块组成。在每一部分中，又含有更加具体的设备和部件，如图 9-1 所示。

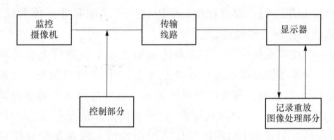

图 9-1 电视监控系统的组成

➤ **6** 摄像部分的功能是什么？

答 摄像部分是电视监控系统的前沿部分。他布置在被监视场所的某一位置上，使其视角能覆盖整个被监视面的各个部分。具体的部件有摄像机、云台、镜头等。从整个系统来讲，摄像部分是系统的原始信号源，因此，摄像部分的好坏及它产生的图像信号的质量将影响整个系统的质量。

摄像部分除了有好的图像信号外还应考虑防尘、防雨、抗高低温、抗腐蚀等，对摄像机及其镜头还应加装专门的防护罩等防护措施。

➤ **7** 传输部分的功能是什么？

答 传输部分是系统的图像信号通路，它不仅要完成图像信号到控制中心的传输，同时还要传输由控制中心发出的对摄像机、镜头、云台、防护罩等的控制信号。

➤ **8** 传输介质有哪些？

答 传输介质有多种方式，包括电缆传输、光纤传输、网络传输、有线或无线传输等，其传输方式各有优缺点。

➤ **9** 控制部分的功能是什么？

答 控制部分是实现整个系统功能的指挥中心。它由矩阵、录像设备、监视器、画面处理器等设备组成。

控制部分能对摄像机、镜头、云台、防护罩等进行遥控，以完成对被监视场所全面、详细的监视或跟踪监视。录像设备可以随时把发生的情况记录下来，以便事后备查或作为重要依据。

控制部分一般采用总线方式控制前端设备，把控制信号送给摄像机附近的解码器，通过解码器来完成对其摄像机、云台、镜头等设备的控制。

➡ **10** 显示部分的功能是什么？

答 显示部分一般由几台或多台监视器组成。它的功能是将传送过来的图像——显示出来，为了使操作人员观看起来比较方便，一般会在监视器上同时分割显示多个画面。监视器的选择，应满足系统总的功能和总的技术指标的要求，特别是应满足长时间连续工作的要求。

➡ **11** 摄像机的功能是什么？

答 摄像机是电视监控系统的眼睛，直接安装在监视场所一合适位置上，其作用是把监控现场的画面通过镜头成像在 CCD（光电靶）上，通过 CCD 电子扫描（即电荷转移），把成像的光图像转换成电信号，经放大处理后变成视频信号输出。CCD 摄像机可分为黑白和彩色两大类，在黑白 CCD 摄像机中具有更高的灵敏度及彩色摄像机不具备的红外感光特性，但是随着彩色转黑白技术的不断成熟，纯黑白 CCD 摄像机已被具有彩色转黑白功能的日夜两用型摄像机所代替。

➡ **12** 彩色 CCD 摄像机如何组成？

答 要输出彩色电视信号，摄像机电路中要处理红、绿、蓝（简称 R、G、B）三种基色信号。最初的彩色 CCD 摄像机都是由三个 CCD 图像传感配合极色分光棱镜及彩色编码器等部分组成。

随着技术的不断进步，通过在 CCD 靶面前覆盖特定彩色滤光材料，用两片甚至单片 CCD 图像传感器也可以输出红、绿、蓝三种基色信号，从而构成两片式或单片式彩色 CCD。彩色 CCD 摄像机的组成如图 9-2 所示

➡ **13** CCD 图像传感器的功能是什么？

答 图像传感器是摄像机的核心部件，而作用是将监视现场的景物在图像传感器的靶面上成像，并从传感器输出反映监视现场图像内容的实时电信号，这个电信号经摄像机内部其他部分电路的处理后，才能形成可在监视器上显示或被录像机记录的视频信号。

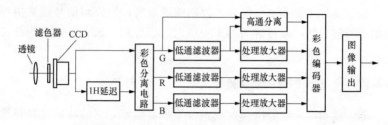

图 9-2　彩色 CCD 摄像机的组成

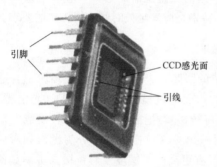

图 9-3　CCD 图像传感器外形

CCD 图像传感器是电荷耦合器件（Charg Couple Device）的简称，如图 9-3 所示。它能够将摄入光线转变为电荷并将其储存、转移，把成象的光信号转变为电信号输出，完成光电转换功能，因此是理想的摄像元件。CCD 摄像机就是以其构成的一种微型图像传感器。特点是体积小、质量轻、灵敏度高、寿命长、抗振动及不受电磁干扰等特点。

➤ **14　CCD 摄像机的特点是什么？**

答　CCD 摄像机的特点是体积小，灵敏度高，寿命长，CCD 器材不易老化，目前已大量使用。

➤ **15　什么是 CCD 摄像机的分辨率？**

答　分辨率是 CCD 图像传感器的最重要的特性之一，一般用器件的调制转移函数 MTF 表示，而 MTF 与成像在 CCD 图像传感器上的光像的空间频率（线对/mm）有关。这里，线对是指两个相邻的光强度最大值之间的间隔，它与 CCD 摄像机的分辨率定义是不一样的。

➤ **16　什么是 CCD 摄像机的灵敏度？**

答　灵敏度指摄像机在多大的照度下，可以输出正常图像信号的值。有"正常照度"和"最低照度"两个值。正常照度是指摄像机在这个照度下，能拍出良好图像信号值。最低照度指当照度小于这个值时，摄像机已无法拍摄出现场图像信号的值。选择摄像机时，必须参考现场可能出现的最低照度值。如无法改善，就应考虑采用有红外成像功能的摄像机或加不易损坏的照明灯具。灵敏度用"勒克斯"表示。摄像机上一般都标出其最低照度值，灵敏度越高越好。

17 什么是 CCD 摄像机的暗电流？

答 暗电流的大小与温度的关系极为密切，温度每降低 10℃，暗电流约减小一半。

18 CCD 的常用尺寸有哪些？

答 有多种规格，常用的有 1/3、1/2、2/3、1in。CCD 尺寸大的摄像机像素也多，拍出图像的清晰度也高，但价格也高。视频输出信号幅度一般是 1~1.2V 并且为负极性输出（同步头朝下）。此外，摄像机供电有直流 12V、交流 220V 两种。交流供电的摄像机其内部装有电源适配器，即将 220V 交流电变为直流电，供摄像机使用。CCD 摄像机耗电不大，但对直流供电的电源要求较高，电压的稳定度要高，纹波系数要小，电压波动不许超过 5%。

19 什么是摄像机镜头的清晰度？

答 清晰度一般多指水平清晰度又称为水平分解力。其含义是：在水平宽度为图像屏幕的范围内，可以分辨多少根垂直黑白线条的数目。例如：水平分解力为 850 线，其含义就是，在水平方向，在图像的中心区域，可以分辨的最高能力是相邻距离为屏幕高度的 1/850 的垂直黑白线条。水平分解力其数值越大，清晰度越高，性能就越好。

电视监控系统使用的摄像机用"线"表示，水平清晰度要求彩色摄像机在 300 线以上，黑白摄像机在 350 线以上。

20 什么是摄像机镜头的信噪比？

答 信噪比表示在图像信号中包含噪声成分的指标，是摄像机的图像信号与它的噪声信号之比，信噪比用 S/N 分贝（dB）表示，S 表示摄像机在假设无噪声时的图像信号值，N 表示摄像机本身产生的噪声值（比如热噪声），二者之比即为信噪比，信噪比越高越好。在显示的图像中，表现为不规则的闪烁细点。

噪声颗粒越小越好，噪声比达到 65dB 时，用肉眼观察，已经不会感觉到噪声颗粒存在的影响了。

摄像机的噪声与增益的选择有关。一般摄像机的增益选择开关应该设置在 0dB 位置进行观察或测量。在增益提升位置，则噪声自然增大。反过来，为了明显的看出噪声的效果，可以在增益提升的状态下进行观察。在同样的状态下，对不同的摄像机进行比较，以判别优劣。

噪声还和轮廓校正有关。轮廓校正在增强图像细节轮廓的同时，使噪声的轮廓也增强了，噪声的颗粒增大。在进行噪声测试时，通常应该关掉轮廓校正有关。

轮廓校正，是增强图像中的细节成分，使图像显得更清晰、更加透明。但是轮廓校正也只能达到适当的程度，如果轮廓校正太大，则图像将显得生硬。此外，轮廓校正的结果使得人物的脸部斑痕变得更加突出。因此，新型的数字摄像机设置了在肤色区域减少轮廓校正的功能，这是智能型的轮廓校正。这样，在改善图像整体轮廓的同时，又保持了人物的脸部显得比较光滑。但是具有轮廓校正功能的摄像机在电视监控领域很少使用，一般只出现在广播电视领域。

Y 伽马校正系数，$T=0.45$ 典型值，摄像机摄取的图像要在监视器上显示出来，要求幕上显示的图像亮度必须与被摄景物上的各亮度成比例，由于传输系统的排线性特性，往往会引起重现图像的亮度失真及色度失真，CCD 图像传感器、显像管、决定电视信号扫描线数。

21 什么是摄像机镜头的逆光补偿？

答 在某些应用场所，视场中可能包含一个很亮的背景区域，如逆光环境下的门窗等，而被观察的主体则处于亮场的包围之中，画面一片昏暗，无层次。此时，逆光补偿自动进行调整，将画面中过亮的场景降低亮度，并同时提升暗的场景，整个视场的可视性可得到改善。

22 什么是摄像机镜头的线锁定同步（LL）？

答 摄像机镜头的线锁定同步利用摄像机的交流电源完成垂直推

动同步，即摄像机和电源零线同步，是一种利用交流电源来锁定摄像机场同步脉冲的一种同步方式。当有交流电源造成的网波干扰时，将此开关拨到 LL 的位置即可。

23 什么是摄像机镜头的自动增益控制（AGC)?

答 摄像机镜头的自动增益控制是通过监测视频信号的平均蓄电池自动调节增益的电路。具有 AGC 功能的摄像机，在低照度时的灵敏度会有所提高，但此时的噪点也会比较明显。

在低照度时自动增加摄像机的灵敏度，从而提高图像信号的强度来获得清晰的图像。

24 摄像机镜头的自动电子快门有何功能?

答 当摄像机工作在一个很宽的动态光线范围时，如果没有自动光圈，所采用自动电子快门挡以固定光圈或手动光圈来实现，此时快门速度从 1/60s（NTSC)、1/50SPAL 至 1/10 000s 范围连续开调，从而可不管进来光线的强度变化而保持视频输出不变，提供正确的曝光。

25 摄像机镜头的自动白平衡的功能是什么?

答 摄像机镜头的自动白平衡的用途是使摄像机图像能精确的复制景物颜色，一般处理方式是采取画面2/3的颜色值进行平衡运算，求出基准值（近似白色）来平衡整个画面。

26 摄像机镜头的视频输出有何特性?

答 一般用输出信号电压的峰值表示，多为 $1\sim1.2V_{pp}$，即 $1\sim1.2V$ 峰至峰值，且输出阻抗为 75Ω 复合视频信号，采用 BNC 接头。

27 CCD 靶面尺寸有哪些?

答 常见的 CCD 摄像机靶面大小分为：

1in——靶面尺寸为宽 12.7mm×高 9.6mm，对角线 16mm。

2/3in——靶面尺寸为宽 8.8mm×高 6.6mm，对角线 11mm。

1/2in——靶面尺寸为宽 6.4mm×高 4.8mm，对角线 8mm。

1/3in——靶面尺寸为宽 4.8mm×高 3.6mm，对角线 6mm。

1/4in——靶面尺寸为宽3.2mm×高2.4mm，对角线4mm。

CCD摄像机靶面小，将能降低成本，因此1/3in及以下的摄像机将占据越来越大的市场份额。

➤ **28** 摄像机的其他指标还包括哪些？

答 除了上述几种技术指标外，摄像机的供电电源分为直流和交流两种供电形式，常见的交流供电电压有220、110、24V，直流供电电压为24、12、9V。摄像机与镜头接口形式有C/CS型之分。扫描制式基本有两种：PAL-B和NTSC。

另一个值得重视的指标是同步方式。现代的CCD摄像机，大多采用相位可调线路锁定的同步方式，即以交流电源频率（50Hz）作为用于垂直同步的参考值而代替了摄像机的内同步发生器。在切换摄像机输出时，图像无滚动，不会造成画面失真。此外还有一个外部调整的相位控制（+90°），所以可获得非常精确的同步。

➤ **29** 镜头的应如何选择？

答 镜头是电视监控系统中不可少的部件，它与摄像机相配合使用。根据实际使用的场合，选择不同变焦范围的镜头。如果用于摄取会议画面，通常必须选择短焦的变焦镜头，则有利于摄取广角画面。如果用于摄取室外画面，进行远距离摄像，易选择长焦距的变焦镜头。如果在小范围室内使用，则应选择固定焦距镜头。在选择镜头时，还应考虑所拍摄场景的光线强度变化，从而考虑选择自动或手动光圈镜头。

➤ **30** 镜头的光学特性有哪些？

答 镜头的光学特性主要包括成像尺寸、焦距、相对孔径和视场角等。

一般来说，镜头的焦距长时，视角就小，反之就大。根据被监视目标的视场大小及距离来选择镜头的焦距，特给出焦距的计算公式如下

$$f = v \times (D \div V)$$
$$f = h \times (D \div H)$$

式中　f——镜头的焦距，mm；

　　　v——被测物体的高度；

　　　h——被测物体的水平宽度；

　　　D——到镜头的距离；

　　　V——靶面成像的高度；

　　　H——靶面成像的水平高度。

根据以上公式，可以计算出被测物体需要多大的镜头。另外，摄像机 CCD 芯片靶面规格常见的有以下几种，见表 9-1。

表 9-1　　摄像机 CCD 芯片靶面规格（选配镜头时要与之相对应）

靶面规格	1in	2/3in	1/2in	1/3in
V	9.6mm	6.6mm	4.8mm	3.6mm
H	12.8mm	8.8mm	6.4mm	4.8mm

31　变焦镜头的镜头类别有哪些？

答　（1）标准镜头。视角 30°左右，1/2″12mm、1/3″8mm。

（2）广角镜头。视有 90°以上，1/2″6mm、1/3″4mm。

（3）远摄镜头。视角 20°以内，1/2″12mm、1/3″大于 8mm。

目前市场上流行的摄像机其 CCD 芯片以 1/3in 为最多。

32　镜头的种类有哪些？

答　镜头的种类有：固定光圈定焦镜头、手动光圈定焦镜头、自动光圈定焦镜头、手动变焦镜头、针孔镜头等。

33　摄像机镜头以镜头安装方式分类有几种？

答　与普通照相机所用卡口镜头不同，所有摄像机的镜头均是螺纹口的，CCD 摄像机的镜头安装有两种工业标准，即 C 安装座和 CS 安装座。两者之螺纹部分相同，都是 1in32 牙螺纹座，直径均为 25.4mm。不同之处在于 C 安装座从镜头安装基准面到焦点的距离是 17.526mm；CS 安装座从镜头安装基准面到焦点的距离则为 12.5mm。如果要将一个 C 安装座镜头装到一个 CS 安装座摄像机上时，则需要使用镜头转换器，即 C/CS 调节圈。

34 摄像机镜头以镜头视场大小分类有几种?

答 (1)标准镜头。视角 30°左右,光镜头焦距近似等于摄像靶面对角线长度时,则定为该机的标准镜头。在 2/3inCCD 摄像机中,标准镜头焦距定为 16mm,在 1/2inCCD 摄像机中,标准镜头焦距定为 12mm,在 1/3inCCD 摄像机中,标准镜头焦距定为 8mm。

(2)广角镜头。视角 55°以上,焦距可小到几毫米,能提供较宽广的视景。

(3)远摄镜头。视角 20°以内,焦距可达几十厘米、几十分米,这种镜头可在远距离情况下将拍摄的物体影像放大,但观察范围将缩小。

(4)变焦镜头。又称伸缩镜头,有手动变焦和电动变焦两类,可对所监视场景的视场角及目标物进行变焦距摄取图像,适合长距离变化观察和摄取目标。变焦镜头的特点是,在成像清晰的情况下,通过镜头焦距的变化来改变图像大小与视场大小。

(5)针孔镜头。镜头端头直径仅几毫米,可隐蔽安装。针孔镜头或棱镜镜头适用于有遮盖物或有特殊要求的环境中,此时标准镜头或容易受损或容易被发现,采用针孔镜头或棱镜镜头可满足类似特殊要求,比如在工业窑炉及精神病院等场所。

35 摄像机镜头以镜头光圈分类有几种?

答 镜头有手动光圈和自动光圈之分,手动光圈镜头适合于亮度变化较小场所,自动光圈镜头因光照度发生大幅度变化时,其光圈亦作自动调整,可提供必要的动态范围,使摄像机产生优质的视频信号,故适合于亮度变化较大场所。自动光圈有两类:一类是通过视频信号控制镜头光圈,称为视频输入型,另一类是利用机上直流电压直接控制光圈,称为 DC 输入型。

36 摄像机镜头从镜头焦距上分类有几种?

答 (1)短焦距镜头。因入射角较宽,故可提供一个较宽阔的视景。

(2)中焦距离镜头。即标准镜头,焦距的长度视 CCD 靶面尺寸而定。

（3）长焦距镜头。因入射角较窄，故仅能提供一个狭窄的视景，适用于远距离监视。

➤ **37** 焦距和视场角的关系是什么？

答 焦距是从透镜中心到一个平面的距离，在此平面可产生一个目标物之清晰影像，通常用焦距值 f 表示。镜头焦距 f、镜头到目标的距离 D、视野 $H \times V$ 之间的关系如图 9-4 所示。

由此可知，镜头的焦距与视场角的大小成反比，即焦距越长，视场角越小；焦距越短，视场角越大。

➤ **38** 相对孔径和光圈的指标有哪些？

答 镜头的相对孔径是镜头的入射瞳 D 与焦距 f 之比，它是决定镜头通光能力的重要指标。一般以其倒数形式 $F = f/D$ 表示，即光圈数。F 值越小，表示光圈越大，即相对孔径越大，到达 CCD 靶面的通光量越大。每个镜头上均标有其最大的 F 值，如 6mm/F1.4 表示镜头焦距 f 为 6mm，最大孔径为 4.29mm。由于像面照度与相对孔径的平方成正比，所以着使像面照度增大一倍，相对孔径就应是原来的 $\sqrt{2}$ 倍。因此每挡光圈数相差 $\sqrt{2}/2$ 倍。在镜头的标环上常标有 1.4、2、2.8、4、5.6、8、11、16、22 等挡。

另一个值得注意的是景深问题，所谓景深是指摄像机通过镜头，除了能把一定距离的景物清晰成像外，还使该景物前后一定范围内的景色亦清楚地呈现在画面上，这段范围叫作景深。镜头的景深与焦距、光圈及物距有关，焦距越短景深越长，光圈越小景深越大，物距越近，景深越小。

➤ **39** CCD 摄像机的选用原则是什么？

答 CCD 摄像机与镜头的选用原则是根据使用场合、监视对象、目标距离、安装环境及监视目的来选择所需的摄像机和镜头。

一般来讲，在保证摄像系统可靠性及基本质量的前提下尽可能采用中低档次的摄像机和镜头，这一方面可以节省投资，另一方面，通常档次越高的设备由于其造价较高产量必然较少，故相对来说可靠性指标比之中低档产品要低，而维护使用的费用及技术水平却要求较高。作为电视监控系统不能像电视台那样配备水平较高的专业技术人员，因操作人员水平的限制，高档次设备得不到高质量画面的例子是屡见不鲜的。

彩色摄像机能辨别出景物或衣着的颜色，适合观察和辨认目标细节，但造价较高，清晰度较低，若进行宏观监视，目标场景色彩又较为丰富，此时最好采用彩色摄像机。从技术发展来看，彩色摄像机应用比重越来越大。

黑白摄像机清晰度较高，灵敏度也高于彩色摄像机，但没有色彩体现，所以在照度不高、目标没有明显的色彩标志和差异，同时又希望较清晰地反映出目标细节条件下，应选用黑白摄像机。

球形摄像机是科学技术发展渗透到安全防范领域的代表作之一，它是集 CCD 摄像机、变焦镜头、全方位云台及解码驱动器于一体的新型摄像系统，其在性能方面已实现了云台的高速及无级变速运动、镜头变焦及光圈的精确预置、程序式的多预置设定，甚至运动过程中的自动聚焦功能，从而使摄像系统具备自动巡视和部分自动跟踪功能，从单纯的功能型向智能型转变。

球形摄像机近年来被广泛地应用在宾馆、医院、娱乐场所、营业场所及室外等领域，尤其是行为与场景需要特别关注之处。

带机频移动检测报警功能的摄像机应用在银行、博物馆、军事重地等领域，具有更有效、更完美的优势。

➡ 40 CCD 摄像机与镜头的配合原则是什么？

答 在选择 CCD 摄像机与镜头的配合时，首先要明确机械接口是否一致，尽量选用同一种工业标准的接口，以免给安装带来麻烦。其次要求镜头成像规格与摄像机 CCD 靶面规格一致，即镜头标明的为 1/3in，则选用摄像机的规格也应为 1/3in。否则不能相互配合。例如：使用 1/3in 的摄像机，还勉强可以装备 1/2in 镜头，此时摄像系统显现的视场角要比镜头标明的视角小很多；但反过来把 1/2in 镜头用于 2/3in 摄像机时，则图像就不能充满屏幕，图像边缘不是发黑就是发虚。

当确定了摄像点位置后，就可根据监视目标选择合适的镜头了。

选择的依据是监视的视野和亮度变化的范围，同时兼顾所选摄像机 CCD 靶面尺寸。视野决定使用定焦镜头还是变焦镜头，变焦选择倍数范围。亮度变化范围决定是否使用自动光圈镜头。

无论选用定焦镜头还是变焦镜头都要确定焦距，为了获得最佳的监视效果，一般都应根据工程条件进行计算，根据计算结果选用标称焦距的镜头，当标称焦距镜头的焦距计算结果相差较大时，应调整摄像机的安装位置，再核算直至满意为止。摄像机与被监视目标计算图如图 9-4 所示，公式为

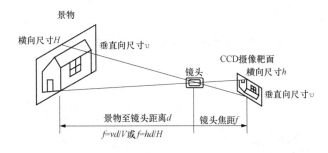

镜头焦距计算图

图 9-4　摄像机与被监视目标计算图

$$f = v \cdot d/V$$

式中　f——计算焦距；

　　　V——视场高；

　　　v——像场高（即 CCD 靶面高）；

　　　d——物距。

例如：某 CCD 摄像机采用 1/3in 靶面，用以监视商场收银台，有效范围为 2m×2m，摄像机安装于距收银对 7m 处，该摄像机需配多大焦距镜头？

利用上式有：v=3.6mm　　　V=2m　　　d=7m

因此：f=3.6×7/2=12.6mm

故可采用标称焦距为 12mm 的定焦镜头。变焦镜头焦距的计算与定焦镜头一样，只要最大和最小焦距能满足视野要求即可。

一般来说，监视固定目标应该选用定焦镜头。对于具有一定空间

范围，兼有宏观和微观监视要求，需要经常反复监视但没有同时监视要求的场合，宜采用变焦镜头并配合云台，否则尽量采用定焦镜头。在需要秘密监视或特殊应用场合，针孔（棱形）镜头中轻而易举地达到监控目的。

41 镜头驱动方式有几种？

答　镜头驱动方式有：DC、Video 两种。Video 是将一个视频信号及电源从摄像机输送到透镜来控制镜头上的光圈。视频输入型镜头包含有放大器电路。

42 常用摄像机外形结构接口功能分别是什么？

答　常用摄像机结构及接口功能如图 9-5 所示。

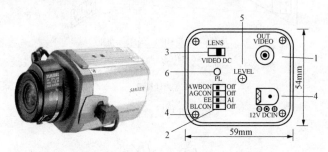

图 9-5　常用摄像机结构及接口功能
1—视频信号输出插座（BNC）；2—功能设置开关（拔码开关）；
AWB—自动白平衡开关；AGC—自动增益控制开关；EE　AI—电子曝光与自动光圈
镜头驱动；BCL—逆光补偿；3—自动光圈镜头驱动方式切换开关；4—DC12V 或 24V 电源
插座；5—电平调节电位器；6—通电指示灯

43 室内标准摄像机外观是什么？

答　室内标准摄像机外观如图 9-6 所示。

44 常用室外摄像机外形结构及接口功能分别是什么？

答　常用室外摄像机外形结构及接口功能如图 9-7 所示。

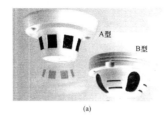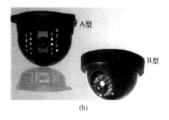

(a)   (b)

图 9-6   室内标准摄像机外观

(a) 烟感飞蝶型；(b) 标准半球型

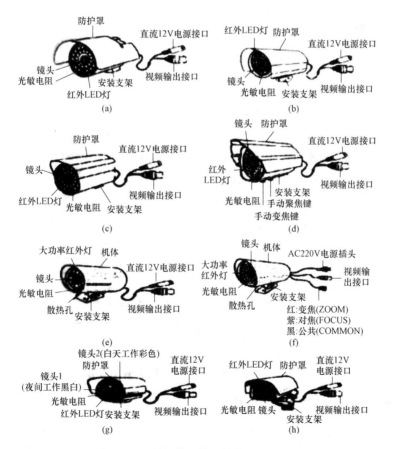

图 9-7   室外摄像机外形结构及接口功能

45 常用部分摄像机的技术资料是什么?

答 部分摄像机的资料见表9-2。

表9-2 部分摄像机的资料

型号	产地	规格	清晰度	最低照度	信噪比	电源	备注
VC-823D	合资威视	彩色 1/3CCD	480 线	1.0lx	>48dB	DC12V	
SK-882	日本山口	彩色 1/3CCD	420 线	1.5lx	>46dB	DC12V	
SCC-100P	韩国三星	彩色 1/3CCD	330 线	0.7lx	>46dB	AC220V	
SCC-302P	韩国三星	彩色 1/4CCD	330 线	2lx	>46dB	AC220V	数字信号处理屏幕显示菜单
CV-151	德国	黑白 1/2CCD	600 线	0.05lx	>50dB	DC12V	
AVC-371	台湾	黑白 1/3CCD	400 线	0.2lx	>46dB	DC12V	带音频

现在还有一种新型半球一体化摄像机,将小型摄像机、镜头、云台话筒放在一个透明的半球型防护罩内,更方便了安装调试。

表9-3为此类摄像机的部分型号、性能对照表。

表9-3 部分新型半球一体化摄像机型号、性能对照表

型号	产地	规格	清晰度	镜头	最低照度	信噪比	电源
VC-813D	合资威视	彩色 1/4CCD	380 线	3.6 (6m/8m)	2lx	>48dB	DC12V
SCC-641P	韩国三星	彩色 1/4CCD	420 线	22 倍光学变焦 10 倍电子变焦	0.02lx	>48dB	AC24V
WV-CS300	日本松下	彩色 1/2CCD	430 线	10 倍光学变焦	3lx	>49dB	AC24V

还有一类使用 CMOS 作为光电转换器件,称单板机,由于体积小、价格低,在可视门铃、数字照相机、伪装偷拍等方面用得较多。

46 红外灯有何作用?

答 监控系统中,有时需要在夜间无可见光照明的情况下对某些重要的部位进行监视。一个好的解决方案就是安装红外灯做辅助照明。监视现场具有红外灯的辅助照明,即可使 CCD 摄像机正常感光成像,

能在全黑和夜间状态下像白天那样清晰地看到人、景、物，而人眼是察觉不到监视现场有照明光源。

对于彩色 CCD 摄像头，对红外光相应不够，有一些日夜两用彩色摄像头在夜间会自动转换成黑白模式。所以，如监控系统要求夜间使用，一定要采用黑白 CCD 摄像头。红外灯有室内、室外、短距离和长距离之分，一般常用室内 10～20m 的红外灯，由于墙壁的反射，图像效果不错；用在室外长距离的红外灯效果就不会很理想，而且价格昂贵，一般不要采用。

47 红外灯有哪些主要参数？

答 红外灯主要参数为：有效距离 15m；输入电压 AC130～260V；中心波长 850nm；发射角（水平、垂直）70°。

摄像机的过接如图 9-8 所示。

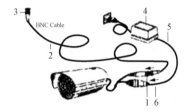

1—视频输出端子；2—75Ω同轴视频线；3—视频输入端子；
4—直流变电器；5—直流电源线；6—直流电源输出端

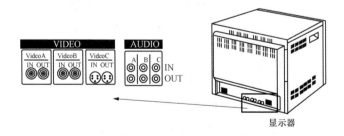

显示器

图 9-8 摄像机过接图

48 防护罩的功能是什么？

答 防护罩是使摄像机在有灰尘、雨水、高低温等情况下正常使用的防护装置，分为室内和室外型。室外防护罩一般为全天候防护罩，即无论刮风、下雨、下雪、高温、低温等恶劣情况下，都能使摄像机正常工作。常见的防护罩外形如图 9-9 所示。

雨刷器

防爆防护罩

防爆云台
底座   云台台面

半球形室内防护罩　　　带雨刷器的防护罩　　　防爆云台及防爆防护罩的外观

图 9-9　常见的防护罩外形

49　防护罩的电气原理是什么?

答　室外防护罩的自动加热、吹风装置实际上是由一个热敏器件配以相应电路完成温度检测的。当温度超过设定的限值时，自动启动降温风扇；当温度低于设定的限值时，自动启动电热装置（一种内置电热丝的器件），当温度处于正常范围时，降温及加热装置均不动作。

50　防护罩控制电路原理图是如何连接与工作的?

答　图 9-10 和图 9-11 分别为两种不同接法的室外全天候防护罩控制电路原理图。其中 S1 为低温温控开关，当防护罩内温度低于设定值时，开关 S1 闭合，220V 的交流电压加于加热板内的电热丝两端，使防护罩内升温；同理，S2 为高温温控开关，当防护罩内温度高于设定值时，开关 S2 闭合，整流器 UR 输出的直流 12V 电压加到降温风扇 MC 两端，使防护罩内降温。

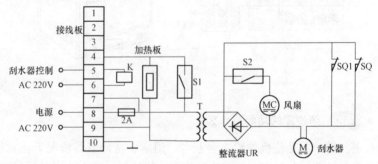

图 9-10　室外防护罩控制电路原理图一

　　在图 9-10 中，K 为刮水器控制继电器，当通过接线板的 5、6 端子向继电器提供 220V 的交流电压时，继电器 K 吸合，整流器 UR 输出的直流 12V 电压经 K 的连动开关 SQ1 加到刮水电动机两端，刮水器工作。这里，与 SQ1 并联的开关 SQ 为刮水器自动停边行程开关，且初始状态受刮水器臂的挤压为开路状态。当 SQ1 闭合使刮水器工作时，由于刮水器臂的移开使 SQ 恢复为闭合状态。当控制电压断开后，由于行程开关 SQ 仍处于闭合状态使得刮水器继续工作，直至刮水器臂运行到起始位置并挤压行程开关 SQ 至开路状态时才断开刮水电动机的电源，从而实现自动停边功能。

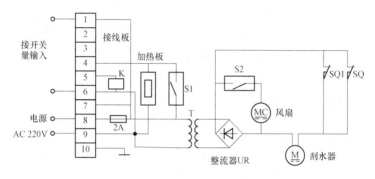

图 9-11　室外防护罩控制电路原理图二

　　图 9-10 的工作原理与图 9-11 是一样的，但它的刮水器是通过开关量来控制的，即其接线板的 1、5 端子直接与控制器或解码器的开关量输出端口相接。当 1、5 端子接到短路信号时，即可启动刮水器。应当注意的是，这种接法的防护罩千万不能与电压输出型的控制器辅助输出端口相接。

　　由以上分析可知，控制器或解码器的辅助控制输出端的性质，一定要与防护罩刮水器的驱动要求相匹配，否则可能烧毁继电器。

➡ 51 电动云台的功能是什么？

　　答　电动云台承载摄像机进行水平和垂直两个方向转动的装置。它的应用增大了摄像机的拍摄视角和监控范围，提高了电视监控的防范能力。电动云台内装有两个电动机，一个负责水平方向的转动，转角一般为 0～350°；另一个负责垂直方向的转动，转角最大为 90°。水平及垂直转动角的大小可以通过限位开关进行设定调整。云台分室内、室外二种，室内云台承重较小，约 1.5～7kg，没有防雨功能；室外云台承重较大，承重大约为 7～50kg，有防雨功能，同时电机有防冻加温功能。室内云台一般使用 24V 交流电，也有用直流电的小型云台，室外多使用 220V 交流电。云台多数用线连接控制，固定部位与转动部分之间有软螺旋线保护连接。

➤ 52 云台的基本结构是什么？

答 云台的种类较多，其外形结构不尽相同，机械传动机构也不完全一样，但它们的电气原理是一样的，即都是在加在不同端子上的交流控制电压的驱动下，由云台内部的电动机通过机械传动机构带动云台台面向指定方向运动，并因此使台面上的摄像机随云台台面一起转动，从而实现对大范围场景的扫描监视或对移动目标的跟踪监视。

➤ 53 什么是水平云台？

答 水平云台叫扫描云台，多数限于室内应用环境，少量用于室外环境（见图 9-12）。驱动电动机是云台的核心部件，由于要做正反两个方向的运动，因此，驱动电动机一般都有两个绕组，可绕于一体，也可分别绕制，其中一组控制电动机做正向转动，另一组则控制电动机反向转动。接线时应按照使用说明接线以实现正反转。

图 9-12　水平云台

➤ 54 什么是全方位云台？

答 全方位云台又叫万向云台，不仅可以水平转动，还可以垂直转动，因此，它可以带动摄像机在三维立体空间对场景进行全方位的监视。

全方位云台与水平云台相比，在云台的垂直方向上增加了一个驱动电动机，该电动机可以带动摄像机座板在垂直方向±60°范围内做仰俯运动。由于部件增多，全方位云台在尺寸与质量上都比水平云台高，图 9-13 所示为一种室内全方位云台的外形结构图。图中的定位卡销由运输线钉固定在云台的底座外沿上，旋松螺针时可以使定位卡销在云台底座的外沿上任意移动。当云台在水平方向转动且拨杆触及到定位卡销时，该拨杆可切断云台内的水平行程开关使电动机断电，而云台在水平扫描工作状态时，水平限位开关则启动到转动换向的作用。

(a)　　　　　　　　　　　　　　(b)

图 9 - 13　室外全方位云台及内部结构

（a）外形；（b）内部结构

➡ **55** 云台控制器有几种？

答　云台控制器分为水平云台控制器和全方位云台控制器两种，它的输出控制电压有 24、110、220V 三种。

➡ **56** 云台控制器的电路原理是什么？

答　云台控制器具有单路和多路之分，其中多路控制器实际上是将多个单路控制器做在一起，由开关选择各路数，共用控制键。控制器的电压输出主要有 24V 和 220V 两种。分别用于对 24V 或 220V 云台的控制。图 9 - 14 所示为单路全方位云台控制器原理图。

在图 9 - 14 中，SB1 为自锁按钮开关，用于云台自动扫描或手动控制扫描的状态切换；SB2、SB3、SB4、SB5 均为非自锁按钮开关，用于向云台的对应端子输出控制电压。控制器的输出端口 2 为公共端，直接与交流电压的一个输入端与零线端相连，而其输出端口 5 和输出端口 6 分别对应云台的上、下运动控制，则分别在 SB4 或 SB5 按钮被按下时才会与交流电压的另一个输入端（相线端）相连，从而使云台实现向上或向下运动。当自动扫描按钮 SB1 处于正常状态时，继电器 K 不吸

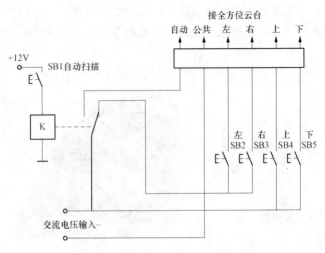

图 9-14　单路全方位云台控制器原理图

全，则 SB2、SB3 通过继电器 K 的动断点后，与 SB4、SB5 按钮一样也与交流电压的另一个输入端（相线端）相连，使得在按下 SB2 或 SB3 按钮后，可将交流电压输出到控制器的输出端口 3 或 4（分别对应云台的左、右运动控制），从而使水平云台做向左或向右方向的旋转。一旦自动扫描按钮 SB1 被按下，继电器 K 便吸合工作，从而使交流电压的相线端通地继电器 K 的吸合触点加到控制器的输出端口 1（对应云台的自动扫描控制），使水平云台自动扫描运动。此时，SB2 或 SB3 按钮的通路被继电器 K 切断，不再起作用。

➡ **57** **云台镜头控制器的功能是什么？**

答　在实际应用中很少有单独的镜头控制器出现，云台镜头控制器不仅可控制云台，还可控制电动镜头，电动镜头的控制电压一般在直流 6～12V。

➡ **58** **解码器的功能是什么？**

答　解码器为闭路电视监控系统的前端设备，它一般安装在配有云台及电动镜头的前端摄像机附近，并通过多根控制线（通常云台需 6 根、镜头需 4 根、辅助开关需 1～4 根）与云台、电动镜头及其他外接设备连接，用于向这些设备输出控制电压或开关量，另有一对通信线直接连到系统主机，用于接收主机的指令，还可以向主机返送报警信号。有时，为了防止室外恶劣环境的侵蚀，解码器也可以安装在距室外摄像机不太远的室内（室内解码器的成本通常比室外解码器低）。在某些特殊场合，当摄像机与监控室相距不太远时，也可以将解码器直接放在中控室内的系统主机旁，但通信线及控制线的连线方式均不变。

59 **解码器的原理图如何构成？**

答 图 9-15 示出了解码器的原理图。由图可见，解码器也是一个基于 CPU 的控制系统，不过在实际应用中，该 CPU 通常都是由单片机（MCS-51 系列单片机）来取代它接收系统主机的控制指令，对其译码并执行主控端要求的动作。

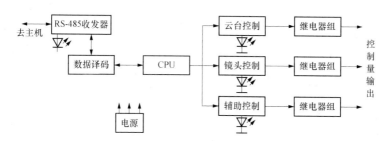

图 9-15 解码器原理框图

通用型解码器支持多种监控系统主机的多种协议。这种解码器通常有一个用于选择通信协议的拨码开关（通常是 1～4 位，可选择 4～16 种不同的通信协议），当需要与某个品牌的系统主机配合使用时，只需将解码器的协议选择拨码开关设置到那个系统主机支持的通信协议上，并按要求设定自身地址编号（即 ID 号），即可将解码器并入该系统中使用。

除了可能有的协议选择拨码开关外，每个解码器上都有一个 8～10 位的地址拨码开关，它决定了该解码器的编号，因此在使用解码器时首先必须对该拨码开关进行设置，在一个系统中，每个解码器的地址是不能重复设的。

需要注意的是，为了工程调试上的方便，解码器大多有现场测试功能（其内部设置了自检及手检开关，该开关有时与上述 ID 拨码开关多工兼用）。当解码器通过开关设置工作于自检及手检状态时，便不再需要远端主机的控制。其中，在自检状态时，解码器以时序方式轮流将所有控制状态周而复始地重复，而在手检状态时，则通过使 ID 拨码开关的每一位的接通状态来实现对云台、电动镜头、刮水器及辅助照明开关工作有关方面的调整。例如，通过手检使云台左右旋转，从而确定云台限位开关的位置。这种现场测试方式实际上是将解码器内驱动云台及电动镜头的控制电压直接经手检开关加到了被测的云台及电动镜头上。

60 解码器的工作流程是什么？

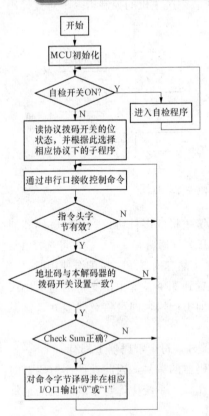

答 解码器加电后始终工作于受命状态，它会根据自身的初始设置正确响应系统主机传来的控制指令。图 9 - 16 给出了解码器 MCU 的工作流程（未包括报警检测及回传部分）。

对某些系统来说，在解码器的安装调试过程中，还要用一个类似万用表式的现场调试器去检测解码器的功能。该调试器在内部有微处理器及通信芯片，并固化有与大系统主机完全相同的通信控制协议。因此它实际上是一个简单的单片应用系统，可以从其串行通信端口发生支持解码器控制协议的串行指令。在使用中，只需用一段通信电缆直接与解码器的串行通信接口端子相连，通过在调试器面板上对相关旋钮、按钮的操作即可完成对解码器所有功能的测试。这种方式不仅能

图 9 - 16 解码器 MCU 的工作流程

检测解码器的各种输出状态，还可同时检测解码器的通信芯片是否能正常工作。

➤ 61 电脑控制型解码器如何应用？

答　在电视监控系统中，如果配备了矩阵主机就必须配备相对应型号的解码器，解码器和矩阵必须同时出现使用。解码器还有一个很重要的作用，就是使逐级到矩阵之间的控制电缆数量减少到两根。在以前没有矩阵和解码器的电视监控系统中，要想控制一台摄像机及镜头、云台要多达九根电缆以上。

智能型解码器是硬盘录像机配套使用的一种前端控制设备，硬盘录像通过智能型解码器可实现对云台、镜头、辅助开关等设备的控制。

智能型解码器能装配多种协议的数字硬盘录像机，无须设置协议，解码器能够自动根据内部协议码迅速解码，实现对前端设备的控制。

解码器安装在摄像机及云台附近，它的功能是将总控制台发出的代表控制命令的编码信号（由总线传送的串行数据，支持最为流行的 RS485 通信接口兼容多种控制协议）解码还原为对摄像机和云台的具体控制信号，它可以控制的内容有，摄像机的开机、关机、镜头的光圈大小、变焦、聚焦、云台的水平与垂直方向的转动、防护罩加温、降温以及雨刷动作等。

➤ 62 电脑控制型解码器系统如何自检？

答　按"自检"开关将对云台、镜头功能进行自检控制，自检时，将对每一项进行为时 1s 的动作，通过自检，可以听到解码器内继电器动作的声音（采用双向晶闸管的控制电路听不到声音），看到主板上 LED 的闪亮，以及云台镜头的动作，从而方便检测解码器的好坏及云台、镜头接线是否正确等。

通信协议选择："协议选择"开关是解码器通信协议选择开关，系统最多可提供 16 种协议供用户选择。需要根据下表所列，为系统以及解码器选择一个最合适的协议书，并设定。协议及波程率选择表见表 9-4，不同的解码器地址的不同设置原理基本相同。

表 9 - 4 协议及波特率选择表

序号	协议开关		通信协议	推荐使用波特率
	7 8 9 10			
1			PELCD - D	2400
2			PELCD - D	2400（普通型）
3			PELCO - P	9600
4			KRE - 301	9600
5			CCR - 20GC	4800
6			SANTACIII	9600
7			LILIN1016	9600

续表

序号	协议开关 7　8　9　10	通信协议	推荐使用波特率
8		LILIN1017	9600
9		KALATEL	4800
10		V1200	9600
11		Panasonic	9600
12		RM110	2400
13		YAAN	4800
14			

续表

序号	协议开关 7 8 9 10	通信协议	推荐使用波特率
15			
16			

注　协议选择不正确，解码器将无法正常工作。

63　电脑控制型解码器波特率如何选择？

答　波特率的选择是为了使解码器与控制设备之间有相同的数据传输速度，波特率选择不正确，编码器无法正常工作，波特率选择见表 9-5。

表 9-5　　　　　波 特 率 选 择 表

波特率开关 11 12	波特率	波特率开关 11 12	波特率
	1200		4800
	2400		9600

在解码器中，每一种协议均有自己的通信速率（波特率），必须按照表 9-5 将系统和解码器的波特率设置正确。例如：系统是 PELCO-D，波特率为 2400bit/s，那么，解码器应选择第 1 项 PELCO-D 通信协议，波特率选择 2400bit/s，即协议开关 8～10 为 ON，7 为 OFF，（波特率选取开关）11 为 ON，12 为 OFF。

➤ **64** 电脑控制型解码器地址如何设置？

答　在同一系统中，每一个解码器都必须有一个唯一的地址码供系统识别。应将解码器的地址设定与摄像机号码一致。例如：第八台摄像机有云台、镜头，安装有解码器，那么，应将解码器的地址设定成八。

有些系统地址是从 0 开始的，如天地伟业、天大天财矩阵系统和 IDRS 数字硬盘录像系统等，若遇此情况应将解码器的地址设置成从 0 开始即可。即第一台摄像机所接的解码器具址设为 0，其他依此类推。

解码器多采用二进制拨码开关来设置解码器的地址，共有六位，最多可设定 64 个地址，表 9-6 给出了部分地址和拨码对照表，供用户参考。

表 9-6　　　　　　　　解 码 器 地 址 表

地址	地址开关	地址	地址开关	地址	地址开关
0	ON 1 2 3 4 5 6	7	ON 1 2 3 4 5 6	14	ON 1 2 3 4 5 6
1	ON 1 2 3 4 5 6	8	ON 1 2 3 4 5 6	15	ON 1 2 3 4 5 6
2	ON 1 2 3 4 5 6	9	ON 1 2 3 4 5 6	16	ON 1 2 3 4 5 6
3	ON 1 2 3 4 5 6	10	ON 1 2 3 4 5 6	17	ON 1 2 3 4 5 6
4	ON 1 2 3 4 5 6	11	ON 1 2 3 4 5 6	18	ON 1 2 3 4 5 6
5	ON 1 2 3 4 5 6	12	ON 1 2 3 4 5 6	19	ON 1 2 3 4 5 6
6	ON 1 2 3 4 5 6	13	ON 1 2 3 4 5 6	20	ON 1 2 3 4 5 6

续表

地址	地址开关	地址	地址开关	地址	地址开关
21		34		47	
22		35		48	
23		36	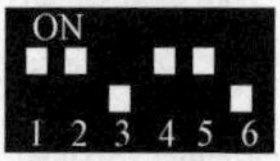	49	
24		37	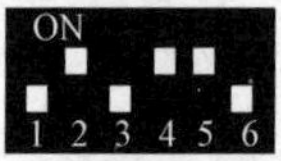	50	
25		38		51	
26		39		52	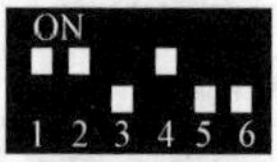
27		40		53	
28		41		54	
29		42	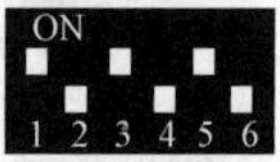	55	
30		43	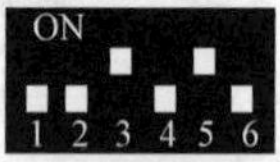	56	
31		44		57	
32		45		58	
33		46		59	

续表

地址	地址开关	地址	地址开关	地址	地址开关
60	ON ▮▮□□□□ 1 2 3 4 5 6	62	ON ▮□▮▮▮▮ 1 2 3 4 5 6		
61	ON □▮□□□□ 1 2 3 4 5 6	63	ON ▮▮▮▮▮▮ 1 2 3 4 5 6		

地址计算方法如下，以下是开关状态在 OFF 时的值。

开关：　　　1　2　3　4　5　6

对应的值：1　2　4　8　16　32

地址号等于开关所对应的值相加。

➤ 65　解码器如何连接？

答　解码器采用 RS485 通信方式，"485＋"和"485－"为信号接线端，"GND"为屏蔽地，它们需与主控设备对应连接如图 9 - 17 所示。

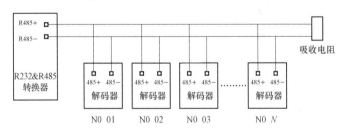

图 9 - 17　R485 多个解码器连接示意图

RS485 设备至解码器之间采用二芯屏蔽双绞线相连，连接电缆的最远累加距离不超过 1500m，多个解码器连接应在最远一个解码器的数据线两端之间并接一个 120Ω 的匹配电阻或将解码器"终结开关"短接。

注意：架设通信线时，应尽可能地避开高压线路或其他可能的干扰源。

➤ 66　解码器与云台如何连接？

答　COM：对应云台的公共端　　　COMMON

U：对应云台的"上"　　UP

D：对应云台的"下"　　DOWN

L：对应云台的"左"　　LEFT

R：对应云台的"右"　　RIGHT

A：对应云台的"自动"　　AUTO

注意：若云台电压为 220V，应将"云台选择开关"拨到 220V 位置，若云台电压为 24V，应将"云台选择开关"拨到 24V 位置。详情请参阅解码器接线路。

67　解码器与镜头如何连接？

答　COM：对应镜头的公共端 COMMON

O/C：对应镜头的光圈调节

N/F：对应镜头的焦距调节

W/T：对应镜头的变焦调节

注意：若依此连接，控制位置不对，可根据实际情况自行调整。其中 AUX 为一对动合的辅助开关。

68　指示灯不亮，解码器不动作的原因是什么？

答　可能原因有：无电源；LED 开关未短接；熔丝烧坏（此种情形最多，主要是因为错误地连接云台控制线而造成）。

69　自检正常，但无法控制的原因是什么？

答　可能原因：协议设定不正确；地址设置不正确；数据线接错；通信线路故障。

70　自检正常，部分功能控制失效的原因是什么？

答　可能原因：协议不正确；R232 与 RS485 转换器故障，或未按 RS485 的布线规则布线。

71　电源指示灯亮，但自检不起作用的原因是什么？

答　可能原因：此种情况比较少见，主要原因为自检开关故障。当系统无法自检时，证明此解码器有故障，需要对电路进行检修。

72 什么是视频信号分配器？

答 就是指可以将信号电压峰值为 $1\sim1.2V_{p-p}$，即 $1\sim1.2V$ 峰值的输入阻抗 75Ω 复合视频信号，复制成多路相同数值的 75Ω 复合视频信号输出的设备。

73 视频分配器原理是什么？

答 图 9-18 给出了单路 1 分 4 视频分配器的原理图。由图可见，采用 4 个独立的输出缓冲器可以有效地减少各输出通道间的串扰。

分立元件视频分配器现已很少使用，新型视频分配器则大多以单片或多片集成电路为核心并配以少量周边电路而构成。

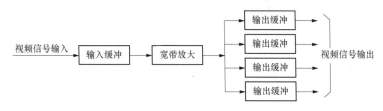

图 9-18 单路 1 分 4 视频分配器的原理图

图 9-19 给出了由单片视频信号分配器 TEA5114 构成的视频信号 3 分配器电路原理图。视频输入信号经 R_4、R_5 分压后，通过 C_2、C_3 和 C_4 耦合至 IC 内部的 3 路放大器。分压电阻 R_4、R_5 同时也起到与 75Ω 输入阻抗匹配的作用。输出端串联的电阻 R_1、R_2 和 R_3 分别为各路的输出电阻，以保证整个分配器的各路输出阻抗均为 75Ω。

当需要将多信号输入视频源的每一路都同时分成多路时，即构成了组分配器，它实质上是将多个单输入视频分配器组合在一起作为一个整体，以减少单个分配器的数量，减小设备体积，降低系统造价，提高系统的稳定性。图 9-20 所示为 8 片集成电路 AD8001 构成的 8 路 1 分 2 视频分配器的原理图。

AD8001 为一电流反馈型放大器，在单位增益时具有 800MHz 的带宽，转换速率高达 $1200V/\mu s$，通带增益均匀性小于 0.1dB，并可提供 70mA 的驱动电流。

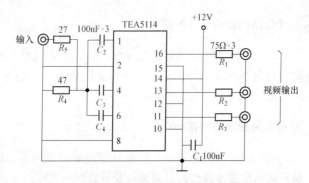

图 9 - 19 由 TEA5114 构成的视频信号 3 分配器电路原理图

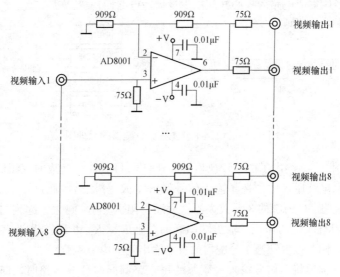

图 9 - 20 8 路 1 分 2 视频分配器原理图

74 视频分配器的使用及故障排除方法是什么?

答 视频分配器的使用方法很简单,只要将欲分配的视频信号接到输入端,就可以在多个输出端同时得到相同的视频输出信号,由于进入视频分配器的视频信号都是经宽带放大后再经输出缓冲输出,这就意味着其后续外接视频设备的输入阻抗不会对视频放大器本身的性能指标造成影响，因此，对没有输出任务的输出端口可空接。在实际工程中，多路 1 分 2 视频分配器的用量较多，因为它可以将多个摄像机的信号分成两组，一组进入视频矩阵主体，利用其后面板上的视频环路输出功能，将输入给该矩阵主体的视频信号再从环路输出，就可以省去视频分配器了。但是，如果系统需要将信号分成 3 组以上，还是需要由多路视频分配器来实现。

在有些应用场合，有人在进行视频信号的分配时并不使用视频分配器，而是简单地用 T 型 BNC 连接器（俗称"三通"）进行分配，结果虽然也能看到稳定的图像显示，但实际图像质量已经下降，特别是在电缆长度较长的监控系统中，通过这种无源"三通"进行分配会使图像的稳定性受到影响：单路信号可能使图像稳定地显示，而分为两路信号后则每一路图像信号的显示都不能稳定了。实际上，如果通过示波器来观察信号，经"三通"分配后的视频信号的幅度与分配前相比有了较大的衰减。因此，在实际工程中，即使信号经"三通"分配后可以在监视器上稳定地显示，也不推荐这种信号分配方式，而是应通过视频分配器或视频环路输出来提供多路信号源。

如果视频分配器的分配路数有限，也可将多个分配器串联使用，即：将第一级分配器的输出再输入到第二级分配器进行分配，这样即可实现 1 路变 2 路，2 路变 4 路……不过，由于每经过一次分配，信号都会受到一定的损失，因此原则上不推荐分配器的级联使用，当现有分配器的输出路数不够时，建议换用多输出的分配器。由于分配器的电气原理很简单，因此，分配器出现故障的概率也很小。除了可能出现电源故障外，其他故障可以根据图电路原理图很容易地进行排查。

需要注意的是，由于视频分配器（特别是多输入视频分配器）的输出端口较多，后面板各 BNC 座之间的距离较小，因而用 BNC 连接器进行连接时往往不太方便，很容易出现某几路输出无信号的现象，故障原因是线缆与分配器的连接端子（BNC 头/座）接触不良。因此，在实际工程中要特别注意 BNC 连接器的质量。

➡ **75** 视频切换器有几种？

答　普通视频切换器分为无源和有源两大类，其中无源切换器属早期产品，很少应用。市面上能够见到的绝大多数视频切换器都是采用通用多路模拟开关集成电路或专用视频切换集成电路构成的有源切换器。

图 9-21 示出了由通用模拟开关集成电路 CD4052 构成的 4 路有源视频切换器原理图，其 SB1～SB4 为四位互锁开关，射极跟随器 VT 将 CD4052 的输出经缓冲后从 V_{out} 送出。

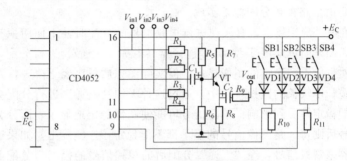

图 9-21　4 路有源视频切换器原理图

由图 9-21 可见，当 SB1～SB4 的不同按键分别按下时，可以使 CD4052 的 9、10 脚（即 A0A1）分别对应于 00、01、10、11 四种状态，从而在 CD4052 的输出为 V_{in1}、V_{in2}、V_{in3} 或 V_{in4} 中的任意一路输入信号，该信号经 VT 隔离后在 V_{out} 端输出。

图 9-21 电路实际上使用了半片 CD4052，由于 CD4052 内部具有两个结构一样的 4 选 1 切换器，因此也可以用其中的一个做视频切换，而用另一个做音频切换，组成一个视、音频同步切换的 4 选 1 切换器，也可以将两部分并联使用组成双 4 路视频切换器。

为了使图 9-21 所示的视频切换器具有自动切换功能，必须使 CD4052 的 9、10 脚自动地、周而复始地重复 00、01、10、11 等 4 种状态。这 4 种状态可以由单片机来实现，对于简单的切换器，这 4 种状态也可以由模拟计数器来完成。

➡ 76　视频信号放大器的功能是什么？

答　在闭路电视监控系统中，视频信号放大器是为了弥补视频信号距离传输造成信号衰减的，视频信号放大器可以对视频信号进行补偿，因此可以起到延长电缆传输距离的作用。

77 视频信号放大器使用中应注意什么？

答 需要注意的是，视频放大器的带宽要求较高，理论下限频率为0Hz，上限频率一般要到10MHz，而且要求通带平坦，如果视频放大器的带宽不够宽，那么弱信号经放大虽可达到一定的强度，但因其视频部分放大率不够而会导致在监视器上显示的图像略显模糊，图像中景物的边缘不清，高频细节不够。通过补偿，可有效增加同频放大器的带宽，从而使显示的图像质量有所改善。在实际应用中，视频放大器的故障率并不高，但一部分用户对放大器的高频补偿原理不太明白，以至于不敢轻易地对放大器的高频补偿电位器进行调节，结果，整个系统可能并未工作于最佳状态。其实，无论是哪种形式的高频补偿调节钮都是可以调整的，并且，在调整过程中要对监视器屏幕上显示的图像质量进行评判，直至图像中景物的边缘最清晰，图像质量达到最佳。还要注意的是，如果一味地调高高频段的增益，图像中景物的边缘可能会补偿过度，产生重影的感觉，此时，应将高频的增益稍稍回调一些。

78 什么是双工多画面处理器？

答 双工多画面处理器（画面分割器）既有画面处理的功能（能将几个画面同时显示在一个监视器上），又有采用场消隐技术，按摄像机编码号对整场图像进行编码并复合录制在一台录像机上的功能。

79 画面处理器分几种？

答 画面处理器是按输入的摄像机路数，以及能在一台监视器上显示多画面个数，分为四、九、十六画面处理器等。

80 双工画面处理器的功能是什么？

答 双工画面处理器的基本功能就是用一台录像机就可以对多路图像信号同时记录，另一个基本功能就是报警自动切换，在进行录像的同时，还能够对各路视频信号进行同屏或轮换监控。

81 基本的画面分割器原理是什么？

答 最基本的画面分割器是四画面分割器，另外，双四画面分割器（8路视频输入信号分为两组，每组4个画面同屏显示），九画面分割器、十六画面分割器等也都曾是闭路电视监控系统的首选设备之一。

无论是哪一种分割方式，画面分割器分割画面的原理都是一样的。下面以四画面分割器为例，它可以接受四路视频信号输入。并将该4路视频信号分别进行模/数转换、压缩、存储，最后合成为一路高频信号输出，监视器在同一个屏幕上同时看到4个不同视频信号画面，通过操作控制面板上的相关按键，画面分割器既可以将4个摄像机的画面同时在监视器屏幕上显示，也可以单独显示某一个摄像机的画面，而录像机则固定接收由画面分割器输出的4个画面组合在一起的视频信号（其输出不受面板按键的控制）。另外，四画面分割器一般还都包括4路报警输入及报警联动功能，其中联动的意思是：当连接在报警端口上的某一路报警探测器发生报警时，无论画面分割器原处于何显示方式，都将自动切换到报警画面全屏显示方式，并有蜂鸣器提示，同时输出报警信号去其他受控装置，如触发录像机开始自动录像，或通过继电器打开现场灯光。图9-22示出了四画面分割器视频合成部分的原理。

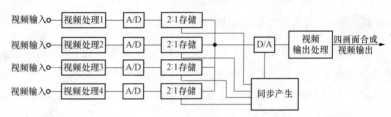

图9-22　四画面分割器视频合成部分的原理

由图9-22可见，4路视频信号各自经模/数转换后分别在水平和垂直方向按2∶1的比率压缩取样、存储，而后各样点在同一时钟驱动下顺序读出，经数/模转换后即可形成4路画面合成一路的输出信号。

在实际应用中，四画面分割并不一定以整机形式出现，因为有些常规视频设备内部就集成了四画面分割器模块（其实是四画面分割器的机芯主板），即形成了多功能监视器。

➡ 82 双四画面分割器的特点是什么？

答　双四画面分割器可以显示两个四分屏画面，其中每一个四分屏画面对应 4 路视频信号输入。由于双四画面分割器总计可接受 8 路视频信号输入，因而又常被不严格地称为八画面分割器。但是实际上，这种双四画面分割器只具有同时处理 4 路视频信号的能力，它相当于在四画面分割器的 4 个输入端之前先行进行了 8 选 4（每个输入端对应 2 选 1）的成组切换，因而有效视频输入信号的路数仅为 4 个。因此，在监视器屏幕上只能同时显示 4 个小画面，而另外 4 个小画面则只能以翻页的形式在另一屏来显示。

有些双四画面分割器也带有录像带的单路回放功能，但对于上述第一种方式的单路回放功能来说，它实际上并不是真正意义上的单路回放，而是将双四画面分割器的某两个处于同一显示区域但分别处于不同编组的画面交替重放，如第 1、5 路画面交替或第 3、7 路画面交替显地。只有输入的 8 路视频信号按帧或场间隔进行切换并送往录像机去记录，才能真正选择出单一的回放画面，只是此时画面的重复频率降低，相当于降低于时间分辨率。

➤ 83 画面分割器常见故障如何排除？

答 在画面分割器中使用的集成电路芯片的数量较多，并且有些芯片的引脚也很多（有的已上百），电路较复杂维修难度也相对而言大一些。

在实际应用中，画面分割器的故障形式有多种，既有"硬"故障，也常常会有"软"故障。所以当分割器出现故障时，如果是芯片损坏，自行维修将是极其困难的。因为要将某片上百个引脚的芯片从电路板上取下，没有专用的工具是很不容易的，即便是能够完整地拆下，技术人员也没有备用芯片替换，还是需要将设备返回到厂家维修。如果是内部电源或小的元件损坏，可用代换法修理。

➤ 84 监视器的功能是什么？

答 监视器用于显示由各监视点的摄像机传来的图像信息，是电视监控系统中的必备设备。对于只有几个监视点的小型电视监控系统，有时只需一个监视器即可，而对具有数十个监视器的大型电视监控系统而言，则需要数个甚至数十个监视器。

→ **85** 监视器分为几类？

答 监视器主要分为黑白和彩色两大类，黑白监视器的分辨率一般在 600～800 线，彩色监视器分辨率在 400～800 线，监视器的分辨率越高，显示的图像越清晰，而价格也越高，图 9 - 23 所示为彩色监视器系统框图。

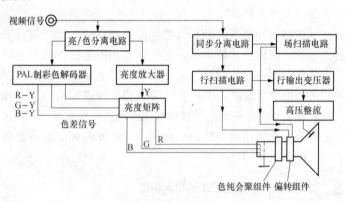

图 9 - 23 彩色监视器系统框图

→ **86** 硬盘录像机的发展过程是什么？

答 随着闭路电视监控行业的迅速发展，其技术也有了许多突飞猛进的改进，数字硬盘录像设备（Digital Video Recorder，DVR）就是众所瞩目的焦点产品之一。数字硬盘录像监控系统以其功能集成化、录像数字化、使用简单化、监控智能化、控制网络化等优势，在安防领域得到了广泛重视。

硬盘录像机是目前电视监控领域最新型、性能最卓越的数字化图像记录设备，它可以监控系统中所有摄像机的画面并进行实时数字压缩并录制存档，更可以根据任意检索条件对所记录的图像进行随机检索。由于采用了数字记录技术，使已录制图像回放都不会影响播放图像的清晰度，而传统的模拟方式记录的录像带在经过若干次检索及回放后，图像质量将会有一定的衰弱并由此引起信号信噪比的下降。当需要对已存储的图像进行复制时，数字方式记录的图像不存在复制劣化的问题，而模拟方式记录的图像经过一次复制就要劣化一次，因此，数字化的硬盘录像机代表了电视监控系统中图像记录设备的发展方向。

87　硬盘录像机的性能与特点有哪些?

答　(1) 硬盘录像机的保密性。硬盘录像机是由计算机程序来控制,对使用的图像存储回放和状态设置均有严格的密码,另外,硬盘资料如果被拷贝,普通的计算机是无法还原出图像来的,而且就算是本系统也无法对已存储的图像作任何修改。

(2) 全双工多画面处理。硬盘录像机可以一边监视图像以便进行图像记录,它有画面处理器的全部功能。

(3) 矩阵功能。硬盘录像机有矩阵主要的功能,可以直接对摄像机镜头、云台等进行控制,控制的同时不影响图像记录和图像监视。

(4) 网络传输。硬盘录像机可以通过局域网、广域网、ADSL、电话线等传输图像及控制数据,应用灵活方便。

88　硬盘录像机按功能可以分为几类?

答　(1) 单路数字硬盘录像机。如同一台长时间录像机,只不过使用数字方式录像,可搭配一般的影像压缩处理器或分割器等设备使用。

(2) 多画面数字硬盘录像机。本身包含多画面处理器,可用画面切换方式的同时记录多路图像。

(3) 数字硬盘录像监控主机。集多画面处理器、视频切换器、录像机的全部功能于一体,本身可连接报警探测器,其他功能还包括:可进行移动侦测,可通过解码器控制云台旋转和镜头伸缩,可通过网络传输图像和控制信号等。

89　硬盘录像机按解压缩方式可以分为几类?

答　数字硬盘录像机又分为硬解压和软解压两大类。硬解压是指由专门设计的电路和单片机晶片内的底层软件完成解压,软解压是指用电脑主机和高级语言编制和软件解压。通过实际工程应用总结,发现硬件压缩和解压比软件更真实可靠,原因是软件方式依赖于成本低廉、机箱庞大的电脑,并非闭路电视领域的专业产品,且使用中很容易死机和资料混乱,所记录的图像也有可能被更改或重新编辑;而硬件方式采用闭路电视领域的专业技术，图像画面具有清晰的压缩和解压缩，一旦被记录下来，就不可能更改。

➡ 90 硬盘录像机性能满足系统要求要注意哪些?

答 选择 DVR，首先应明确设备用在哪里? 是保安监控系统（如楼宇、办公大楼、博物馆等），还是对录像速度要求较高的银行柜员系统? 用于保安监控系统的产品，其特点是功能齐全，具备良好的网络传输、控制功能，录像速度较慢，但通过与报警探测器、移动侦测的联动，也能使录像资源分配到最需要的地方。用于银行柜员监控系统中的产品，其特点是录像速度高，每路均可达 25 帧/s（PAL 制)，但因其在图像处理上的工作量比前者大得多，故网络等其他功能相对较弱。因此，在不同类型的监控系统中应使用不同类型的硬盘录像机。

数字化设备是一机多能的设备，而不是一机全能的设备。例如十多路全即时录像、录音的功能，目前电脑软、硬件技术水平基本上无法满足要求，因为电脑的汇流排传输速度、CPU 处理速度和硬盘的刻录速度是有限的，无法同时传输、处理和刻录那么多的资料，除非使用超级电脑，然而如此一来，所花费的价钱相当高。在目前电脑软、硬件技术水平条件下，针对柜员数字录像设备的视频输入路数不能超过八路，否则，电脑的处理能力会跟不上，再不就会产生图像质量无法让人接受的问题。

➡ 91 硬盘录像机经过稳定性验证的表现是什么?

答 (1) 硬件结构。DVR 大多为多路视频输入，硬件可采用多卡或单卡方式。由于 DVR 基本上都是基于 PC 机，且多以 WINDOWS 为操作平台，因此采用单卡方式集成度高，稳定性会优于多卡方式；有时为了提高性能，如提高录像速度，必须采用多卡方式，但平均而言，使用的采集卡越少越好。此外，设备的散热问题也是需要考虑的因素。

(2) 软件编程。必须通过长时间的运行和操作来验证。DVR 的关键优点之一是无须不断更换存储介质，它会不断刷新硬盘，将过期资料清除，而将最新资料保存下来，然而，有些 DVR 在进行这项处理时却存在问题。实际上，选择已广泛投入使用，且用户反应良好的产品可能是最简洁的办法。

（3）适当加挂硬盘。一般来说，DVR自带硬盘是不够用户使用的。例如，用于银行柜员监控的DVR，自带最大硬盘容量为160GB（这已是目前最大的IDE硬盘了），而银行要求图像保存30天，录像长度至少200h，如果使用八路即时DVR，即使将每帧图像资料量压缩至2K，需要的硬盘容量也至少为300G，而且将图像资料量压缩至2K，图像质量是否可接受还很难说。

92 硬盘录像机的故障如何排除？

答　由于硬盘录像机是由硬件及应用软件两大部分构成，因此其出现的故障也有两大类。不过，在实际应用中，硬盘录像机硬件出现故障的几率并不高，相对地，基于PC插卡的硬盘录像机则有时因病毒侵袭而导致的软件故障，如经常死机、速度明显变慢等故障。

对于基于PC及Windows操作系统的硬盘录像机，如果出现上述死机故障则一般应首先考虑是否是病毒侵袭，如果经过杀毒后故障消除。

还有一种情况在少数管理不严格的单位内，监控室的值班人员可能会将硬盘录像机设置于后台录像方式，然后运行Office软件进行一些文档操作，甚至有人在机器内安装游戏软件并玩游戏。如果稍有不慎，则很可能因误操作而使录像软件损坏（或被删除），这是必须要注意的。

实际上，对于基于PC的硬盘录像机，很多故障可能都是PC故障，特别是对于仅购置板卡和软件而自行配置主机的DVR来说，很可能会因主板、显卡等PC设备的兼容性问题而导致机器经常出现故障，这一点也要特别注意。

93 简单多分控系统如何应用？

答　应用场所：多点全方位监控。如选8路音、视频输出型，可同时显示八路不同图像，且每路可以滚动显示任何一路图像。根据需要，可以设多个分控键盘，即多个分监控室，由多人同时操作不同路的云台可变镜头。调整某一路云台、镜头时不影响其他七路的操作运行。多分控系统接线图如图9-24所示。

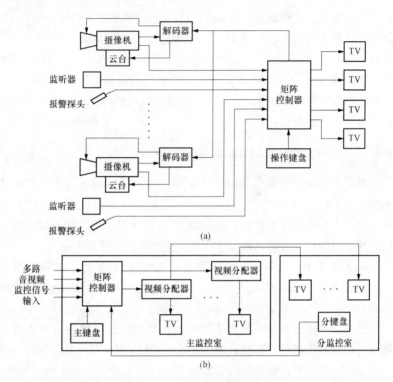

(a)

(b)

图 9-24　多分控系统接线图

(a) 监控系统组成接线图；(b) 监控系统图

94　矩阵加多画面多分系统如何应用？

答　如需要节省监视器时可采用九画面分割器。采用一台大型监视器显示九画面，一台小监视器显示单一画面。九画面接在矩阵面，可以使九个小画面滚动显示不同图像。当发现情况时，用键盘调出显示在小监视器上仔细观察。超过 16 路以上输入可以选用 16 路输出的矩阵，用

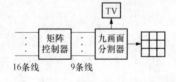

图 9-25　多画面多分系统框图

两台九画面，加上四台监视器，可直接监控 16 路图像，加上矩阵时间滚动切换，监控目标可以更多。多画面多分系统框图如图 9-25 所示，矩阵加多画面多分系统监控框图如图 9-26 所示。

428

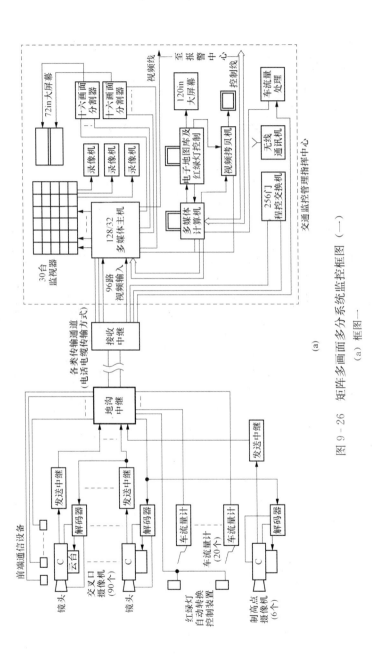

图 9-26 矩阵多画面多分系统监控框图（一）

(a) 框图一

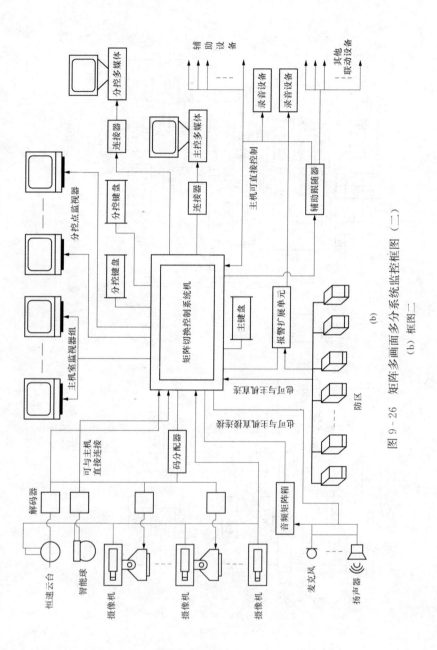

图 9 - 26　矩阵多画面多分系统监控框图（二）

(b) 框图二

430

95 **工频干扰的原因是什么？如何排除？**

答 视频传输过程中，最常遇到的是在监视器上产生一条黑杠或白杠，这是由于存在地环路干扰而产生的。其原因是信号传输线的公共端在两头都接地而造成重复接地；信号线的公共端与220V交流电源的零线短路；系统中某一设备的公共端与220V交流电源有短路现象；信号线受到由交流电源产生的强磁场干扰。解决的方法是在传输线上接入纵向扼流圈来消除。

96 **木纹干扰的原因是什么？如何排除？**

答 在监视器上出现水波纹形或细网状干扰，轻时不影响使用，重时就无法观看了。产生的原因是视频传输线不好，屏蔽性差，线电阻过大，视频特性阻抗不是75Ω，其他参数如分布电容等也不合格。解决方法，施工时选用质量好的线材，或采用"始端串电阻"（几十欧），"终端并接电阻"（75Ω）。若仍无法解决，只能采用换线方法；电源不"洁净"，如本电网有大电流、高电压晶闸管设备对本电网干扰较重。可采用净化电源或在线UPS供电解决；附近有强干扰，解决方法只能加强摄像机、导线等屏蔽来解决。

97 **系统发生故障的原因及处理方法是什么？**

答 电视监控系统在运行一段时间后，会产生各种故障，如不能正常运行，或达不到设计时的要求。声音图像质量不好，可从以下几个方面查找原因。

（1）电源不正常，电源供电电压过高或过低；供电电路出现短路、断路、瞬间过压。解决方法，功率不大时，可用电源稳压器稳定电压。功率大时，需配专用电缆供电。

（2）线路处理不好，产生短路、断路、线路绝缘不良、误接等。解决方法，安装前应对线路进行测试，对插头、打折点、有伤处等应做标记。

（3）设备连接不正确，阻抗不匹配，接头连接不良，通信接口或通信方式不对。驱动力不够或超出规定的设备连接数量，也会造成一些功能失常。如矩阵主键盘与分控键盘数量，云台与解码器数量等，应按规定要求使用，方能避免发生功能故障。

当连线较多时，要分段测试。有故障应仔细分析，一一排除。

98 云台运转不灵或根本不能转动的原因是什么？如何排除？

答　云台运转不灵或根本不能转动的原因是因安装不当；负荷超过云台承重，造成垂直方向转动的电机过载损坏；室外温度过高、过低，以及防水、防冻措施不良造成电机损坏。解决方法是可用同型号新电机换下损坏电机。

99 云台自行动作的原因是什么？如何排除？

答　云台自行动作指操作台没有进行操作，也没设置成自动运行状态的故障。原因是外界有干扰，造成某解码器误接收控制信号，造成误动作不止；操作云台时切换过于频繁而失灵。对应的解决方法是加强解码线屏蔽，滤除不良干扰；操作云台完成后，应停几秒钟，等云台稳定下来，再切换到下一个云台进行操作。

100 操作键盘失灵的原因是什么？如何排除？

答　操作键盘失灵在连接无问题时，有可能是因误操作键盘造成"死机"。解决方法是将矩阵主机进行"系统复位"，看能否恢复正常，如仍无效果，可与厂家联系修理。因矩阵主机是微电脑控制，一些数据及电路模式已固化在集成电路中，个人修理难度较大。

101 电动可变镜头无法调节的原因是什么？如何排除？

答　电动可变镜头无法调节的原因是在确定解码器或其他控制器正常情况下，通常是镜头内连接导线或内部小电机出现问题。可拆开镜头外壳，修复导线或电机。

102 操作某一云台时，其他云台跟着动（没设分控操作室）的原因是什么？如何排除？

答　操作某一云台时，其他云台跟着动（没设分控操作室）的原因通常为解码器编码地址相同造成，将错误地址码改正过来即可排除。

103 摄像机无图像信号输出的原因是什么？

答 摄像机无图像信号输出可先检查摄像机适配电源，通常是因适配器无 12V 直流电压输出造成。

104 计算机控制系统如何构成？

答 普通计算机控制系统主要由电脑主机、CCR 视频压缩卡及电脑解码器等构成。电脑主机可以对各种功能进行控制，如控制云台、解码器、画面切换、录像控制等。

105 系统基本配置要求是什么？

答 常用电脑主机常用配置见表 9-7。

表 9-7　　　　　　　　　　电脑主机常用配置

CPU	赛扬 2.8G 以上（24 路），赛扬 2.4G 以上（16 路），赛扬 1.8G 以上（8 路）
主板	华硕、技嘉等商用主板
主板芯片组	Intel　845 或更高
内存	256M　DDR 或更高
硬盘	80G（根据通道数量和录像时间确定），至少分两个区
电源	350～400W　AT
显示器	17inSVGA
PCI 插槽	3.3V　PCI2.1
显卡	32M 独立显存，支持 DirectDraw 和 Overlay 技术，例如 Gforce 或 ATI-9200SE
操作系统	WindowsXP，　Windows2000，　Windows2003，　WindowsMe，　Windows98Se
显示驱动	DirectX　8.0 以上
其他外设	声卡、光驱等根据需要配置

注　显示器分辨率设定为 1024×768；在系统安装完后，在控制面牌台的电源选项里将关闭硬盘、关闭监视器和系统待机等选项设置为"从不"；检查所有设备是否存在冲突，对于存在冲突的设备，可以通过调整中断号、内存地址或者重新安装驱动程序等方法来解决。

106 CCR 视频压缩卡的功能是什么？

答 CCR 视频压缩卡的作用是将多路摄像机送来的视频信号及音频信号进行压缩处理，视频压缩卡有 4 路、16 路等，图 9-27、图 9-28 分别为只有视频输入和具有音视频输入的视频压缩卡。

 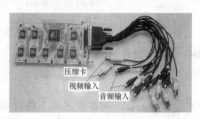

图 9-27 只有视频输入压缩卡　图 9-28 具有音频视频输入的视频压缩卡

107 压缩卡主要参数有哪些？

答 （1）视频特性。

1）视频输入：CVBS 输入。

2）支持制式：PAL、NTSC。

3）压缩分辨率：352×288（PAL），320×240（NTSC）。

4）单通道帧度：24F/S（PAL），30F/S（NTSC）。

（2）音频特性。

1）语音输入：语音线路输入。

2）监听采样率：32kHz。

3）录像采样率：8kHz。

（3）功能特性。

1）硬件符合 PCI2.1 规范，PNP 支持。

2）视频编码标准完全符合于 MPEG4（ISO/IEC14496-2），音频信号清楚，码流低录像输出格式可选音视频符合流或单独频流。

3）单路录像帧率在 1～25 帧（1～30 帧）。

4）支持多路同时预览，支持视频预览无级缩放。

5）支持压缩流/预览流叠加时钟多国文字的功能。

6）支持音视频的实时同步压缩。

7）多区域多灵敏度移动侦测。

8）支持静态图像捕捉。

9）录像格式全面兼容微软播放器。

10）超低功耗设计，板卡结构紧凑，系统稳定。

108 采集卡如何安装？

答 打开机箱，露出主机板和 PCI 插槽。找一个空置的 PCI 插槽，并卸掉其对应的 PCI 挡板。将 CCR 压缩卡的 PCI 接口对齐主机板的 PCI 插槽，然后将其平稳地插入插槽，合上机箱，上好螺丝，接好信号线，完成安装。

在安装板卡和计算机配件时，应断开计算机电源。不要用手直接接触板卡金手指（排扦脚）及其他非绝缘部分，防止接触不良。

109 驱动程序如何安装？

答 在购买采集卡时，都带有程序安装盘，将光盘推入 PC 机光驱中，即可进行程序安装（不同的采集卡安装过程不同，需要参看使用说明书）。

安装完毕后，应重新启动计算机。具体的软件操作应参考相应版本的软件使用说明。

110 系统软件一启动就退出的解决办法是什么？

答 （1）在设备管理器中检查是否所有的硬件通道的驱动程序都已经安装成功。如果系统中曾经装过类似的产品，那个产品的驱动程序很可能把压缩卡误认为是它的设备而误加载，造成压缩卡本身判断失误。

（2）检查是否运行了 Windows Media Player 等视频播放软件。这些软件会占用 DirectX 的资源，导致初始化失败。

（3）如果上一次启动后非正常退出，很可能造成硬件初始化失败，请关闭计算机，再重新启动。

（4）如果重新启动计算机仍然存在问题，应删除系统软件并重新安装。

（5）如果重新安装之后仍然存在问题，应删除 C：\ Cap34 下的所有文件。

（6）如果问题仍然存在，说明系统中的某一块或几块压缩卡硬件出现问题，应换卡。

111 驱动程序总是装不上的原因是什么？如何解决？

答 （1）系统中曾经安装过类似的设备的驱动程序，系统强行安装了别的驱动。尤其在某些 Windows XP 系统中，系统首先将设备认为 SAA7130 或 SAA7134 电视卡，放在"声音、视频和游戏控制器"中。这时要鼠标右键点击"设备管理器"中已安装的驱动程序选择"更新驱动程序"，根据系统提示使用强制更新（不自动安装，不搜索）将其更新为压缩卡的驱动程序，或者将多出来的程序卸载，重新启动计算机安装。

（2）压缩卡的金手指和主板 PCI 插槽接触不好，可以用橡皮擦掉金手指上的污渍或选择另外的 PCI 插槽。

112 8 路卡只有前四路有图像，而后四路没有的原因是什么？如何解决？

答 8 路卡只有前四路有图像，而后四路没有主要是由于 PCI 插槽的接触不好造成的，请更换其他 PCI 插槽。

113 视频显示时有时无干扰或者拉丝现象的原因是什么？如何解决？

答 视频显示时有时无干扰或者拉丝现象与显卡对视频的支持不够有关，尤其是 NVIDA 公司早期的产品（TNT，Gforce2 以下）。在 Windows2000 下请安装 ServicePack4（SP4），或按照产品说明书中要求的显卡配置计算机。

114 回放的时候或网络监控时看不到图像或者图像是倒转的原因是什么？如何解决？

答 回放的时候或网络监控时看不到图像或者图像是倒转与显卡对 DirectX9 的支持不够有关。主要是 ATI 的显卡表现会多些。这时可以调整显卡的颜色数值（如从 16 位色转为 32 位色），或者通过调整回放模块的显示模式来解决。

115 Windows2003 下显示"创建显示表面失败",然后系统退出的原因是什么?如何解决?

答 Windows2003 下显示"创建显示表面失败",然后系统退出是因为 Windows Serever2003 操作系统在默认情况下,没有把显卡的硬件加速全启用,以及 DirectDraw 加速和 Direct3D 加速被禁用的缘故。解决方法:

(1)在桌面上右键单击鼠标,依次选择属性→设置→高级疑难解答,然后选择将硬件加速(H):将其拖至最右边的位置,使硬件加速完全启用,点击确定按钮保存设置。

(2)在 Windows 任务栏上,点击"开始",选择"运行",输入"dxdiag"(不包括双引号),回车进入 DirectX 诊断工具对话框,选择"显示"标签页,点击"启用 A"和"启用 B"按钮,使 DirectDraw 加速和 Direct3D 加速被启用(可能需要重启计算机)。

116 备份下来的录像文件在别的计算机上播放不出来的原因是什么?如何解决?

答 要确认播放录像的计算机上安装了编译码的视频引擎。可以在备份目录或安装了系统程序或客户端的计算机上,在相应的目录中查找 Ins - msmp42.exe,在目标计算机上运行一次即可。

117 在设置里做的修改无效的原因是什么?如何解决?

答 系统中所有的修改完成后,必须点击对话框中的"修改"按钮进行存储。如果直接点击"确定"按钮则修改的参数并没有生效。

118 云台不能操作的原因是什么?如何解决?

答 确定云台参数和软件的设置一致。有些云台解码器的地址会比软件中的地址大 1,应将软件地址设为 1,则解码器的地址要设为 2,应做适当的调整。

119 IE 浏览器或客户端无法连接到服务器的原因是什么?
如何解决?

答 首先确认网络在物理上是否连通。在局域网内,应检查是否有防火墙屏蔽了服务器所需要的端口号(请检查服务器和客户端的防火墙设置);通过广域网的话,还要检查路由器上的虚拟服务器是否把服务器所需要的端口号(5600,5610,80)正确发到了服务器的 IP 地址上(请参考路由器的说明书);如果使用了动态域名,要检查动态域名是否真正起了作用(请参考提供动态域名的网站所提供的帮助)。另外,路由器本身质量是否合格也是要考虑的。

120 本地端软件启动后没有视频信号显示的原因是什么?
如何解决?

答 本地端软件启动后没有视频信号显示的原因是没有运行系统配置程序,出现在使用中性软件的用户中,应运行软件目录中的 Install. bat 或 Ins - MSMP42. exe。详细内容请参考软件文件夹内的安装说明。

121 在摄像头和视频线良好的情况下视频信号经常丢失的原因
是什么? 如何解决?

答 在摄像头和视频线良好的情况下视频信号经常丢失的主要原因是 PC 电脑的电源不够稳定。解决办法是把电源的输入线合理地均匀分配给硬盘和光驱等,并确保到主板的电源没有接触不良,或者更换一个稳定的大功率电源。

122 设定的计划录像没有启动的原因是什么? 如何解决?

答 设定的计划录像没有启动是由于在上一次系统退出时没有停止手动录像。系统对录像的操作是这样的:当某个通道已经在录像状态,再次发出的录像指令无效,举例来说,如果某个通道手动开始了连续录像,在没有停止连续录像的情况下,到了进行移动侦测录像的计划录像时间,该通道不会停止移动侦测录像,而是继续原来的连续录像,直到用户手动停止录像为止。

➡ **123** 回放视频文件的时候不断进行最大化，恢复操作的时候
会死机的原因是什么？如何解决？

答 回放视频文件的时候不断进行最大化，恢复操作的时候会死
机是由于显卡对图像显示的支持不好。请选择品牌比较可靠的厂家生
产的显卡，或者升级显卡驱动程序。

➡ **124** 显卡驱动程序有缺陷会对系统造成的影响有哪些？
如何解决？

答 显卡驱动程序有缺陷会对系统造成的影响有：

（1）系统软件启动时系统崩溃。

（2）回放录像资料然后再退出时系统崩溃。

（3）全屏显示视频时（包括实时或回放）系统崩溃。

解决办法：更换显卡驱动程序（如果是 ATI9200 或 Gforce4MX 可
选产品光盘上附带的显卡驱动）。

➡ **125** 计算机系统使用的解码器是什么？

答 计算机控制系统使用的解码器为智能解码器。

➡ **126** 多媒体监控系统的组成及特点分别是什么？

答 多媒体监控系统在监控系统主机的基础上增加了计算机控制
与管理功能。它可以对传统监控系统主机外接一台多媒体计算机，使
系统的控制与管理由计算机来完成，还可以将具有多种特定监控功能
的板卡（如视音频矩阵切换卡、视音频采集卡、视音频压缩卡、通信
控制卡、报警接口卡等）直接插入多媒体计算机（工控机）的扩充槽
内而形成一体化结构即标准多媒体监控系统。

图 9-29 所示为简单的多媒体监控系统结构图，由图可见，该系统
的基本结构与传统监控结构类似，但增加了外挂于系统主机的多媒体
计算机。该计算机不仅可以对整个监控系统进行控制管理，还可以通
过其内置的网卡接入网络。

标准的多媒体监控系统以高性能的多媒体工控机为核心，采用模
块化结构，将闭路电视监控系统主控制端的全部设备都集成于一体。

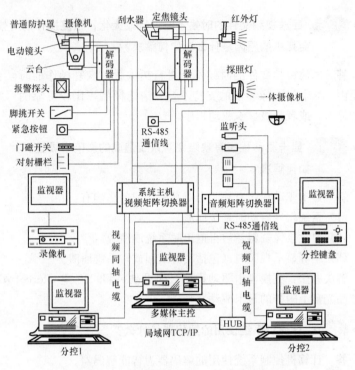

图 9-29　简单的多媒体监控系统结构图

　　另外，该系统还具有友好的人机交互界面和基于局域网/广域网的多级分控能力，因而可以方便地组成基于 C/S、B/S 架构的大型远程多级电视监控系统。系统中的每一级都有自我管理和监视控制的功能，并可受上一级的控制。

　　除了网络传输功能外，多媒体监控系统还支持了数字硬盘录像功能，而无论是哪一种数字硬盘录像机，都具有运动感知报警录像和视频运动检查报警录像功能，它使得硬盘录像机只有在检测到运动时才真正启动录像，从而有效节省视/音频数据的存储空间。由于数字硬盘录像具有比模拟磁带录像高得多的性能，已成为多媒体电视监控系统中必不可少的视音记录设备。图 9-30 所示为标准的多媒体电视监控系统图。

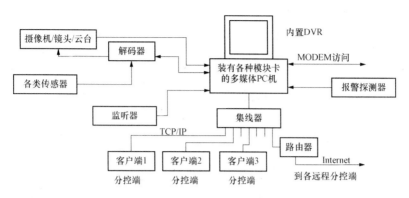

图 9-30 标准的多媒体电视监控系统图

➤ **127** 多媒体监控系统如何设置与使用?

答 多媒体系统主机是监控系统的核心设备,与其他设备相比,多媒体系统主机的初始设置过程相对复杂一些,但一旦设置完毕,以后的使用则相对简单,因为多媒体系统主机的所有功能都在系统的主界面上以形象的按钮以及丰富的菜单直观地表示出来。如果用户有最基本的计算机操作常识,就可以通过各类按钮及菜单对多媒体系统主机进行基本操作。

多媒体系统主机的设置是多媒体监控系统在调试过程中的重要一环,因为它决定了整个监控系统的功能有设置、运行状态以及使用方式。由于多媒体监控系统的智能化程度很高,在完成了初始化设置后,操作人员一般不需要进行复杂的操作即可对整个系统进行全面监控。由于多媒体监控系统的种类繁多,具体设置应参见使用说明,并应严格按照操作说明进行操作,以免出现使用不当造成的故障。

➤ **128** 多媒体监控系统常见故障及其排除方法有哪些?

答 多媒体监控系统除了可能出现在传统监控系统中常见的一些故障外,还有可能出现因计算机及网络配置或系统软件等原因而造成的故障。例如,某些多媒体监控系统可能会出现因显卡兼容不良而造成故障。此类故障又被称为"认卡";有些型号的计算机主板对某个特定品牌的视频采集卡不兼容;甚至有时因主板上总线插槽的数量不足而不能将套装的多媒体监控套卡——插上（早期的矩阵卡、通信控制卡是在 ISA 总线上开发，而主流计算机主板上则多为 PCI 总线插槽，可能仅留有一两条 ISA 插槽）；而监控系统软件有时则会因操作系统的问题而出现部分甚至全部故障；当然，若是计算机染上病毒，监控系统出现软件故障便是不可避免的了。

第十章

门 禁 控 制 系 统

➤ **1** 单对讲型门禁系统的系统结构是什么？

答 目前国内单对讲型系统应用最普遍，它的系统结构一般由防盗安全门、对讲系统、控制系统和电源组成。

➤ **2** 多线制系统如何构成？

答 多线制系统由于价格比较低，所以适合用于低层建筑。系统由面板机、室内话机、电源盒和电控锁四部分构成。所有室内话机都有 4 条线，其中有 3 条公共线分别是电源线、通话线、开锁线，一条是单 1 条单独的门铃线。系统的总线数为 $4+N$，N 为室内机个数，一般情况下，系统的容量受门口机按键面板和管线数量的控制，多线制大多采用单对讲式。多线制单对讲系统如图 10-1 所示。

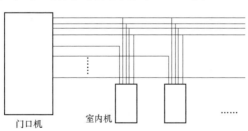

图 10-1 多线制单对讲系统

➤ **3** 总线多线制系统的应用范围是什么？

答 总线多线制单对讲系统适用高层建筑，如图 10-2 所示。

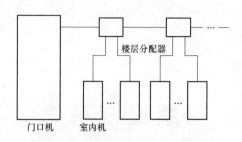

图 10-2　总线多线制单对讲系统

➡ **4** **总线制方式单对讲系统的特点是什么?**

答　总线制系统采用的是数字编码技术,一般每层有一只解码器(楼层分配器),解码器与解码器总线连接,解码器与多用户室内机单独连接。由于采用数字编码技术,系统配线数与系统用户数无关,从而使安装大为简便,系统功能增强。但是解码器的价格比较高,目前最常用的解码器为 4 用户、8 用户等几种规格。

总线控制系统是将数字技术从编码器中移至用户室内机中,然后由室内机识别信号由此做出反应。整个系统完全由总线连接,如图 10-3 所示。

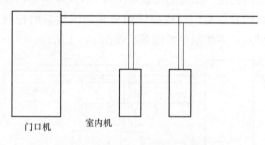

图 10-3　总线制单对讲系统

➡ **5** **多线制、总线多线制以及总线制系统的区别是什么?**

答　楼宇对讲系统涉及到千家万户,系统的价格至关重要。系统的价格应由器材、线材、施工难易程度和日常维护几个部分组成,三种结构系统综合性能对此见表 10-1。

表 10-1   三种结构系统综合性能对比表

性能	多线制	总线多线制	总线制
设备价格	低	高	较高
施工难易程度	难	较易	易
系统容量	小	大	大
系统灵活性	小	较大	大
系统功能	弱	强	强
系统扩充	难扩充	易扩充	易扩充
系统故障排除	难	易	较易
日常维护	难	易	易
线材耗用	多	较多	少

6 可视对讲型系统分为几种?

答 可视对讲型系统分为单用户和多用户两种类型。

7 单用户系统的基本组成是什么?

答 图 10-4 所示是单用户系统的基本组成。这种单用户机的安装调试很简单,普通住户自己就可以购买安装,适合于庭院住宅或别墅使用。

来访者按动室外机上的门铃键后,室内机发出提示铃声,户主摘机,系统自动启动室外机上的摄像机,获取来访者视频图像,并显示在室内机的屏幕上,此时,户主与来访者可以通过系统进行对话,户主确认后,按动开锁键,电控门锁开启,来访者进门后,自动关门,完成一次操作过程。

由此可见,该系统虽然简单,但也包括了监控系统的四个基本环节:摄像/拾音、信号传输与通信、图像/声音再现、遥控。普通的可视对讲门控系统,通常采用简单的有线通信方式,即通过多芯电缆连

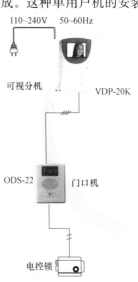

图 10-4 单用户系统的基本组成

通室外机和室内机，视频信号、控制信号、音频信号的传送，以及室外机的供电，都分别占用电缆中的一条芯线。需要解决的一个特殊问题是，夜间的摄像照明问题，现有的产品分为两种类型——黑白机和彩色机。日间均由自然光照明，夜间自动切换为红外线照明，红外线由安装在摄像镜头旁边的红外线发光二极管发出，肉眼不能看到。当采用红外线照明时，只能显示出黑白的图像，因此彩色机需要能够自动切换成黑白模式。

8 多用户系统如何组成？

答 图 10-5 所示是一个比较完整的多用户系统组成。

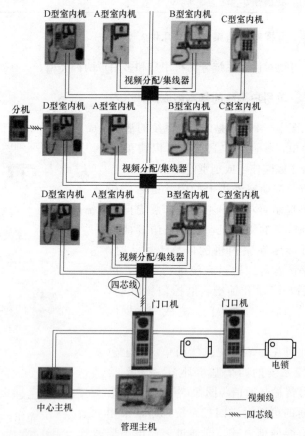

图 10-5 多用户系统组成

➡ **9** 指纹的特性是什么？

答 人的指纹是指从指头前端到第一关节的中心部位，虽然纹样来源于遗传，但即使是一卵性双胞胎，由于胎儿期的营养状况等环境因素的微妙影响，两人的指纹特征也有差异。

➡ **10** 指纹可以分为哪些种类？

答 指纹的纹样来自遗传，具有民族化的倾向。纹样主要有涡状纹、蹄状纹和弓状纹三种：涡状纹是像同心圆的旋涡状；涡状纹偏向一个方向的是蹄状纹；而像弓一样弯曲的是弓状纹。

➡ **11** 什么是指纹的特征点？

答 指纹的纹样中出现的断点或分叉点（见图10-6），被称为特征点，即卡尔通点。随个体差异，一个指纹上可有50～100个特征点。根据特征点的位置和方向，很容易将其数值化（二值化），并应用于指纹自动识别。国外司法界的洛卡尔特（E. Locard）认为：只要有12个特征点一致且纹样清晰，就可判定是本人。但是清晰的纹样有时难以获取，因而在十指指纹识别法中，用计算从指纹中心到末端的隆线数目来提高识别精度

识别精度更高的办法是除了对照特征点的位置和方向外，还把各特征点之间的隆线数也作为对照数据（见图10-7），这种方法被称为关联方式，用于日本AFIS指纹自动识别系统中。当输入系统的指纹数据与保存的指纹数据一致时，即判定为本人。

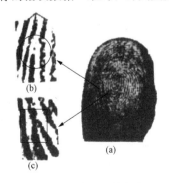

图10-6 指纹的特征点
（a）全体；（b）端点；（c）分叉点

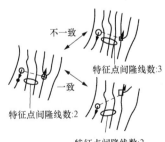

图10-7 特征点间隆线数对照图

12 自动指纹识别的方法是什么?

答 抽出特征点与保存的数据对照是 AFIS 采用的方法。首先输入原始指纹图像,然后对图像作二值化处理,再作突出纹线的轮廓化处理,获得精细的图像,在此图像上找出特征点及其方向。

13 指纹识别的缺点是什么?

答 指纹识别是利用身体特征的识别技术,但与任何识别技术一样,都有优点和缺点。

(1) 指纹的采集有一定困难。因为职业和疾病使指纹模糊的人,难于得到高品质的指纹,使否决率 FRR 相当高。

(2) 虽有各种各样的指纹识别设备,但没有评价标准开发指纹识别设备的公司较多,识别方式各不相同。有仅使用特征点的,有使用关联方式的。还有不用特征点而使用隆线频谱或纹形一致性的。录入数据的识别方式有多种,门限值各不相同;各公司采用的他人容许率 FAR、本人否决率 FRR 因评价方法不同,也无法作单纯的比较。本人否决率 (False Reject Ratio, FRR) 和他人容许率 (False AcceptRatio, FAR) 的值与选定的门限有关,降低门限值,则通过率提高,但误判率也会升高。因此选取的门限值应使 FRR 和 FAR 两者都较低。

14 什么是指纹的隆线?

答 所谓指纹的隆线是指汗腺口的突出部分连接起来的纹形,其间距为 0.1~0.5mm。

15 指纹传感器的识别要求是什么?

答 因为隆线间隔对传感器的识别间距有要求,虽然 0.1mm 的指纹不多,但必须考虑到小孩的指纹。根据研究结果,小孩的隆线间隔大约是成人的一半,因此若以 0.1mm 为最小间隔的话,传感器的识别间距必须小于 0.05mm。传感器间距通常用每英寸点数 DPI (Dots Perlnch) 或每英寸像素数 PPI (Pixel Per lnch) 表示,0.05mm 间距大体与 500DPI 相当。现今多数的传感器可以达到 300~500DPI,但对幼儿或亚洲女性,重现其指纹特征还很勉强,需要有 800DPI 的解像度。

➤ **16** 光学反射式指纹传感器的特点是什么？

答 把手指伸进玻璃杯的水中，并将手指按压在杯内壁上，改变观察的角度就可看见指纹。这时入射光的角度与观察角度相等，就会产生全反射，只有隆线部分因乱反射而变暗，所以可以看清指纹。利用与此现象相同的光学系统，由摄像机可摄下指纹图像（见图 10 - 8）这种方式因需要光路，所以不易小型化，且易受外界光线的影响。但正因为有了光路，使传感器和手指有了距离，从而使传感器只需简单的抗静电和耐腐蚀措施。此外，由于隆线间的凹部存有空气，因而提高了反差，无论干燥还是潮湿的指纹都容易读出。

➤ **17** 静电容量式指纹传感器的特点是什么？

答 静电容量传感器配置了电极，把相邻电极的静电容量信号化。当电极间的电介质接近指纹的隆线部分时电容量将变大，将这种差别图像化，可获得指纹（见图 10 - 9）。这种方式因不需要光源和光路，故体积可做得非常小。但是高介电率的汗和脂肪会影响图像，因而这种方式不易兼顾干燥和潮湿的皮肤。此外，像汁液这样良好的电介质如果残留在传感器上，可能造成不出图像，需要经常清洁其表面。

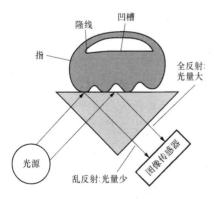

图 10 - 8　光学反射式传感器

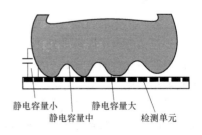

图 10 - 9　静电容式传感器

➤ **18** 电场式指纹传感器的特点是什么？

答 与静电容量方式相似，采用二维的电极并包覆绝缘涂层，从电极引线获取电压，使电场图像化，其方式如图10-10所示。这种方式的缺点是易受感应噪声的影响，需在后期作补偿处理。优点是不易受汗液和脂肪的影响，无论干燥或潮湿的皮肤都可获得稳定的图像，绝缘涂层也可做得比较厚。

➤ 19 光学透过式指纹传感器的特点是什么？

答 射入指头的入射光的一部分穿透指头射入光学图像传感器，由于隆线部分与传感器表面重合，所接收的光量大，而隆线间的凹槽由于有空气及水分而使入射光散乱，接收的光量就少。这种方式如图10-11所示。这种方式的缺点是因为必须有光源，传感器体积较大。优点是由于构成皮肤的蛋白质和脂肪的折射率与空气的折射率差异较大，因而可得到良好的反差；即使在有水分的情况下，也会因为折射率的差异而有较好的反差；因此这种方式对干燥和潮湿皮肤都适用。此外，保护传感器的外层可以用玻璃等透光材料，因而具有抗静电能力及良好的物理强度。

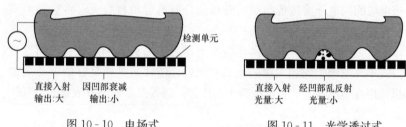

图10-10 电场式

图10-11 光学透过式

➤ 20 扫描方式指纹传感器的特点是什么？

答 用平面扫描器以机械方式扫描的一维图像传感器可以获得用高价位传感器才能获取的高精细图像，这种被称为扫描方式的传感器已经实用化。固定这种一维传感器，而移动指头进行扫描，可以使传感器小型化并安装到手机上。但是指头的移动速度却因人而异，而保持固定的扫描速度却是必需的。对此考虑以下四种对策：

（1）采用精密的旋转编码器作机械式的读取。

（2）采用专用传感器纵向检测速度。

（3）采用两个有一定间隔距离的传感器，将读取到的两个图像作比较后再合成一个图像。

（4）采用4～20个准一维传感器读取图像，经比较后再合成。

➡ **21** 指纹识别锁的电路结构是什么？

答 指纹识别锁的电路结构框图如图 10 - 12 所示。

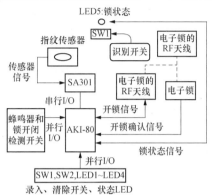

图 10 - 12 指纹识别锁的电路结构框图

➡ **22** 指纹识别传感器组件 **SA301** 的功能是什么？

答 指纹识别传感器组件 SA301 是日本电气公司生产的指纹识别组件，可以方便地构成高可靠性的指纹识别系统。

它采用了前述的关联方式，他人容许率 FAR 在 0.000 2% 以下，对 100 个人的 1000 个指纹误判率为 0，指纹读取采用光学透过方式，其表面的保护玻璃可以阻挡 99% 以上的紫外线，即使在阳光直射下也能工作，其抗静电和抗磨损能力也很高。内部闪存可以存储 200 个指纹数据，掉电后也不会丢失。通过 EIA - 232 接口、只用简单的指令就可控制，不需用专门的开发装置。CPU 采用 SA1110，该组件采用 2 个小基板，一块是指纹传感器，另一块是 CPU 及接口等。图 10 - 13 所示是其内部框图。

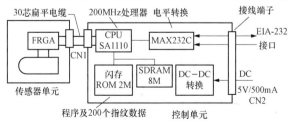

图 10 - 13 指纹识别的内部框图

➡ **23** 主控制器如何构成?

答 主控制器采用 Z80 单片机 AKI-80,门锁采用电池供电的电子销,电动机驱动,可以在停电的场合用非接触式 IC 卡开门。

➡ **24** 指纹传感器如何构成?

答 指纹传感器设置在门外,用扁平电缆与内机连接。

表 10-2   指纹反光的性能参数

项 目		规 格	备 注
控制接口		EIA-232	接口端子:DF13-10S-1.25C
认证性能	读取方式	光学透过方式	
	读取密度	约 800dpi	dpi 为每英寸(25.4mm)的像素数
	读取面积	约 18mm×15mm	
	灰度	256 级	8 比特/像素
	对照速度	2 秒以下	
	他人容许率	0.000 2%以下	
	录入数量	最大 200 指	每人两指,共 100 人
环境条件	工作温度	0~40℃	
	工作湿度	20%~80%	不结露
	抗静电能力	在指纹传感器表面接触放电±6kV(工作容许)	+12kV(物理容许)
电源条件	输入电压	DC5V+5%	
	消耗电流	最大 500mA	
尺寸	外观	48mm×44mm×11.5mm	控制单元
		50mm×42mm×11.5mm	传感器单元
	传感器电缆长度	约 70mm(单元间约 60mm)	扁平电缆

➡ **25** 开锁控制的原理是什么?

答 电子锁有两个接收天线,一个在门内的控制单元内,另一个设在门外,当继电器 JY-SW-K 的动合触点闭合时,天线得以接入电子锁电路中。当进行指纹识别时,单片机使继电器得电动作,磁卡的天线被接入电路，开锁后再断开继电器电源。

控制部分设有录入和清除两只开关（SW1、SW2）；LED用来指示控制部分记录的次数和状态以及显示传感器部分的锁状态。

整机电源由＋7V提供，＋5V稳压电源供给AKI-80和SA301，电子锁内电池可用一年以上，但为了延长置换期，同时也提供了外部电源＋6V。电路原理如图10-14所示，表10-2列出了指纹反光的性能参数。

26　什么是IC卡识别系统？

答　早期最多的是磁卡，但是随着计算机网络技术的飞快发展，智能卡正逐步取代磁卡，而在人们的生活中一的各个方面得到越来越广泛的应用。

智能卡又称有"Smart Card"与"Integrated Card"，虽然后者的含义是集成电路卡，但一般都仍把它简称为IC卡。IC卡的外形与磁卡基本相似，而在IC卡的塑料基片中封装有集成电路芯片。

27　IC卡的内部逻辑电路结构是什么？

答　IC卡的内部逻辑电路结构如图10-15所示，CPU先接收从读写器发送来的指令，然后经过固化在IC卡内ROM中的操作系统进行分析与执行，后访问数据存储器，进行加密、解密等各种操作运算。IC卡应用系统有两种结构类型，一种是IC卡读写器＋后台主机，另一种是智能终端＋后台主机，如图10-16所示。整个系统可分为4个层面，在IC卡读写器＋后台主机的系统中，主机主要负责的是对读写器送来的应用信息进行处理、存储、显示、打印等。而小系统的后台主机也可以是PC机，在大系统中一般采用服务器，IC卡读写器是用来控制IC卡与后台主机之产的信息交换界面，从数据通信的功能分层来看，它起到由数据链路层与物理层的作用。在读写器上不仅在IC卡的读写电路，而且还有与主机通信的接口电路，此外读写器还具有一套可以控制IC卡的吞入和吐出的机械装置。在智能终端＋后台主机的系统中后台主机的功能与前面一样，智能终端除了具有IC卡读写器的全部功能外，还在终端设备上配备有键盘和显示器，可以供用户与系统进行信息交互等。

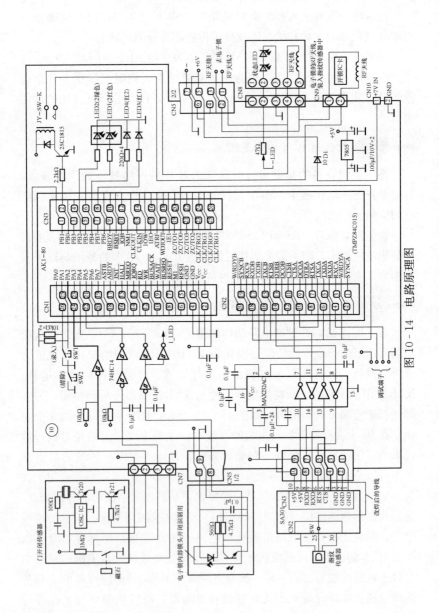

图 10 - 14　电路原理图

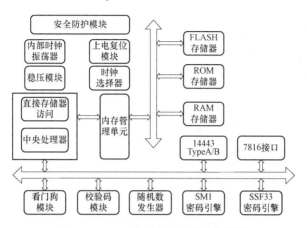

图 10 - 15　IC 卡的内部逻辑电路结构

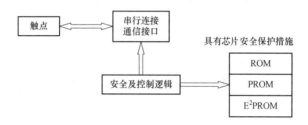

图 10 - 16　IC 卡系统的结构类型

28　IC 卡分为几种?

答　IC 卡分为接触卡和感应卡两种,接触卡必须在读写设备的触点和卡片上接触点相接,连通电路时后才能进行信息读写。而感应卡又称接近卡,只要靠近感应式读写设备就能进行信息读写。其原理是因为感应式读写设备在周围会产生一定的频率电磁波,当卡片进入感应范围内时,这时片卡上的电感线圈与电磁波会产生谐振并感应电流,使卡片上的芯片开始工作,卡片确认后,将内存信息经电感线圈再发射给读写设备接收之后,读写设备将接收的信息再传送给后台主机进行分析与对比,最后指挥控制器执行相应功能。出入控制系统中采用IC 卡不仅可以对进出人员的身份进行确认,还可以根据进入各种区域的权限开放相应通道,并且还可记录进出通道的时间,以作保安查询的巡查资料,串入控制系统中使用的 IC 卡读写器,一般的读写器只具备读卡的功能，并且往往把它安装在出入口一个特制的设备中，这种读卡设备通常称为读卡机。

29 IC 卡识别系统分为几种？

答 IC 卡识别系统分为一体机和独立门禁控制系统。

30 独立门控制系统的通信方式有几种？

答 独立的门禁控制器与前端识别设备之间需要进行通信，现在使用的通信方式基本上为两种，一种是使用 RS485 总线进行通信，另一种使用韦根线进行通信。

31 RS485 总线的特点是什么？

答 RS485 通信使用双绞线进行半双工通信，采用平衡发送和差分接收，因此具有抑制共模干扰的能力，传输距离可以达到数公里，可实现高速的信息传送。RS485 通信采用总线式的连接方式，可保证多台设备正常工作，而且它是串行通信，所以每台连接在总线上的设备有自己的 ID 地址，进行数据通信时，系统保证总线上只有一台设备发送数据，其他设备处于接收数据状态；设备之间采用自定义的协议传输数据。

采用 RS485 方式进行通信的门禁控制器可挂接多个读卡器，传输数据的过程如图 10-17 所示。每一个读卡器和门禁控制器都有自己的 ID 地址，RS485 网络上传递的数据都包含地址信息，在网络上只有一个设备发送数据，其他设备都会接收数据，对于目的是自己的数据，设备会进行相应的处理，而不是以自己为目的的命令将被抛弃。在这样的门禁系统中，门禁控制器通过轮巡的方式，完成一个门禁控制器管理多个读卡器的功能。

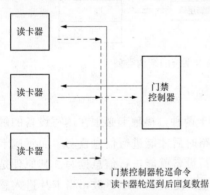

图 10-17 数据传输过程

32 韦根通信的特点是什么?

答 韦根通信是一种经常在安防系统中使用、通过两芯线进行点对点近距离通信的通用通信协议,最常用的格式有 Weigand26,它通过 DATA 0 和 DATA 1 两条数据线分别传送数据 "0" 和 "1",每帧传输的数据为 26Bit。它利用在两条通信数据线上分别产生的脉冲生成数据序列,通信距离大约 10m 左右。

33 门禁控制器工作原理是什么?

答 使用一个门禁控制器控制管理一个感应读卡器,设备之间通过 RS485 进行数据通信。系统的工作流程如图 10 - 18 所示。

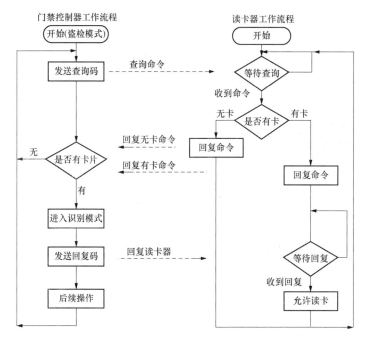

图 10 - 18　门禁系统工作流程

门禁控制器工作在两种模式之下。一种是巡检模式,另一种是识别模式。在巡检模式下,控制器不断向读卡器发送查询代码,并接收读卡器的回复命令。这种模式会一直保持下去,直至读卡器感应到卡片。当读卡器感应到卡片后，读卡器对控制器的巡检命令产生不同的回复，在这个回复命令中，读卡器将读到的感应卡内码数据传送到门禁控制器，使门禁控制器进入到识别模式。

在门禁控制器的识别模式下，门禁控制器分析感应卡内码，同设备内存储的卡片数据进行比对，并实施后续动作。门禁控制器完成接收数据的动作后，会发送命令回复读卡器，使读卡器恢复状态，同时，门禁控制器重新回到巡检模式。

通过上面门禁控制器和读卡器的工作流程，可以看出要实现开门，需要经过以下几个步骤：

（1）感应读卡器读取感应卡信息，获取感应卡内码。

（2）感应读卡器将感应卡信息传递到门禁控制器。

（3）门禁控制器对读取的感应卡数据和系统内部存储信息进行比对。

（4）门禁控制器根据判断结果，控制电路实现开门。

➤ 34 电控锁头如何构成？

电源　　手动开锁

图 10 - 19　电控锁头

答　电控锁头主要由磁铁和锁头构成，需要平时电磁铁不加电门处于锁状态，当需要开锁时通过控制机构给电磁铁加电，则电磁铁带动锁头动作，完成开门功能。电控锁头如图 10 -19 所示。

➤ 35 对讲式电控门禁电路如何构成？

答　常见的楼道防盗门对讲系统多为直按式对讲系统，由主机、分机、电控锁、电源盒和连接系统构成，主机安装在防盗门上，内部设有对讲系统控制电路，面板上设有呼叫用户的按键。客人先按防盗门主机上的呼叫按键，被呼叫住户的分机响起振铃，住户摘机后通过对讲系统与客人对话，然后按下开锁键，将防盗门的电控锁打开。

该系统电路包含有呼叫、对讲、开锁、面板照明电路等，通过呼叫线、送话线、受话开锁线、地线等与用户分机连接成整体电路，如图 10 - 20 所示。

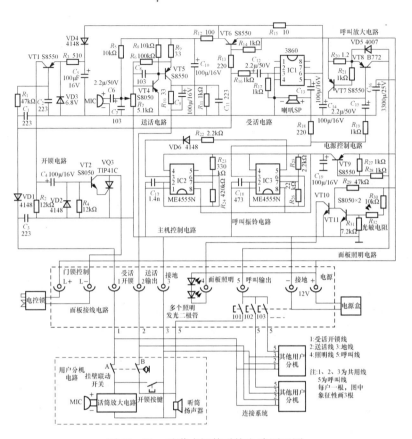

图 10 - 20　对讲式门禁系统电路原理图

➡ **36**　**呼叫电路的工作过程是什么?**

　　答　呼叫电路由呼叫振铃信号产生、振铃信号放大、呼叫电源控制等电路构成。呼叫电源控制电路由 VT9 及其外围元件构成,不按主机面板上的呼叫键时,VT9 的基极为高电位而截止,不向呼叫电路供电;当按下呼叫键时,将 VT9 的基极通过 R_{28} 与用户分机的呼叫扬声器相连接,VT9 导通,向呼叫振铃产生电路 IC2、IC3(均为 ME4555N,可用 NE555 代换)供电。

　　IC2 与外围元件 C_{17}、R_{23}、R_{24} 构成音频振荡电路,产生鸣叫声的基准频率,IC3 与外围元件 C_{18}、R_{25}、R_{26} 组成超低频振荡电路,振荡后的超低频信号对 IC2 送来的连续音频信号进行调制，使之变为间断的振铃声，从 IC3 的③脚输出，经 R_{19}、C_{15} 送到 VT8 放大后，从集电极输出振铃信号，经主机面板上被客人按下的按键和连接系统的呼叫线送到该按键对应的住户分机，使分机内部的听筒扬声器产生振铃声，完成呼叫过程。

IC2、IC3 产生的振铃信号还经 R_{18} 送到主机面板上的喇叭中，使喇叭产生振铃声，告诉客人呼叫成功。

➤ 37 对讲电路如何构成？如何工作？

答 由对讲电源控制电路和对讲放大电路两部分构成。对讲电源控制电路由三极管和其外围元件构成。用户分机挂机不用时，分机挂壁联动开关 A/B 断开，VT6 的基极为高电平，VT6 截止不向对讲电路供电；当住户摘机后，分机挂壁联动开关 A/B 同时闭合，将受话线和送话/开锁线与分机接通。其中 A 开关将话筒放大电路与 VT6 的基极相连接，向对讲电路供电；B 开关闭合将听筒扬声器与送话电路接通。

对讲放大电路由送话电路和受话电路两部分构成，并分布在主机和分机中，通过送话线和受话线连接。送话电路由主机内部的话筒放大电路 VT4、VT5 和分机的听筒扬声器构成；受话电路由分机的话筒放大电路和主机的受话放入电路 IC1 组成。被叫住户听到呼叫振铃声后，摘下分机，分机挂壁联动开关 A/B 同时闭合，不但将受话线和送话/开锁线与分机接通，还使主机 VT6 导通，一方面通过 R_{12} 向送话电路供电，另一方面通过 R_{15} 向受话放大电路 IC1 供电，整个对讲系统进入厂作状态。

客人听到询问声音后，回答住户的询问，通过主机内部的话筒变为音频信号电压，经 C_6 送到 VT4、VT5 的送话放大器放大后，经 C_9、R_{10} 输出，通过送话线送到住户分机的听筒扬声器上，完成通话对讲过程。

➤ 38 开锁电路如何构成？如何工作？

答 由触发电路 VT1（S8550）、VT2（S8050）和晶闸管 VT3（TIP41C）构成，VT1 发射极与 VD4、C_5、VD3（6.8V 稳压管）组成的稳压电路相连接，电压为 6.8V；VT1 的基极通过 R_1、R_{13} 与 VT6 的基极

相连接，平时 VT1 的基极电位高于发射极电位，VT1 截止，晶闸管控制极无触发电压也截止，电控锁电路无 12V 不动作；当住户按下机上的开锁按键，将受话/开锁线分机的一端与地短路后，通过 VD1、R_1 将主机 VT1 的基极电压拉低，使 VT1 由原来的截止状态变为导通状态，其集电极电压向耦合电容 C_4 充电，C_4 的充电电流向 VT2 的基极提供偏置电压，VT2 瞬间导通，触发晶闸管瞬间导通，将 L—端对地短路，使电控锁产生瞬间电流，将门锁打开。

39 面板照明电路如何构成？如何工作？

答 面板照明电路由 VT10、VT11 和光敏电阻 R_{32} 等元件构成，自动控制主机面板按键夜间照明。白天有光照时光敏电阻 R_{32} 的阻值较小，VT11 获正向偏置电压而饱和导通，集电极为低电平，VT10 截止，照明发光二极管均截止；夜间光照明，光敏电阻 R_{32} 的阻值变大，VT11 截止，集电极变为高电平，VT10 获得正向偏置而导通，照明发光二极管发光。

40 可视门铃门口机工作原理是什么？

答 可视门铃门口机的工作原理如图 10-21 所示。

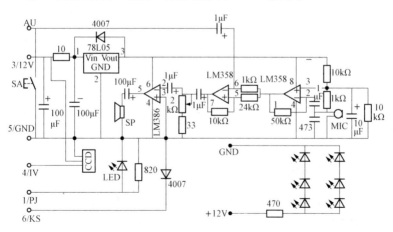

图 10-21　可视门铃门口机的工作原理图

工作过程：来访客人按下门口主机按钮 SA 时，音频（2 号）线接地，室内机送出"叮咚，您好，请开门"的声音，该声音通过2号线送到门口机2号端子上，通过$1\mu F$电容加到双运放358的反相输入端6脚，并从7脚输出，送入功放386进行声音放大，声音大小通过调整电位器实现。室内主人的讲话声也通过此渠道放大送出，门口客人的讲话声通过麦克风拾音，送入358的另1只运算放大器放大，放大后的音频信号送入二级运放进行两种处理，一种是消侧音，即将自己的声音尽量消到最小，不至于在耳机中听到很响的回声；同时，通过358的6脚向室内主人送出客人的音频信号。发光管LED的作用是为了方便夜晚来访客人能方便地找到门口机及按钮的位置。6只红外发光管是专门用于背光补偿及作为红外夜视使用，在漆黑的夜晚，补光效果也不错。6号线的4007二极管用于释放电控锁线圈开锁时产生的感应脉冲高压。

41 电源部分工作过程是什么？

答 电源电路如图10-22所示，变压器采用18V输出、电流1A以上的，整流二极管电流在2A以上，滤波电容容量不低于$3300\mu F$，耐压不低于35V，滤波电容性能不良会引起整机交流声。支流输出插头采用特殊的弯头设计，以便于门铃挂在墙上不影响外观。

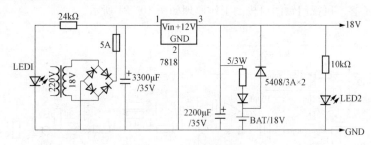

图10-22 电源电路

42 室内机的工作过程是什么？

答 室内机工作电路如图10-23所示，室内机电路看起来很复杂，但按功能分块来讲也不难理解，下面逐块予以讨论。

(1) 稳压部分。核心器件是7812，通过2CZ23二极管加到7812上，输出+12V电源，供整个可视门铃使用。其中4007二极管用于消反冲，防止停电后$2200\mu F$电容放电击毁7812。因为7812一直处于接通电源状态，而且负载很重，所以其散热器面积尽量大，要使用优质的纯铜或纯铝板。

（2）呼叫过程。当门口机 AN 接地时，呼叫片 BELL 的 1M 电阻接地，使 9015 瞬时导通，从而激发 BELL 片发出"叮咚，您好，请开门"的声音，该声音经 B 脚输出至音频 2 号线并分为两路，1 路送往室外，使来客知道自己的触发有效；1 路在室内 LM358 及 LM386 处得到功率放大，室内机发出呼叫声告诉主人有人来访。

（3）通话部分。声音放大部分由 7806 供电，7806 输入级的 10Ω 电阻是为了防止其发热而加的。室内主人的麦克音频信号从双运放 LM358 的反相脚 2 脚输入，1 脚输出，其中 56kΩ 是反馈电阻，其阻值的大小决定了门口机音量的大小。LM358 的另一个运放主要起消侧音的作用，但任何消侧音电路都不可能把自己的声音彻底去掉。从 LM358 的 6 脚取出的音频信号通过 1μF 电容和振铃信号混合后送往门口机，经消侧音处理过的音频信号经 LM358 的 7 脚输出送往 LM386 功放的 2 脚进行功率放大，LM386 功放 2 脚的电位器的是防止声音太大形成自激啸叫而增加的音量调节器件。

（4）控制部分。当门口机客人按下 AN 时，音频线对地短路，555 定时器 2 脚电压被拉低，555 的 3 脚输出高电位，三极管导通，继电器 KJ1 吸合，KJ1-1 动合触点闭合，12V 电压分为两路，一路供 4 寸 CRT 黑白显示模组，另一路通过 3 号线送往门口机，工作时间由 555 的 6、7 脚定时电阻及电容决定，在本电路中，定时时间大约为 35s；如嫌时间短可以加大电容的容量，在其容量为 100μF 时，延时时间大约在 1min 左右。JK 为室内机监控按钮，DJ 为待机按钮，KS 为开锁按钮。

（5）开锁过程。当室内主人按下 KS 按钮时，8.3μF 电容放电，使 9014 三极管导通 1s，KJ2 吸合 1s，KJ2-1 输出＋24V 左右的直流高压到门口机去执行开锁动作，因输出电压较高，即使有 50m 远的距离仍能正常开锁。开锁距离越远导线越粗，30m 以内可以使用 0.5m² 的多芯铜导线，30～50m 导线截面要加粗到 1m²，50～60m 要使用 1.5m² 的导线，超过 60m 要加装开锁助力器。

（6）报警部分。鉴于门口摄像机比较贵重，为防止被盗，特设计该断线报警电路，当室外机被人偷盗时，1 号线断开，1 号线的电压上升，8.6V 稳压管导通，通过报警片 PJ 送出警车声，通过蜂鸣器发出报

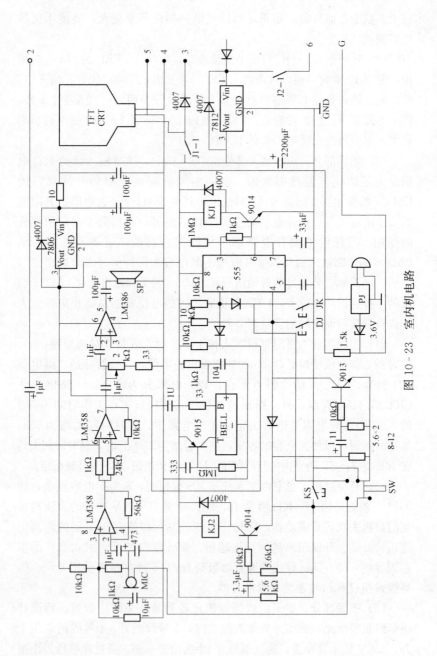

图 10 - 23　室内机电路

警声音。

（7）摘机挂机控制电路。当室内主人摘下门铃手柄时，叉簧开关SW弹起，555的2脚长期接地，555无延期延时，直至室内主人与室外客人讲完挂机。挂机时，叉簧下端接地，$1\mu F$电容放电，促使三极管瞬间导通，使555的4脚电位接地，强制555复位。555的3脚变为低电压，KJ1不再维持吸合，KJ1-1断开，门铃处于待机状态。

（8）门口机与室内机六条连线的功能。1号线为报警线，2号线为音频线，3号线为12V电源线，4号线为视频线，5号线为地线，6号线为开锁线。

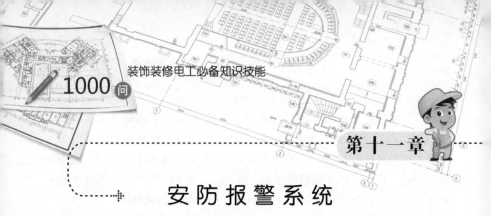

安防报警系统

1 什么是保安系统?

答 防止盗窃和抢劫的安全防范系统又称保安系统,防盗报警系统是利用各种探测装置对建筑物内的被保护区域进行探测,一旦感觉到有人侵入,立即发出报警信号。系统产品的品种繁多,但目前应用较多的是红外探测报警器、微波探测报警器以及被动红外—微波双鉴报警器等。

2 安防报警系统如何组成?

答 安防报警系统的整体结构主要由三个部分组成,即前端(探测器)、信道(综合布线传输)、后端(报警器及辅助设备)。

3 什么是前端?

答 前端(探测器)是整个系统的信号源,代表着现场的各个报警点,通常一个系统由多个探测器组成,就目前市场及本公司产品上来讲,主要以入侵式探测器为主,而入侵式探测器则分为主动式探测器和被动式探测器。

4 主动式探测器的工作原理是什么?

答 主动式探测器主要以通常所说的对射为主,它的工作原理是发射器发射红外光,而接收器接收发射器所发射的红外光当有入侵物体将红外光遮挡时,接收器接收的红外光被遮断,接收器向报警主机传送入侵信号。

➡️ **5** 主动式红外探测器由几部分组成？

答　主动式红外探测器由发射器和接收器两部分组成。发射器向正对向安装的、在数米或数十米乃至数百米远的接收器发出红外线射束，当红外线射束被物体遮挡时，接收器即发出报警信号，因此它又被称为红外对射探测器或红外栅栏。红外对射有双光束、三光束、四光束等，红外栅栏一般在四光束以上，甚至有多至十几束。

➡️ **6** 主动红外探测器的使用注意事项有哪些？

答　主动红外探测器应安装在固定的物体上，尤其是发射器和接收器较远时，不论是发射器还是接收器，轻微的晃动就会引起误报，并且要极力避免树叶、晃动物体对红外光束的干扰。当使用多对红外对射探测器或者红外栅栏组成光墙或光网时，要避免消除红外光束的交叉误射，方法是合理选择发射器和接收器的安装位置使不发生交叉误射或选用不同频率的红外对射探测器，调节各探测器使其在不同的频率段工作。

➡️ **7** 被动式探测器的特点是什么？

答　被动式红外探测器不向空间辐射能量，而是接收人体发出的红外辐射来进行报警。任何温度在绝对零摄氏度以上的物体都会不断地向外界辐射红外线，人体的表面温度为 36℃，其大部分辐射的能量集中在 $8\sim12\mu m$ 的波长范围内。

➡️ **8** 被动式探测器的工作原理是什么？

答　在探测区域内，人体透过衣服的红外辐射能量被探测器的菲涅耳透镜聚焦于热释电传感器上。当人体（入侵者）在这一探测范围中运动时，顺次地进入菲涅耳透镜的某一视区，又走出这一视区，热释电传感器对运动的人体一会儿"看"到，然后又"看"不到，这种人体移动时变化的热释电信号就触发探测器产生报警信号。传感器输出信号的频率大约为 $0.1\sim10Hz$，这一频率范围是由探测器中的菲涅尔透镜、人体运动速度和热释电传感器本身的特性决定。

9 被动式红外探测器的安装原则是什么?

答 被动式红外探测器根据视区探测模式,可直接安装在墙上、天花板上或墙角,其布置和安装的原则如下:

(1) 安装高度通常为 2~4m,在此高度探测器可获得最大探测有效距离。

(2) 探测器对横向切割探测视区的人体运动最敏感,故安装时应尽量利用这个特性达到最佳效果。

(3) 应该充分注意探测背景的红外辐射情况,并且要求选择的背景是不动的。

(4) 警戒区内最好不要有空调或热源,如果无法避免热源,则应与热源保持至少 1.5m 以上的间隔距离,并且探测器不要对准灯泡、火炉、冰箱散热器、空调的出风口。

(5) 探测器不要对准强光源,应避免正对阳光或阳光反射的地方,也应避开窗户。

(6) 探测器视区内不要有遮挡物和电风扇叶片的干扰,也不要安装在强电磁辐射源附近(例如无线电发射机、电动机)。

(7) 被动红外探测器不要安装在容易振动的物体上,否则物体振动将导致探测器振动,相当于背景辐射的变化,会引起误报。

(8) 要注意探测器的视角范围,防止"死角"。

10 双鉴探测器的特点是什么?

答 各种探测器有其优点,但也各有其不足之处,单技术的微波探测器对物体的振动(如门、窗的抖动等)往往会发生误报警,而被动红外探测器对防范区域内任何快速的温度变化,或温度较高的热对流等也会发生误报警。为了减少探测器误报问题,人们提出互补型双技术方法,即把两种不同探测原理的探测器结合起来,组成双技术的组合型探测器,又称为双鉴探测器。双鉴探测器集两者的优点于一体,取长补短,对环境干扰因素有较强的抑制作用。

目前双鉴探测器主要是微波+被动红外探测器,微波—被动红外双技术探测器实际上是将这两种探测技术的探测器封装在一个壳体内,并将两个探测器的输出信号共同送到"与门"电路,只有当两种探测技术的传感器都探测到移动的人体时，才触发报警。

双鉴探测器把微波和被动红外两种探测技术结合在一起，它们同时对人体的移动和体温进行探测并相互鉴证之后才发出报警，由于两种探测器的误报基本上互相抑制了，而两者同时发生误报的概率又极小，所以误报率能大大下降。安装双鉴探测器时，要求在警戒范围内两种探测器的灵敏度尽可能保持均衡。微波探测器一般对物体纵向移动最敏感，而被动红外探测器则对横向切割视区的人体移动最敏感，因此为使这两种探测传感器都处于较敏感状态，在安装微波—被动红外双鉴探测器时，宜使探测器轴线与警戒区可能的入侵方向成 45°夹角为最好。

➡ **11　什么是信道？**

　　答　信道即探测器传送信号给报警主机的方式。

➡ **12　信道有几种方式？**

　　答　信道主要有有线和无线两种方式

➡ **13　有线方式的特点是什么？**

　　答　有线方式的特点是使用寿命长，稳定性及可靠性好，抗干扰能力强。有线方式也有两种即分线制（即一对一方式）和总线制。

➡ **14　无线方式的特点是什么？**

　　答　无线方式的特点是信号传输是以无线电波的方式传送，所以可以不用信号线，布线简单，稳定性及可靠性差，抗干扰能力差，容易产生误报。

➡ **15　什么是后端？**

　　答　后端即报警主机及辅助设备，报警主机按接收信号布线方式分为总线制报警主机和分线制报警主机，报警主机都是以单片机的形式出现。辅助设备主要有：报警传输转换适配器、报警输出模块、拨号器等。

16 安防报警系统的常见结构是什么？

答 图 11-1 所示为现场报警器构成图，图 11-2 所示为电话联网远程报警示意图，图 11-3 所示为无线报警系统示意图。

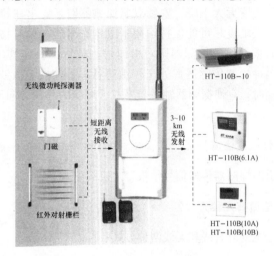

图 11-1 现场报警器构成图

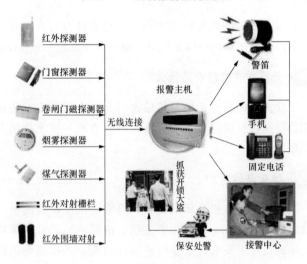

图 11-2 电话联网远程报警示意图

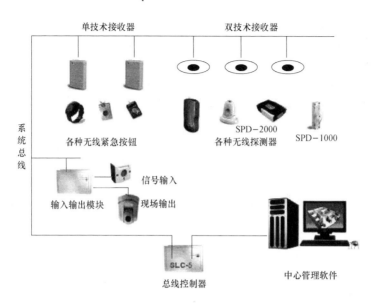

图 11-3　无线报警系统示意图

17 常用报警设备有哪些?

答　在无线防盗报警器中,常用设备主要是前端传感器和报警主机。报警器可以配用的前端传感器有很多,如红外对射探测器、无线门磁传感器、无线人体热释电红外传感器等。

18 无线门磁传感器的功能是什么?

答　无线门磁传感器是在保安监控、安全防范系统中经常用的器件,无线门磁传感器工作很可靠、体积小巧,尤其是通过无线的方式工作,使得安装和使用非常方便、灵活。

无线门磁传感器用来监控门窗的开关状态,当门被打开时,无线门磁传感器立即发射特定的无线电波,远距离向主机报警。无线门磁传感器的无线报警信号在开阔地能传输 200m,在一般住宅中能传输 20m,这和周围的环境密切相关。

19 无线门磁传感器的电路如何组成? 如何工作?

答　无线门磁传感器如图 11-4 所示。它是用来监控门和窗的开关状态，当门窗紧闭时，门磁传感器中的磁敏干簧管由于受到磁性的作用处于接通状态；当门窗不管何种原因被打开后，无线门磁传感器中的磁敏干簧管（图中的 S1）内的两个接点会分离开，这个变化会触发 V1、V2 导通，JC1（PT2262）编码集成电路得电工作，同时 VD2 发光二极管发光，指示门磁探测器工作，从 JC1 第 17 脚上输出编码信息，经 V3、V4 组成的发射电路向空间发射出特定的无线电波，远距离向主机报警。同样在门磁传感器内部采用了进口的声表谐振器稳频，所以频率的稳定度很高。

无线门磁传感器中使用 12V、A23 报警器专用电池，采用省电设计，当门关闭时它不发射无线电信号，此时耗电只有几个微安，当门被打开的瞬间，立即发射 1s 左右的无线报警信号，然后自行停止，这时就算门一直打开也不会再发射了，这是为了防止连续发射造成内部电池电量耗尽而影响报警，无线门磁传感器还设计有由 V5、V6 等元件组成的电池低电压检测电路，当电池电压低于 8V 时，VD3 发光二极管就会发光，提示需要立即更换 A23 报警器专用电池，否则会影响报警的可靠性。

➡ **20** **无线门磁传感器如何安装？**

答 一般安装在门内侧的上方，它由两部分组成：较小的部件为永磁体，内部有一块永久磁铁，用来产生恒定的磁场，较大的是无线门磁主体，它内部有一个常开型的干簧管，当永磁体和干簧管靠得很近时（小于 1cm），无线门磁传感器处于守候状态，当永磁体离开干簧管一定距离后，无线门磁传感器立即发射包含地址编码和自身识别码（也就是数据码）的 315MHz 的高频无线电信号，主机就是通过识别这个无线电信号的地址码来判断是否是同一个报警系统的，然后根据自身识别码（也就是数据码），确定是哪一个无线门磁报警，因此，一个主机可以同时配用很多个门磁探测器，只要保证每个门磁探测器的地址码与主机的地址码相同即可。

➡ **21** **被动式热释电红外探测的工作原理及特性分别是什么？**

答 人体的恒定体温一般为 37℃，发出的红外线波长约为 10μm。被动式红外探头就是靠探测人体发射的红外线而进行工作的。人体发

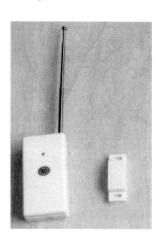

(a)

图 11-4 无线门磁传感器

（a）实物图；（b）电路图

射的红外线通过菲涅尔滤光片增强后聚集到红外感应源上。红外感应源通常采用热释电元件，这种元件在接收到人体红外辐射、温度发生变化时就会失去电荷平衡并向外释放电荷，后续电路经检测处理后就能产生报警信号。

➤ 22 热释电红外传感器的电路如何组成？

答 为了提高红外探测器的灵敏度和可靠性，红外线热释电探测器中采用了几种关键性的元器件：热释电传感器、菲涅尔透镜、红外传感器专用集成电路。热释电传感器与菲涅尔透的外形如图11-5所示。

图11-5 热释电无线传感器与菲涅尔透镜的外形图

➤ 23 热释电传感器如何组成？特点是什么？

答 热释电传感器由滤光片、探测元件、场效应管匹配器等组成。滤光片采用红外光学材料制成，它能通过人体辐射出的 $10\,\mu m$ 左右的特定波长红外线，将阳光、灯光以及其他红外辐射滤掉，这样就能有效地抑制周围环境不稳定因素的干扰。热释电传感器包含两个互相串联或并联的热释电元件，而且两个电极化方向正好相反，环境背景辐射对两个热释电元件几乎具有相同的作用、使其产生的释电效应相互抵消，于是探测器无信号输出。这也是当人体对着探测器呈垂直方向运动时，探测器灵敏度差的原因，安装时要注意选择合适的场所。一旦人侵入探测区域内，人体红外辐射通过部分镜面聚焦，并被热释电元件接收，但是两片热释电元件接收到的热量不同，热释电也不同，不能抵消，经信号处理而报警。

➤ 24 菲涅尔透镜的作用是什么？

答 菲涅尔透镜是热释电传感器不可缺少的组成部分，其主要作用是将人体辐射的红外线聚集在热释电探测元件上，以提高红外线探测的灵敏度。形象地说，菲涅尔透镜就像一个放大镜。正确地使用能使探测距离增加，使用不当，不仅探测距离近，而且还易产生误报或漏报。菲涅尔透镜根据性能要求不同，具有不同的焦距（感应距离），从而产生不同的监控视场，视场越多，控制越严密。

25　红外传感器专用集成电路如何组成？特点是什么？

答　BIS0001 是热释电传感器专用控制集成电路，采用 16 脚 DIP 封装，它由运算放大器、电压比较器、状态控制器、延时定时器、锁存定时器、禁止电路等部分组成。具有功能齐全、稳定可靠、调节范围宽、耗电低（静态电流 $100\mu A$）等特点。

26　红外传感器的工作原理是什么？

答　红外传感器电路如图 11-6 所示。热释电探测元件将探测到的微弱信号送入 BIS0001 集成电路的脚（IN＋端），经内部放大电路等处理，从 2 脚（VO 端）输出控制信号，经 VT1、VT2 放大，送到 PT2262 编码集成电路，平时 PT2262 及发射部分是不工作的，PT2262 的地址编码情况也必须与主机的相同，地址信息和数据信息从 17 脚输出，经 VT3、VT4 组成的发射电路向外发射出 315MHz 的信号，主机接收到该信息后，经处理报警。同样，在红外探测器的发射部分也采用了声表谐振器稳频。在红外探测器中还有两个跳线端子，一个是用于设置探测器工作的间隔时间，另一个是用来选择是否让红外探测器上的发光二极管发光指示的。

无线人体红外热释电传感器的发射地址码必须和接收机的地址码完全一致，打开无线人体红外热释电传感器的外壳就能观察到，其地址码及数据码的设置方法与门磁探测器的设置方法大同小异。

27　无线热释电红外传感器的安装有何特点？

答　无线热释电红外传感器最大的优点是安装非常方便，可以在不破坏住房装潢的前提下快速安装，但是也存在需要换电池和无线信道容易被干扰的缺点。如果是新购住房，并且在装修之前就考虑安装热释电红外防盗系统的话，还是有线热释电红外传感器更合理、经济，

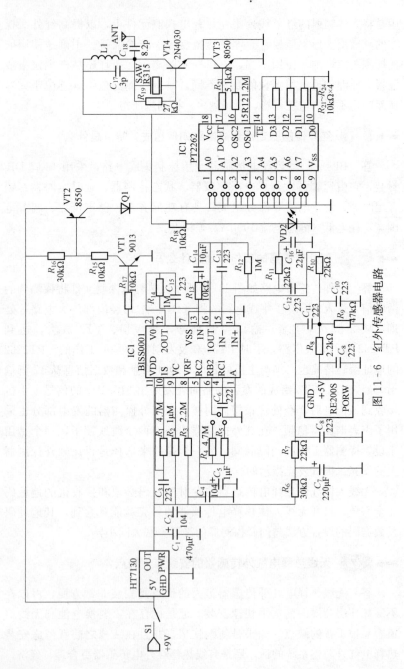

图 11 - 6 红外传感器电路

而且长时间使用不容易发生故障。

28 有线人体热释电红外传感器的特点是什么？

答 有线人体热释电红外传感器的外观与无线方式的相同，内部结构比无线的简单，没有电池和无线发射部分。采用继电器输出，+12V 和 GND 接线柱接 12V 电源，NC 和 COM 接线柱为继电器的动断接点输出，报警器检测到有人侵入时动断接点断开。

有线人体热释电传感器还有一个优点，就是可以把若干个报警器的电源都并联到一起，便于集中供电控制。所有的报警信号线也都串联，这样只要有一个报警器动作，主机就会立刻检测到并马上报警，可以形成大面积防区，这样无论是安装和使用都会很方便，只要一根三芯的电缆就可以了。

29 红外线热释电传感器的安装要求是什么？

答 红外线热释电人体传感器只能安装在室内，其误报率与安装的位置和方式有极大的关系。正确的安装应满足下列条件：

（1）红外线热释电传感器应离地面 2.0～2.2m。

（2）红外线热释电传感器应远离空调、冰箱、火炉等空气温度变化敏感的地方。

（3）红外线热释电传感器探测范围内不得有隔屏、家具、大型盆景或其他隔离物。

（4）红外线热释电传感器不要直对窗口，否则窗外的热气流扰动和人员走动会引起误报，有条件的最好把窗帘拉上。红外线热释电传感器也不要安装在有强气流活动的地方。

（5）红外线热释电传感器对人体的敏感程度还和人的运动方向关系很大。红外线热释电传感器对于径向移动反应最不敏感，而对于横切方向（即与半径垂直的方向）移动则最为敏感。在现场选择合适的安装位置可以很好地避免红外探头误报，从而得到最佳的检测灵敏度。

30 红外线热释电传感器的性能指标有哪些？

答 （1）发射频率：315MHz±0.075MHz。

（2）发射电流：9V 工作电压下 35mA 或者 12V 工作电压下 50mA。

(3) 发射功率：200mW。

(4) 无线报警距离：600～900m（空旷地）。

(5) 探测距离：6～8m（探测器正前方，室温25℃）。

(6) 探测角度：水平120°，垂直60°。

31 主动式红外对射探测器如何构成？

答　主动式红外对射探测器即由投光器和受光器组成，其原理是投光器向受光器发射红外光，而其传输过程中，不得有遮挡体阻断红外线，否则受光器中的红外感应管会因接收不到信号而驱动电路发出报警信号，如图11-7所示，此种方式是目前电子防盗栅栏最常用的方式，电子防盗栅栏外形如图11-8所示，结构如图11-9所示。

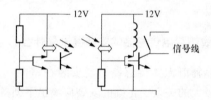

图11-7　主动式红外对射探测器简易工作电路图

32 主动式红外对射探测器电路设计时的要求有哪些？

答　电路中，对射包括所有探测器正常工作时需要的工作电压，所以每个探头要有两根供电电源线，实际应用中，供电电路由市电转换为合适的电压共给。受光器传输信号可以送入电子高频调制器做无线传送，也可以控制继电器为有线控制。

图11-8　电子防盗栅栏外形

电路设计时，为了提高灵敏度和发射距离及安全性能，发射部分应提高质量，主要要求为：稳定性好、功率更大，散热更好，外壳材料使用PC工程塑胶加上滤色粉，使产品对紫外光及可见光的干扰更小，具有抗摔、抗老化等特点。除光学系统，在内部电路中加入压敏元件，使其有防雷击保护功能。且表面全部涂上防水胶，且有防潮作用，适合于野外及恶劣环境下工作。

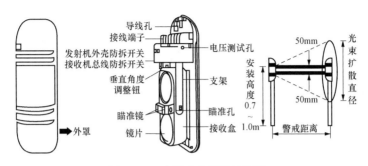

图 11 - 9　电子防盗栅栏结构图

33 **主动式红外对射探测器安装调试方法是什么?**

答　先将对射固定于安装位置并接好线,在检查线路没有断路及短路的情况下,通上 12V 直流电,观察电源指示灯的状态灯的工作状态,等电源指示灯工作正常时开始进行调试。

(1) 先调整对射的投射方面其在同一平面上,再通过所配的瞄准镜从投光器先调整,使受光器居于四向指针的中心,通过调整使受光器的投警灯灭。

(2) 受光器这边用万用表的直流电压挡插入测试口测试,测试口的电压观察所测电压并将数值告诉投光器,这边的调试人员使其往电压高的方向调整,直至最高。

(3) 投光器调整完后,再调整受光器,也是通过调整接收方向的方法,使其所测得的电压值超过所给的标准电压并达到最高值,所测得的电压越高表示对得越准,调试完后即可盖上罩子,但注意别碰着已调试好的对射,即可安装调试结束。

34 **主动式红外对射探测器常见故障检修有哪些?**

答　主动式红外对射探测器常见故障检修如图 11 - 10～图 11 - 13 所示。

35 **256 防区报警主机系统的应用范围是什么?**

答　HT - 110B - 10 (256 防区) 无线智能远程防盗报警系统,由无

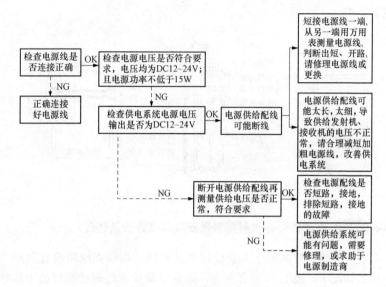

图 11-10　发射机，接收机接通电源后指示灯不亮

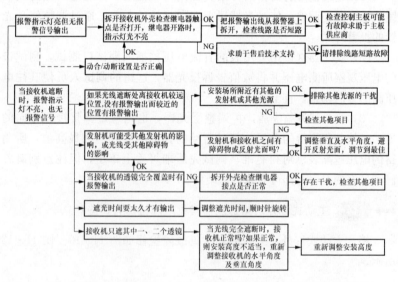

图 11-11　在报警区域，即使完全遮断光线，亦无报警输出

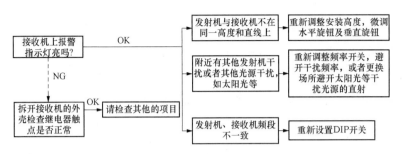

图 11-12 没有遮断光线，但有报警输出

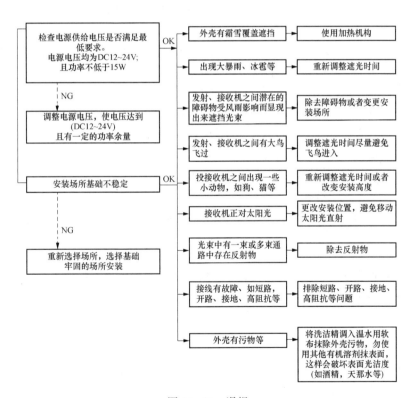

图 11-13 误报

线防盗报警主机（简称主机）、无线被动红外入侵探测器组成，采用红外热释电传感器，菲涅尔透镜及先进的无线数字遥感、微电脑 CPU 控

制。可设 256 个无线防区，菲涅尔可独立布防或撤防，也可将任意防区设置为紧急报警防区。一旦发生盗情，探测器向主机发射报警信号，主机即发出警报声，同时显示报警防区、报警时间。该系统无需布线、安装方便、操作简单。

36 256 防区报警主机系统的功能特点是什么？

答 （1）具有 256 个无线防区，各防区可独立布/撤防。

（2）设计独特的组合键盘，操作简单快捷。

（3）可将任意防区设定为紧急报警防区。

（4）主机调频接收，二次变频，具有超高灵敏度、远程接收功能，有效接收距离达 3～10km。

（5）具有万年历功能，24 小时制时间显示，可设置两组定时布防、撤防时间，时间和定时设置不会因停电而丢失。

（6）数码显示报警时间和防区。1～30 防区通过指示灯、数码双显示；31～256 防区数码显示。存储和记录最后 150 条报警信息，便于查询。

（7）具有外出布防和留守布防功能，便于用户根据监控需要自由设定。

（8）两种报警声音、三挡报警音量自由选择。

（9）与主机配套的探测器性能可靠、稳定，灵敏度高、误报率低、发射距离远。与主机学习式自动对码，增配简单、快捷。

（10）主机台式造型，外观时尚、豪华大方，金属机箱、坚固耐用。

（11）具有强大的扩展功能：选配电脑模块，与电脑联机，可显示用户资料、报警信息、历史记录，既可独立报警，也可组成报警管理中心系统。

（12）选配电话联网报警模块，增加电话报警功能，构成联网报警系统。

（13）选配可充电电池组，可交直流不间断供电，确保系统万无一失。

37 256 防区报警主机系统的功能基础及其代码是什么？

答 256 防区报警主机系统的功能基础及其代码见表 11-1。

表 11-1   256 防区报警主机系统的功能基础及其代码

代码	功能	代码	功能
01	时间设置	08	留守布防设置
02	报警信息查询与清除	09	进入延时、外出延时设置
03	声响时间设置	10	探测器对码
04	报警音量、声音选择	11	紧急防区设置
05	第一组定时布防、定时撤防时间设置	12	1～30 防区布防指示灯设置
06	第二组定时布防、定时撤防时间设置	13	年份设置
07	开通未启用的防区		

38 **256 防区报警主机系统如何进行系统设置？**

答 插上 220V 交流电源后，将"电源"开关置"开"的位置，交流指示灯亮后进行各项操作，操作时请参阅功能键盘图，如图 11-14 所示。

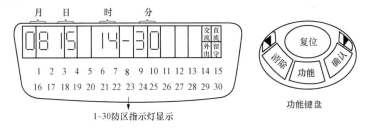

图 11-14 系统设置

39 **如何设置时间？**

答 按[功能]键，显示屏闪现"01"，按[确认]键，按◀键进行选位（可从左到右选择"月"、"日"、"时"、"分"位），当选到相应的位置时对应的数字会闪动，再按▼键调整"月"、"日"、"时"、"分"，设完后按[确认]键。

举例说明：01 06 07 16 05
→5分
→16时
→7日
→6月
→时间设置代码

483

➡ **40** 报警信息如何查询与清除？

答 反复按 [功能] 按键，直至显示屏闪现"03"，按 [确认] 键，按 ↑ 或 ↓ 键查看报警信息，按 ↑ 报警信息从第一条开始查询；按 ↓ 从最后一条报警信息开始查询。如图11-15所示。

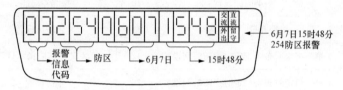

图11-15　查询报警信息

清除报警信息：反复按 [功能] 键，直至显示屏闪现"03"，按 [确认] 键，再按 [清除] 键，屏幕显示03…… 表示已删除所有报警信息。

➡ **41** 如何设置声响时间？

答 反复按 [功能] 键，直至显示屏闪现"04"，按 [确认] 键，按 ↑ 或 ↓ 键设置报警时间（有00～59分钟自由设置），设完后按 [确认] 键。

举例说明：04　15
↳ 报警后没撤防或复位，声响时间15分钟自停
↳ 声响时间设置代码

➡ **42** 报警音量、声音如何选择？

答 反复按 [功能] 键，直至显示屏闪现"05"，按 [确认] 键，按 ↑ 键选位（左边位为"音量"，右边一位为"报警声"），当选左边一位时对应数字会闪动。此时，按 ↓ 键设置音量大小（0～3声音从小到大）。再按一下 ↑ 键切换到右边一位且对应的数字闪动，按 ↓ 键设置报警声类型（有0～3可选，当选0时为静音，选1～3可分别听到不同报警声），设完后按 [确认] 键。

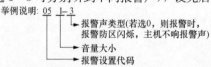

43 如何设置第一组守时外出布防、定时撤防时间？

答 反复 ⌨功能 按键，直至显示屏闪现"06"，按 ⌨确认 键，按⌨键选位（左四位为定时布防的"时"、"分"位，右四位为定时撤防的"时"、"分"位），选择相应定时布防或撤防"时"、"分"位时对应的数字会闪动，再按⌨键调整，设完后按 ⌨确认 键。

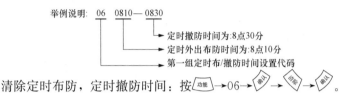

举例说明：06 0810 — 0830
　　　　　　　　　　　　└─ 定时撤防时间为:8点30分
　　　　　　　　└─ 定时外出布防时间为:8点10分
　　　└─ 第一组定时布/撤防时间设置代码

清除定时布防，定时撤防时间：按 ⌨功能 →06→ ⌨确认 → ⌨清除 → ⌨确认 。

44 如何设置第二组守时外出布防、守时撤防时间？

答 反复按 ⌨功能 键，直至显示屏闪现"07"，按 ⌨确认 键，按⌨键选位（左四位为定时布防的"时"、"分"位，右四位为定时撤防的"时"、"分"位），选择相应定时布防或撤防"时"、"分"位时对应的数字会闪动再按⌨键调整，设完后按 ⌨确认 键。

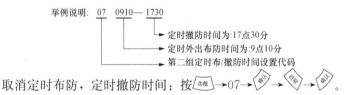

举例说明：07 0910 — 1730
　　　　　　　　　　　　└─ 定时撤防时间为:17点30分
　　　　　　　　└─ 定时外出布防时间为:9点10分
　　　└─ 第二组定时布/撤防时间设置代码

取消定时布防，定时撤防时间：按 ⌨功能 →07→ ⌨确认 → ⌨清除 → ⌨确认 。

45 如何设置留守布防（防区独立布/撤防设置)？

答 留守布防：某一防盗防区内有留守（值班）人员，可设置为留守防区，在留守布防状态下留守防区处于撤防状态不接收探测器发出的报警信息，其余防区能处理警戒状态，可以接收报警信号。

反复按 ⌨功能 键，直至显示屏闪现"09"，按 ⌨确认 键，按⌨或⌨键选择相应防区，再按 ⌨清除 键进行布/撤防选择（防区后显示"1"为布防，防区后显示"0"为撤防),设置完毕后按⟨确认⟩键。

举例说明: 09 001 −0
└─→ 留守防区在撤防状态(取消留守防区选择"1")
└──→ "1防区"为留守防区
└───→ 留守布防设置代码

设置后在留守布防状态,1防区不接收报警信号。

➡ 46 如何设置进入延时、外出延时?

答 (1)进入延时:防区在警戒状态下,从检测到入侵信号开始到主机发出报警声的这段时间,有00~59s自由设置。

设置了进入延时,报警时相应防区灯立即闪烁,延时时间到主机响报警声。

(2)外出延时:本机收到布防指令后到进入警戒状态下,从检测到入侵信号开始到主机发出报警声的这段时间,有00~59s自由设置。

反复按⟨功能⟩键,直至显示屏闪现"10",按⟨确认⟩键,按◀键选位(左边两位为"进入延时时间",右边两位为"外出延时时间"),当选择左边两位时相应按▼键调整到所需的时间。设置完毕后按⟨确认⟩键。

举例说明: 10 05 −10
└─→ 外出延时时间为10s。布防后防区延时10s进入警戒
      状态,提示音提示布防人员需在10s内离开警戒区
└──→ 进入延时时间为5s(不要延时,设为00可立即报警)
└───→ 进入/外出延时设置代码

取消延时:反复按⟨功能⟩键,直至显示屏闪现"10",按⟨确认⟩键,再按⟨清除⟩键。屏幕显示1000−00,再按⟨确认⟩键。

➡ 47 如何设置探测器自动对码?

答 反复按⟨功能⟩键,直至显示屏闪现"11",按⟨确认⟩键,按◀或▶键选择相应防区,当选择001防区按下探测器"对码"键不放,发射指示灯亮时按一下主机⟨确认⟩键,主机响提示音同时屏幕显示002防区,表示001防区对码成功(重复以上操作选择对1~256防区码)。

清除对码:反复按⟨功能⟩键,直至显示屏闪现"11",按⟨确认⟩键,按◀

或 ↘键选择相应防区，再按 [清除]键清除该防区码后按 [确认]键。

---

48 如何设置紧急防区？

答 反复按 [功能]按键，直至显示屏闪现"12"，按 [确认]键，按 ↗或 ↘键选择相应防区，再按 [清除]键进行紧急报警防区设置（防区后为"1"表示该防区已设为紧急报警防区，不受布/撤防控制，防区后为"0"表示紧急报警防区撤消）。设置完毕后按 [确认]键。紧急报警防区不受布/撤防控制，需安装无线紧急按钮。

举例说明：12 001 −1
→ 紧急报警防区符号
→ 1防区
→ 紧急防区设置代码

---

49 如何设置1～30防区指示灯？

答 反复按 [功能]键，直至显示屏闪现"13"，按 [确认]键，按 ↗键选择"1"或"0"。选择"1"，布防后，1～30布防防区指示灯亮1min后熄灭（可达省电效果）；选择"0"，布防后，1～30布防防区指示灯长亮。

举例说明：13 1
→ 布防后，1-30布防防区灯亮1min熄灭（选"0"布防后长亮）
→ 1～30防区指示灯设置代码

---

50 如何设置年份？

答 必须设置年份，才能正确显示大、小月日期。

反复按 [功能]键，直至显示屏闪现"14"，按 [确认]键，按 ↗或 ↘键选择相应年份，（有2005～2099自由设置）再按 [确认]键。

年份查询：反复按 [功能]按键，直至显示屏闪现"14"，按 [确认]键。

---

51 后面板接线端如何设置？

答 后面板接线端如图11-16所示。后面板接线端提供直流电源

12V 输出和外接高音警号接口。

动合/动断接线端：无电位触点。

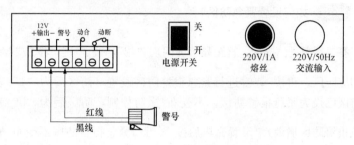

图 11 - 16　后面板接线端

➤ **52** **如何开通 31～256 防区的启用设置?**

答　出厂时只开通了 1～30 防区的布、撤防的设置，如果用户要扩大 31～256 防区的使用，可按以下方法设置：反复按功能键，直至显示屏闪现"08"，按确认键，按∥键选择"031"以后的防区，再反复按消警键，选择开通或关闭（防区后显示"1"为开通，防区后显示"0"为关闭），设置完毕按确认键复位键。

举例说明: 08　031-1
→ 开通防区使用(显示"0"为关闭)
→ 第31防区
→ 开通防区使用设置代码

➤ **53** **设置如何操作?**

图 11 - 17　按键图

答　所有功能设置完毕后，可通过主机面板按键选择对主机进行"外出"（外出布防）、"留守"（留守布防）或"撤防"，按键如图 11 - 17 所示。

➤ **54** **外出布防如何操作?**

答　按一下主机面板上"外出"键，"外出"布防指示灯亮，同时 1～30 防区灯亮（设置"1"，灯亮 1min 后熄灭，设置"0"灯长亮），所有防区都处于布防状态。此时，若有探测器发出信号，主机响报警声，相应防区灯闪烁，同时数码显示防警防区。报警时显示屏显示图如图 11 - 18 所示。

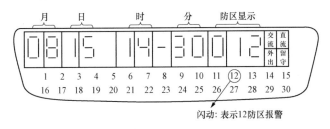

图 11 - 18　报警时显示屏显示图

注：布防防区灯熄灭后，按一下"复位"键，布防防区灯又亮起，便于查看1～30防区布防状态。

55　留守布防如何操作?

答　按一下主机面板上"留守"键，"留守"布防指示灯亮起，设为留守防区灯不亮，同时1～30防区设为布防的防区灯亮起，此时，如果留守布防防区的探测器发射报警信号，主机不报警，其他设置为布防的防区仍处于警戒状态。

56　撤防如何操作?

答　(1) 按一下主机"撤防"键，留守与外出布防指示灯熄灭。若没有设置紧急防区，则所有防区指示灯熄灭。发射任一防区探测器，主机不报警，相应防区灯不亮。

(2) 若设置了紧急报警防区，不受撤防控制。按无线紧急按钮，主机报警，设为紧急报警防区，指示灯闪烁，同时数码显示报警防区。

57　如何停止报警?

答　按一下"复位"键或"撤防"键立即停止报警。

58　主要技术指标有哪些?

答　电源：AC180～245V，50Hz；静态功耗：＜1W

接收灵敏度：＜0.2μV

489

接收距离：3～10km

报警防区：256 个防区

报警响度：≥80dB

使用环境：−10～＋40℃；　　　　相对湿度：＜80％

备用电池：DC12V，600mAh　　　报警电流：≤400mA

59　注意事项有哪些？

答　(1) 不同型号的无线探测器不能调换使用。

(2) 为保证最佳接收效果，主机天线应使用出厂配置的原装天线。

(3) 可充备用电池容量有限，仅供断电时应急使用，平时应以交流电供电为主。

(4) 定期进行例行试验，发现故障及时排除。

60　防盗报警系统的技术要求有哪些？

答　(1) 报警器灵敏度要高，又要求防止误报，就必须有微电脑监控。它能对来自传感器的事故信息进行分析，排除因小动物入侵而产生的误报信号及其他环境干扰信号。

(2) 事故地点与被呼叫对象之间的空间距离应不受限制。

(3) 语音和数字信息都可在同一条信道上传输。采用哪种传输方式（数字或语音），可由用户自行决定。

(4) 由于用户环境不同，配合作用的传感器类型及数量亦不相同。

(5) 用 EEPROM 固化程序，程序中的关键数据（如用户报警电话的号码）可以临时在电话机键盘上修改又不因掉电而丢失。

(6) 如因故死机，应能自动恢复正常运行。

61　防盗报警系统的技术措施有哪些？

答　(1) 采用公用电话线作为信息传输媒体，不用无线电方式。这样，机器受干扰少，误报率低，使用范围更加宽广。凡是有公共电话的地方，报警信息都可以到达，距离不受限制。充分利用公共电话线路普及性的优势，成本大大降低。同时简化了设计，提高了可靠性。

(2) 传送报警信息用语音方式或数字信息方式，可由用户选择。语音简短明确，可在电话机上收听，使用方便。在有条件安装计算机的地方（如110报警中心及单位保卫部门），还可传送数字信号，便于计算机与报警器之间实现数字通信，进行联网报警。

（3）报警器高能拨号修改用户密码的电路，可以在很远的地方通过电话线路修改自己家中的电话报警器的密码，远程控制报警器的设防或撤防操作。

（4）安装看门狗看路，因故死机后能自动恢复正常运行。

（5）电话设计、元器件筛选及接插件安装过程符合 GB 12663—1990《防盗报警控制器通用技术条件》要求。

（6）在 EEPROM 中写入精简指令，断电后可以永久保存。同时用户可自行设置密码，他人无法使用，保密性好。

62 防盗报警系统的特点是什么？

答 （1）采用 PIC 单片机作为中央处理器，性能稳定、工作可靠。

（2）出现警情时可以提供现场 120dB 的高响度警笛，并且能立即自动按顺序拨打6组报警电话号码，遇到忙音自动追拨，直到拨通设定的电话。

（3）采用高品质的 ISD 录音芯片，可以事先录入 10s 左右的报警语音。如用户家庭地址、请求帮助等语音信息，以供报警时自动播放。掉电后录音信息不会丢失，且可重复录音。

（4）具有远程遥控功能，当用户拨打和报警器主机连接的固定电话号码时，除振铃6声无人接听后，主机自动摘机，用户可以立即输入设定的四位密码，系统校验正确后可进行远程遥控操作。

（5）充分考虑易用性原则，以人为本，安装使用上非常简单方便，系统各部分不需布线，只要简单连接就能使用，还可实行无线遥控布防、撤防。设置程序非常简单，配有声音提示，还可通过手机或电话进行远程设置、远程布防、撤防、远程启动强音警笛威吓窃贼、取消强音警笛等。

（6）主机内部配备大容量镍氢可充电电池，能 24h 全天候工作，可以确保在停电时自动切换到备用电池上继续工作，抗破坏能力强。

（7）具有紧急报警求助功能，不管主机是在设防还是解防状态，只要按住遥控器上紧急求助按钮 1s 以上，就能立即发出高响度报警声音，并且拨打预先存储的报警电话号码，这个功能可以被医院、老人院、疗养院、干休所等单位用来发出紧急求救的用途。

（8）具有异地监听功能：用户可通过手机或电话远程监听布防现场，能听到现场的脚步声、说话声，监听范围广，监听半径达 10m。

（9）保密性强：一机一个密码，抗干扰能力强。

（10）可扩展性能强：系统除了以下的标准配置报警外，还可以选配煤气探测器、烟感探测器、紧急报警按钮等，甚至还可以与小区管理中心联网，进一步增强系统的报警能力。

（11）门窗防撬自动报警：盗贼撬开或通过装有门磁的门窗时，能自动报警。

（12）红外人体探测自动报警：在警戒区空间内探测非法活动人体并能自动报警。

（13）自动拨号电话报警：主机可与公共电话网连接，当主机收到报警信号后，能快速启动拨号程序，自动拨打用户设置的六个电话号码，并能依次循环地拨打，直到得回应。

（14）强音报警静音报警：强音报警时，主机自动拨号报警，同时强音警笛以发出 120dB 的强音报警信号，以通知四邻；静音报警时，主机自动拨号报警，强音警笛不发警号声。静音报警时报警指示灯也不亮。

63　防盗报警系统如何组成？

答　无线智能防盗报警系统由报警主机和各种前端探测器组成。前端探测器包括门磁探测器、窗磁探测器、红外探测器、煤气探测器、烟感探测器、紧急报警按钮等组成。每个探测器组成一个防区，当有人非法入侵，或出现煤气泄漏、火灾警情以及病人老人紧急求救时将会触发相应的探测器，家庭报警主机会立即将报警信号传送到主人指定的电话上，主人可进行监听或通知四邻，以及向公安部门报警。如果是住宅小区，只要与小区管理中心联网，则报警信息还会同时传送到小区管理中心，以便保安人员迅速处警，同是小区管理中心的报警主机将会记录下这些信息，以备查阅。

64　无线智能防盗报警系统如何构成？

答　无线智能防盗报警系统框图如图 11 - 19 所示。由图可知，整个系统由前端探测器和主机构成，其中前端探测器中的各种报警探头都采用无线方式。

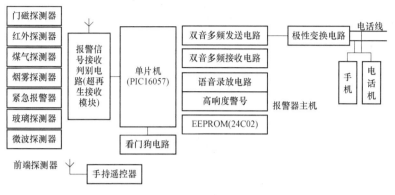

图 11-19　无线智能防盗报警系统框图

65　传感器与信号输入接口如何构成？

答　传感器与信号输入接口电路如图 11-20 所示，由超再生式接收模块和 PT2272 解码电路组成。

66　超再生式接收模块的特点是什么？

答　超再生式接收模块是近些年广泛作用的一种收发组件，此外还有一种超外差式接收模块，这两种模块各有优缺点。超再生式接收模块价格低廉、经济实惠而且接收灵敏度高，但是缺点也很明显，就是频率受温度漂移大，抗干扰能力差。超外差式接收模块采用进口高性能无线遥控及数传专用集成电路 R×3310A，并且采用 316.8MHz 的声表谐振器，所以频率稳定、抗干扰能力强，缺点是灵敏度比超再生式低，价格远高于超再生接收式模块，而且近距离强信号时有阻塞现象。

超再生式接收模块采用 SMD 贴片工艺制造生产，它内含放大整形及解码电路，使用极为方便。它有四个引出端，分别为正电源、输入端、输出端和地，其中正电源端为 5V 供电端，输出端信号是供解码电路 PT2272（SC2272）解码的。

在超再生式接收模块中天线输入端有选频电路，而不依赖 1/4 波长天线的选频作用，控制距离较近时可以剪短甚至去掉外接天线。接收

493

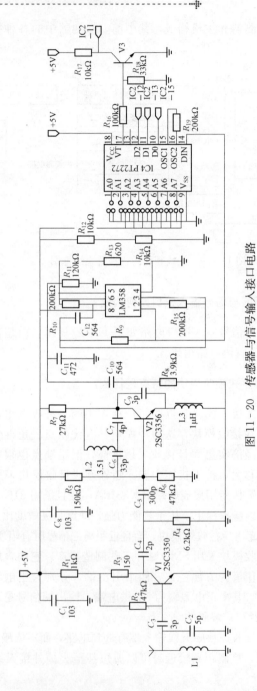

装饰装修电工必备知识技能 1000 问

图 11 – 20　传感器与信号输入接口电路

494

电路自身辐射极小，加上电路模块背面网状接地铜箔的屏蔽作用，可以减少自身振荡的泄漏和外界干扰信号的侵入。接收机采用高精度带骨架的铜芯电感将频率调整到 315MHz 后封固，这与采用可调电容调整接收频率的电路相比，温度、湿度稳定性及抗机械振动性能都有极大改善。可调电容调整精度较低，只有 3/4 圈的调整范围，而可调电感可以做到多圈调整。可调电容调整完毕后无法封固，因为无论导体还是绝缘体，各种介质的靠近或侵入都会使电容的容量发生变化，进而影响接收频率。另外未经封固的可调电容在受到振动时定片和动片间发生位移；温度变化时热胀冷缩会使定片和动片间距离改变；湿度变化因介质变化改变容量；长期工作在潮湿环境中还会因定片和动片的氧化改变容量，这些都会严重影响频率的稳定性，而采用可调电感就可解决这些问题，因为电感可以在调整完毕后进行封固，绝缘体封固剂不会使电感量发生变化，而且由于采用贴片工艺，所以即使强烈振动也不必担心接收频点漂移，接收电路的接收带宽约 500kHz，产品出厂时已经将中心频率调整在 315MHz，接收芯片上的微调电感约有 5MHz 频率的可调范围。

平时超再生式接收模块在没有接收到 315MHz 的信号时，输出的是干扰信号，解码集成电路 PT2272 输出端 D0～D2 均为低电平，当由各种前端探测器发出的经调制后的 315MHz 的高频调幅信号由超再生接收模块的天线接收下来后，经由 V1 构成的高频放大器电路放大再经变频、滤波、整形等处理后输出控制信号，V2 本振电路采用 LC 并联谐振，V1、V2 采用高频管 2SC3356，L1 为 3.5 - 2.5T - 0.7 空心线圈，L2 为 5×5×3.5T 模压可调线圈，L3 为 0307 固定色码电感。LM358 为双运放集成电路，起放大整形作用，放大整形后的信号从第 1 脚送入 IC4 的第 14 脚 DIN 信号输入端，只有当主机中的 PT2272 的地址端与发射部分的地址端完全一致时，对应的 D0～D2 数据端才有高电平输出，同时第 17 脚 VT 解码有效确认端也输出高电平，经 V3 反相送入单片机第 11 脚，D0～D2 数据端的数据信号也送入单片机的第 15、13、12 脚进行相应处理。

➤ **67** **PT2272 的功能是什么？**

答　IC4 为 PT2272，是台湾普城公司生产的 CMOS 工艺制造的低功耗低价位的通用解码集成电路，它与编码集成电路 PT2262 配对使用，表 11 - 2 为 PT2272 编码集成电路的功能表。

表 11 - 2　　　　　PT2272 编码集成电路的功能表

名称	管脚	说　明
A0～A11	1～8、10～13	地址端，用于进行地址编码，可置为 0、1、F（悬空），必须与 2262 一致，否则不解码
D0～D5	7～8、10～13	地址或数据端，当作为数据端时，只有在地址码与 2262 一致，数据端才能输出与 2262 数据端对应的高电平，否则输出为低电平，锁存型只有在接收到下一数据才能转换
V_{CC}	18	电源正端（＋）
V_{SS}	9	电源负端（－）
DIN	14	数据信号输入端，来自接收模块输出端
OSC1	16	振荡电阻输入端，与 OSC2 所接电阻决定振荡频率
OSC2	15	振荡电阻振荡器输出端
VT	17	解码有效确认，输出端（常低）解码有效变成高电平（瞬态）

　　PT2272 解码芯片不同的后缀，表示不同的功能，有 L4/M4/L6/M6 之分，其中 L 表示锁存输出，数据只要成功接收就能一直保持对应的电平状态，直到下次遥控数据发生变化时改变。M 表示非锁存输出，数据脚输出的电平是瞬时的而且和发射端是否发射相对应，可以用于类似点动的控制。后缀的 6 和 4 表示有几路并行的控制通道，当采用 4 路并行数据时（PT2272 - M4），对应的地址编码应该是 8 位，如果采用 6 路的并行数据时（PT2272 - M6），对应的地址编码应该是 6 位。

　　主机中的 PT2272 集成电路采用 8 位地址码、4 位数据码，这样共有 32＝6561 个不重复的编码，此外，除了必须保证发射部分和接收部分的频率一致及编解码集成电路的地址码相同外，还必须使编码集成电路的振荡电阻匹配，否则传输是无效的。为了保证主机的可靠性，主机在出厂时已将每台主机设置了一个唯一的主机编码号，具体做法是将 PT2272 的 1～8 脚地址端处设置三排焊盘，中间的 8 个焊盘是分别与 PT2272 解码集成电路的第 1～8 脚相连的，两边的焊盘分别与地和正电源相连，所谓的设置地址码就是用焊锡将中间的焊盘与两边相邻的焊盘用焊锡桥短路起来，当然也可以什么都不接，这样表示该脚悬空。如果对主机的编码不清楚可以打开主机观察 PT2272 的地址码的编码方式，也可以重新进行设置。

68　主机信号处理电路如何构成？

答　主机信号处理电路功能比较复杂，但由于采用单片机进行处理，通过软件进行设置，使得硬件相对简单，如图 11 - 21 所示。

69　主机信号处理电路是如何工作的？

答　主机中的单片机采用美国 Microchip 公司生产的 PIC16C57，该公司生产的 PIC 系列单片机采用精简指令集，具有省电、I/O 端口有较大的输入输出负载能力（输出电流可达 25mA）、价格低、速度快等特点。其中的 PIC16C57 为 28 脚 DIP 双列塑料封装，内有 20 个 I/O 口，内带 2K 的 12 位 EPROM 存储器及 80 个 8 位 RAM 数据寄存器，但由于 PIC16C57 的片内存储量仍然不足，所以外接 ATMEL 公司的 24C02，用以保存诸如用户设置的电话号码等各类参数、采存到的数据等。它是一种低功耗 CMOS 串行 EEPROM，它内含 256×8 位存储空间，具有工作电压宽（2.5～5.5V）、擦写次数多（大于 10 000 次）、写入速度快（小于 10ms）等特点。

当经 PT2272 进行识别后的报警信号进入到单片机中的 RB1、RB2、RB3、RB5 口后，经比较确认无误，立即从 RB7 口输出高电平，驱动 LED2 报警指示发光二极管发光，同时经 V5 反相后使得 V5 集电极为低电平，高响度警号得电发出高达 120dB 的报警信号，为了减小主机的体积和提高可靠性，高响度警号采用外接方式，使用时只需将高响度警号的插头插入到主机的相应插孔即可，高响度警号内部有电源电路及放大电路，实际上主机控制的是高响度警号的电源。

如果主机在使用前录有报警语音信息和电话号码，则在出现警情时除了本地有高响度警音外，还会在稍作延时后，开始轮流拨打用户设置的电话号码。这部分功能在单片机中是由 RC2、RC5、RC7 控制的，RB0、RB6 口与外接的 24C02 的时钟控制端，RB6 为读写数据端，RC4、RC1、RA0、RA1、RA2、RA3 口外接的电阻网络为双音多频信

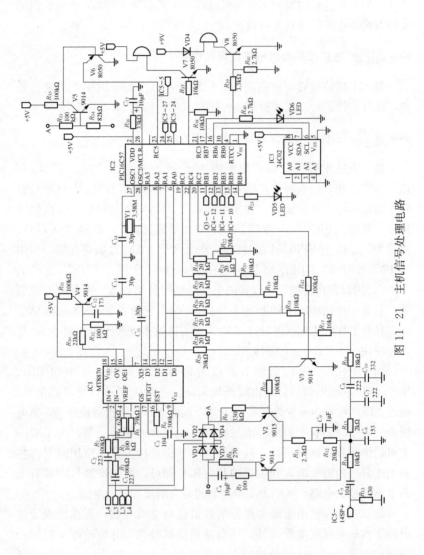

图 11－21　主机信号处理电路

498

号网络，用户接到电话后，首先由 RC2 口输出高电平，用户设置的电话号码数据被调出，经双音多频电阻网络输出至外线，开始拨打用户设置的电话，用户按下接听键后，单片机的 RC7 口输出低电平，将 IC5ISD1110 语音集成电路的第 24 脚 PLAYE 变为低电平，这样该集成电路处于放音状态，其中录有的报警语音信息通过第 14 脚 SP＋端经极性变换电路输出至外线，进而传输到用户电话中，如果第一组电话号码不通，在收到回馈的占线及挂机信号后，主机又会拨打第二组电话号码，循环往复。

　　PIC16C57 单片机采用 3.58MHz 晶振作为振荡器，因为双音多频信号均是以该频率值为标准，同时该振荡信号也提供给 IC1（MT8870）双音多频解码集成电路，如果在主机内设置了远程遥控密码，那么当用手机或固定电话进行远程遥控操作时，拨打的电话及操作的功能代码信息均通过电话外线进入 IC1 的第 1 脚和第 2 脚，经 IC1 解码后经第 11、12、13、14 脚（D0、D1、D2、D3）送入 IC2 第 6、7、8、9 脚（RA0、RA1、RA2、RA3 口），由 IC2 处理作出相应设置或动作。

　　当进行本地或远程布防，IC2 的第 14 脚（RB4 口）输出高电平，驱动 LED1 发光，以指示布防成功。同理，撤防时，该端口呈低电平，LED1 熄灭，以示撤防。

　　在进行所有设置时，主机都有声音提示，在主机上是由第 21 脚（RC3 口）输出的，通过 V7 驱动蜂鸣器发声。

　　在电源的处理上，也充分地考虑了用户的供电情况及可能出现的意外（比如小偷切断电源）等，因此主机内置了由 7 节镍可充电电池组成的后备电池组，平时有市电时可充电电池处于涓流充电状态，一旦停电或遇意外情况，主机能够立即由后备电池供电，具体电路如图 11-22 所示。特别值得一提的是，报警器在使用过程

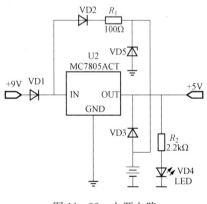

图 11-22　电源电路

中，往往会遇到停电的情况，如果此时可充电电池的开关没有设置在使用状态，则原来已布防好的主机会撤防，这是不允许的，因此在编制软件过程中要充分地考虑这一点，要使得主机在来电时复位过程中自动进行布防，当然可充电电池设置在使用状态时不存在这个问题。

主机内部配备有大容量镍氢可充电电池，如果将主机背后的电池开关置于 ON 位置，可以使备用电池平时处于浮充状态，在停电时自动切换到备用电池上继续工作，确保工作可靠，如果电池开关置于 OFF 位置，则只使用外部电源，备用电池不工作。正常使用时建议将电池开关置于 ON 位置，如果主机长期不使用应该将电池开关置于 OFF 位置。

为了确保主机工作的可靠性，在主机内设置了自动复位及看门狗电路，确保程序的正常运行。

70　语音控制与录放电路的功能是什么？

答　这部分电路采用美国 ISD 公司生产的 ISD1110 高品质单片语音处理大规模集成电路。该集成电路内含振荡器、话筒前置放大、自动增益控制、防混淆滤波器、平滑滤波器、扬声器驱动及 EEPROM 阵列。因此具有电路简单、音质好、功耗小、寿命长等优点。这里采用的是 COB28 脚封装，也就是俗称的黑胶封装。

71　语音控制与录放电路如何组成？

答　语音控制与录放电路如图 11-23 所示，其中的第 1、9、24、27 脚，即 A4、A6、PLAYE（放音控制端）、REC（录音控制端）均由 IC2 单片机 PIC16C57 控制。当需要对主机进行报警语音信息录制时，只要按住 SW 键不放，对着话筒说话即可将其内容写入芯片内。当报警时，主机发出控制命令，使得 IC5（ISD1110）语音集成电路的第 24 脚 PLAYE 变为低电平，这样该集成电路处于放音状态，其中录有的报警语音信息通过第 14 脚 SP＋端经极性变换电路输出至外线，进而传输到用户电话中。

72　双音多频发送与接收电路是如何工作的？

答　双音多频电话号码信号由单片机控制保存在 IC3（24C02）

EEPROM 中，发送时，由单片机发出控制指令，由单片机外接的电阻网络经电话外线发送出去。接收时，由 IC1（MT8870）双音多频集成电路解码器解码，再送入 IC2 单片机处理。

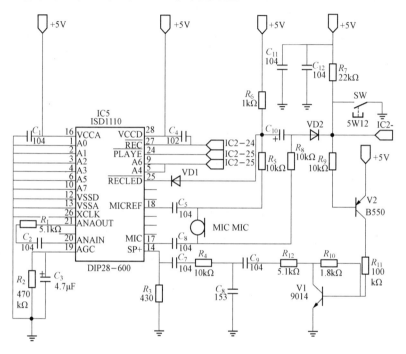

图 11-23 语音控制与录放电路

73 遥控信号发送电路是如何工作的？

答 为了方便用户进行布防和撤防，主机配备有遥控器。这种遥控器的体积非常小巧，可以挂在钥匙圈上，面板上有四个不同图标的操纵按键及一个红色的发射指示灯。为了缩小体积，内部的编码芯片采用宽体贴片的 SC2262S，电池也是用更小的 A27 遥控专用 12V 小电池，发射天线也是内藏式的 PCB 天线。遥控器的电路组成如图 11-24 所示。内部采用进口的声表谐振器稳频，所以频率的稳定度很高。当遥控器没有按键按下时，PT2262 不接通电源，其第 17 脚为低电平，所以 315MHz 的高频发射电路不工作，当有按键按下时，PT2262 得电工作，其第 17 脚输出经调制后的串行数据信号，当 17 脚为高电平期间

315MHz 的高频发射电路起振并发射等幅高频信号，当 17 脚为低平期间 315MHz 的高频发射电路停止振荡，所以高频发射电路完全受控于 PT2262 的 17 脚输出的数字信号，从而对高频电路完成幅度键控（ASK 调制）相当于调制度为 100%的调幅，这样对采用电池供电的遥控器来说是很有利的。

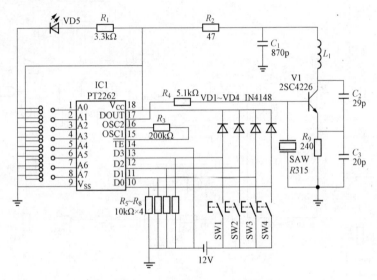

图 11-24　遥控信号发送电路

▶ **74** 主机如何安装与连接？

答　将随机附带的 9V 500mA 的交流电源插入主机的 DC input 9V 电源插座孔内，这时主机上的绿色电源指示灯 power LED 就会点亮。再将电信局的电话线插入主机上的线路输入端口 Line in，并且把随机附带的电话连接线一端水晶插头插入主机的线路输出端口 Line out，另一端插入电话中。将高响度报警器的插头插入主机的 Speaker out 报警输出插孔上，再将主机的天线竖起并全部拉出，这样主机安装连接完毕。

▶ **75** 报警语音如何录制？

答　主机可以进行高质量录音，用于在报警时自动在电话中播放。录音方法为：按住主机后面的 Record Button 录音按键不放，大约 3s，听到"哔"的一声后，在距离主机 MIC 麦克风约 20cm 的位置讲话，例如："某某新村某某号有紧急情况，请马上过来"，注意录音时间不能超过 10s，录音完毕后，松开录音按键，主机发出一长一短的"哔－哔"声后表示录音完成。录入的语音信息永久保存，断电也不会丢失。

76　如何设置报警电话号码？

答　本机最多可以设置六组报警电话号码，主机报警时会依次循环拨打所设号码报警，直至拨通为止。如果不需要六组也可以只用其中的几组，如果需要更改其中的某一组号码，只要重复操作覆盖即可。设置方法为：首先按住主机后面的 Record Button 录音按键约 1s 后松手，听到"哔"的一声后，拿起听筒在电话键盘上按入♯1＊（报警电话号码）♯即可（注意：正确操作时，每按一个按键，主机都会发出"哔"的一声确认音，按入每一组中最后的♯号后主机会发出一长一短的"哔"声后表示输入完成。在输入设置电话号码过程中，电话内可能会出现"你拨打的是空号，请核对后再拨"或其他的提示语音，对此用户不用理会），这样就完成了第一组报警电话号码的设置，其他几组的设置方法与此类似。

第一组：输入♯1＊（报警电话号码）♯
第二组：输入♯2＊（报警电话号码）♯
第三组：输入♯3＊（报警电话号码）♯
第四组：输入♯4＊（报警电话号码）♯
第五组：输入♯5＊（报警电话号码）♯
第六组：输入♯6＊（报警电话号码）♯

注意：本地报警电话号码前不需要加区号，手机号码前是否加 0 根据实际情况确定。"♯0＊"、"♯9＊"、"♯7＊××××♯"和"♯8××××♯"等已作其他用途，不能设置为报警电话号码。每设置一个电话号码之前，必须先按一下录音键，当主机发出一声短促的"哔"声后，才可进行输入。

注意：设置报警号码请保持周围环境的安静，否则影响录码效果。

▶ 77 如何设置远程控制密码?

答 远程控制密码最多设置 4 位,例如:1234、111、45 等等。设置方法为按住主机后面的 Record Button 录音按键 1s 后松手,听到"哔"的一声后,在电话机键盘上按入 ♯7 ＊(四位控制密码)♯即可,这样就完成了远程控制密码的设置。如果需要更改密码,只要重复操作覆盖即可。

▶ 78 如何设置报警模式?

答 本系统拥有两种报警式:强音报警和静音报警。

(1)调协强音报警。

设置格式为:♯9 ＊

操作流程:摘机,按录音键约一秒再释放,输入"♯9 ＊",听到"哔"的一声,再听到一长一短的"哔—哔"声完成。

(2)设置静音报警。

设置格式为:♯0 ＊

操作流程:摘机,按录音键约一秒再释放,输入"♯0 ＊",听到"哔"的一声,再听到一长一短的"哔—哔"完成。

如果主人没有设置报警留言和报警电话号码时,主机会每隔 30s 发出一声"哔",提醒主人录入报警留言和报警电话号,以免影响正常使用。

▶ 79 如何设防?

答 主机使用非常容易,随机配备了 2 个遥控器,主人每天上班离家或晚上就寝时按下遥控手柄的设防按钮,主机会发出"哔"的一声确认音,同时主机上的 Lock/Unlock Status 红色设防指示灯就会点亮,表示主机处于设防状态。

▶ 80 如何报警?

答 主机处于设防状态时,当各种前端探测器探测警情信息,探测器会立即发出无线报警信号,主机接收报警信号后会立即驱动高响度警号进行现场报警,并自动拨打多组报警号码报警。主人接到报警电话接听时，会听到预先录入的报警语音，例如"某某新村某某号有紧急情况，请马上过来"，然后是环境声音，本机能监听到现场的脚步声、说话声等，监听半径达 10m，听感清晰。

主人听清报警留言后可以按电话机的"♯"键（或者是数字键 6）确认报警成功，这时主机会停止报警，如果主机拨打的电话没打通，或者没有收到"♯"（或者是数字键 6）确认，主机还会依次拨打下一个报警号码，循环往复，直到拨通电话，收到"♯"确认为止。如果按一次"♯"（或者是数字键 6）不能停止报警，可以连续按"♯"（或者是数字键 6）几次即可。

➤ **81** 如何解防？

答 主人在家或者从外面回来时只要按下遥控器上的解防按钮，主机会发出"哔"的一声确认音，同时主机上的：Lock/Unlock Status 红色指示灯就会熄灭，表示主机处于解防状态。

➤ **82** 如何进行远程操作？

答 有时离家出门后才想起来忘记布防或对家里的情况不放心，可以使用远程操作功能。远程操作是通过手机或异地电话登录报警系统主机后，进行远程监听、远程布防、远程撤防、远程紧急报警、远程解除报警等。

（1）远程登录。进行远程控制之前，必须进行远程登录。用户可用手机或异地电话拨打与主机并接的电话，当听到 6～8 次电话铃音之后，主机会自动摘机，并回应"哔"的一声，用户应快速输入预先设置的密码，输入正确后远程登录成功。登录成功后用户可通过电话机或手机的键进行以下远程操作。

（2）远程监听。按电话键盘的数字 1 可以监听环境声音 20s，如果想继续监听，只要在 20s 以内再按一次电话键盘的数字 1，就能再监听 20s，这样可以实现连续监听。

（3）远程布防。按数字键 4，主机回应"哔"的一声，表示远程布防成功。

（4）远程撤防。按数字键 5，主机回应"哔"的一声，表示远程撤防成功。

(5) 远程紧急报警。按数字键 2，主机回应"哔"的一声，与主机相连接的高响度警号发出 120dB 的强音警笛声，可威吓盗贼。此时主机不会自动拨号。

(6) 远程解除报警。按数字键 3，主机回应"哔"一声，主机解除报警，与主机相连的高响度警号停止发声。主机回到报警前的状态。

(7) 退出。按数字键 6，可以立即退出。

83 巡更管理系统的作用是什么？

答 巡更管理系统是保安人员在规定的巡逻路线上，在指定的时间和地点向中央监控站发回信号以表示正常。如果在指定的时间内，信号没有发到中央监控站，或不按规定的次序出现信号，系统将视为异常。在安防系统中有了巡更管理系统后，就更增强了该系统的可靠性和快速反应性。巡更管理系统的实现是比较容易的，可以在指定的巡更路线上设置按钮或读卡机。巡更时，依次输入信息，安防控制中心的计算机对该信息进行计算机管理就可以顺利完成安防预定的任务。

84 巡更管理系统的应用范围有哪些？

答 巡更管理系统的应用范围有①保安：楼宇及小区物业、防火、防盗、保安巡逻商场、超市、酒店、大厦、厂矿、企事业单位保安巡检；②学校：校区、教学楼、宿舍、实验楼、图书馆巡逻；③军队：边防、岗哨、弹药库、军需库巡逻巡检；④粮库：防火、防水、防虫、温度、湿度控制巡检；⑤煤矿：井下安全、井上设施、车辆、煤场巡检；⑥石油：输油管道、天然气管道、油罐库区、油田油井设施巡检；⑦电力：变电所、变压器、高压铁塔、线杆、高压线路、发电厂、消防检测，电能表读数、安全用具巡检；⑧铁路：路基、路轨、桥梁、水电、机车、库房、候车大厅、乘警巡逻巡检；⑨电信移动：光缆、电话线路、电话亭、线杆、发射机站巡检；⑩公安：巡警、交警、警车、岗哨、狱警巡逻巡检；⑪林业：森林防火、森警巡逻、动植物保护、防猎巡检；⑫医院：护士查房、尸体管护、人员考核、保安巡逻巡检；⑬邮政：邮箱、库房、趟车的频次/时限管理巡检；⑭机场：候机大厅、跑道巡检，设备维护。

85 经济型巡更系统如何构成？

答　经济型巡更系统方案示意图如图 11 - 25 所示。

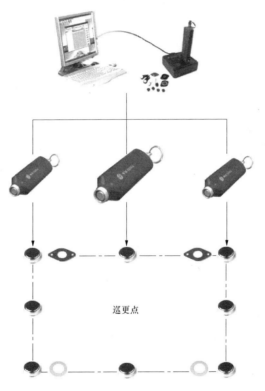

巡更点

图 11 - 25　经济型巡更系统方案示意图

86 巡检管理系统的工作过程是什么？

答　首先在指定的路线或重点设备上安装巡更点，通过管理软件，将巡更点一一对应输入巡更地点名称，然后在管理软件中进行相应的设置并制定巡检计划。将巡检器发放到巡逻人员手中。在巡检过程中，巡逻人员必须携带巡检器，按巡检计划到达规定地点，并用巡检器接触指定的巡更点，信息将自动存于巡检器中。每天或每周巡检工作完成后，管理员通过通信座，将巡检器与计算机 USB 口相连，通过管理软件将巡检器内的数据信息读取到计算机中保存，管理人员可以通过报表查询到巡逻人员的具体工作情况。提高了工作效率，同时给管理者和用户提供一个科学、准确的信息和查询依据。

87　接触式巡检器的功能是什么？

答　接触式巡检器工作时伴有灯光闪烁及声音提示功能，合金外壳坚固耐用，没有可拆动的零件，独特密封设计实现防水、防尘功能，同时具有防过压、防过流、防雷击、防静电等保护措施，特别适合于

实际工作需要。巡检器采用低功耗设计，耗电量极低，大大延长了电池及巡检器的使用寿命，同时采取了防静电、防干扰、防雷击及掉电保护等先进的电路安保措施，数据可存储 20

图 11-26　接触式巡检器外形图

年以上，确保数据安全可靠，外形如图 11-26 所示。

88　巡更人员卡的作用是什么？

答　使用巡更人员卡可以实现多人共用一台巡更机，可以把巡更计划安排到人，责任落实到人。

89　巡更点的作用是什么？

答　巡更点无需电源，无需布线，具有防水、防尘、防腐蚀、耐高低温、使用寿命长且体积小等特点。具有静电保护功能及唯一性无法复制。巡更点外形如图 11-27 所示。

90　通信座的作用是什么？

答　通信座为合金外壳，坚固耐用，具有工作状态提示功能。插孔簧片采用美国原装进口白钢片，具有寿命长，故障率低等特点。平均寿命是同类产品的 5 倍，平均无故障时间长达 5 年以上；采用 USB 通信方式，数据读取、传输安全可靠，传输过程中遇到停电或通信线路中断时，不会造成数据的丢失；工作进程可通过面板上三个指示灯显示。通信座外形如图 11-28 所示。

夜光标签

图 11 - 27　巡更点外形图　　　　图 11 - 28　通信座外形

91 系统应用软件的功能有哪些？

答 系统应用软件界面如图 11 - 29 所示，具有如下功能：

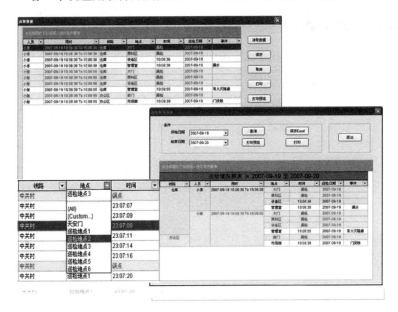

图 11 - 29　系统应用软件界面

（1）设计：人性化，参数化，树型结构设计。设置简单灵活实现智能化操作。

（2）计划：智能排班，可实现任何方式的排班计划，排班可修改。

（3）查询：单条件及多条件组合查询，人员、线路、时间、漏巡等情况，不同颜色代表不同结果，一目了然。

（4）统计：自动分析巡检巡更情况。

（5）安全：双重密码保护，数据自动备份，安全可靠。

92 对计算机的要求有哪些？

答　操作系统要求：Win98、Win2000、WinXP。

硬件配置要求：CPU 主频 400M 以上、内存 64M 以上、硬盘 5G 以上，带光驱。

93 巡检器数量有何要求？

答　根根据巡逻人员而定，可一人一台也可多人共用一台。

94 巡更地点卡数量有何要求？

答　保证每个地点全部巡逻到位。

电话通信系统

1 为什么要使用电话交换机？

答 一般打电话用的是电话机，它应该具有送话、受话、振铃以及一些转换功能，两部电话机有一对电线连通，再加上供电电源就可以互相通话了。但实际上在一个城市内，一个单位内不会只有两个人要互相打电话，而是有许多人需要互相之间打电话，而且其中任何一个人可能要和另外的任何一个人打电话，这就要求这个人的电话机可以接通另外的人中任何一个的电话机。要实现这种功能最简单的方法就是在任意两个人的电话机之间设置一对电话线，但这在客观上是不可能的，也完全没有必要。如果在用户分布的区域中心位置（电话局）设置一台线路交换（交叉转换）设备，每一部电话机都用一对线路与交换设备相连，如图 12-1 所示，这样，当任意两个人需要打电话时，就可以由交换设备把他们的线路连通，通话完毕后，再把他们之间的连线拆掉，这种交换设备就是电话交换机（注意与计算机网络中讲的交换机的区别）。人们通过电话交换机就可以实现"电话交换"功能。从图 12-1 可看出，以电话交换机为中心的电话通信网是典型的星型结构网络。

最早的电话交换是由人工来完成的，称为"人工交换机"，以后逐步由机器取代了人工连接，出现了"自动电话交换机"。随着通信事业的发展，电话交换机的容量也越来越宠大，结构越来越复杂，功能越来越完备，从而成为交换机系统。现在，可接成双门以上用户话机的数字程控电话交换机已很普及，并且具有包括话务在内的综合业务交换功能。

数字程控交换机的交换技术仍然属于电路变换，目前问世的基于

511

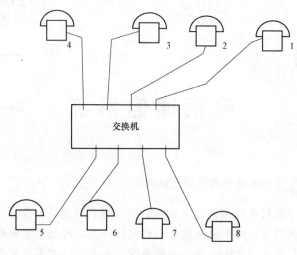

图 12-1　电话交换示意图

分组交换的软交换技术将使交换机的体积进一步减小，并且在容量上和功能上产生一个新的飞跃。

2 交换机可分为哪些种类？

答　数字程控交换机是数字存贮程序控制交换机的简称，它是目前电话网的核心设备。所谓"数字程控交换机"就是运用数字电子技术并由计算机控制的交换机。在数字程控交换机中，硬件逐步简化，交换功能都由软件来实现。数字程控交换机的硬件是一块块功能独立的电路板，由软件来把它们有机地联系在一起，形成交换系统。数字程控交换机通常按用途分为市话交换机、长话交换机、用户交换机。市话交换机、长话交换机设置在市话局、长话局内。

3 交换机的功能有哪些？

答　用户交换机主要是为满足企事业单位内部电话交换需要而设计的小型交换机。用户交换机一般设置在一个企事业单位的电话站内，它根据单位的需要有时设计有一些专用功能。智能建筑以及通信功能有要求比较高的综合性大型建筑内，一般也设有配置了用户交换机的电话站。

用户交换机通过中继线和市话局交换机相连，单位或建筑内的分机均由用户线连接到用户交换机上。用户交换机的基本功能是完成单位或建筑内部分机用户之间的相互通话，以及分机用户通过中继线与市话局用户的通话。

由于程控技术可以将许多用户和话局管理服务特性预先编成程序放在存储器中，可以随时取用，这就使程控交换机能够向用户提供更多、更新、更为周到的服务功能，并且使用起来非常方便、灵活、迅速。其服务功能多至几十种到上百种，大致可分为系统功能，用户使用功能、维护功能、话务员服务功能等。

➡ **4** 程控用户交换机的用户使用方面的主要服务功能有哪些？

答　（1）用户交换机的内部呼叫。即用户交换机的各分机用户之间的呼叫，主叫用户摘机听到拨号音后，直接拨被叫分机号码，用户交换机自动完成接续。用户交换机的出局呼叫，在这里把用户交换机看作一个"局"交换机，出局呼叫有 3 种方式：

1）若用户交换机出中继线接至市话局交换机选组级，这时当分机主叫用户摘机听见拨号音后，直接拨出局字冠号（一般是 0 或 9）和市话局用户号码（即把二者连起来拨）即可。

2）若用户交换机出中继线接至市话局交换机用户级，当分机主叫用户摘机听见拨号音，拨出局字冠号后，会听见第二次拨号音，然后再拨市话局用户号码。

3）分机主叫用户拨话务台号码，由话务员代拨外线市话局用户号码出局。

（2）市话局用户呼叫用户交换机分机用户。有二种方式：

1）若市话局采用直接拨入中继线连接到用户交换机，这时市话局主叫用户可直接拨用户交换机分面用户号码，但这个号码与用户交换机内部呼叫时的分机号码不完全一样，一般是在前面增加几位。

2）通过话务员转接拨入用户交换机分机用户号码。

（3）出入局呼叫限制。用户交换机可限制某些分机用户不能（无权）出局呼叫，可以全部限制，也可以限制某些出局方向的呼叫。例如一般用户限呼国际长途、限制欠费用户呼出或根据用哀协载要限制话机呼出，使其只能接收来话。同样，用户交换机还可以限制某些分机用户不能接收来话，即入局呼叫限制。

（4）缩位拨号。主叫用户或话务员在呼叫经常联系的被叫用户时，可用 1～2 位（有些机器是 1～5 位）的缩位号码来代替原来被叫用户的多位号码。

（5）热线服务。热线服务又叫"免拨号"，主叫用户摘机后无需拨号，经过 3～5s 时间，交换机将自动接通事先预定好的某一被叫用户分机，形成热线服务。

（6）免打扰服务。免打扰服务，又叫暂不受话服务，若在这期间有接续呼叫此用户，可由交换机提供截接服务或代为录音留言。

（7）转移呼叫。转移呼叫，也称"跟我走"。当用户有事外出离开自己的话机时，可以使用电话跟随功能，将自己的号码转至要去处的电话机上。

（8）分机用户连接。分机用户连接也称分机组。如果某些接续不注重于呼叫某个人，而是以叫通某个单位的人为目的，这时用户交换机可以按用户提出的转移闪序表依次转移呼叫各个分机。

（9）自动回叫。若主叫用户呼叫被叫用户，而被叫用户忙时，主叫用户可暂时挂机，待被叫用户由忙变闲后，即由交换机自动回叫主叫用户或被叫用户。

（10）下次使用时回叫。这是回叫的又一种方式，当被叫用户离开自己的话机时间内，如有某用户呼叫过该被叫用户，当被叫用户返回后，以其使用一次电话为标志，交换机此时知道被叫用户已回来，于是启动回叫功能，回叫前面的某呼叫用户。

（11）与电脑连接，实现完整的电话管理体系——话务管理、号码管理、参数设置等。先进的中文 Windows 操作系统，界面友好，显示直观，操作极为简单方便。

5 程控交换机的工作原理图如何连接？

答　数字程控交换机的工作原理图如图 12-2 所示，可分为三个部分：主机电路、内线电路、外线电路。主机电路由三根控制总线与内线电路、外线电路相连。8 个内线电路和 16 个外线电路由 PCM 总线相连，进行信息交换和传输。

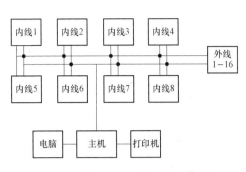

图 12-2　数字程控交换机的工作原理

➡ **6** 主机电路的功能是什么？

答　主机电路如图 12-3 所示，中心器件是一个单片微处理器 CHI，它控制各个内线电路、外线电路协调工作，完成计费控制交换以及参数保存，并与电脑、打印机直接联络。与电脑和打印机之间连接通过光电器件耦合，电气线路绝对绝缘。主机电路内存有 3 种：64K（27C512）、PROM 程序存储器；16K（2864×2）EEPROM、数据存储器 128K（128）RAM 数据存储器。EEPROM 存放参数：内部计费区号费率、弹性号码分机密码和总话费。RAM 存放 CHI 过程数据和用户话单，主机电路与各内线、外线电路是由控制总线（3 根：发线、收线、复位线）传送数据的。

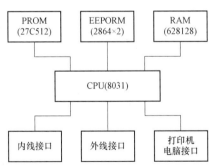

图 12-3　主机电路

➡ **7** 内线电路的工作原理是什么？

答　内线电路工作原理如图 12-4 所示，中心控制器件是 89C52，它是集程序存储器、数据存储器为一体的单片微处理机，它控制 128 个内线端口的用户摘机、发号和振铃，控制时隙交换及各种信号音，每个模拟端口有一片 TP3057 编解码器，它完成话音模拟信号和 PCM 数字信号之间的 A/D、D/A 转换。数字交换由 1～3 片 MT8980 完成，每片 MT8980 有 8×32 个时隙交换。音与双音频电路由信号音电路双音频发送接收电路音乐电路、语音电路、会议电路等组成，共占 32 个时隙，每个时隙均有一片 TP3057 编解码器，所有信号均通过数字时隙进入PCM 总线。

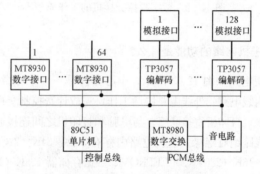

图 12-4　内线电路工作原理

8 中继电路的工作原理是什么？

答　中继电路外线电路一般为 128 端口。环路中继 8 端口为一组，图 12-5 所示是一组环路中继的工作原理图。每一组环路中继有 8 个中继接口，8 个 PCM 编解码器，8 个脉冲直拨接收电路和一路语音电路组成。

9 交换机的系统组成有几种形式？

答　常见的系统组成有下列三种配置形式：

（1）主机一台，计费电脑一台，打印机一台，头戴耳机一架，组成最完整齐全的计费管理系统，进行全面的话务监控管理、话费管理等。画面显示清晰直观，操作简单方便。

（2）主机一台，打印机一台，双音频话机一部，所有功能参数通过双音频话机输入，由打印机打出结果。自动计费、计算话费和打印

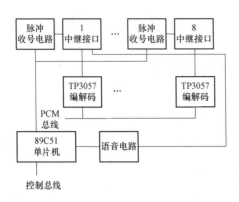

图 12-5　环路中继的工作原理图

即时话单，并自动内部储存话单话费，以便结算与查询。话务管理由话务总机完成，系统简单方便。

（3）双音频话机一部，通过双音频话机输入参数，话务管理由 1～5 部总机完成。局部参数由语音信箱查听。话单、话费等详细资料无法输出，适于不需要计费的场所。

10　交换机的外围设备包括哪些？

答　（1）计费管理用电脑配置，现在的计算机都在 P3 以上，系统为 XP 或 2000，均可以使用。

（2）24 针打印机，并行输入口，如松下 KX-P1121、EPSONLQ-850 等。

（3）外接蓄电池推荐使用 12V/50Ah 蓄电池四只（串联连接）。

（4）配线架建议使用避雷型保安配线架。

11　接地的作用是什么？

答　交换机内部设有防雷击装置，但交换机的接地必须可靠，否则防雷装置不起作用。接地质量的好坏，对通信噪声干扰有着直接的影响，同时对工作人员的安全会造成威胁。

12　保护地线有何要求？

答　通过电源线连接到交换机的 220V 交流保护零线（保护地线）

应与 220V 交流零线（中性线）严格区分开来（国际电工委员会 IEC 规定），220V 交流零线与交换机外壳及交换机地线是绝对绝缘的。

13 接地线有何要求？

答 交换机地线要可靠、单独地连接到接地排或接地环上，接地电阻要小于 5Ω，接地排地下埋设深度要大于 0.5m，由镀锡裸铜线和一组相连接的垂直铜接地棒组成，其他设备接地线，如电脑、逆变稳压电源、打印机等接地线绝对不允许与交换机地线接在一起，交换机一定要单独接地。

14 室内环境有何要求？

答 （1）交换机机房内应干燥、通风无腐蚀气体、无强电磁干扰、无强烈机械振动、无灰尘。如果条件允许，应安装空调器和铺设防静电地板。

（2）交换机与地面之间应放一块绝缘板（或胶木板）和一块金属板，金属板在下，厚度大于 2mm。

（3）交换机四周应留 1m 以上的空间，以便空气流通和方便安装调试与维修。

（4）总机操作台离交换机的距离，内部计费直接连接打印机时应小于 5m，其他情况时应小于 100m。

15 交换机的内部结构是什么？

答 交换机内部结构如图 12-6 所示。

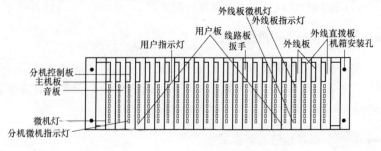

图 12-6 交换机内部结构

16　交换机板箱的作用是什么？

答　交换机以交换机板箱为一个基本单元，每 128 门安装在一个机箱里。门数与机箱无关。

17　电源机箱的作用是什么？

答　电源机箱位于机器的最下层，由一次电源、蓄电池充电电路、二次电源三部分组成。220V 交流电经一次电源降压后输出两路电压：48V 供给二次电源电路，然后由二次电源输出＋5、－5、75V 等电压送给交换机；56V 供给蓄电池充电用，当市电停电时，蓄电池则自动切换给机器供电。

18　主机机箱的作用是什么？

答　主机机箱安装在电源的上方，该机箱是整机工作的控制中心。从左到右有 CPU 板、分机控制板，用户板 1～16 块，外线板 1～4 块。

19　附机机箱的作用是什么？

答　附机机箱安装在主机机箱的上方，最多可安装 7 个附机箱，视分机门数大小而定，每增加 128 门增加一个附机箱。附机箱从左到右有分机控制板和 1～15 用户板及 1～4 块外线板。

20　电源指示灯的作用是什么？

答　机器通电后长亮，指示交直流电压的工作情况。

微机指示灯：以暗亮交替变化指示主机板工作情况。

用户指示灯：灯亮则表示相应的用户分机提机，反之挂机。

中继指示灯：中继指示灯亮时，则表示该条中继被占用。

21　电路板有几种类型？

答　交换机电路板有以下几种类型，即 CPU 板、音板、分机控制板、普通用户板，环路中继板、直拨板等。

22 主机 CPU 板的功能是什么？

答 主机板是控制整机协调工作的中心，内部控制分机控制板、中继板协调工作，PCM 交换及贮存工作参数、话单、话费等。外部跟电脑、打印机联系协调工作。

23 分机控制板的功能是什么？

答 每个附机箱里有 1 块音板和分机控制板，安装在机箱的最左边第一、第二插槽，分别对应 128 门用户和 16 条中继线，控制用户的双音频测码及呼叫接续，PCM 交换在分机控制板上完成。

24 音频板的功能是什么？

答 产生各种信号音，每块音板上都有 12 个双音频收发器和一个语音信箱及一个音乐演奏。

25 普通用户板的功能是什么？

答 每块用户板有 16 个用户，每个用户电路分为提机挂机电路、脉冲号码监测电路、振铃电路、来电号码显示电路以及 16 个 PCM 编解码电路组成。用户板统一规格，可以任意互换。每个机箱可以安装 1～16 块用户板，顺序从右到左。

26 环路中继板、直拨板的功能是什么？

答 每个机箱可以安装 1～4 块板，顺序从右到左，每块中继板 8 条话路。外线板上除了 8 条外线接口及 8 个 PCM 编解码电路外，还包括外线直拨系统、8 路外线脉冲收号器和一路外线语音服务器。环路外线呼入时，可由外线直拨板送语音给外线用户，外线用户二次拨号直拨内线分机，不需总机转接。

27 电脑连接口的功能是什么？

答 电脑接口有两个，最右边为主电脑连接口，另一个则为副电脑连接口，电脑连接口为 4 针插口，顺序从右到左为 1、2、3、4 针。连接线另一端为 25 针标准串口插头，对应功能见表 12-1。主电脑连接口为计费输出口，连接电脑计费管理系统。

表 12 - 1　　　　　　　　电脑连接口功能

交换机 4 针	电脑 25 针	电脑 9 针	符号	功能
1	7	5	GND	电脑 0V
2	6. 20	4. 6	VCC	电脑电源 10V
3	2	3	TXD	电脑发出数据
4	3	2	RXD	电脑接收数据
/	4. 5 短接	7. 8 短接	/	/

副电脑连接口为多用输出口：普通用户可作为计费电脑监控口，监控实时计费状态，也可作为话务台和交换机的数据交换连接口。电脑连接口的速率为 1200bit/s，交换机出厂配置电脑连接线一般为一条，长 10m，用户需要加长时，可另外用电话通信电缆改接，最长不能超过 100m。

➤ 28　头戴耳机连接口（选配）的功能是什么？

答　接口为 2 芯连接线插，出厂配置连接线为 10m，用户可根据需要再加长，另一端接耳机话机。

➤ 29　打印机接口的功能是什么？

答　位于主机箱右上角，25 针插座，连接线的另一端为标准 36 针打印机插头，直接插在打印机上，连接线长 6m，用户不能再加长。插座对应功能见表 12 - 2。

表 12 - 2　　　　　　打印机接口插座对应功能

交换机 25 针	打印机 36 针	符号	功能
13	2	DATA1	数据 1
12	3	DATA2	数据 2
11	4	DATA3	数据 3
10	5	DATA4	数据 4
9	6	DATA5	数据 5

续表

交换机 25 针	打印机 36 针	符号	功能
8	7	DATA6	数据 6
7	8	DATA7	数据 7
6	9	DATA8	数据 8
5	1	/STB	打印机选通
4	11	/BUSY	打印机忙
18、23	31	PRIME	打印机复位
17~20	33	SG	打印机 0V
25	18	+SV	打印机电源

➡ 30 中继线插座的功能是什么？

答 中继插座位于机器的左方，插座为 25 针或 37 针，每一个插座对应一块中继板。环路中继每块板 8 条话路，交换机最多可以安装 16 块环路中继板。环路中继外号与插座的对应关系见表 12 - 3 及如图 12 - 7 所示。

表 12 - 3   中继线插座对应功能

25 针插座	37 针插座	环路
13 - 12	19 - 18	1
11 - 10	17 - 16	2
9 - 8	15 - 14	3
7 - 6	13 - 12	4
25 - 24	37 - 36	5
23 - 22	35 - 34	6
21 - 20	33 - 32	7
19 - 18	31 - 30	8

➡ 31 用户分机插座功能是什么？

答 分机插座每层机箱最多 8 个，每个插座对应 2 块用户板，每块用户板 8 线用户，用户板分机序号与插脚号对应见表 12 - 4 及如图 12 - 8 所示。

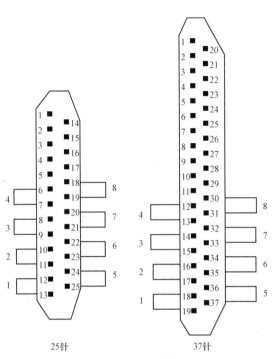

图 12-7 中继线插座

表 12-4 用户分机插座功能

37 针插脚号	对应分机序号	37 针插脚号	对应分机序号
19—18	1	37—36	9
17—16	2	35—34	10
15—14	3	33—32	11
13—12	4	31—30	12
11—10	5	29—28	13
9—8	6	27—26	14
7—6	7	25—24	15
5—4	8	23—22	16

32 整机检查的步骤是什么？

答　（1）插入交流 220V 电源插座，接通电源数秒后，主机板（CPU 板）上的主机微机灯（从上向下数第 7 只）以一秒亮一秒暗的频率闪烁，分机控制板上微机灯和中继板上的微机灯以 0.5s 亮，0.5s 暗的频率闪烁，表示各板微机工作正常。

（2）分机话路网络、振铃、信号音、语音箱的检查：

1）取一部双音频话机，将话机的两线插入任意一门分机对应的插孔上，话机提机能听到长音（即拨号音），表示该分机受话网络正常，该机箱内信号音正常，PCM 网络正常。

2）听到长音后，拨 172（拨第一个号码后，长音止）后，能听到该分机的电话号码，则表示该分机发送话音网络正常，该机箱内双音频接收正常，语音信箱正常，如有长音后，拨 120，能听到音乐，表示音乐电路正常。

3）听到长音后，拨 122 重新转为长音，然后挂机，电话机能振铃，表示该分机振铃正常，该机箱振铃电路工作正常。

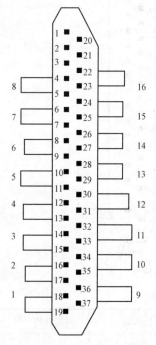

图 12-8　用户分机插座

（3）外线（环路中继）呼出检查。将市话中继线引入环路中继插座第一对的两个插孔。然后取一部话机插入任意一门分机的插孔，提机后听到拨号音，拨"0"后便能听到外线的拨号音，则可拨外线的电话号码，如拨通外线用户，则表示呼出正常

（4）外线（环路中继）呼入检查。

1）把外线的两端引入某一条环路中继相对应的插孔上，插上 80000 号分机和另外任意一门分机（如 80068）。

2）由外线用户拨通本机所接外线的号码，外线用户将听到本机送出电脑话务员应答语音"您好，请拨分机号码，查号拨零"或专用语

音后，直接拨入 80068，80068 分机振铃，提机与外线通话。至此表示此外线呼入正常，用此方法检查所有环路中继线的呼入。

（5）打印机连机检查。

1）连接好交换机与打印机之间的连接线，上好打印纸。

2）打开交换机和打印机电源。

3）手动复位交换机，交换机便能打印出如下字样：

**31　*18*　*9958

如果是中文打印，则打印出如下字样：

数字程控电话交换机

**31　*18*　*9958

至此表示打印机连机工作正常。

（6）电脑连机检查。

1）按《交换机计费管理系统》内容要求安装好随机电脑光盘。

2）将随机电脑串口连接线一头与交换机主电脑接口相连，另一端与计费电脑串口相连。

3）开启电脑，进入"开始菜单"下的"程序"菜单，运行"PC 计费管理系统"程序，进入画面后，电脑提示：

"系统正在检测串口，请稍候"

串口检测正确后，交换机将弹出提示窗口，选择"对交换机参数进行校验"选项，然后用鼠标点"确定"，"连机选择"上的进度条会一格格填满。校验完毕后，显示主菜单，则说明电脑连机正常，可进行下一步操作。

（7）头戴耳机检查。电脑进入"话务监控"画面，将头戴耳机插在插座上。在电脑键盘上按一下"＋"键，耳机有长音送出，电脑上显示"80000"字样，键入 80008，80008 分机振铃，提机便与耳机通话，键入"一"键，耳机挂机。表示耳机正常工作。

33 中继线和分机线安装的步骤是什么？

答　（1）所有分机、中继线都应经过保安配线架（再加一级保安），再引到交换机，保安配线架应符合有关标准要求。

（2）检查所有分机线和外线，对大地和互相之间要绝缘。

（3）将所有分机线和外线焊接在所配分机插头和外线插头上，焊接要牢固，互相之间不能交错与短路。

（4）插头焊好后，从交换机的电缆孔穿入，拉到各自插座的位置，用线扎固定在线架上。

（5）插上分机插头和外线插头，接上分机话机，每个分机的电话号码可通过本话机拨"172"或"1072"功能得到。

注意： 有关于程控交换机的各种功能设置，应以具体机型所配的说明书为准，在此不再赘述。

➡ **34** 用户线路如何组成？

答 市话线路网的构成如图 12 - 9 所示。从市电信局的总配线架到用户终端设备的电信线路称为用户线路。

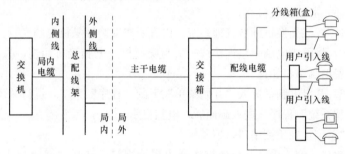

图 12 - 9 市话线路网的构成

用户线路由主干电缆、配线电缆以及用户引入线三部分组成。主干电缆是指从总配线架到配线区开始配线点之间的电缆，在交接配线方式中，通常指从总配线架到交接箱之间的电缆。配线电缆一般是指主干电缆进入配线区开始配线点到分线设备之间的电缆，在交接配线方式中，主干电缆和配线电缆以交接箱为分界点。用户引入线是指从分线设备接到各用户话机输出接口的那段电线。如果将建筑内安装用户交换机的电话站看作一个"局"，则从电话站总配线架到用户分机的电信线路也称为用户线路，这段线路与图 12 - 9 所示相同，也是由主干电缆、配线电缆以及用户引入线三部分组成，只是其中的主干电缆一般很短而已。

35 通信电缆的构造是什么?

答　电话通信电缆的构造可分为两部分,即缆芯和缆芯防护层,如图 12 - 10 所示。

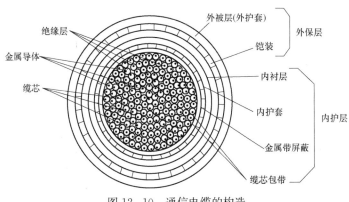

图 12 - 10　通信电缆的构造

36 什么是缆芯?如何组成?

答　缆芯即电缆中的芯线,它是由金属导体和绝缘层组成。

37 金属导体的作用是什么?

答　金属导体的作用是传输电信号。对导体的要求是导电性能好,有良好的柔韧性和足够的机械强度。一般有圆铜单线和圆铝单线两种,但目前通信电缆中一般均采用 99.9% 纯度的电解铜单线,其线径一般有 0.32、0.4、0.5、0.6、0.7mm 5 种主要规格。

38 绝缘层的作用是什么?

答　绝缘层的主要作用是防止金属导体之间相互碰触。对绝缘层的要求是有良好的柔软性和一定的机械强度,有较高的绝缘电阻值,对电磁波的损耗小。目前绝缘层一般均采用优质塑料。

39 缆芯防护层的要求是什么?

答　对缆芯防护层的基本要求是:有良好的密封性,能防水、防潮,对各种溶剂有良好的耐腐蚀性,有足够的机械强度,并且具有良好的电磁屏蔽作用。

40 通信电缆的芯线如何组合?

答 电缆的芯线是相互扭绞在一起的,这样可以使芯线产生的电磁场相互抵消,大大削弱相互间的干扰。电缆芯线的组合有对绞式、星绞式两种,对绞式是把二根不同颜色的绝缘芯线,按一定的节距绞合成一对线组;星绞式,也称四线组,是把 4 根不同颜色的芯线,以一定节距绞合成一个线组,如图 12-11 所示。

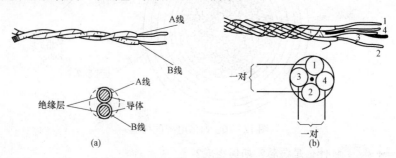

图 12-11 通信电缆的芯线组合

(a) 对绞式线组结构示意图;(b) 星绞式线组结构示意图

41 市话电缆的结构是什么?

答 市话电缆是常接触的电缆,结构如图 12-10 所示。

42 芯线导体的结构是什么?

答 芯线导体一般采用电解软铜线或无氧铜线。

43 芯线绝缘层的结构是什么?

答 芯线绝缘层材料主要为高分子聚合物塑料。绝缘层的形式有 3 种:实心聚烯烃塑料、泡沫聚烯烃塑料、泡沫—实心聚烯烃双层塑料绝缘。塑料经过热熔挤压,使熔融的塑料均匀地包敷到铜线上,就制成了绝缘导线,挤塑前加色料。

44 缆芯包带的结构是什么?

答 缆芯包带一般采用非吸湿性的电介质材料带以重叠绕包方式

将缆芯包裹住，以防缆芯在加屏蔽层和挤制塑料护套时变形或粘结。

45　金属屏蔽层的结构是什么？

答　金属屏蔽层一般采用铜或铝带绕包或纵包，或采用铝、钢双层金属带包裹。

46　内护套的结构是什么？作用是什么？

答　内护套材料主要用高分子聚合物塑料，其形式主要有单层护套、双层护套以及综合护套等，主要起密封作用。

47　内衬层的结构是什么？作用是什么？

答　内衬层是铠装层的衬垫，以防止内护套直接受铠装层的挤压而损伤，其材料一般为泡沫聚烯塑料。当内护套达到一定厚度，具有足够的机械强度，就可不加内衬层。

48　铠装层的结构是什么？作用是什么？

答　铠装层一般是在内衬层或内护套外纵包一层钢带（厚0.15～0.2mm的钢带）或涂塑钢小被层。

49　外被层（也称外护套）的结构是什么？作用是什么？

答　外被层材料一般为黑色实心高密度聚乙烯或聚氯乙烯塑料，厚1.4～2.4mm，其作用是保护铠装层，起密封、防水、防潮、防腐的作用。

50　市话电缆（UTP电缆）芯线组合的结构是什么？

答　UTP电缆内部包含的电线数量一般均大于4对，因此也称为大对数非屏蔽双绞线缆（Multipair UTP），简称大对数电缆。大对数电缆中的每根铜质导线也用热融塑料密封包裹，线径直径为0.5mm。在许多情况下，电线会分为25对或25对的整数倍，例如50、75、100、300对等，每25对电线被分成一个线对组，这样一根大对数电缆中可能会有一个或多个线对组。各线对组被彩色鲜明的捆绑线绑成一个个小束，所有小束将再被捆扎成双绞线核芯，核芯被封入保护外鞘内。

护鞘可以使用全封闭的热融塑料外套，也可以在塑料外套内增加金属屏蔽层，或者增加多层绝缘材料层。在主干电缆中，也有 100Ω 的大对数 STP（Screened Twisted - PairCable）和大对数美规 22 号（22AWG：直径 0.63mm）的电缆。

51 大对数 STP 色标的标准是什么？

答　大对数 UTP 电缆中各对电线，也均需要使用具有不同色彩的热融塑料进行区分。为区分 25 对双绞线，就需要依据工业色彩编号标准，挑选出 10 种不同的色彩进行标识。当大对数电缆的线对数量小于 25 对时，则依据工业色彩编号标准，挑选足够的色标（从第 1 对双绞线色标到需要的线对色标编号）。色标的选择可以根据标准出版物 ANSI/ICEAS - 80 - 576，例如，AT&T 公司就选择蓝、橙、绿、棕和黑色为主色，红、灰、紫、黄和白色为环标色。

52 核芯结构是什么？

答　在大对数电缆的双绞线对数超过 25 对时，核芯应该以 25 对线为一组分成几个小束，各组线束分别捆扎。每个小束外使用彩色捆绑带进行区分。

53 核芯包裹的要求是什么？

答　大对数电缆的核芯需要用 1 层或几层材料进行包裹，材料应该具有足够的厚度，以保证整根大对数电缆可以达到足够的抗外力强度、绝缘强度或者防水要求。

54 核芯屏蔽的要求是什么？

答　在必要的条件下，可以对大对数电缆提出屏蔽的要求，此要求的实现就是通过增加核芯外包裹层中金属屏蔽材料的数量。

55 电话电缆的配线需要使用哪些设备？

答　为实现电缆的配线，就需要使用一些电缆配线接续设备，如交接箱、分线箱（盒）等。

56 电缆交接箱的功能是什么？有哪些种类？

答 交接箱是设置在用户线路中用于主干电缆和配线电缆的接口装置，主干电缆线对在交接箱内按一定的方式用跳线与配线电缆线对连接，可做调配线路等工作。交接箱主要是由接线模块、箱架结构和机组组装而成。按安装方式不同交接箱分为落地式、架空式和壁挂式 3 种，其中落地式又分为室内和室外两种。落地式适用于主干电缆、配线，电缆都是地面下敷设或主干电缆是地面下，配线电缆是架空敷设的情况，目前建筑内安装的交接箱一般均为落地式。架空式交接箱适用于主干电缆和配线电缆都是空中杆架设的情况，它一般安装于电信杆上，300 对以下的交接箱一般用单杆安装，600对以上的交接箱安装在双杆上。壁挂式交接箱的安装是将其嵌入在墙体内的预留洞中，适用于主干电缆和配线电缆暗敷在墙内的场合。交接箱的主要指标是其容量，交接箱的容量是指进、出接线端子的总对数，按行业标准规定，交接箱的容量系列为 300、600、900、1200、1800、2400、3000、3600 对等规格。落地式交接箱的外形如图 12 - 12 所示。

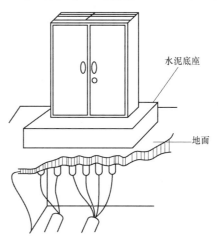

图 12 - 12 落地式交接箱的外形

57 电缆分线箱与分线盒的作用分别是什么？有哪些种类？

答 分线箱与分线盒是电缆分线设备，一般用在配线电缆的分线点，配线电缆通过分线箱或分线盒与用户引入线相连。分线箱与分线盒的主要区别在于分线箱带有保险装置，而分线盒没有；分线盒内只装有接线板，而分线箱内还装有一块绝缘瓷板，瓷板上装有金属避雷器及熔丝管，每一回路线上各接 2 只，以防止雷电或其他高压电流进入用户引入线。因此分线箱大多用在用户引入线为明线的情况，而分线盒主要用在不大可能有强电流流入电缆的情况，一般是在室内。分线箱（盒）的接线端对数有 20、30、50、60、100、200 等几种，安装方式有壁盒式、壁挂式等。分线箱的内部结构如图 12-13 所示。

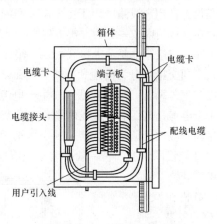

图 12-13 分线箱的内部结构

▶ **58** 用户引入线和用户出线盒的作用是什么？

答 用户引入线一般采用导体直径为 0.5mm 的双绞胶皮铜线或同样直径的双股平行胶皮铜线。用户出线盒是用户引入线与电话机带的电话线的连接装置，其面板上有 RJ-45 插口。目前很多地方采用组合式用户话机出线盒，它由一个主话机插口和若干个副话机插口组成。用户出线盒一般暗装于墙内，其底边离地面高度一般为 300mm 或 1300mm。

第十三章

计算机网络系统

1 **什么是计算机网络系统?**

答 凡将地理位置不同,具有独立功能的多个计算机系统通过通信设备和线路连接起来,用功能完善的网络软件进行管理和控制,以实现互相交换信息及共享网络资源的系统,称为计算机网络系统。在计算机网络中,每一台计算机都是独立工作的,任何一台计算机都不能干预其他计算机的工作。而资源共享是计算机网络必须具有的一个重要特征,用户能够通过网络来共享软件、硬件和数据资源。

2 **按通信速率可将计算机网络系统分为哪几类?**

答 按通信速可将计算机网络系统分为低速网、中速网和高速网。

3 **按信息交换方式可将计算机网络系统分为哪几类?**

答 按信息交换方式可将计算机网络系统分为电路交换网、分组交换网和综合交换网。

4 **按传输介质可将计算机网络系统分为哪几类?**

答 按传输介质可将计算机网络系统分为双绞线网、同轴电缆网、光纤网、无线介质网和混合介质网。

5 **按覆盖的地理范围可将计算机网络系统分为哪几类?**

答 按覆盖的地理范围可将计算机网络系统分为广域网(又叫远程网)、局域网(本地网)和城域网(市域网)。

6 按使用范围可将计算机网络系统分为哪几类？

答 按使用范围可将计算机网络系统分为公用网和专用网。

7 按网络的结构可将计算机网络系统分为哪几类？

答 按网络的结构可将计算机网络系统分为星形网、总线形网、环形网、树形网、网状网和混合型网。

8 什么是局域网（Local Area Network）？特点是什么？

答 局域网（LAN），顾名思义是在局部范围使用的计算机网络，特点是，覆盖的地理范围有限，规模较小，网内计算机及有关设备通常局限于一个单位、一幢大楼甚至一个办公室内，分布范围一般不超过几千米。局域网组建方便，建网时间短、灵活，经济、社会效益显著，所以局域网技术发展非常迅速，在企业、机关、学校、银行、宾馆、商场等地方广泛应用。

9 局域网的传输介质有哪些？

答 局域网一般不利用公共通信线路，而是专门单独敷设属于自己的通信线路，它采用的传输介质一般为双绞线、光缆。

10 局域网的主要硬件设备有哪些？

答 局域网络的基本组成与广域网相似，但由于局域网的应用范围与规模较小，故有一些方面与广域网不同。例如，局域内没有通信控制处理机，其通信控制处理功能由安装在网卡上的微处理芯片来实现。局域网在逻辑上同样可以认为是两级子网结构，但在物理形态上却不明显，局域网的主要硬件设备有：服务器、客户机、网络连接设备和通信介质。

11 服务器（Server）的功能是什么？

答 服务器是为网络提供共享资源的设备，它是局域网的核心。根据服务器在网络中起的作用不同，可分为文件服务器、数据库服务器、应用服务器、计算服务器、打印服务器等。

文件服务器主要是提供以文件存取为基本的服务，它能将在容量的存贮空间提供给网上的、客户机使用接收客户机提出的数据处理和文件存取请求。由于文件共享服务是网络中最基本也是最常用的服务，因此，通常所说的服务器就是指文件服务器。文件服务器是使用最多的服务器，通常由专用服务器或高档微机担任。它直接运行网络操作系统，并具有协调各计算机之间的通信的功能，它装设有大容量硬盘，用来存放共享资源。

数据库服务器主要提供数据库服务，即提供以数据库检索，更新为基本的服务。

应用服务器提供一种特定应用的服务，如 E-mail 服务器等。

计算服务器可以提供诸如科学计算、气象预报及自订票等需要进行大量计算或特定计算的服务。

12　客户机（Clients）的功能是什么？

答　客户机又称为网络工作站，是用户与网络交流的出入口，它一般是一台普通微机。用户可通过客户机享用网络上提供的各种共享资源，如使用服务器硬盘中的各种应用程序、查询共享数据库、收发电子邮件、使用共享打印机等。

工作站一般不管理网络资源，当工作站用户不需要网络服务时，可将其作为一台独立的微机使用，运用本地的 Windows、DOS 或 OS/2 等操作系统。

13　网络连接设备包括哪些？

答　这里的网络连接设备主要指下列一系列硬件设备：集线器、网络适配卡、收发器、网桥、路由器等。在网络适配卡、网桥和路由器中还含有固化的软件。

14　通信介质有哪些？

答　局域网中的通信介质主要有双绞线、同轴电缆、光缆等，但目前主要使用双绞线和光缆。

535

➤ **15** 网络操作系统有哪些？

答 局域网还有相应的网络操作系统支持，由网络操作系统对整个网络的资源和运行进行管理。除此之外，计算机局域网还具有网络协议，以保证各结点间或网络之间能够互相理解并进行通信。

局域网的传输距离较近，但数据传输速度很高，一般为 10 至几十 Mbit/s，并且误码率很低。而今，采用高速局域网技术可使数据速率达到 100Mbit/s，甚至上千 Mbit/s。例如，高速以太网技术（Fast Eahernet）、光纤分布数据接口技术（FDDI）等。目前千兆以太网已成为主流 LAN 之一。

现在，在众多的网络操作中，使用最多的是美国 Microsoft 公司推出的 Windows 系统，因其具有优良的图形界面，并与其他网络间有很好的互操作性，网络具有丰富的应用程序，而且网络版本不断更新，所以深受广大用户的青睐，使其在全世界最为流行。

UNIX、Novell Netware、Linux 也是常用的网络操作系统。

➤ **16** 什么是广域网（Wide Area Network）？特点是什么？

答 广域网（WAN）又叫远程网，其特点是覆盖范围很广，从覆盖几个城市到一个国家甚至全球。广域网一般是利用电信或公用事业部门现有的公用或专用通信线路作为传输媒介，网络由多个部门或多个国家联合组建。1969 年美国国防部高级研究计划署组织研究开发的 APPA 网是较早出现的广域网之一，它从诞生一直发展到今天，不仅覆盖了美洲大陆，而且跨越了两大洋延伸到包括欧洲、亚洲在内的世界各地，已成为全球最大的广域网，即 Internet 网。

➤ **17** 广域网如何组成？

答 广域网一般由主计算机、终端、通信控制处理机和通信设备等网络单元经通信线路连接组成。主计算机是网络中承担数据处理的计算机系统。它具有完成批处理（实时或交互分时）能力的硬件和操作系统，并具有相应的接口。

18　主计算机的功能是什么？

答　主计算机是网络中承担数据处理的计算机系统。它具有完成批处理（实时或交互分时）能力的硬件和操作系统，并具有相应的接口。

19　终端的功能是什么？

答　终端是网络中用量大、分布广的设备，可直接面对用户，实现人机对话，用户通过它与网络进行联系。终端的种类很多，例如，键盘与显示器、会话型终端、智能终端、复合终端等。

20　通信控制处理机的功能是什么？

答　通信控制处理机也称为结点计算机（Node Computer，NC），是主计算机与通信线路单元间设置的计算机，负责通信控制和通信处理工作。它可以连接多台主计算机，也可以连接多个终端，是为减轻计算机负担，提高主计算机效率而设置的。

21　通信设备的功能是什么？

答　通信设备是传输数据的设备，包括集中器、调制解调器和多路复用器等。集中器设置在终端密集地区，它把若干个终端用低速线路先集中起来，再与高速线路连接，以提高通信效率，降低通信成本。针对不同传输媒介，数据应采用不同类型的电信号进行传输。例如，广域网往往借助电话线路作为传输媒介，而电话线路中不少设备只能传输模拟信号，但主计算机和终端输出的是数字信号，因此这时在通信线路与计算机、通信控制处理和终端之间就需要接入实现模拟信号与数字信号相互转换的设备，即调制解调器。

22　通信线路的功能是什么？

答　通信线路用来连接各个组成部分。按数据的传输速率不同，通信线路分高速、中低速和低速等。一般终端与主计算机、通信控制处理机和集中器之间采用低速通信线路；各计算机之间，包括主计算机与通信控制处理机之间以及各通信控制处理机之间采用高速通信线路。通信线路可采用双绞线、同轴电缆、光缆等有线通信线路，亦可采用微波、卫星电波等无线通信线路。

上述网络单元按其功能划分，就形成了一个两级结构组成的计算机网络。除上述物理组成外，计算机网络还具有功能完善的软件系统，强力支持资源共享等各种功能，并具有全网一致遵守的通信协议，使网络协调地工作。

广域网的传输距离很远，但传输速率较低，通常小于 1Mbit/s，但目前崛起的高速网络技术，例如，异步传输模式技术 ATM（Asynchronous Transfer Mode）等，可使数据通信速率提高几个数量级，这无疑为众多的广域网使用者带来了福音。

➤ 23 什么是城域网（Metropolitan Area Network）？

答 城域网（MAN）的范围通常覆盖一个城市或地区，介于广域网和局域网之间，它是在局域网基础上发展起来的一类新型网络。随着计算机网络用户的日益增多和应用领域的不断拓宽，一般局域网已显得力不从心，新的应用要求把多个局域网相连接起来，以构成一个覆盖范围更大，并支持高速传输和综合业务服务的，适合大城市使用的计算机网络，这样就形成了城域网。

➤ 24 什么是路由器？

答 路由器是互联网络中必不可少的网络设备之一，路由器是一种连接多个网络或网段的网络设备，它能将不同网络或网段之间的数据信息进行"翻译"，以使它们能够相互"读"懂对方的数据，从而构成一个更大的网络。路由器有两大典型功能，即数据通道功能和控制功能。数据通道功能包括转发决定、背板转发以及输出链路调度等，一般由特定的硬件来完成；控制功能一般用软件来实现，包括与相邻路由器之间的信息交换、系统配置、系统管理等。

➤ 25 路由器的功能是什么？

答 所谓"路由"，是指把数据从一个地方传送到另一个地方的行为和动作，而路由器，正是执行这种行为动作的机器，它的英文名称为 Router。路由器的基本功能如下：

（1）网络互连。路由器支持各种局域网和广域网接口，主要用于互连局域网和广域网，实现不同网络互相通信。

（2）数据处理。提供包括分组过滤、分组转发、优先级、复用、加密、压缩和防火墙等功能。

（3）网络管理。路由器提供包括路由器配置管理、性能管理、容错管理和流量控制等功能。

➤ 26 路由器上的指示灯与接口分别是什么？

答 路由器前面板上用于指示设备工作状态的指示灯，从左到右依次是 M1、M2、4 个 LAN 口的指示灯和 WAN 口指示灯，如图 13 - 1 所示。

机身的后面板提供了一个用于连接上级网络设备的 10/100M 自适应以太网（WAN）接口，四个用于连接处于网内计算机的 10/100M 自适应以太网（LAN）接口，如图 13 - 2 所示。

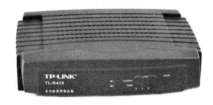

图 13 - 1　路由的前面板　　　　　图 13 - 2　路由器的后面板

➤ 27 路由器的安装步骤是什么？

答 路由器的硬件安装很容易实现，可以参照《用户手册》上的图示进行硬件的连接，不过在开始组建家庭网络时，一定要确认电脑、显示器、Modem 和路由器的电源是否已经关闭，一切都准备妥当以后，接下来就可以按下面的步骤进行硬件的组装了。

（1）将网线连接到局域网中每台电脑的网卡上，网线的另一端连接到路由器后面板中的 LAN 接口。路由器后面板的 4 个端口可随意供客户机使用，局域网中的电脑可以任意接入这些接口，没有顺序要求。

（2）将 ADSL 宽带的网线与路由器后面的 WAN 端口相连。

(3) 将电源插进路由器后面的电源端口。

硬件安装完成后，打开电源启动电脑即可。

在进行路由器的配置之前，用户还需要先做一些准备工作，必须要确认使用的宽带接入方式是怎样的。因为宽带路由器提供多种上网配置模式，如：静态 IP、动态 IP 和 PPPOE 方式，要按照使用的具体情况进行配置。

如果所用的是小区宽带则选择静态 IP 方式，就需要对静态 IP 地址、子网掩码、网关、首选 DNS 服务器和备用 DNS 服务器等参数进行设置；如果使用的是 ADSL 则需要选择 PPPOE 方式，设置用户名和密码。有关路由器的设置应参见《用户手册》把网络连通，并按照相关书名设置软件操作系统。

28 集线器如何安装？

答 集线器的安装相对简单，尤其是傻瓜集线器，只要将其固定在配线柜并插上电源线即可。需要连接哪根双绞线，就把哪根双绞线的 RJ - 45 头插入至集线器端口即可。智能集线器虽然也是固定好就能使用，不过，如果想实现远程管理，就必须进行必要的配置，为集线器指定 IP 地址信息。另外在一些大的网络中一般都采用机架式集线器，这样就涉及到集线器的机架安装了。

29 集线器有几种形式？

答 集线器从结构上来讲有机架式和桌机式两种，一般部门用的集线器是采用桌面式；企业机房通常采用机架式。机架式集线器便于固定在一个固定的地方，一般是与其他集线器、交换机，还有的与服务器安装放在一个机柜中，这样一来一则便于网络的连接与管理，同时也节省设备所占用的空间。如果在选购时所选购的是机架式的集线器时，可以选配集线器机架（一般为厂家提供）。

30 机架式集线器的安装位置是什么？

答 机架式的集线器一般都是与其他设备一起安装在机柜中，这些机柜当然在业界都有相应的结构标准的，特别是在尺寸方面有严格的规定，这样所有设备都可以方便、美观地安装在一起，这就是为什么集线器里面空空的，却非要做得一样大的原因所在，当然机箱大也有另一方面好处，那就是可以更好地散热。

在国际标准机柜从宽度上大致可分 19、23、24in 三类，这主要是根据服务器机柜的要求而定的。根据安装设备数量的不同，还可以选择不同高度的机柜。机柜的高度通常以"U"作为单位，"U"其实就是"Unit"的意思，中文的意思就是"一单元"，1U＝1.75in。

31 机柜的安装步骤是什么？

答 （1）固定安装支架。在将集线器安装至机柜之前，应当先在集线器规定位置上安装固定支架（这要参照操作手册进行），这是为以后将集线器安装在机架上作准备。不同的集线器，所安装的支架有较大的差异，不过，安装原理基本上是一致的。

Cisco 公司网络设备的尺寸大多为 19in（因为 19in 是国际上最为流行的机柜标准），当将 19in 的网络设备安装至 19in 机柜时，安装支架的固定方式如图 13-3 所示。当机柜的尺寸为 23 或 24in 时，网络设备就需要安装至 23 或 24in 机柜中。

图 13-3　安装 19in 网络设备的支架固定方式

（2）固定设备。安装支架固定好之后，接下来要做的就是把安装好支架的集线器设备放入机柜相应位置，并且固定在机柜中。这种安装方法很容易，只需固定几个螺钉即可。

（3）固定导线器。将集线器安装至机柜后，就要进行网线连接了，在一个机柜中一般来说有好几个网络设备在一起，这样也就有许多条网线集中在这个机柜中，如果这些网线不理清楚的话对网络管理会带来非常大的不便，为此就需要对网线进行捆绑安装、整理。这时一般就要为网线安装导线器，从而使成束地网线变得整齐和美观，且易于管理。

➡ **32** 集线器的其他安装方式是什么？

答 机架式集线器安装在机柜中的方法，一般适用于较大网络中，对于小型办公室通常没有机柜，集线器只能安装在桌面或墙面上。

集线器在桌面上的安装，可先固定安装支架在桌面上，这种安装方式要注意又有两种不同的安装方向：一种是让集线器水平放置的水平安装方式；另一种是让集线器垂直放置。

集线器在墙面上安装的方法同样有两种方式：一种是把集线器水平固定在墙上；另一种是把集线器垂直安装在墙上。

➡ **33** 集线器的信号转发原理是什么？

答 集线器工作于OSI/RM参考模型的物理层和数据链路层的MAC（介质访问控制）子层。物理层定义了电气信号、符号、线的状态和时钟要求，数据编码和数据传输用的连接器。因为集线器只对信号进行整形、放大后再重发，不进行编码，所以是物理层的设备。10M集线器在物理层有4个标准接口可用，那就是：10.E-5、10.E-2、10.E-T、10.E-F。10M集线器的10.E-5（AUI）端口用来连接层1和层2。

集线器采用了CSMA/CD（载波帧听多路访问/冲突检测）协议，CSMA/CD为MAC层协议，所以集线器也含有数据链路层的内容。

10M集线器作为一种特殊的多端口中继器，它在连网中继扩展中要遵循5-4-3规则，即：一个网段最多只能分5个子网段；一个网段最多只能有4个中继器；一个网段最多只能有三个子网段含有PC，子网段2和子网段4是用来延长距离的。

集线器的工作过程是非常简单的，它可以这样简单的描述：首先是节点发信号到线路，集线器接收该信号，因信号在电缆传输中有衰减，集线器接收信号后将衰减的信号整形放大，最后集线器将放大的信号广播转发给其他所有端口。

➡ **34** 集线器的堆叠方式特点是什么？

答 堆叠方式是指将若干集线器的电缆通过堆栈端口连接起来，

以实现单台集线器端口数的扩充，要注意的是只有可堆叠集线器才具备这种端口，一个可堆叠集线器中一般同时具有"UP"和"DOWN"堆叠端口。

集线器堆栈是通过厂家提供的一条专用连接电缆，从一台的"UP"堆栈端口直接连接到另一台集线器的"DOWN"堆栈端口。堆栈中的所有集线器可视为一个整体的集线器来进行管理，也就是说，堆叠栈中所有的集线器从拓扑结构上可视为一个集线器。如图 13-4 所示的是一款 3Com 的 Super Stack Ⅱ PS Hub 40/50 堆栈集线器的堆栈连接示意图，而图 13-5 所示的是 Cisco Fast Hub 300/400 堆栈集线器堆栈连接示意图。这种集线器间的连接通常不会占用集线器上原有的普通端口，而且在这种堆栈端口中具有智能识别性能，所以堆栈在一起的集线器可以当作一台集线器来统一管理。集线器堆叠技术采用了专门的管理模块和堆栈连接电缆，能够在集线器之间建立一条较宽的宽带链路，这样每个实际使用的用户带宽就有可能更宽（只有在并不是所有端口都使用的情况下）。

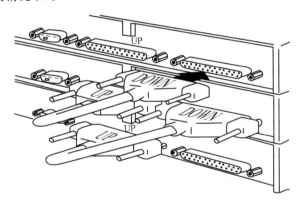

图 13-4　Super Stack Ⅱ PS Hub 40/50 堆栈集线器的堆栈连接示意图

采用堆叠的集线器端口扩展方式要受到集线器的种类和间隔距离的限制，首要条件是实现堆叠的集线器必须是可堆栈的；另一个这种堆栈连接一般彼此间隔非常近的向台集线器之间的连接（厂家所能提供的堆栈连接电缆一般是 1m 的），所以这种集线器端口扩展连接方式受距离限制太大。

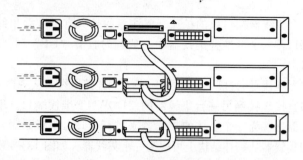

图 13 - 5　Cisco Fast Hub 300/400 堆栈集线器堆栈连接示意图

35　集线器的级联方式特点是什么？

答　级联是另一种集线器端口扩展方式，它是指使用集线器普通的或特定的端口来进行集线器间的连接的。所谓普通端口就是通过集线器的某一个常用端口（如 RJ - 45 端口）进行连接，而所谓特殊端口就是集线器为级联专门设计的一种"级联端口"，一般都标有"UP-Link"字样。因为有两种级联方式，所以事实上所有的集线器都能够进行级联，至少可以通过普通端口进行。

36　如何使用 Uplink 端口级联？

答　大多数集线器都会带有 Uplink 级联端口，如图 13 - 6 所示的就是一款带有 Uplink 端口的集线器。当使用集线器提供的专门用于上行连接的 Uplink 端口时，通常可利用直通跳线的双绞线将该端口连接至其他集线器上除 Uplink 端口外的任意端口。

这就是Uplink端口

图 13 - 6　带有 Uplink 端口的集线器

这里需要注意，级联的两台集线器间，级联双绞电缆所连接的下一台集线器的端口不再是 Uplink 端口，而是连接到普通端口上，连接示意图如图 13 - 7 所示。还有一点需注意的是，有些品牌的集线器（如 3Com）利用一个普通端口兼作 Uplink 端口，并利用一个开关（MDI/MDI - X 转换开关）在两种类型间进行切换，即 3Com Super Stack Ⅱ MDI/MDI - X 切换开关。

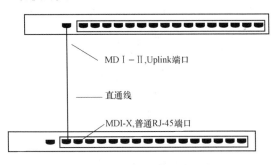

MD Ⅰ - Ⅱ,Uplink端口

直通线

MDI-X,普通RJ-45端口

图 13 - 7　级联集线器的连接

37 **如何使用普通端口级联？**

答　集线器间除了可以使用上面介绍的专用级联端口（Uplink 端口）进行级连外，还可以通过集线器的普通端口进行级联，不过要注意的是这时所用的连接双绞线要用反线，就是说双绞线的两端要跳线，反跳的方法就是一端的第 1～3 脚与第 2～6 脚对调。

38 **集线器端口堆栈与级联的区别是什么？**

答　从以上两种集线器端口扩展方式（"堆栈"与"级联"）可以看出堆栈方式实现起来比较困难，投资较大，而且集线器间的距离也受到很大限制。而级联方式相对来说实现起来比较容易，投资也较便宜（带有级联端口的集线器随处都是，而且也不是很贵，况且还可以通过普通端口来实现级联），在距离上也是有很大余地的，可以达到单段双绞线网段的最大距离 100m，实现起来比较灵活。但是不得不说明的一点就是堆栈方式在性能方面远比级联方式更具有优势，而且堆栈方式可以实现多台集线器统一管理。

集线器间的级联除了能够增加集线器的端口数量外，还有一个重要作用就是延扩局域网络的范围（其实在同时也扩展了集线器的端口数）。对于 10.e-T 网络而言，非屏蔽双绞线所能允许的最长传输距离为 100m，也就是说，网络范围为以集线器为中心的 100m 范围，这对于一个较大型的网络来说肯定是远远不够的。这时当计算机与集线器的距离超过 100m 时，就可以通过在线路的中间加一个集线器的方法来实现距离的扩展，只需要计算机到集线器以及集线器到集线器的距离均小于 100m 就可以解决上述问题。虽然集线器级连方式有专用"Uplink"端口方式和"普通"端口方式两种，但从网络连接距离来考虑的话最好选用"Uplink 端口方式"，因为这种连接方式可以最大限度的保证下一个集线器的带宽和信号强度，而采用普通端口进行扩展的话信号衰减严重，而且带宽受网络影响较大，这对于有多级级联的网络中是比较注重的。

➡ 39 什么是网卡？有何功能？

答 网卡（网络接口卡），又称网络接口适配器（NAC），它是安装在局域网每个网络站点（包括服务器）上的一块电路板。它通过直接插入计算机主板上的 I/O 扩展槽与计算机相连，在计算机主机箱的后面露出接口。通过这些接口可以很方便的与通信介质相连。网卡为通信介质连接到服务器和工作站上提供了连接机制。网络接口卡是计算机联网的重要设备，它是网络站点与网络之间的逻辑和物理链路。网卡的基本功能是，数据串/并和并/串转换、数据的打包与拆包、网络存取控制、数据缓存等，外形及接口图如图 13-8 所示。

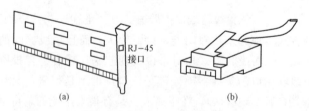

图 13-8 网络接口外形及接口

(a) 网卡；(b) RJ-45 插头

网卡一方面要和网络站点内部的 RAM 交换数据，另一方面又要用网络数据的物理路径所需要的速度和格式发送和接收数据。因为网络站点内的数据是并行数据，而网络以串行的比特流传输数据的，故网卡必须具备数据并/串、串/并转换功能。通常网络与工作站点通信控制处理器之间的速率并不匹配，为防止数据在传输过程中溢出和丢失，网卡中必须设置数据缓存器，作为不同速率的两种设备之间的缓冲。收发器的功能是，提供信号驱动、端接匹配、冲突检测与电气隔离，其性能直接影响到网络数据传输速率、传输距离、可靠性和稳定性。

实现通信协议的软件一般固化在网卡上的 ROM 中，这些软件主要是完成物理层和数据链路层功能的。

40　什么是光纤？

答　光纤是光导纤维的简写，是一种利用光在玻璃或塑料制成的纤维中的全反射原理而达成的光传导工具。

微细的光纤封装在塑料护套中，使得它能够弯曲而不至于断裂。通常，光纤的一端的发射装置使用发光二极管（light emitting diode，LED）或一束激光将光脉冲传送至光纤，光纤的另一端的接收装置使用光敏元件检测脉冲。

在日常生活中，由于光在光导纤维的传导损耗比电在电线传导的损耗低得多，光纤被用作长距离的信息传递。图 13-9 所示的即为光纤。

图 13-9　光纤

41　光纤与光缆的区别是什么？

答　通常光纤与光缆两个名词会被混淆。多数光纤在使用前必须由几层保护结构包覆，包覆后的缆线即被称为光缆。光纤外层的保护结构可防止周围环境对光纤的伤害，如水、火、电击等。光缆分为：光纤、缓冲层及披覆。光纤和同轴电缆相似，只是没有网状屏蔽层。中心是光传播的玻璃芯。在多模光纤中，芯的直径是 $15\sim50\mu m$，大致与人的头发的粗细相当。而单模光纤芯的直径为 $8\sim10\mu m$。芯外面包围着一层折射率比芯低的玻璃封套，以使光纤保持在芯内。再外面的是一层薄的塑料外套，用来保护封套。光纤通常被扎成束，外面有外壳保护。纤芯通常是由石英玻璃制成的横截面积很小的双层同心圆柱体，它质地脆，易断裂，因此需要外加一保护层。

42 按光在光纤中的传输模式可分为几种？

答 按光在光纤中的传输模式可分为单模光纤和多模光纤。

43 多模光纤的特点是什么？

答 中心玻璃芯较粗（50μm 或 62.5μm），可传多种模式的光。但其模间色散较大，这就限制了传输数字信号的频率，而且随距离的增加会更加严重。例如：600MB/km 的光纤在 2km 时则只有 300MB 的带宽了。因此，多模光纤传输的距离就比较近，一般只有几千米。多模光纤（Multi-mode Fiber）一般光纤跳纤用橙色表示，也有的用灰色表示，接头和保护套用米色或者黑色；传输距离较短。

44 单模光纤的特点是什么？

答 中心玻璃芯较细（芯径一般为 9μm 或 10μm），只能传一种模式的光。因此，其模间色散很小，适用于远程通信，但其色度色散起主要作用，这样单模光纤对光源的谱宽和稳定性有较高的要求，即谱宽要窄，稳定性要好。

单模光纤（Single-mode Fiber）一般光纤跳纤用黄色表示，接头和保护套为蓝色；传输距离较长。

45 光纤按最佳传输频率窗口分为几种？

答 分为常规型单模光纤和色散位移型单模光纤。

46 常规型光纤的特点是什么？

答 光纤生产厂家将光纤传输频率最佳化在单一波长的光上，如 1300nm。

47 色散位移型光纤的特点是什么？

答 光纤生产厂家将光纤传输频率最佳化在两个波长的光上，如：1300nm 和 1550nm。

48 光纤按折射率分布情况分为几种?

答 光纤按折射率分布情况分为突变型和渐变型光纤。

49 突变型光纤的特点是什么?

答 光纤中心芯到玻璃包层的折射率是突变的,其成本低,模间色散高,适用于短途低速通信,如工控。但单模光纤由于模间色散很小,所以单模光纤都采用突变型。

50 渐变型光纤的特点是什么?

答 光纤中心芯到玻璃包层的折射率是逐渐变小,可使高模光按正弦形式传播,这能减少模间色散,提高光纤带宽,增加传输距离,但成本较高,现在的多模光纤多为渐变型光纤。

51 常用光纤规格有哪些?

答 单模:$8/125\mu m$,$9/125\mu m$,$10/125\mu m$。

多模:$50/125\mu m$,欧洲标准,$62.5/125\mu m$,美国标准。

工业、医疗和低速网络:$100/140\mu m$,$200/230\mu m$。

塑料:$98/1000\mu m$,用于汽车控制。

52 光纤的衰减因素有哪些?

答 造成光纤衰减的主要因素有:本征、弯曲、挤压、杂质、不均匀和对接等。

53 本征对光纤的影响是什么?

答 本征是光纤的固有损耗,包括瑞利散射、固有吸收等。

54 弯曲对光纤的影响是什么?

答 光纤弯曲时部分光纤内的光会因散射而损失掉,造成的损耗。

55 挤压对光纤的影响是什么?

答 光纤受到挤压时产生微小的弯曲而造成的损耗。

56　杂质对光纤的影响是什么？

答　光纤内杂质吸收和散射在光纤中传播的光，造成的损失。

57　不均匀对光纤的影响是什么？

答　光纤材料的折射率不均匀造成的损耗。

58　对接对光纤的影响是什么？

答　光纤对接时产生的损耗，如不同轴（单模光纤同轴度要求小于 $0.8\mu m$），端面与轴心不垂直，端面不平，对接心径不匹配和熔接质量差等。

59　光纤的传输特点有哪些？

答　（1）频带宽。频带的宽窄代表传输容量的大小。载波的频率越高，可以传输信号的频带宽度就越大。在 VHF 频段，载波频率为 $48.5\sim300MHz$。带宽约 250MHz，只能传输 27 套电视和几十套调频广播。可见光的频率达 100 000GHz，比 VHF 频段高出一百多万倍。尽管由于光纤对不同频率的光有不同的损耗，使频带宽度受到影响，但在最低损耗区的频带宽度也可达 30 000GHz。目前单个光源的带宽只占了其中很小的一部分（多模光纤的频带约几百兆赫，好的单模光纤可达 10GHz 以上），采用先进的相干光通信可以在 30 000GHz 范围内安排 2000 个光载波，进行波分复用，可以容纳上百万个频道。

（2）损耗低。在同轴电缆组成的系统中，最好的电缆在传输 800MHz 信号时，每千米的损耗都在 40dB 以上。相比之下，光导纤维的损耗则要小得多，传输 $1.31\mu m$ 的光，每千米损耗在 0.35dB 以下若传输 $1.55\mu m$ 的光，每千米损耗更小，可达 0.2dB 以下。这就比同轴电缆的功率损耗要小一亿倍，使其能传输的距离要远得多。此外，光纤传输损耗还有两个特点，一是在全部有线电视频道内具有相同的损耗，不需要像电缆干线那样必须引入均衡器进行均衡；二是其损耗几乎不随温度而变，不用担心因环境温度变化而造成干线电平的波动。

（3）质量轻。因为光纤非常细，单模光纤芯线直径一般为 $4\sim10\mu m$，外径也只有 $125\mu m$，加上防水层、加强筋、护套等，用 $4\sim48$

根光纤组成的光缆直径还不到 13mm，比标准同轴电缆的直径 47mm 要小得多，加上光纤是玻璃纤维，比重小，使它具有直径小、质量轻的特点，安装十分方便。

（4）抗干扰能力强。因为光纤的基本成分是石英，只传光，不导电，不受电磁场的作用，在其中传输的光信号不受电磁场的影响，故光纤传输对电磁干扰、工业干扰有很强的抵御能力。也正因为如此，在光纤中传输的信号不易被窃听，因而利于保密。

（5）保真度高。因为光纤传输一般不需要中继放大，不会因为放大引入新的非线性失真。只要激光器的线性好，就可高保真地传输电视信号。实际测试表明，好的调幅光纤系统的载波组合三次差拍比 C/CTB 在 70dB 以上，交调指标 cM 也在 60dB 以上，远高于一般电缆干线系统的非线性失真指标。

（6）工作性能可靠。一个系统的可靠性与组成该系统的设备数量有关。设备越多，发生故障的机会越大。因为光纤系统包含的设备数量少（不像电缆系统那样需要几十个放大器），可靠性自然也就高，加上光纤设备的寿命都很长，无故障工作时间达 50 万～75 万 h，其中寿命最短的是光发射机中的激光器，最低寿命也在 10 万 h 以上。故一个设计良好、正确安装调试的光纤系统的工作性能是非常可靠的。

（7）成本不断下降。目前，有人提出了新摩尔定律，也叫作光学定律（Optical Law）。该定律指出，光纤传输信息的带宽，每 6 个月增加 1 倍，而价格降低 1 倍。光通信技术的发展，为 Internet 宽带技术的发展奠定了非常好的基础。这就为大型有线电视系统采用光纤传输方式扫清了最后一个障碍。由于制作光纤的材料（石英）来源十分丰富，随着技术的进步，成本还会进一步降低；而电缆所需的铜原料有限，价格会越来越高。显然，今后光纤传输将占绝对优势，成为建立全省、以至全国有线电视网的最主要传输手段。

60 光纤的结构原理是什么？

答 光导纤维是由两层折射率不同的玻璃组成。内层为光内芯，直径在几微米至几十微米，外层的直径 0.1～0.2mm。一般内芯玻璃的折射率比外层玻璃大 1%。根据光的折射和全反射原理，当光线射到内芯和外层界面的角度大于产生全反射的临界角时，光线透不过界面，全部反射。这时光线在界面经过无数次的全反射，以锯齿状路线在内芯向前传播，最后传至纤维的另一端。这种光导纤维属皮芯型结构。若内芯玻璃折射率是均匀的，在界面突然变化降低至外层玻璃的折射率，称为阶跃型结构。如内芯玻璃断面折射率从中心向外变化到低折射率的外层玻璃，称为梯度型结构。外层玻璃具有光绝缘性和防止内芯玻璃受污染。另一类光导纤维称自聚焦型结构，它好似由许多微双凸透镜组合而成，迫使入射光线逐渐自动地向中心方向会聚，这类纤维中心的折射率最高，向四周连续均匀地减少，至边缘为最低。

61 光纤的结构类型有哪些？

答 光网络的基本结构类型有星形、总线形（含环形）和树形等3种，可组合成各种复杂的网络结构。光网络可横向分割为核心网、城域/本地网和接入网。核心网倾向于采用网状结构，城域/本地网多采用环形结构，接入网将是环形和星形相结合的复合结构。光网络可纵向分层为客户层、光通道层（OCH）、光复用段层（OMS）和光传送段层（OTS）等层。两个相邻层之间构成客户/服务层关系。

客户层：由各种不同格式的客户信号（如 SDH、PDH、ATM、IP 等）组成。

光通道层：为透明传送各种不同格式的客户层信号提供端到端的光通路联网功能，这一层也产生和插入有关光通道配置的开销，如波长标记、端口连接性、载荷标志（速率、格式、线路码）以及波长保护能力等，此层包含 OXC 和 OADM 相关功能。

光复用段层：为多波长光信号提供联网功能，包括插入确保信号完整性的各种段层开销，并提供复用段层的生存性，波长复用器和高效交叉连接器属于此层。

光传送段层：为光信号在各种不同的光媒体（如 G.652、G.653、G.655 光纤）上提供传输功能，光放大器所提供的功能属于此层。

从应用领域来看，光网络将沿着"干线网→本地网→城域网→接入网→用户驻地网"的次序逐步渗透。

62 光纤收发器的功能是什么？

答 局域网特别是高速局域网在范围较小、距离较近时，用双绞线组网尚可，但在网络范围较大，距离较远时，双绞线的电性能就不能满足要求，这时就需要用光纤，因为光纤的带宽很宽，损耗很小，所以它能保证数据传输速率和传输质量。而目前的网卡和集线器等设备一般均不支持光纤其上没有相应的光纤接口，因此就必须接光纤收发器。光纤收发器是用来将光信号变成电信号，以及将电信号变成光信号的设备，它的 2 个接口与光纤跳线相连，通过光纤跳线或接光缆中的光纤它还有一个接口与双绞线相连，双绞线的另一头有 RJ-45 插头，与网卡或集线器上的 RJ-45 接口连接。光纤收发器一般都装在与光纤分线盒并列的一个铁盒内，如图 13-10 所示。

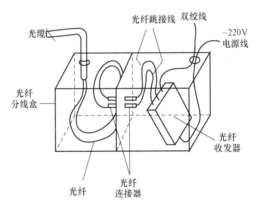

图 13-10　光纤与光纤收发器连接示意图

63　什么是双绞线？

答　双绞线的英文名字叫 Twist-Pair，是综合布线工程中最常用的一种传输介质。

双绞线采用了一对互相绝缘的金属导线互相绞合的方式来抵御一部分外界电磁波干扰，更主要的是降低自身信号的对外干扰。把两根绝缘的铜导线按一定密度互相绞在一起，可以降低信号干扰的程度，每一根导线在传输中辐射的电波会被另一根线上发出的电波抵消。"双绞线"的名字也是由此而来。双绞线一般由两根 22～26 号绝缘铜导线相互缠绕而成，实际使用时，双绞线是由多对双绞线一起包在一个绝缘电缆套管里的。典型的双绞线有四对的，也有更多对双绞线放在一

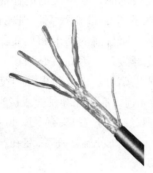

图 13-11 双绞线

个电缆套管里的，这些称之为双绞线电缆。在双绞线电缆（也称双扭线电缆）内，不同线对具有不同的扭绞长度，一般地说，扭绞长度为 14～38.1cm 内，按逆时针方向扭绞。相临线对的扭绞长度在 12.7cm 以上，一般扭线的越密其抗干扰能力就越强，与其他传输介质相比，双绞线在传输距离，信道宽度和数据传输速度等方面均受到一定限制，但价格较为低廉。图 13-11 所示为双绞线。

64 双绞线分为几种？

答 双绞线分为屏蔽双绞线（Shielded Twisted Pair，STP）与非屏蔽双绞线（Unshielded Twisted Pair，UTP）如图 13-12 所示。屏蔽双绞线在双绞线与外层绝缘封套之间有一个金属屏蔽层。屏蔽层可减少辐射，防止信息被窃听，也可阻止外部电磁干扰的进入，使屏蔽双绞线比同类的非屏蔽双绞线具有更高的传输速率。

65 双绞线的型号有哪些？

答 双绞线常见的有三类线、五类线和超五类线，以及六类线，前者线径细而后者线径粗。

（1）一类线。主要用于语音传输（一类标准主要用于八十年代初之前的电话线缆），不同于数据传输。

（2）二类线。传输频率为 1MHz，用于语音传输和最高传输速率 4Mbit/s 的数据传输，常见于使用 4Mbit/s 规范令牌传递协议的旧的令牌网。

（3）三类线。指目前在 ANSI 和 EIA/TIA568 标准中指定的电缆，该电缆的传输频率 16MHz，用于语音传输及最高传输速率为 10Mbit/s 的数据传输主要用于 10. E-T。

（4）四类线。该类电缆的传输频率为 20MHz，用于语音传输和最高传输速率 16Mbit/s 的数据传输，主要用于基于令牌的局域网和

10. E‐T/100. E‐T。

（5）五类线。该类电缆增加了绕线密度，外套一种高质量的绝缘材料，传输率为 100MHz，用于语音传输和最高传输速率为 100Mbit/s 的数据传输，主要用于 100. E‐T 和 10. E‐T 网络。这是最常用的以太网电缆。

（6）超五类线。超五类具有衰减小，串扰少，并且具有更高的衰减与串扰的比值（ACR）和信噪比（Structural Return Loss）、更小的时延误差，性能得到很大提高。超 5 类线主要用于千兆位以太网（1000Mbit/s）。

（7）六类线。该类电缆的传输频率为 1～250MHz，六类布线系统在 200MHz 时综合衰减串扰比（PS‐ACR）应该有较大的余量，它提供 2 倍于超五类的带宽。六类布线的传输性能远远高于超五类标准，最适用于传输速率高于 1Gbit/s 的应用。六类与超五类的一个重要的不同点在于：改善了在串扰以及回波损耗方面的性能，对于新一代全双工的高速网络应用而言，优良的回波损耗性能是极重要的。六类标准中取消了基本链路模型，布线标准采用星形的拓扑结构，要求的布线距离为：永久链路的长度不能超过 90m，信道长度不能超过 100m。

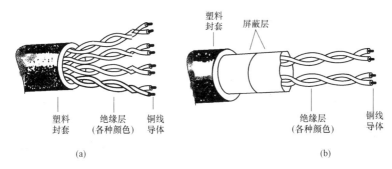

(a)   (b)

图 13‐12 非屏蔽双绞线，屏蔽双绞线

（a）非屏蔽双绞线（UTP）；（b）屏蔽双绞线（STP）

目前大量使用的仍是 UTP 双绞线，因为它易于安装，价格便宜，特别是近来研制出的超五类和六类 UTP 双绞线，其性能比普通五类 UTP 大大提高，目前在局域网中，广泛用于建筑物楼层间以及楼层内和室内作为计算机和集线器之间的连接线。UTP 双绞线在使用中应注

意色标，UTP 中 4 对电线均需要使用具有不同色彩的热熔塑料进行包裹。每根电线包裹的塑料的颜色均有具体规定，分别代表不同的含义和编号。具体色标见表 13-1。

表 13-1　　　　　　　　色　　标

线对编号	色标	缩写
线对 1	White - Btue 白 - 蓝	(W - BL)
	Btue 蓝	(BL)
线对 2	White - Orange 白 - 橙	(W - O)
	Wrange 橙	(O)
线对 3	White - Greem 白 - 绿	(W - G)
	Green 绿	(G)
线对 4	White - Brown 白棕	(W - BR)
	Brown 棕	(BR)

与彩色电线绞制在一起的白色电线上，一般应该增加彩色的环标作为标志。但是，当白色电线与彩色电线的绞制距离小于 38.1mm 时，就可以认为是处于紧密绞制状态，此时白色电线可以不增加彩色环标，而是依靠与其绞制的彩色电线进行标识。

➡ 66　什么是同轴电缆？

答　同轴电缆（COAXIAL CABLE）内外由相互绝缘的同轴心导体构成的电缆：内导体为铜线，外导体为铜管或网。电磁场封闭在内外导体之间，故辐射损耗小，受外界干扰影响小，常用于传送多路电话和电视。同轴电缆如图 13-13 所示。

同轴电缆的命名与它的结构相关。同轴电缆也是局域网中最常见的传输介质之一。它用来传递信息的一对导体是按照一层圆筒式的外导体套在内导体（一根细芯）外面，两个导体间用绝缘材料互相隔离的结构制选的，外层导体和中心轴芯线的圆心在同一个轴心上，所以叫作同轴电缆，同轴电缆之所以设计成这样，也是为了防止外部电磁波干扰异常信号的传递。

图 13-13　同轴电缆

67 同轴电缆的优点是什么?

答 同轴电缆的优点是可以在相对长的无中继器的线路上支持高带宽通信,而其缺点也是显而易见的:一是体积大,细缆的直径就有3/8in粗,要占用电缆管道的大量空间;二是不能承受缠结、压力和严重的弯曲,这些都会损坏电缆结构,阻止信号的传输;最后就是成本高,而所有这些缺点正是双绞线能克服的,因此在现在的局域网环境中,基本已被基于双绞线的以太网物理层规范所取代。

68 同轴电缆分为几种?

答 同轴电缆分为细缆 RG-58 和粗缆 RG-11 两种。

69 细缆的特点是什么?

答 细缆的直径为 0.26cm,最大传输距离 185m,使用时与 50Ω 终端电阻、T 型连接器、BNC 接头与网卡相连,线材价格和连接头成本都比较便宜,而且不需要购置集线器等设备,十分适合架设终端设备较为集中的小型以太网络。缆线总长不要超过 185m,否则信号将严重衰减。细缆的阻抗是 50Ω。

70 粗缆的特点是什么?

答 粗缆(RG-11)的直径为 1.27cm,最大传输距离达到 500m。由于直径相当粗,因此它的弹性较差,不适合在室内狭窄的环境内架设,而且 RG-11 连接头的制作方式也相对要复杂许多,并不能直接与电脑连接,它需要通过一个转接器转成 AUI 接头,然后再接到电脑上。由于粗缆的强度较强,最大传输距离也比细缆长,因此粗缆的主要用途是扮演网络主干的角色,用来连接数个由细缆所结成的网络。粗缆的阻抗是 75Ω。

71 计算机网络布线系统中同轴电缆的构造方式是什么?

答 在计算机网络布线系统中,对同轴电缆的粗缆和细缆有三种不同的构造方式,即细缆结构、粗缆结构和粗/细缆混合结构。

➤ **72** 细缆结构的硬件配置有哪些?

答 (1) 网络接口适配器。网络中每个结点需要一块提供 BNC 接口的以太网卡、便携式适配器或 PCMCIA 卡。

(2) BNC - T 型连接器。细缆 Ethernet 上的每个结点通过 T 型连接器与网络进行连接,它水平方向的两个插头用于连接两段细缆,与之垂直的插口与网络接口适配器上的 BNC 连接器相连。

(3) 电缆系统。用于连接细缆以太网的电缆系统包括:

1) 细缆 (RG - 58A/U)。直径为 5mm,特征阻抗为 50Ω 的细同轴电缆。

2) BNC 连接器插头安装在细缆段的两端。

3) BNC 桶型连接器。用于连接两段细缆。

4) BNC 终端匹配器。BNC50Ω 的终端匹配器安装在干线段的两端,用于防止电子信号的反射。干线段电缆两端的终端匹配器必须有一个接地。

(4) 中继器。对于使用细缆的以太网,每个干线段的长度不能超过 185m,可以用中继器连接两个干线段,以扩充主干电缆的长度。每个以太网中最多可以使用四个中继器,连接五个干线段电缆。

➤ **73** 细缆结构的技术参数是什么?

答 最大的干线段长度:185m。

最大网络干线电缆长度:925m。

每条干线段支持的最大结点数:30。

BNC - T 型连接器之间的最小距离:0.5m。

➤ **74** 细缆结构的特点是什么?

答 细缆结构的特点是容易安装、造价较低、网络抗干扰能力强、网络维护和扩展比较困难、电缆系统的断点较多,影响网络系统的可靠性。

➤ **75** 粗缆结构的硬件配置有哪些?

答 建立一个粗缆以太网需要如下一系列硬件设备。

（1）网络接口适配器。网络中每个结点需要一块提供 AUI 接口的以太网卡、便提式适配器或 PCMCIA 卡。

（2）收发器。粗缆以太网上的每个结点通过安装在干线电缆上的外部收发器与网络进行连接。在连接粗缆以太网时，用户可以选择任何一种标准的以太网（IEEE 802.3）类型的外部收发器。

（3）收发器电缆。用于连接结点和外部收发器，通常称为 AUI 电缆。

（4）电缆系统。连接粗缆以太网的电缆系统包括：

1）粗缆（RG-11A/U）。直径为 10mm，特征阻抗为 50Ω 的粗同轴电缆，每隔 2.5m 有一个标记。

2）N-系列连接器插头。安装在粗缆段的两端。

3）N-系列桶形连接器。用于连接两段粗缆。

4）N-系列终端匹配器。N-系列 50Ω 的终端匹配器安装在干线电缆段的两端，用于防止电子信号的反射。干线电缆段两端的终端匹配器必须有一个接地。

（5）中继器。对于使用粗缆的以太网，每个干线段的长度不超过 500m，可以用中继器连接两个干线段，以扩充主干电缆的长度。每个以太网中最多可以使用四个中继器，连接五段干线段电缆。

76　粗缆的技术参数是什么？

答　最大干线段长度：500m。

最大网络干线电缆长度：2500m。

每条干线段支持的最大结点数：100。

收发器之间最小距离：2.5m。

收发器电缆的最大长度：50m。

77　粗缆结构的特点是什么？

答　粗缆结构的特点是具有较高的可靠性，网络抗干扰能力强；具有较大的地理覆盖范围，最长距离可达 2500m；网络安装、维护和扩展比较困难；造价高。

78 粗/细缆混合结构的硬件配置包括哪些？

答 在建立一个粗/细混合缆以太网时，除需要使用与粗缆以太网和细缆以太网相同的硬件外，还必须提供粗缆和细缆之间的连接硬件。连接硬件包括：N-系列插口到 BNC 插口连接器；N-系列插头到 BNC 插口连接器。

79 粗/细缆混合结构的技术参数是什么？

答 最大的干线长度：大于 185m，小于 500m。

最大网络干线电缆长度：大于 925m，小于 2500m。

为了降低系统的造价，在保证一条混合干线段所能达到的最大长度的情况下，应尽可能使用细缆。可以用下面的公式计算在一条混合的干线段中能够使用的细缆的最大长度 $t = (500 - L)/3.28$，其中：L 为要构造的干线段长度，t 为可以使用的细缆最大长度。例如，若要构造一条 400m 的干线段，能够使用的细缆的最大长度为：$(500 - 400)/3.28 = 30$（m）。

80 粗/细缆混合结构的特点是什么？

答 粗/细缆混合结构的特点是造价合理；网络抗干扰能力强；系统复杂；网络维护和扩展比较困难；增加了电缆系统的断点数，影响网络的可靠性。

81 直连双绞线的制作步骤是什么？

答 所需工具：网钳、测线器，网钳及网线如图 13-14 所示。

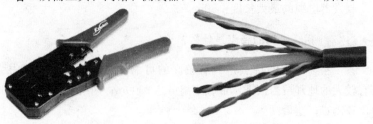

图 13-14 网钳及网线

（1）国际上排线标准主要有两种。

1）标准 568B。橙白—1，橙—2，绿白—3，蓝—4，蓝白—5，绿—6，棕白—7，棕—8。

2）标准 568A。绿白—1，绿—2，橙白—3，蓝—4，蓝白—5，橙—6，棕白—7，棕—8。

注意：双绞线一共有八根线分别两两绞合到一块起到抵消磁场作用（单一导线在通电时会产生磁场）。首先用钳子下口把线剪齐，如图 13-15 所示。

（2）用钳子中间有缺口的地方剥线去掉外面绝缘皮（2cm 左右），如图 13-16 所示。

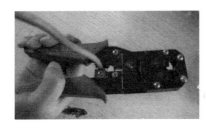
图 13-15　剪线

图 13-16　剥线

（3）用手把线捋直，排列线序，如图 13-17 所示。

（4）拿一个水晶头簧片对着自己，双绞线自下而上插入水晶头，如图 13-18 所示。

（5）水晶头头放入网箝的压线部位使劲压下，如图 13-19 所示。

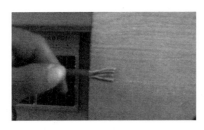
图 13-17　排列线序

图 13-18　插入水晶头

（6）这时网线就算是做好了，接着进行网线测试，如图 13-20 所示。

图 13-19　压线

图 13-20　测试网线

当测线器顺序亮灯且 1 到 8 全亮则网线制作成功，如果有哪一个没亮灯则证明对应的那一根线断开或没接好，需重新做。

交叉对联双绞线一头用 568A 标准，另一头用 568B 标准即可制作方法同上。

➡ **82** 什么是网络拓扑结构？分为几种？

答　网络拓扑结构是指用传输媒体互联各种设备的物理布局，就是用什么方式把网络中的计算机等设备连接起来。拓扑图给出网络服务器、工作站的网络配置和相互间的连接，它的结构主要有星型结构、环型结构、总线结构、分布式结构、树型结构、网状结构、蜂窝状结构等。

➡ **83** 星型拓扑结构如何连接？

答　如图 13-21 所示即为星型拓扑结构网络示意图。

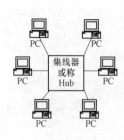
图 13-21　星型拓扑结构示意图

星型结构是最古老的一种连接方式，电话属于这种结构。星型结构是指各工作站以星型方式连接成网。网络有中央节点，其他节点（工作站、服务器）都与中央节点直接相连，这种结构以中央节点为中心，因此又称为集中式网络。

这种结构便于集中控制，因为端用户之间的通信必须经过中心站。由于这一特点，也带来了易于维护和安全等优点。端用户设备因为故障而停机时也不会影响其他端用户间的通信。同时它的网络延迟时间较小，传输误差较低。但这种结构非常不利的一点是，中心系统必须具有极高的可靠性，因为中心系统一旦损坏，整个系统便趋于瘫痪。对此中心系统通常采用双机热备份，以提高系统的可靠性。

星型结构是目前在局域网中应用得最为普遍的一种，在企业网络中几乎都是采用这一方式。星型网络几乎是 Ethernet（以太网）网络专用，它是因网络中的各工作站节点设备通过一个网络集中设备（如集线器或者交换机）连接在一起，各节点呈星状分布而得名。这类网络目前用的最多的传输介质是双绞线，如常见的五类线、超五类双绞线等。

➡ 84　星型拓扑结构的特点是什么？

答　星型拓扑结构的特点主要有如下几点：

（1）容易实现。它所采用的传输介质一般都是采用通用的双绞线，这种传输介质相对来说比较便宜，如目前正品五类双绞线每米也仅 1.5 元左右，而同轴电缆最便宜的每米也要 2.00 元左右，光缆那更不用说了。这种拓扑结构主要应用于 IEEE 802.2、IEEE 802.3 标准的以太局域网中。

（2）节点扩展、移动方便。节点扩展时只需要从集线器或交换机等集中设备中拉一条线即可，而要移动一个节点只需要把相应节点设备移到新节点即可，而不会像环型网络那样"牵其一而动全局"。

（3）维护容易。一个节点出现故障不会影响其他节点的连接，可任意拆走故障节点。

（4）采用广播信息传送方式。任何一个节点发送信息在整个网中的节点都可以收到，这在网络方面存在一定的隐患，但这在局域网中使用影响不大。

（5）网络传输数据快。这一点可以从目前最新的 1000Mbit/s 到 10G 以太网接入速度可以看出。

➡ 85　环型网络拓扑结构如何连接？

答　如图 13 - 22 所示即为环型拓扑结构网络示意图。

环型结构在 LAN 中使用较多。这种结构中的传输媒体从一个端用

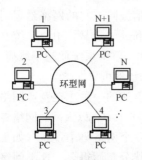

图 13 - 22 环型拓扑结构
网络示意图

户到另一个端用户,直到将所有的端用户连成环型。数据在环路中沿着一个方向在各个节点间传输,信息从一个节点传到另一个节点。这种结构显而易见消除了端用户通信时对中心系统的依赖性。

环行结构的特点是:每个端用户都与两个相邻的端用户相连,因而存在着点到点链路,但总是以单向方式操作,于是便有上游端用户和下游端用户之称;信息流在网中是沿着固定方向流动的,两个节点仅有一条道路,故简化了路径选择的控制;环路上各节点都是自举控制,故控制软件简单;由于信息源在环路中是串行地穿过各个节点,当环中节点过多时,势必影响信息传输速率,使网络的响应时间延长;环路是封闭的,不便于扩充;可靠性低,一个节点故障,将会造成全网瘫痪;维护难,对分支节点故障定位较难。

这种结构的网络形式主要应用于令牌网中,在这种网络结构中各设备是直接通过电缆来串接的,最后形成一个闭环,整个网络发送的信息就是在这个环中传递,通常把这类网络称之为"令牌环网"。令牌环网结构示意图如图 13 - 23 所示。

图 13 - 23 只是一种示意图,实际上大多数情况下这种拓扑结构的网络不会是所有计算机真的要连接成物理上的环型,一般情况下,环的两端是通过一个阻抗匹配器来实现环的封闭的,因为在实际组网过程中因地理位置的限制不方便真的做到环的两端物理连接。

➡ 86 环型网络拓扑结构的特点是什么?

答 环型网络拓扑结构主要有如下特点。

(1)这种网络结构一般仅适用于 IEEE 802.5 的令牌网(Token ring network),在这种网络中,"令牌"是在环型连接中依次传递。所用的传输介质一般是同轴电缆。

(2)这种网络实现也非常简单,投资最小。可以从其网络结构示意图中看出,组成这个网络除了各工作站就是传输介质——同轴电缆,以及一些连接器材,没有价格昂贵的节点集中设备,如集线器和交换

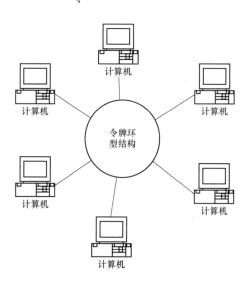

图 13-23　令牌环网结构示意图

机。但也正因为这样，所以这种网络所能实现的功能最为简单，仅能当作一般的文件服务模式。

（3）传输速度较快。在令牌网中允许有 16Mbit/s 的传输速度，它比普通的 10Mbit/s 以太网要快许多。当然随着以太网的广泛应用和以太网技术的发展，以太网的速度也得到了极大提高，目前普遍都能提供 100Mbit/s 的网速，远比 16Mbit/s 要高。

（4）维护困难。从其网络结构可以看到，整个网络各节点间是直接串联，这样任何一个节点出了故障都会造成整个网络的中断、瘫痪，维护起来非常不便。另一方面因为同轴电缆所采用的是插针式的接触方式，所以非常容易造成接触不良，网络中断，而且这样查找起来非常困难。

（5）扩展性能差。也是因为它的环型结构，决定了它的扩展性能远不如星型结构的好，如果要新添加或移动节点，就必须中断整个网络，在环的两端做好连接器才能连接。

▶ 87　什么是总线拓扑结构？如何连接？

答　总线拓扑结构是使用同一媒体或电缆连接所有端用户的一种

方式，也就是说，连接端用户的物理媒体由所有设备共享，各工作站地位平等，无中心节点控制，公用总线上的信息多以基带形式串行传递，其传递方向总是从发送信息的节点开始向两端扩散，如同广播电台发射的信息一样，因此又称广播式计算机网络。各节点在接受信息时都进行地址检查，看是否与自己的工作站地址相符，相符则接收网上的信息。

使用这种结构必须解决的一个问题是确保端用户使用媒体发送数据时不能出现冲突。在点到点链路配置时，这是相当简单的。如果这条链路是半双工操作，只需使用很简单的机制便可保证两个端用户轮流工作。在一点到多点方式中，对线路的访问依靠控制端的探询来确定。然而，在 LAN 环境下，由于所有数据站都是平等的，不能采取上述机制。对此，研究了一种在总线共享型网络使用的媒体访问方法：带有碰撞检测的载波侦听多路访问，英文缩写成 CSMA/CD。

这种结构具有费用低、数据端用户入网灵活、站点或某个端用户失效不影响其他站点或端用户通信的优点。缺点是一次仅能一个端用户发送数据，其他端用户必须等待到获得发送权；媒体访问获取机制较复杂；维护难，分支节点故障查找难。尽管有上述一些缺点，但由于布线要求简单，扩充容易，端用户失效、增删不影响全网工作，所以是 LAN 技术中使用最普遍的一种。

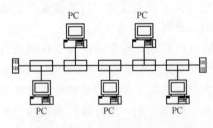

图 13 - 24　总线型网络结构示意图

这种网络拓扑结构比较简单，总线型中所有设备都直接与采用一条称为公共总线的传输介质相连，这种介质一般也是同轴电缆（包括粗缆和细缆），不过现在也有采用光缆作为总线型传输介质的，如 ATM 网、Cable Modem 所采用的网络等都属于总线型网络结构。总线型网络结构示意图如图 13 - 24 所示。

88　总线拓扑结构的特点是什么？

答　总线拓扑结构具有以下几个方面的特点。

（1）组网费用低。不需要另外的互联设备，是直接通过一条总线进行连接，所以组网费用较低。

（2）这种网络因为各节点是共用总线带宽的，所以在传输速度上会随着接入网络的用户的增多而下降。

（3）网络用户扩展较灵活。需要扩展用户时只需要添加一个接线器即可，但所能连接的用户数量有限。

（4）维护较容易。单个节点（每台电脑或集线器等设备都可以看作是一个节点）失效不影响整个网络的正常通信。但是如果总线一断，则整个网络或者相应主干网段就断了。

（5）这种网络拓扑结构的缺点是一次仅能一个端用户发送数据，其他端用户必须等待到获得发送权。

➡ 89　什么是分布式拓扑结构？特点是什么？

答　分布式拓扑结构的网络是将分布在不同地点的计算机通过线路互联起来的一种网络形式。

分布式拓扑结构的网络具有如下特点：由于采用分散控制，即使整个网络中的某个局部出现故障，也不会影响全网的操作，因而具有很高的可靠性；网中的路径选择最短路径算法，故网上延迟时间少，传输速率高，但控制复杂；各个节点间均可以直接建立数据链路，信息流程最短；便于全网范围内的资源共享。缺点为连接线路用电缆长，造价高；网络管理软件复杂；报文分组交换、路径选择、流向控制复杂；在一般局域网中不采用这种结构。

➡ 90　树型拓扑结构的特点是什么？

答　树型结构是分级的集中控制式网络，与星型相比，它的通信线路总长度短，成本较低，节点易于扩充，寻找路径比较方便，但除了叶节点及其相连的线路外，任一节点或其相连的线路故障都会使系统受到影响。

➡ 91　网状拓扑结构的特点是什么？

答　在网状拓扑结构中，网络的每台设备之间均有点到点的链路连接，这种连接不经济，只有每个站点都要频繁发送信息时才使用这种方法。它的安装也复杂，但系统可靠性高，容错能力强。有时也称为分布式结构。

92 蜂窝拓扑结构的特点是什么?

答 蜂窝拓扑结构是无线局域网中常用的结构。它以无线传输介质（微波、卫星、红外等）点到点和多点传输为特征，是一种无线网，适用于城市网、校园网、企业网。

93 楼宇局域网的硬件需求有哪些?

答 网络需求确定之后，接下来要做的就是网络设备的购置。在组建局域网时，一定要准备这样的清单，这样才能做到有的放矢。以拥有 150 台电脑的楼宇局域网为例，其硬件需求见表 13 - 2。

表 13 - 2 楼宇局域网的硬件需求

设备	规格	数量
网卡	100Mbit/s	150
交换机	24 口、100Mbit/s	7
宽带路由器	2WAN+1LAN	1
双绞线	超五类	10
水晶头	AMP	350
机架式服务器	工作组级	1

（1）100Mbit/s 交换机。对于楼宇而言，集线器的性能显然不能满足要求，而且现在交换机的价格已经相当成熟，100Mbit/s 集线器与 100Mbit/s 交换机之间没有太大价格差异，因此组建楼宇局域网时应该选择交换机。

（2）楼宇专用宽带路由器。网络共享方案规划两种。

1）代理服务器。代理服务器的优点是设置灵活，可以根据需要进行各种各样的限制，并可记录 Internet 连接事件。但稳定性不够好，与宽带路由器相比，价格也较高。

2）宽带路由器。宽带路由器的优点是价格便宜、管理简单、功能丰富。一旦宽带路由器出现问题，只需关闭后再打开电源即可瞬间恢复。

（3）机柜。几台交换机、1 台宽带路由器、几台服务器不仅会占用大量的空间，而且给网络布线和供电带来了许多问题。

建议将这些设备固定在机柜中，这样在网络规划时，可以将网管的位置布置在机柜旁，方便其对服务器的管理，而且网络布线也会简化很多。

（4）组建服务器。服务器是最能体现楼宇特色服务的设备。首选就是内部游戏服务器，使用户可以运行诸如：CS、魔兽争霸这些在线游戏。内部组建的游戏服务器不仅可以保证游戏速度，而且可以随时对游戏进行一些修改，满足用户的消费。

现在很多在楼宇上网的消费者都会在线欣赏各种视频，这样会占用大量的网络资源。所以应在楼宇局域网组建专门的视频服务器，这样不仅可以满足消费者观看视频的需求，而且可以节约大量的带宽，避免网络资源的浪费。

➡ 94 楼宇局域网布线产品如何选择？

答 由于楼宇内的电脑数量相对较少，且对网络传输速率没有太高的要求，因此建议选择最具性价比的超五类非屏蔽双绞线。超五类非屏蔽双绞线有以下优点。

超五类非屏蔽可以提供 100m 的传输距离，1000Mbit/s 的传输带宽，完全可以满足其网络应用需求。同时，楼宇对网络带宽升级的要求几乎为零，因此不必考虑超五类非屏蔽双绞线对千兆设备的广泛支持。

超五类非屏蔽双绞线也是目前最廉价的网络布线产品，具有非常高的性价比，符合楼宇节约投资成本的需要。

超五类非屏蔽双绞线施工简单。不仅施工工艺简单，技术也已经被普通技术人员所掌握，而且布线工具和测试工具都非常廉价，每件工具不超过 100 元。楼宇局域网所需布线产品见表 13-3。

表 13-3　　　　　　楼宇局域网所需布线产品

产品	用途	数量
双绞线	网络布线	15 箱
水晶头	制作网线	350 个

产品	用途	数量
RJ-45 压线钳	压制网线	2 把
剥线刀	压制网线	2 把
双绞线测试仪	测试网络布线	1 个
PVC 线槽	保护网络布线	100m

95 楼宇局域网布线设计时应当注意的问题有哪些?

答 在设计布线方案时,应当考虑以下几个方面的问题。

(1)同时敷设双绞线和电源线。电源线不能离双绞线太近,以避免对双绞线产生干扰,但也不宜离得太远,相对位置保持 20cm 左右即可。

(2)简约设计。电脑与集线器设备之间可以直接使用双绞线进行连接,如图 13-25 所示。

图 13-25 电脑与集线器
双绞线连接

(3)节约投资。开楼宇的目的是为了赚钱,因此,除了要考虑网络的性能和稳定性外,更多的是要考虑产品的价格。

通常情况下,电脑应当背对背摆放,从而有效地利用空间,为了方便顾客进出,四周应当预留 1m 左右的行人过道,两排电脑桌之间的距离为 1.5m 左右。

(4)路由选择。双绞线应当避免日光直射,不宜在潮湿处布放。另外,应当尽量远离经常使用的通道和重物,避免可能的摩擦,以保证双绞线的电气性能,必须经过通道时,应当在 PVC 线槽外套上铝制管材,并进行加固处理。

96 楼宇局域网布线实施方案是什么?

答 楼宇布线采用线槽以明线方式敷设。

97 超五类线缆布线实施方案应注意哪些问题?

答 在布放超五类双绞线时,应注意以下几方面的问题:

（1）楼宇布线电缆采用超五类非屏蔽双绞线（UTP），从配线机柜沿水平主干线槽分别引至楼宇各电脑区的信息点上。配线机柜内接线端子与电脑网卡之间均为点到点端接。

（2）超五类线缆的布放应平直，水平双绞线布放过程中，最大拉力应小于10daN，不得产生扭绞、打圈等现象，不应受到外力的挤压和损伤。

（3）超五类线缆布放前两端应贴有统一编号的标签，用以表明信息点的起始和终端位置。编号为AB××四位数，A表示楼层号，B表示排号，××表示位置号，书写应清晰、端正和正确。

（4）低压电源线与线缆平行敷设时，其间距要在15cm以上，以防止对数据信号的干扰。

（5）每条线缆长度不超过90m。

（6）线缆进入机柜后留长2～3m，接入楼宇电脑端线缆应预留60～90cm，以便电脑位置后续的调整及维护。

（7）线缆的弯曲半径至少为线缆外径的8～10倍。

98 线槽内配线要求是什么？

答　在线槽内配线时，应注意以下几方面的问题：

（1）线槽内配线前应消除槽内的污物和积水。

（2）电源线、信号电缆、对绞电缆、光缆及建筑物内其他弱电系统的线缆应分离布放。

（3）各线缆间的最小距离应符合设计要求。

（4）线缆布放时，在牵引过程中，吊挂线缆的支点间距不应大于1.5m。

（5）线缆桥架内线缆垂直敷设时，在线缆的上端和每间隔1.5m处，应固定在桥架的支架上；水平敷设时，直接部分间隔3～5m处设固定点。在距离线缆首端、尾端、转弯中，心点5～10m处设置固定点。

（6）槽内线缆应顺直，尽量不交叉、线缆不应溢出线槽、在线缆进出线槽部位，转弯处应绑扎固定。

（7）垂直线槽布放线缆应每间隔1.5m固定在线缆支架上，以防线缆下坠。

(8) 在竖井内采用明配、桥架、金属线槽等方式敷设线缆，并应符合以上有关要求。

99 楼宇交换机选购方案是什么？

答 交换机是电脑间数据传递的"立交桥"，"立交桥"的性能和通行能力，将根本上影响着整个网络的传输速率。

对于楼宇而言，交换机几乎是价格最昂贵的网络设备，因此必须非常慎重地选择。

100 楼宇交换机的选购原则是什么？

答 为楼宇选购交换时，应遵循以下的原则。

(1) 稳定压倒一切。稳定应当是楼宇所有设备的选购原则，交换机自然也不例外。甚至于性能可以较差，带宽可以较窄，但绝不可以经常发生故障。

(2) 整体一盘棋。交换机之间应当匹配、兼容。端口速率应当匹配，如果中心交换机采用 1000Mbit/s 端口，工作组交换机却采用 100Mbit/s 端口，则 1000Mbit/s 端口无疑是浪费；不同品牌交换机所采用的技术应当彼此兼容，遵循同一国际标准，从而使网络管理和技术实现成为可能。总之，交换机之间应当和谐连接，从而发挥各自最大的性能。

(3) 追求最高性价比。既能满足绝大多数顾客的需要，又不至于花费太多的资金，还要运行稳定、安全，因此掌握三者之间的平衡就显得至关重要。

(4) 端口密度。在各种性能参数基本相同的情况下，交换机的端口密度越大，每个端口的花费就越少。也就是说，一台 48 口的交换机要比两台 24 口的交换机便宜，因此高密度端口的交换机往往拥有较高的性价比。

(5) 性能与功能。性能越好、功能越丰富自然价格越高。事实上，由于楼宇局域网的规模并不是很大，各种网络应用也不是特别丰富，对网络安全的要求也不是很高，所以，一般的 100Mbit/s"傻瓜交换机"完全能够满足要求。

(6) 考虑差异。有的交换机（中心交换机）用于连接其他交换机和服务器，而有的交换机（工作组交换机）直接连接电脑，因此，不同位置的交换机应当选择不同性能的产品。只有这样，才能充分发挥各交换机的最高性能，让投资物有所值。当网络规模超过250台电脑时，建议购置一台三层交换机作为中心交换机。

（7）厂商品牌。交换机产品大致分为三大阵营，美国、中国台湾和中国内地。其中，美国产品的价格最高，功能最丰富，性能最强劲；接下来依次是中国台湾和中国内地的产品。相较而言，中国内地的知名品牌往往最具性价比。

101 楼宇交换机的主要参数有哪些？

答　在选购楼宇交换机时，应注意以下几个主要参数。

（1）端口。端口包括数量、速率和类型三个方面。工作组交换机建议选择24口或48口的10/100Mbit/s交换机，中心交换机建议选择固定端口100Mbit/s三层交换机。虽然1000Mbit/s端口拥有更高的传输速率，但由于价格的原因不建议选择。另外，楼宇的规模通常较小，从交换机到电脑的距离都在100m之内，因此廉价的RJ-45接口更适合楼宇。

（2）转发速率。转发速率是交换机一个非常重要的参数，它从根本上决定了交换机的性能。目前，最流行的交换机采用线速交换。

所谓线速交换，是指交换速度达到传输线上的数据传输速度，能够最大限度地消除交换瓶颈。转发速率通常以"MPPS"（Million Packet Per Second，每秒百万包数）标识，即每秒能够处理的数据包数量。该值越大，交换机性能越强劲。

（3）背板带宽。背板带宽是指交换机接口处理器或接口卡和数据总线间所能吞吐的最大数据量。一台交换机如果能实现全双工无阻塞交换，那么它的背板带宽值应该大于"端口总数×最大端口带宽×2"。

由于所有端口间的通信都需要通过背板完成，所以背板所能够提供的带宽就成为了端口间并发通信时的瓶颈。

背板带宽越大，能够给各通信端口提供的可用带宽就越大，数据交换速度就越快；背板带宽越小，能够给各通信端口提供的可用带宽就越小，数据交换速度也就越慢。因此背板带宽越大，交换机的传输速率越快。

102 楼宇宽带路由器选购方案是什么？

答 在楼宇局域网中若采用代理服务器方式共享上网，不仅前期设备投入大，并且往往因系统死机导致 Internet 连接中断。若采用通用型路由器，不仅价格高得惊人，而且无法适应大数据的传输需求，何况还要进行复杂的配置。宽带路由器则以其易用、稳定、高效、廉价的特点，成为楼宇共享 Internet 接入的首选。

103 楼宇路由器的选购原则是什么？

答 在选购楼宇路由器时，应遵循以下几个原则。

（1）性能强劲。由于楼宇中的所有应用都离不开 Internet 连接，因此，并发访问量非常大。另外，无论是在线游戏、软件下载，还是视频电话、视频点播，都会产生大量多媒体数据的传输，因此要求宽带路由器的性能非常强大，否则将由于负载过大而导致死机，或者响应时间过长，影响用户的正常使用。建议选择楼宇专用宽带路由器。

（2）功能完善。由于楼宇用户群非常复杂，因此各种 Internet 应用都会涉及。既有简单的 Web 浏览、聊天、收发邮件、视频点播、文件传输、联机游戏，也有 VPN 连接、安全传输等高级应用。因此要求路由器能够提供丰富完善的功能，以适应不同用户的需要。

（3）稳定可靠。由于楼宇的营业时间较长且连续，因此必须保证设备稳定运行。事实上，稳定与性能在某种程度上是联系在一起的，只有性能强劲的路由器，才有可能长时间稳定工作，不死机、不掉线。

（4）易于管理。由于楼宇管理员的技术水平通常比较有限，不太可能对网络协议和路由器配置有过多的了解，因此设备的傻瓜化管理就成为一种必要。

路由器应当能够自动完成各种 Internet 应用的配置，而无须管理员手工干预。否则，将增加管理难度，降低设备的可用性。

104 楼宇路由器的主要参数有哪些？

答 在选购楼宇路由器时，主要考虑以下几个参数。

（1）WAN 端口。楼宇对路由器 LAN 端口的数量往往没有太多的要求，反而要求拥有多个 WAN 端口。当采用 ADSL 方式接入 Internet

时，下行带宽为 2Mbit/s，上行带宽为 512kbit/s，这样的速率显然无法满足几十台甚至几百台电脑的 Internet 访问需求，而采用光纤接入方式的价格又过于昂贵，因此将几条 ADSL 线路绑定在一起，就成为一种不错的选择。

采用多 WAN 口接入时，各端口间应支持负载均衡，自动分担数据流量，并且当一条线路出现故障后，不会影响对 Internet 的访问。同时，不同端口还应可以连接至不同的 ISP，从而迅速访问位于不同网络的服务器。

（2）接口速率。对于楼宇这种并发访问量较大的环境而言，接口速率尤其重要。无论是 WAN 端口还是 LAN 端口，都应当采用 100Mbit/s 端口，从而提升与 Internet 设备和局域网的连接速率，避免由于路由器端口的瓶颈，导致 Internet 连接的迟滞。

另外，当宽带路由器拥有多个 LAN 口时，应当选择交换式端口，以提高网络传输效率。

（3）路由器主频。路由器主频从根本上决定着路由器的性能。宽带路由器的 CPU 一般是 IntelIXA、X86、ARM7、ARM9 或 MIPS 等，低档宽带路由器的频率只有 33MHz，只适合用户数量较少的小型网络。而中高档宽带路由器的频率可达 533MHz，甚至拥有多个 CPU，适合用户数量较多的楼宇使用。

（4）缓存容量。宽带路由器的缓存容量决定了可以接入电脑的数量。通常情况下，缓存容量越大的路由器，可接入的电脑数量越多，越不容易出现死机、响应时间过长等现象。因此，除了考虑路由器的主频之外，还应当尽量选择缓存容量较大的路由器。

105 楼宇路由器应当具有的功能有哪些？

答 通常情况下，楼宇路由器应具有以下几个功能。

（1）DHCP 服务。在 TCP/IP 网络中，每台电脑都必须拥有一个 IP 地址。DUCP 服务可以为网络提供动态 IP 地址服务，实现对网络 IP 地址信息的自动管理，为每台电脑提供 IP 地址信息，且无须用户或管理员手工设置，避免由于输入错误而导致的 IP 地址冲突或网络通信失败。

（2）网址过滤。网址过滤的作用类似于"纱窗"，可防止局域网用户访问非法或不健康的网站。对于楼宇而言，这一点非常重要，可以避免许多不必要的麻烦。

（3）防火墙。防火墙通常包括两类，即 LAN 防火墙和 Ⅵ/AN 防火墙。LAN 防火墙采用 IP 地址限制或 MAC 地址绑定等手段，阻止内部的某些电脑访问 Internet；WAN 防火墙通常设置不同的过滤规则，过滤来自外网的所有异常的信息包，保护网络内的电脑免受恶意攻击。

对于楼宇而言，WAN 防火墙更为重要。借助 WAN 防火墙，楼宇可以有效地防止竞争对手的恶意攻击，保证楼宇局域网安全稳定地运行。

（4）VPN。当一些员工出差在外地时，往往需要连接到公司网络以获取或传递相应的数据。借助于 VPN，用户可以在 Internet 中创建专门的通道，以低廉的价格通过 Internet 连接至局域网中的 VPN 服务器，访问局域网内的资源。

（5）自动拨号。对于采用 ADSL 虚拟拨号方式接入 Internet 的用户而言，自动拨号功能使网络用户在发送 Internet 访问请求时，路由器将自动开始拨号，建立 Internet 连接，并在用户中止 Internet 访问一段时间后，自动断开连接。该功能对采用按时计费的用户非常有利，可以有效减少访问时间，节约 Internet 接入费用。

（6）支持 UPnP。UPnP 是基于 TCP/IP 协议和针对设备彼此之间通信而制定的新的 Internet 协议。事实上，UPnP 的制定正是希望未来所有接入 Internet 的设备能够不受网关阻碍，实现相互通信，可以方便地实现 MSN 和视频电话等诸多应用。

（7）智能端口。通常情况下，不同网络设备之间的连接应当使用交叉线，而连接至电脑时则采用直通线，当采用智能端口时，该端口将判断对方端口的类型，并自动切换端口类型，从而只需使用直通线即可连接任何端口。

106 楼宇设备如何连接？

答 接下来的工作是具体的联网工作，包括物理连通和计算机操作系统的对等互联，网络设备之间的连接如图 13-26 所示。

仅仅是网络物理连通还不能使整个网络运作起来，还必须对每一台计算机进行网络配置。

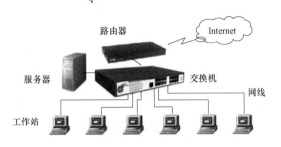

图 13 - 26　楼宇网络拓扑结构图

➡ **107** **楼宇局域网的功能是什么？**

答　楼宇局域网还需要实现如下功能：

（1）一线多机上网。

（2）联机玩本地、网络游戏。

（3）即时通信，如 QQ、MSN 等。

（4）方便进行楼宇的日常维护。

➡ **108** **楼宇局域网的硬件条件是什么？**

答　楼宇的组建投资是一件很重要的事，而且对于大多数并不了解计算机行情的人来说，制定一个廉价的配机方案有利于楼宇网络的生存和发展，组建一个高效楼宇网络。然而，资金影响着硬件，硬件条件又影响着楼宇局域网的组建类型、结构选型。

➡ **109** **小型楼宇组网方案是什么？**

答　小型楼宇典型组网方案如图 13 - 27 所示。

➡ **110** **组建小型楼宇网络的硬件需求是什么？**

答　对于机器数目少，通信量也不大的网络。组网可以采用 10M 以太网技术，但是现在的楼宇游戏对网通信量的要求越来越大，因此采用 100M 以太网。那采用什么网络结构呢？现在流行的网络布线拓扑结构是星型。星型网络以 Hub（集线器）为中心，使用双绞线呈放射状连接各台计算机。Hub 上有许多指示灯，遇到故障时很容易发现出故障的计算机，而且一台计算机或线路出现问题不影响其他计算机，

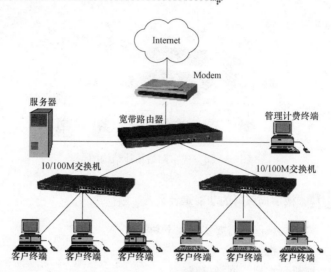

图 13-27 楼宇典型组网方案

这样网络的可能性和可用性都大大地增强。此外，增加计算机，只需使用双绞线将计算机连接到 Hub 上就可以，可以很容易地扩充网络。

首先，根据场地画出施工简图，确认每台计算机的摆放方式和地点，然后在图上标明每台计算机的摆放位置，要注意，网关服务器的位置要配合上网电话线的入户位置，因为电话入户线越短越好（入户之后采用平行电缆，其通信效果较差）。

在计算机安装前，需要考虑的是网络设备的选择和施工方案。网络基础设备的选择是比较重要的，楼宇网络稳定性是第一位的，所以首先必须保证网络设备的可靠性和稳定性。组建小型楼宇所需的网络设备选择如下。

（1）集线器，又叫 Hub。可以选择 D-link 或者 TP-link16 口 100M 集线器。

（2）网卡，可以选择 D-link 或 TP-link 等性价比较高的 100M 以太网卡。最好是 PCI 接口的。在 Windows 下面安装比较简单；但是，ISA 接口的也不错，有时比较麻烦。

（3）双绞线一箱（按 30m² 算），最好使用 AMP 的 5 类网线布线，注意是否是假冒品。

（4）FJ-45 水晶头，需要多准备一些，价格从 0.40 元到 2 元都有。

装饰装修电工必备知识技能

第十四章

卫星电视接收及有线电视系统

1　卫星电视的发展过程是什么？

答　英国科学幻想小说家克拉克 1945 年在其著作中幻想利用人选卫星实现全球通信。克拉克幻想以三个间隔为 120°的人造卫星，等距离地发射到赤道上空约 36 000km 的轨道上就能实现全球通信。从地球上看，卫星永远在太空中静止不动。实际上地球自转时这些卫星也同样围绕地球同步运转。这好像在 36 000km 的高度架设一个发射天线，它居高临下。每一颗卫星可以覆盖 40％的地球表面，三颗卫得就几乎将整个地球覆盖了。

前苏联 1957 年 10 月 4 日发射了世界上第一颗人造卫星，使克拉克的幻想变为现实。图 14 - 1 所示为同步卫星示意图，由图 14 - 1 可以看出，三颗卫星的公转与地球自转是同步的，只要把地面接收天线对准卫星即能收到卫星上发来的电讯号或电视信号。

利用卫星转播电视节目有如下优点：

（1）覆盖面广。在 35 800km 高空合适的位置放一颗同步卫星，可以使我国的高山、沙漠、海岛及平原等地区都能收看电视节目。

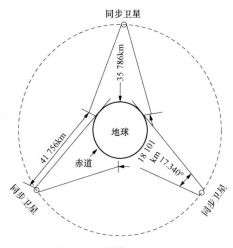

图 14 - 1　同步卫星示意图

579

（2）与地面广播相比，电磁波能量利用率高。根据计算，较大电视发射台约有 1/10 的功率是有效的，大部分功率损失在转播中。卫星转发器的波束是直向地面的。整个服务区的辐射都比较均匀，中心区与边远区的场强仅差 3~4dB，使电磁波的利用率非常高。

（3）由于卫星广播的直接接收，仰角大、反射小，电波穿过大气层行程短，受气候和大气层影响小，所以电视图像质量好，信号也较稳定。

（4）要使我国 100％的领土都能收看电视节目，需建 2000 多座电视发射台和数倍于此的微波中继站，再加上技术人员、管理人员、维修等等，所需的时间及耗资是可想而知的。采用卫星电视广播可节约 60％以上的经费。

2 通信卫星的特点有哪些？

答 通信卫星与各地面站组成通信系统，地面站都具有大口径天线，高灵敏度和大功率发射设备，通过多通道的接口发送与接收来传递各种信息。

（1）信号较单纯，下行信号功率小（几瓦至几十瓦），传输中的信号强度弱。

（2）由于所需功率小，与电视广播卫星相比体积小，所以，太阳能极板小，星蚀期间（即太阳、地球、卫星同在一条线上，使阳光不能照在卫星上）由蓄电池供电，不会使通信中断。

（3）传输信息多样化，如电报、电话、传真、数据等。由于这些信息频带较窄，所以能容纳几万路电报、电话等，不过对电视信号只能传输一路或几路。

（4）服务面积大，全球用三颗卫星互成 120°即能实现全球通信。

（5）电波传输条件好，损耗较小，地面接收系统噪声温度也较低。

3 电视广播卫星的特点有哪些？

答 电视广播卫星是由地面发送设备用上行频率发送到卫星，再由卫星上的发射机用下行频率传给地面接收网。

（1）发射功率大，一般在数百瓦，只有这样才能使图像信号有足够的强度使天线和接收机成本降低。

（2）太阳能极板使用较少，体积大，"大质量，大体积"会使发射火箭的负荷增加并且增大操纵系统的复杂程度。

（3）信道少。一般1路或几路电视信号，几路或十几路广播信号。

（4）Ku波段电视广播对地面微波接收无干扰，小区域赋形波束易于实现。

（5）卫星接收站容易同家用电视机相连接。

4 卫星的分布范围包括哪些?

答 为了使整个服务区都得到覆盖，每颗电视广播卫星必须停留在固定的同步轨道上。由于同步轨道与地球赤道是一个同心圆，所以卫星所处的位置是用卫星与地心的连线同道的高点（称为星下点）的经度标志的。

为了使卫星与接收网的距离尽量缩短，星下点应与接收点在同一经度上。卫星是靠太阳能电池供电，为使夜间工作时间供电不停止，卫星的位置要比接收点偏西一些经度。原因是每年春分、秋分前后、在星下点上午夜前后（当地时间），卫星、地球、太阳几乎处在一条直线上，卫星所需的太阳光线被地球挡住，就发生了所谓的"星蚀"。每年当中约有90天的时间发生"星蚀"，每次"星蚀"时间长达一小时。将卫星西移可以推迟"星蚀"时间到夜间广播结束之后。每西移一度，使星蚀时间推迟四分钟，但不能超过$30°$，否则，会使传播距离加大、电波损失增加，影响收看效果。

虽然卫星对地面是相对静止的，但因为多种因素卫星会偏离其原来位置。这就需要在卫星上装一个辅助推进装置使卫星保持在"静止"状态，如果卫星位置发生偏离，由地面遥控推进装置，使卫星回到原来的位置。辅助推进器工作需要燃料，如果燃料用完，无法控制卫星的位移，那么，该卫星只好报废。

据不完全统计，目前分布在东经$53°$至东经$179°$（只能分布在这个经度上）的卫星就有数十颗，它们主要用于通信、预警、气象、电视广播、实验探测、军事等。

5 卫星电视系统如何构成?

答 系统由上行发射站、广播卫星、卫星电视接收网三大部分组成，如图 14-2 所示。

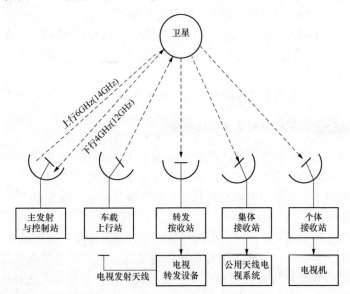

图 14-2 卫星电视系统构成示意图

6 什么是上行发射站？功能是什么？

答 上行发射站简称上行站，其任务是把电视中心的节目信号经过调制、变频和功率放大送给卫星。同时也接收由卫星下行转发的微弱信号，用来监测卫星转播节目质量的好坏。该部分也称为控制站，它一般同上行站建在一起。

上行站可以建成多座分站和移动站（如车载式）。有的主站还设有遥测遥控和跟踪设施，可以直接对卫星进行监控。

7 广播卫星的功能是什么？

答 它是该系统的核心部分，卫星对地面应该是同步的。它的公转必须与地球的自转保持同步，并且姿态正确。星载设备由天线、太阳能电源、控制系统和转发器等组成。通过转发器把上行信号经过频率变换及放大后，由定向天线向地面接收网发射信号。

➡ **8** **卫星电视接收站的功能是什么？**

答 卫星电视接收站主要用来接收卫星下发的电视信号。

➡ **9** **卫星电视接收站有几种类型？**

答 卫星电视接收站一般有四种类型：

（1）转发接收站。主要用来接收卫星下发的电视信号，作为信号源，供设在该地区的电视台或转播台进行转播该站设施较复杂，接收到卫星转发的微弱信号后，须经过放大、变频、调制变换，将卫星传送的调频信号变换为残留边带调幅信号，然后再经过变频，功率放大，通过天线发射出去，供各家电视机收看节目。

（2）电缆网接收站。作用与上述相同，只是通过电缆将信号分送到各用户收看电视节目。

（3）个体接收设备。用户使用小型天线和简易接收设备收看卫星电视节目。

（4）集体接收站。比个体接收天线大，接收到卫星节目后经过各种匹配装置供多台电视收看。

➡ **10** **卫星电视接收天线作用是什么？**

答 在卫星电视接收系统中，天线、馈线很重要。其性能的好坏直接影响信号的质量，它与电视机的天线有本质的区别。从理论上讲，它既可以作接收天线，又可以作发射天线。作接收天线，其任务是收集和传输卫星转发器的电视信号，还原为高频电流，经过馈线送入接收机的输入回路；作为发射天线时，将发射级末级回路的高频电流变换成电磁波，向规定的方向发射出去。

➡ **11** **卫星电视接收天线可以分为几种类型？**

答 天线按几何形状可分为线天线和面天线。线天线类似于电视机所用的天线，它由导线组成，导线的长度比横截面积大得多，一般用在长、中、短波波段。卫星接收所用的多是面天线，它又分为喇叭天线和反射面天线两类。前者一般只用作小型、低增益的天线（例如在通信卫星上用做全球波束天线）或作为面天线的初级馈源。后者用作高增益的卫星通信与广播电视的发送和接收。

➤ **12** 对天线结构的要求有哪些?

答 对天线结构的要求有:

(1) 反射镜表面要有一定的精度,以提高增益。

(2) 在各种载荷下,应具有足够的刚度。

(3) 结构的质量要轻,但应具有足够的刚度,即在各种载荷下,结构变形应限制在允许的范围内。另外结构本身的固有频率要高,能发生结构谐振。

(4) 结构所受的风阻力应小,应防腐蚀、耐热、耐低温等。

➤ **13** 天线的结构是什么?

答 卫星电视广播的地面接收天线多使用抛物面天线,由反射面、背架及馈源支撑部分组成。

反射体面板一般分为板状面板和网状面板两种,对于频段电视接收来讲,两种形式均可满足要求。板状面多采用厚度为1～3mm的铝板做成若干块抛物面状,并在它上面铆接加强筋。网状天线多采用铝板网,在设计时多用密集辐射网及加强筋组成。

国产3m以上卫星地面天线无论哪种形状都可以分成不同的块数,如8、12、18、24块不等。这主要是考虑材料的规格、加工能力、装配、运输、包装等由厂家自行设计决定。

➤ **14** 座架的结构是什么?

答 图14-3所示是典型的天线和座架结构示意图,它由俯仰部分和方位部分组成。

➤ **15** 俯仰部分有哪些部分构成?

答 俯仰部分包括三脚架、俯仰销轴和俯仰传动三大部分。

俯仰部分的主要零件是三脚架,它由槽钢焊接而成。天线与三脚架上的圆环用较粗的螺栓固定,上三脚架的支耳与下三脚架由两个销轴连接。这两个销轴就是俯仰的转动轴。该三脚架顶点与驱动丝杆连接。2m多长的丝杆、套管和两个大螺母组成传动部分。在下面的螺母

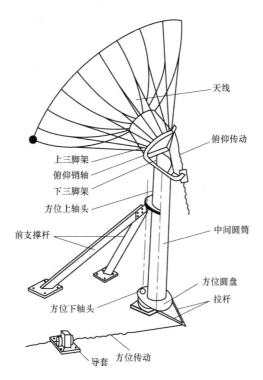

天线

俯仰传动

上三脚架
俯仰销轴
下三脚架
方位上轴头

前支撑杆

中间圆筒

方位圆盘
拉杆

方位下轴头

导套　方位传动

图 14-3　天线及座架结构示意图

上用一副端面球轴承，用它承受主要的轴向力，用来减轻摩擦力，增加一套电动减速装置，由电动机带动谐波减速器，再通过一对齿轮来带动螺母转动就变成电动驱动型，电动驱动型在俯仰轴端装有行程开关，作为极限位置的限位保护。还有一种是步进跟踪型，在俯仰轴另一端装有多极旋转变压器，作为轴身输出元件。

➡ **16** **方位部分由哪些部分构成？**

答　方位部分包括中间圆筒、前支撑杆、方位轴、下三脚架、方位底盘和方位传动六部分。

中间圆筒是天线座的主体部分，它由钢板卷绕焊接而成，高度一般 3m 左右。

用槽钢制成的前支撑杆用来支撑、平衡、承受天线的倾俯力矩。

585

方位轴由上下轴头组成，上面用了自动调心型双列向心球轴承，原因是上下支撑间距较大，上下轴孔难以保证精确同心，由它承受径向力和倾复力矩，并自动调心。下面使用端面止推轴承，由它承受轴向力。

17 转动部分由哪些部分构成？

答 转动部分由丝杆、调整螺母、支座和导套组成。

该座架的运动部件和支撑零件是个统一体，它的方位及俯仰运动又是各自独立的。例如，方位的中间圆筒与两根支撑杆形成了稳定的三角形支撑。此筒又可以绕方位轴转动，使天线做方位运动，俯仰部件的上下三脚架与驱动丝杆运动情况基本相同。

天线从 $0°\sim70°$ 时俯仰丝杆均受拉力，到 $70°\sim90°$（即朝天方向）时受到压力，但此时丝杆的受力部分已经较短，不会出现失稳现象。

方位丝杆主要承受风力的矩引起的载荷，它可以分三段实现方位 $180°$ 的覆盖范围。

18 天线及支架可分为几类？如何安装？

答 天线及支架由于用途不同大致分为两大类，一类是大型地面接收系统所用的方位角/仰角调整式支架（AZ/ZZ），该类质量较高；二是家庭接收系统所用的调整式支架，目前较流行的是方位角/仰角调整式支架，它可以使天线在支架作上下、左右的调整。缺点是无论改变仰角或方位角，都会使另一个参数有变化，故调整较困难。

大型地面接收站的天线一般由生产厂家安装，安装步骤大体是：先吊装支架底座就位，将地脚螺丝固定好，再装天线和馈源，并调节器馈源位置，最后将整个抛面天线吊装固定在支架上，这些过程均由吊车或立一个三角支架进行。

家庭所有的天线比较小，一般两个人就能抬起，它可以制成固定式，即用水泥做一个平台，上面铸上三个螺栓，凝固后将天线支架紧固上，再将抛物天线安装在支架上。另一种是直接放在较平的地面上，应该用较重的物品将三脚架压好，防止风力过大时摔坏天线。

➤ **19** 天线应如何维护？

答　天线虽全是机械结构，但也会发生故障，对其日常维护也是必不可少的。出现故障后，会使接收信号的信噪比下降，接收效果变差。产生的原因是使用一段时间后，各部分支撑点受力不均。因各地环境、气象条件不一，风力强弱不等，使整个扫物面晃动的程度不同，形成的抛物面正常位置也有所改变。

鉴于此，对天线应进行以下保护：

（1）防止抛物面的型面受到破坏而变形。

（2）防止副反射面与馈源主反射面偏心。

（3）雨后应检查波导是否进入雨水造成波导壁生锈。

（4）检查各螺丝是否松动，机械等部件是否生锈，转动是否灵活，必要时应对转动部分加油保养。

➤ **20** 天线应如何选择？

答　由于卫星转发器的功率较小，地面接收站所得到的信号极其微弱，因此天线的选择直接影响接收效果，口径大的天线增益就高，但造价也高，例如，天线口径直径 1.6m 增益为 44.2dB，相对价格比为"1"；当口径增大到直径 2.5m 时，增益为 48.1dB，增益比前者只增加 3.9dB，但造价却增大了十倍；口径增到 4.5m 时，增益增加了 9dB，但造价却提高了 40 倍。由此可见，在选用天线时，应根据实际应用而定。

选择天线应注意的问题：

（1）由于目前有些天线生产厂家没有标准试场地和完整的测试仪器，所以产品说明书所标的参数不一定可信，某些数据是设计值而不是实际测试值，在选购天线时应考虑生产厂家，其增益值可以选大些的。

（2）选购时应注意结构合理，例如支撑要牢固，各调整螺杆的粗细以及调节是否方便等。

（3）根据用户的站址来选用板状天线还是网状天线，一般大、中城市或工业区，因空气污染严重，应该选择板式为好；如果是山区、风力大的地点，应选用网状天线，虽然比板式增益低，但抗风力强，价格也较低。

（4）前馈天线与后馈天线的选择。两种天线按增益高低相比，相差极微不影响信号的接收，前馈天线的噪声温度较低；馈天线可以同时作为卫星通信地球站的天线，由此可见，如果今后有可能建卫星地面站的地区，为避免重复投资应选用后馈天线，其余地区可以选用前馈天线，因其造价较低。

（5）天线跟踪、驱动方式的选择。作为大口径天线多用双轴跟踪方式，而小口径天线单轴、双轴跟踪方式均可用。前面已讲过，天线有手动、电动和自动三种驱动方式，前两种是人工定位，功能比较简单，价格低。第三种方式用在双轴跟踪天线，多采用微型计算机控制，能够自动选择、跟踪一颗或几颗卫星的功能，从而使天线能够较快地找到任何一颗所需要的卫星，并以信号跟踪的方式保证天线处于最佳接收状态。但该天线造价较高，维修比较复杂。

另一种单轴自动跟踪天线采用电桥平衡方式，自动记忆卫星位置，也可以预置同步轨道上多颗卫星，并能迅速找到任何一颗卫星，但不能以信号跟踪卫星，此种造价较低，综上所述，可以根据需要来选择天线跟踪和驱动方式。

21 卫星电视接收系统的电路如何组成？

答 卫星电视接收系统主要由室外单元、室内单元和功率分配器等几部分组成，如图14-4所示。

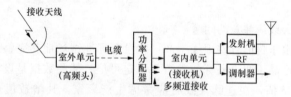

图14-4 卫星电视接收系统配置图

22 什么是室外单元？

答 室外单元也称高频头，它紧连着天线输出端，兼有放大和变频功能，电路一般有低噪声放大器、混频器、本机振荡器和中频放大器等电路。

由天线送来的微弱射频信号，第一步进入波导微带转换接头，然后再加到高频头内场效应管放大器输入端，经过四级场放大后的信号由镜频抑制滤波器滤波，抑制掉镜频噪声。该信号经过平衡混频器与4.17GHz的本振信号变频，得到 $970\sim1470$MHz 的第一中频信号，再经第一中放的三级微带放大后，送到室内单元。

23 什么是室内单元？

答 室内单元即卫星电视接收机，由室外高频头送来的 $970\sim$ 1470MHz 的中频信号，经第二中频放大器放大后，送到第二混频器混频，转换成 136.24MHz 的第二中频，再经带通滤波器对邻近频道信号进行衰减，并用限幅放大器抑制调幅杂波，再由视频解调器调解出视频信号，由伴音解调器解调出伴音信号。如果需要再发射，可以将解调出的视频信号送到调幅器变成射频信号发射，供给其他家用电视机收看。

24 功率分配器的功能是什么？

答 功率分配器的主要功能是对室外单元送来的第一中频信号分成若干路，供给若干个室内单元使用，也可以监视若干个频道的节目。

25 室外单元（高频头）电路如何构成？特点是什么？

答 室外单元方框图如图 14-5 所示。

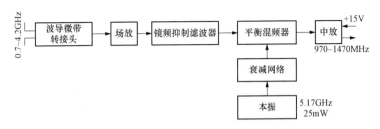

图 14-5 室外单元方框图

与彩电高频头相比较，其相同点是：均有高频、混频、本振三级；并且输入调频信号，在混频器中与本振信号差拍出中频信号。不同点是：高放与天线之间加有波导微带转换接头；为防止各种干扰，在高频与混频之间加有滤波器；在高频头内部加有一级中放；虽然两种高频头都是输入高频信号，输出中频信号，但室外单元比彩电高频头的输入与输出信号频率要高得多。

26 室外单元使用注意事项有哪些？

答 （1）波导法兰盘接口部分要清洁，波导防水胶圈要放正，法兰波导口要对齐上紧，否则会产生损耗，使噪声增加。

（2）使用电缆要按要求匹配，连接电缆、电缆头内外导体接触要良好。

（3）场效应管是易损件，所以要防止大功率辐射进入高频头，以免损坏场效应管。

（4）抛物面天线、室内单元、室外单元部件要有良好的接地，必要时用试电笔检查，确认不带电时，才能用电缆把室内与室外部分连接起来，否则可能损坏内部元器件。

（5）高频头（LNB）无特殊情况不要随意打开封盖，以免将密封性能破坏，为了防止长时间地日晒雨淋而影响高频头的性能，可以加装防护罩加以保护。

27 室内单元电路的组成如何构成？

答 图 14 - 6 所示为室内单元方框图。

室外单元提供的第一中频 $0.9\sim1.4\mathrm{GHz}$ 信号，由 75Ω 电缆送到室内单元的第二变频器。如果需要同时接收几套节目，则应该另加功率分配器和若干个室内单元，因为一个室内单元只能解调一个频道的节目。

第二变频器输出的第二中频信号的频率，可以有多种选择，如 70、134.26、400、510MHz 等。我国使用的是 140MHz。目前一些室内单元使用 510MHz，因为选用该中频可使解调非线性失真明显减小。

28 室内单元整体电路的工作过程是什么？

答 室内单元整体电路的工作过程如下：

（1）带通滤波及放大方框中，包含声表面滤波器和第二中放。第

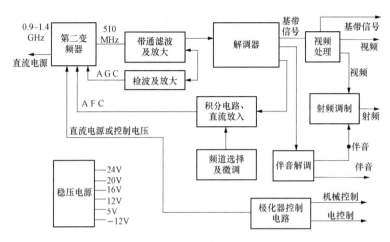

图 14‑6 室内单元方框图

二中放可以用集成块，也可以用四级晶体管放大器，室内单元的增益主要取决于第二中放。第二中放输出两路信号：一路供解调器用；另一路经检波放大器后，供第二变频器作自动增益控制用。

（2）调解器是一个集成块。输入集成块的第二中频信号幅度约为1V，经解调后输出的全电视信号为 $1_{VP\text{-}P}$。解调输出信号分为三路，一路供视频处理，一路供伴音解调，一路经积分直流放大后，作为自动率控制（AFC）信号，供给第二变频器。

（3）视频处理方框主要由去加重电路、极性电路和钳位电路等组成。伴音解调方框，主要是把伴音调频信号解调为伴音信号，该电路可对伴音副载频调谐，NTSC 制的调谐范围常取 4.5～8MHz，而我国规定为 5～7MHz。目前我国使用的伴音副载频为 6.6MHz（地面广播电视中的伴音载频与图像载频之差为 6.5MHz）。国外也有用 6.2、6.8MHz 的。

（4）射频调制方框中，把全电视信号与伴音载波信号叠加后，调制在 VHF 的 3 频道或 4 频道上，以便由家用电视机经过天线接收。

（5）频道选择及微调方框中的主要电路，是预定并微调与各频道对应的直流电压，由这些电压去控制第二变频器中的压控振荡器，从而确定频道。直流电压是经过 AFC 电路进入第二变频器的。

（6）天线馈源装置中的极化器由极化器控制电路实现遥控。极化

591

器控制电路共输出三组控制线：第一组为机械控制，即由电机带动极化器旋转；第二组为电控制，即控制电子开关去切换极化信号；第三组也是电控制，不过是通过第一中步电缆传到室外单元，若第三组不用于极化器控制，则可用传输直流电源。

（7）稳压电源由变压器和 6 块 3 端稳压集成块组成，输出 5 种直流正电压和 1 种直流负电压。用这么多稳压集成块的原因，一是所需直流电压种类多，二是一个稳压块输出功率有限。

29 功率分配器可以分为几种？

答 功率分配器的主要功能是对室外单元送到室内单元来的第一中频信号分成若干路，供若干个室内单元使用，从而可以同时监视若干个频道的节目。它又分为无源功率分配器和有源功率分配器两种。

30 只能接收 **4GHz** 信号的连接方式是什么？

答 只能接收 4GHz 信号的连接方式如图 14 - 7 所示。

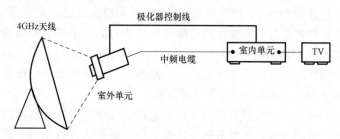

图 14 - 7　4GHz 接收站连接图

31 只能接收 **12GHz** 信号的连接方式是什么？

答 只能接收 12GHz 的连接方式如图 14 - 8 所示。

32 能同时接收 **4GHz** 和 **12GHz** 信号连接方式是什么？

答 能同时接收 4GHz 和 12GHz 信号连接方式，可以加一个中频转换开关来选择两个不同的频段，如图 14 - 9 所示。

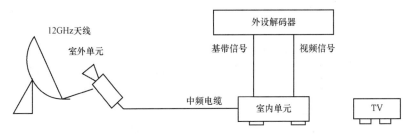

图 14 - 8　12GHz 接收站连线图

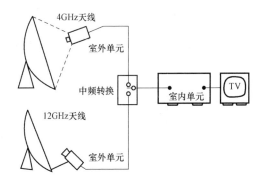

图 14 - 9　4GHz 和 12GHz 信号共用一个室内单元

33 能同时接收多频道节目的连接方法是什么?

答　能同时接收多频道节目的连接方法如图 14 - 10 所示。

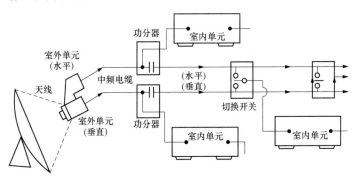

图 14 - 10　多频道节目接收系统

由图可以看出，馈源把接收到的水平极化与垂直极化中互相正交的电磁波分离之后，分别送到两个室外单元进行处理，得到两路中频信号，即对应奇数频道和偶数频道节目，由功率分配器将各路中频再分为两路。其中一路除了向室内单元送中频信号外，还由室内单元向室外单元提供直流电源。切换开关可以有若干个，从中频信号中拾取水平或垂直极化信号时，切换开关最好是有源的，其中考虑了阻抗匹配，故可避免信号衰减和反射。切换开关的输出信号还可用功率分配器再分出多路，这样就可以用许多室内单元同时解调多个频道的信号，同时收看多路节目。

34 工作一段时间后接收不到卫星节目应如何检修？

答 首先检查是否为监视器故障，如无故障再做下步检查。转动接收机旋钮，观察电平指示表及噪声变化。若有变化属于天线位置不对，应重新调整天线。否则，应查高频头＋18V 电压是否正常，如正常，就应查接插件和接收机输出是否正常。

最后进行单机检查：

（1）查天线是否与天线方位控制器联动。

（2）馈源位置是否发生变化，三芯电缆（＋5V、脉冲、地）是否接好，极化器是否能调动，是否遭雷击等。

（3）高频头是否损坏或参数变化，可以用好的高频头代换。

（4）接收机面板上的有关开关接头是否处于正确的位置，视频、音频、调制输出是否有输出。如要视频音频输出正常但有噪声，多是高频头频率漂移；若无输出多为接收机故障。

35 图像清晰度差，干扰严重应如何检修？

答 同电视机一样，这类故障较难修，应分清是机内故障，还是外部因素引起。如果图像稳定，干扰是较稳定的网状网纹，若网状密，则属于大于 70MHz 以上的中频干扰，需检查接头屏蔽层是否断开，同轴电缆有否折角变形，外隔离是否损坏，电缆是否不合格，本地是否有其他干扰源等。若网孔较粗，则应从输出端检查，RF 射频输出和视频输出接插是否良好，与监视器是否匹配，视频电缆屏蔽网接地是否良好，接收机极性开关位置是否正确等。

36 **噪声大应如何检修？**

　　答　噪声产生的主要原因是接收机信噪比变差，产生原因可能是天线对不准卫星、天线变形造成馈源偏离天线焦点、高频头接口进水、LNA（装在天线上的低噪声放大器）噪声温度升高等。

37 **频率漂移应如何检修？**

　　答　首先应区别卫星问题还是接收机故障。一般频率漂移指标为2MHz，超出此范围属于故障。若因频率漂移丢失信号，故障在第一或第二本振，应该用扫频仪进行检修。平时检修时，尽量不要随意打开高频头的密封盒，一旦打开再装时应该用胶封好。另外，还应注意区别暴雨、大雪天造成的信号衰落产生噪声。

38 **伴音故障应如何检修？**

　　答　由于各国卫星伴音载频不同，故应注意调整伴音频率旋钮，如果有音频输出而RF调制器无输出，多是RF调频调制器损坏或者RF调制器伴音不是我国制式。

39 **信号波动大应如何检修？**

　　答　信号波动大可能是天线摆动造成的，应检查天线各螺栓是否固定好，驱动器球间隙是否过大，另外，天线方位控制器灵敏度过高或失灵，均会使天线抖动、信号波动。

40 **天线位置数码显示混乱应如何检修？**

　　答　天线位置数码显示混乱的原因是取样电位器（设在天线驱动器后盖内）接触不好或断路；比较器故障；36V极性接反；取样电位器机械打滑失灵；数字电路接触不好、虚焊等。

41 **天线东西限位不好应如何检修？**

　　答　天线东西限位不好原因是取样电位器损坏或位置变化；36V极性反；东西键接触不好。

42 天线驱动失灵应如何检修？

答 天线驱动失灵原因如下：36V 供电断路；取样电位器损坏；电动机损坏。如果能听见电机转动声时，故障是机械失灵，天线转动轴生锈，天线负载太重而卡死。

43 卫星电视接收机故障速检流程是什么？

答 卫星电视接收机故障速检流程如图 14-11 所示。

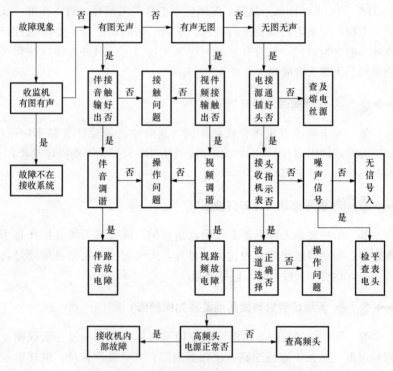

图 14-11 卫星电视接收机故障速检流程图

44 有线电视系统的发展概况是什么？

答 广播电视信号属于超短波波段，只能在视距范围内接收。由于受到大气的衰减及地面物体的阻挡和反射，再加上发射天线的高度、辐射功率不可能无限制地加高和增大，因此，即使在视距范围以内，甚至于离发射台较近的区域的场强都不能使电视机收到清晰的图像。有的因为场强微弱造成图像背景噪点多，图像不稳。有的尽管场强很大，但由于多次反射波的存在，使接受到的图像重影严重。为了改善电视机的接收条件，在电视机集中的地方（可以是一栋楼或几栋楼，也可以是某一个区域）架设一组高质量的接收天线，将接收下来的电视信号进行处理后，再用一套分配网络馈送到每一台电视机。这就是有线电视系统的早期形式——即通常所说的共用天线电视系统 CAVV (Community Antenna Television)。

为了扩大系统的节目来源，在对接收天线接收下来的广播电视信号处理的同时，还可将录像机、摄像机、激光视盘（俗称影碟机）和从卫星接收装置输出的视频信号经过处理后和广播电视信号混合在一起，送入分配网络馈送给每台电视接收机，这样，用户除了能看到广播电视的节目外，还能收看由摄、录像机等提供的其他节目。

系统为了能接收微弱的广播电视信号和弥补因在传输分配过程中信号的衰减，使到达每台电视机的信号有足够的电平和信噪比，使电视机稳定可靠地工作，在系统中还需要增加各种类型和用途的放大器、滤波器、分支器、混合器和衰减器等 CATV 系统专用的有源部件和无源部件。

由于系统内各部件之间采用大量的同轴电缆作为相互连接和传输信号之用，所以这种系统又称为电缆电视系统 CATV (Cable Television)。用电缆传输信号时，系统不向外界辐射电波，所有线闭路形式将电视信号送到电视机输入端，故又可称为闭路电视系统 CCTV (Closed Circuit Television)。

在有一些大型的有线电视系统中，为了减少信号在电缆中传输的衰减，往往用光缆来代替电缆进行远距离的传输。但不管怎样，电视信号总是通过"线缆"传输的，而电视接收机最终是从"线缆"上获得电视信号的。所以，有线电视系统就其本质来讲，它是一种传播电视信号的媒体，而在节目源和用户之间提供一种传递通道。为了区别起见，将原先的共用天线电视改为 MATV (Master Antenna Television)，把 CATV 系统专指有线电视系统或电缆电视系统。MATV 系统的规模一般较小，传输距离近，节目源以接收开路的广播电视为主，系统内传输的频道数较少，大多以间隔频道传输方式为主。CATV 系统除了接收开路的广播电视节目外，还将卫星或微波传送的节目馈入系统，系统内传输的频道数较多，系统规模大，传输距离远，有时还采用邻频道（包括利用增补频道）方式进行传输。

有线电视网一般可分为小型、中型和大型几种，其传送的用户分别可以是几百户、上千户、甚至几十万户以上。中小型网通常采用电缆传输方式，而大型有线电视网络在体制和结构上，已从电缆向光缆干线电缆网络相结合的 HFC 形式过渡。

过去有线电视系统一般只能传递 12 个频道，由于技术上的进步，现在大部分有线电视可以提供 40 个以上的频道，目前已规范为频带为 300MHz 的 28 个频道、450MHz 的 47 个频道、550MHz 的 60 个频道以及 750MHz 几种系统。

先进的有线电视系统汇集了当代电子技术许多领域的新成就，包括电视、广播、微波传输、数字通信、自动控制、遥控遥测和电子计算机技术等。而且还将与"信息高速公路"紧密地联系在一起。"天上卫星传送，地面有线电视覆盖"的星网相结合的结构模式，不仅成为 21 世纪广播电视覆盖的主要技术手段，也将构成"信息高速公路的"基础框架。这样一来，它将改变传统的信息传递的模式，打破行业界限，做到了统一规划、建立一个宽频带、高速度的公用信息网络，利用多媒体技术把计算机、电视机、录像机、录音机、电话机、电传机和游戏机等融为一体，进行文字、图像、音频、视频的多功能处理。将各种社会所需的信息服务业纳入这个网络，从而给人们的工作、学习、卫生保健、商业购物和娱乐方式带来一次革命。

45 有线电视的特点和优点有哪些？

答 （1）收视节目多，图像质量好，在有线电视系统中可以收视当地电视台开路发送的电视节目，它们包括 CHE 和 UHF 各个频道的节目。有线电视采用高质量信号源，保证信号源的高水平，因为用电缆或光缆传送，避免了开路发射的重影和空间杂波干扰等问题。

（2）有线电视系统可以收视卫星上发送的我国以及国外 C 波段及 Ku 波段各电视频道的节目。

（3）有线电视系统可以收视当地有线电视台（或企业有线电视台）

发送的闭路电视。闭路电视可以播放优秀的影视片，也可以是自制的电视节目。

（4）有线电视系统传送的距离远，传送的电视节目多，可以很好地满足广大用户看好电视的要求。当采用先进的邻频前端及数字压缩等新技术后，频道数目还可大为增加。

（5）根据不少地方有线电视台和企业有线电视台的经验，有线台比个人直接收视既经济实惠，又可以极大地丰富节目内容。对于一个城市而言，将会再也看不到杂乱无章的大量的小八木天线群，而是集中的天线阵，使城市更加美化。

（6）有线电视功能：

1）保安、家庭风物、电子付款、医疗。

2）付费电视节目可放送最新电影等，可以按月付费租用一个频道，也可按租用次数付费，用户还能点播所需节目。付费用户装有解密器，未付费用户则无法收看。

3）用户可与计算中心联网，进出数据信号，实现计算机通信。

4）交换电视节目。

5）系统工作状态监视。

（7）有线电视可以分区分阶段进行建设，在现有财力许可范围内，先选择一种适合当地区民区或企业单位的中小型前端设备，待邻近地区整体发展到一定规模后，即可迅速升级为县城乡镇联网。如此，既有大型有线电视网优点，又可保持各自的独立区台特色（尤其是自办节目）。

➡ 46　有线电视系统由哪些部分构成？

答　有线电视系统大体由以下四个主要部分组成，即信号源接收系统、前端系统、信号传输系统和分配系统。图 14 - 12 所示是整个有线电视系统的构成。

➡ 47　接收信号源包括哪些？

答　接收信号源包括：

（1）卫星地面站接收到的各个卫星发送的卫星电视信号，近年来国外卫星电视频道不断增多，我国卫星电视频道也日益丰富，有线电

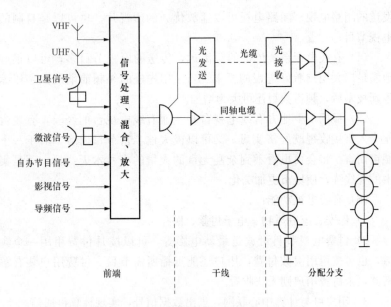

VHF
UHF
卫星信号
微波信号
自办节目信号
影视信号
导频信号

信号处理、混合、放大

光发送
光缆
光接收

同轴电缆

前端　　　　　　　干线　　　　　　　分配分支

图 14 - 12　有线电视系统的构成

视台通常从卫星电视频道接收信号纳入系统送到千家万户。

（2）由当地电视台的电视塔发送的电视信号称为"开路信号"。

（3）城市有线电视台用微波传送的电视信号源。MMDS（多路微波分配系统）电视信号的接收须经一个降频器将 2.5～2.69GHz 信号降至 UHF 频段之后，即可等同"开路信号"直接输入前端系统。

（4）自办电视节目信号源。这种信号源可以是来自录像机输出的音/视频（A/V）信号；由演播室的摄像机输出的音/视频信号；或者是由采访车的摄像机输出的音/视频信号等。

48 **前端设备的功能是什么？**

答　前端设备是整套有线电视系统的心脏。由各种不同信号源接收的电视信号须经再处理为高品质、无干扰杂波的电视节目，混合以后再馈入传输电缆。

49 **干线传输系统的功能是什么？**

答　它把来自前端的电视信号传送到分配网络，这种传输线路分为传输干线和支线。干线可以用电缆、光缆和微波三种传输方式，在干线上相应地使用干线放大器、光缆放大器和微波发送接收设备。支线以用电缆和线路放大器为主。微波传输适用于地形特殊的地区、如穿越河流或禁止挖掘路面埋设电缆的特殊状况及远郊区域与分散的居民区。图 14‑13 所示是 CJF‑35B 型干线放大器和 Prevail YB5134（7100E）型有线电视放大器。

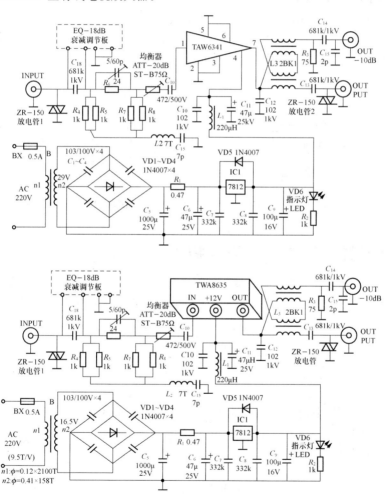

图 14‑13　有线电视放大器

50 无源功率分配器的功能是什么?

答 无源功率分配器如图 14 - 14 所示。

它实际上由 T 型接头发展而来的。当信号由端口 1 输入时,功率从端口 2 和 3 输出。只要设计合理,此两个输出端口可按一定比例分配功率,使两端输出端保持相同的电压。电阻 R 上无电流,不吸收功率,它的作用是使输出端匹配和隔离良好。

将两个或多个无源功率分配器连接在一起,就得到一个多级功率连接分配器,可以供多路室内单元使用,如图 14 - 15 所示。

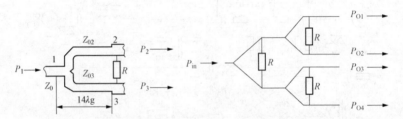

图 14 - 14　无源功率分配器　　　图 14 - 15　多级功率连接分配器

51 有源功率分配器的功能是什么?

答 有源功率分配器是在无源功率分配器的基础上加上相同工作频段的放大器而成,用来弥补功率分配的分配损失,并提高一定的增益。图 14 - 16 所示为常见的一种有源功率分配器图。

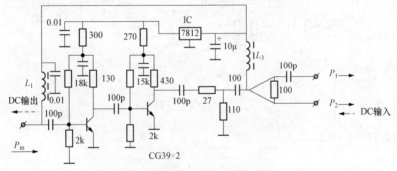

图 14 - 16　有源功率分配器

供电由室内机器送来的直流电压从某一个信号输出口馈入，再由输入口用信号电缆送到室外单元。同时其他端口要隔断直流电压，以免电压"倒灌"影响或损坏其他接收机。图中的 L_1、L_2 为射频阻流圈，作用是将室内单元提供的 +15～+24V 直流电压馈送到室外单元。两只三极管组成的是两极宽带放大器，直流电压由 7812 提供。为了使放大器与分配器的阻抗匹配，所以在其中间加了一节衰减隔离网络。一般有源功率分配器的分配放大器增益为 10、20dB。四路分配器分配损耗为 9dB，隔离 20dB。

➤ **52** 广播/电视信号兼容的共缆传输方法的优点是什么？

答 广播/电视信号兼容的共缆传输优点是节省有线广播的传输用线，而且极易实现。一般有线电视的频率范围在 45～550MHz（或更高一些），而音频广播的频率范围为 40Hz～16kHz，两者的频率相差很远。因此，共缆传输时只要将两者控制适当，将不会产生音频通道对电视通道的串扰。

➤ **53** 什么是调频—解调方式与有线电视的共缆传输？有何特点？

答 调频—解调方式与有线电视的共缆传输是一种传统方式。在有线电视前端，用调频调制器将音频广播信号调制成调频信号，在 87～108MHz 调频段内任选频点，混入有线电视前端与有线电视信号共缆传输。到达用户后，再经解调后送入接收机。此种方式基本上不改变有线电视传输网络的设施。由于很多调制方式是对载频直接调频，具有线性好、可靠性高、使用方便、带外抑制好、输出电平可调等优点，对其他电视频道节目信号不会造成干扰。但是，增加了用户负担：必须购买调频接收机才能接收，更不利的是它占据了有线电视系统中的增补频道，对有线电视今后扩展频道造成麻烦。

➤ **54** 什么是广播音频功率信号与有线电视射频信号共缆传输（兼容方式）？有何特点？

答 广播音频功率信号与有线电视射频信号共缆传输（见图 14-17）是将电视节目信号与音频广播信号混合，后共同传输。具体作法是：利用扩音机将音频广播信号放大后，在有线电视前端与有线电视系统中各频道电视节目信号合成，利用有线电视传输电缆共缆传输，到各电视信号放大器（干放、用户放大、分支放大器等）处，再用分离器（合成器反用）将电视信号和音频信号分离成两路，一路电视信号进入放大器进行放大，另一路单独通过音频信号，之后再将两路信号合成后继续共缆传输。这种传输形式对于分配器、分支器和用户终端来说，均应是兼容型的。到用户终端后再分离，分别供用户收视或收听之用。由于广播音频信号是功率传输，在主干线上，可采用≤120V，电压馈送，而在进入居住区或用户时，应将其变压为安全电压30V馈送。小型系统也可一次变压为30V一级馈送。为了保证任一用户音频短路后，除了该用户收不到音频广播外，全系统电视用户（包括该用户电视）和音频广播不受影响，应在用户终端和一些关键点装上保安器。这种传输方式最大音频传输功率≤250W。

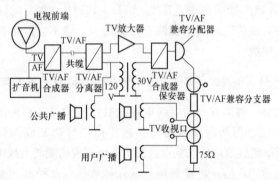

图 14-17　广播音频功率信号与有线电视射频信号共缆传输

55　广播/电视信号共缆传输还可以采用哪些方式传送？

答　（1）音频功率信号直接传输。最大传输功率可达250W，主干线上采用120V电压，而在支干线或居住区采用30V安全电压馈送，也可在小系统中采用一级30V电压馈送。

（2）对距离系统前端很远的地方，主干线采用60V或30V音频信号传输，到达居住区后，音频信号再注入该区扩音机，在区内再采用音频功率传输。还可在前端将音频信号用调频调制器调制成调频信号，选用87～108MHz任一频点在干线上传输，到达居住区后，经解调送入扩音机，再用音频功率共缆传输到用户。

56 共缆传输器件有哪些？

答 广播音频功率信号与电视射频信号共缆传输中所用的分离器（合成器）以及兼容的分配器、分支器和用户终端，都是根据有线电视的频率范围与音频功率传输的频率范围两者相差甚远的原理，利用电容器与电感器的特性将其分离的。根据电容的容抗 $Z_c=1/(2\pi f_c)$，电感的感抗 $Z_L=2\pi f_L$，可选定合适的电容和电感，自制分离器件；故在改制放大器时，可选适当容量的电容器作电视射频信号的通道（耦合电容），使电视射频信号得以进入放大器放大，并阻止音频功率信号的通过；在所装耦合电容器前分一路装上适当电感量的电感线圈，以阻止电视射频信号通过，而构成音频信号的通道，从这一路通过的音频信号又在放大器输出口与射频信号合成。同样，对分配器、分支器、用户终端均可采用这种方法分离合成（见图 14-18）。

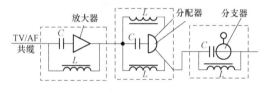

图 14-18 分配器

在用户终端，还应考虑在分离电路中串入一功率较大的限流电阻并接入一段熔丝作为音频信号短路时的熔断器，电流大小可按电压 30V、功率在 0.5～1W 考虑（见图 14-19）。

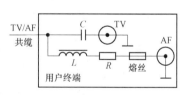

图 14-19 用户终端

所有的电容量、电感量可用实验求得，并应考虑音频信号是较大电流传输的特点，以免元件过热。

57 CATV 干线放大器的测试有几种方法？

答 （1）电子法。正常状态下，干线放大器的输入电平＝75dB/μV，输出电平＝95dB/μV；用户放大器的输入电平＝70～80dB/μV，输出电平＝105～110dB/μV。

（2）电流电压法。通常每台干放的正常工作电流 $I_{cm}＝300mA$，干放整流后的厂作电压 $U_{CC}＝24V/18V/12V$。

（3）直视法。若没有专用检测设备（如场强仪、扫频仪），可按图14-20所示装配一个简易射频信号场强指示器来检测。

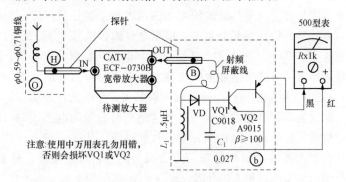

图14-20 简易射频信号场强仪

放大器是否合格，与万用表配合使用。

将修理的干线放大器通电，使指示灯发光，然后将图14-20引线黑→－，红→＋与万用表连接，置 $R×1k$ 挡，B探针接待测放大器OUT端，指针应有较大幅度偏转，再将A探针插入IN孔，指针向相反方向偏转放大器即为合格。偏转幅度越大，灵敏度越高，增益越大。若B探针触OUT端或触A探针没有反应，则该放大器失效。

58 中央一台、云南、贵州等台图像出现噪波点应如何检修？

答 现象及处理过程：故障现象类似于卫星接收机频率没有调到最佳点，调整了卫星天线的方位角和仰角，噪波点仍在；又换了高频头、卫星接收机，重新做了连接电缆的F头，故障仍然存在。在调整馈源的位置时，发现馈源的表面很不平整，凹凸不平，于是把馈源拆下，用砂纸、钢锉把馈源的表面打磨平整、光滑，再把它装上，噪波点消失，故障排除。

原因分析：这些卫星天线和馈源使用的时间较长（10年左右），且地处黄河入海口，受海洋性气候影响，空气腐蚀性大，使馈源表面氧化而变得凹凸不平；卫星信号通过卫星天线的反射、馈源的收集被送到高频头，当天线或馈源的表面不平整时都将降低信号强度，使图像出现噪波点。天线表面不平整时，人们易发现，而馈源的表面不平整时，人们不易发现。所以出现上述故障时，应特别注意馈源的表面是否平整。

59 机房的电视信号出现了两条白色干扰带，且越来越严重，远端的用户信号扭曲、跳动，无法收看应如何检修？

答　现象及处理过程：某机房输出以光信号为主，只有一条电缆送信号给附近的用户，最初这条电缆只安装了四台放大器，南部三台，北部一台。因用户增加，南部和北部又分别安装厂三台放大器。不久，机房的电视信号出现了两条白色干扰带，且越来越严重，远端的用户信号扭曲、跳动，无法收看。怀疑电缆有漏电现象，断开供电器的电源，干扰消失；断开南部负载时，干扰消失；于是在干线上依次向南查，发现有几个防水头内部潮湿，重新做好后，白色干扰带变为两条细亮线：在开始处断开南部负载时，干扰消失；向南移断开负载时，干扰为一条细亮线且比两条时暗；继续向南移断开负载，干扰成为两条细亮线，比接上负载稍暗；而线路上的器件都是好的，没有故障，经过分析，认为这是机房接地不良造成的，按照标准重新安装接地线，使接地电阻少于 3.6Ω 后，故障排除。

原因分析：机房离电缆第一个接头有 200m，在该接头处的放大器安装在钢绞线上，故可认为该处电缆屏蔽层接地，为零电位；设这 200m 电缆屏蔽层电阻为 R，屏蔽层中流动的电流为 I，则机房设备外壳电压 $U=IR$。当机房接地良好时，直接对地不通过屏蔽层，因此通过屏蔽层的电流均零，U 也为零；而当机房接地不好时，机房设备外壳同地之间有一交流电压 U，且这一电压随着电流的增加（干线上放大器的增加）而增加，当这一电压大到一定值时，就会对机房信号产生 50Hz 干扰，即两条白色干扰带。

60 通过光缆送信号的信号有二条白色干扰带，图像严重扭曲、跳动，无法收看应如何检修？

答　现象及处理过程：某镇有线机房由平房搬到镇办公楼四层，镇政府驻地信号正常，但通过光缆送信号的一个村的信号有二条白色干扰带，图像严重扭曲、跳动，无法收看。刚开始，认为是村内干线有漏电的地方，但断开所有负载，线路上只剩下光接收机，可干扰仍然存在；换了光接收机、供电器和光发机，故障依旧；把监视器搬到机房，把光发机的输入线接到监视器上，图像正常，但当把监视器接到给光发机送信号的分支器的另一输出端时，输入线没接光发机时，图像正常，接上光发机，图像出现干扰；把监视器接到该分支的前一个分支，图像虽有干扰，但已减少很多，接到机房电缆主输出端，干扰基本看不出来。因此确定是由光发机的感应电造成的干扰，给光发机安装上地线，故障排除。

原因分析：平房机房是原镇广播电视站机房，接地良好；镇办公楼是座旧楼，电源插座中无工作接地线，且机房离输出电缆第一个接头有一百多米，机房接地不是很理想，这样光接收机产生的感应电电压造成 50Hz 干扰。

➤ **61** 用户图像有两条白色干扰带，干线上也有应如何检修？

答 现象及处理过程：用户图像有两条白色干扰带，干线上也有；并且随着有线信号向后传输，越往后干扰越明显。在出现干扰的这一段干线上检查放大器和过电分支等有源器件，未发现有故障的设备；逐级向前检查，当检查到前面第三个放大器时，发现该放大器的直流滤波电容顶部微鼓，用新放大器替换该放大器，干线干扰消失。

原因分析：放大器的滤波电容性能不良，使直流中含有交流成分，从而干扰有线电视信号。但由于干扰信号较弱，在这一级放大器和下一、二级放大器输出端，图像由的干扰还不明显。但随着干扰信号被放大器的逐级放大，图像中的干扰逐渐显示出来，越往后越明显。这种故障要同干线漏电的故障区分开来，干线漏电使整个干线受影响，干扰的情况在整个干线上是基本一致的，可通过断开负载法找出其位置；放大器的滤波电容损坏，信号越往下传干扰越明显。

➤ **62** 当用户线同电视机高频头似接非接时，电视机图像很清晰；而当用户线在高频头上插牢时，图像一片雪花，信号很弱无法收看应如何检修？

答 现象及处理过程：有一用户，当用户线同电视机高频头似接非接时，电视机图像很清晰；而当用户线在高频头上插牢时，图像一片雪花，信号很弱无法收看。搬来邻居的电视机试验，电视图像正常，故认为这是高频头内部短路造成的，临时在电视机插头只接芯线而不接电缆屏蔽层，电视机图像基本正常。

原因分析：高频头内部短路，当用户线同电视机高频头似接非接时，相当于用户线芯线或屏蔽网同高频头相连，可以传过一部分信号；当用户线在高频头上插牢时，相当于用户线芯线和屏蔽网短路，只有很少的信号传进电视机。在维修过程中，我们应注意把电视机本身的故障同有线电视故障区分开。

➤ **63** 用户八频道无法收看如何检修？

答　故障现象及处理过程：一单位安装有线电视后，一排房子的用户八频道无法收看。仔细检查，发现当这排用户的第一户关闭电视机时，其余用户的八频道信号正常，于是调整线路，调高这一排房子的信号电平，并单独给第一户架设了一条电缆，这样，所有用户的信号均正常。

原因分析：这是该户电视机高频泄漏造成的，泄漏的频率同八频道一样，没接有线电视时，空中信号没有八频道，这一干扰表现不出来；当接上有线电视时，干扰就显现出来。调高电平，增加信号的抗干扰性；单独架线，增加该户同其他用户的隔离度，进一步减弱干扰。

第十五章

扩音音响广播系统

1 扩音系统可以分为几类？

答 扩音系统可大致分为三种类型：公共广播系统、扩声音响系统、同声翻译系统。

2 什么是公共广播系统？应用范围是什么？

答 公共广播系统常用于大型商场、宾馆、工厂、学校等企事业单位内。因为这种系统服务区域分散，放大设备与每个扬声设备间的距离远，需要用很长的电线将二者联接起来，故这种系统又称为有线广播系统。为了减小传输线路引起的损耗，这种系统的信号输出采用高电压传输方式。很多公共广播系统还兼作火灾警报等紧急广播使用，遇到非常情况时，系统将被强行切换为紧急广播状态。这种系统的广播线路应采取防火措施，并应使用阻燃型或耐火型电线。

3 什么是扩声音响系统？应用范围是什么？

答 扩声音响系统简称为音响系统，常见于各种场、馆、厅、堂以及楼宇等地方。因为这种系统服务范围相对较集中，功放设备与扬声设备间的距离近，传输线路短，故一般采用定阻抗输出方式，将功放的输出信号直接传送给扬声设备，这样可以减小失真。为了最大限度地提高保真度，传输线（喇叭线）要求采用截面积大的多股铜心线，即所谓的"发烧线"。

4 什么是同声翻译系统？应用范围是什么？

答 同声翻译系统用于需要将一种语言同时翻译成两种及其两种

以上语言的礼堂、会议厅等场合。它的特点是一般没有大的扬声器，只有耳机，且输出功率相对较小。同声翻译系统根据信号传输方式分为有线和无线翻译系统二类。有线翻译系统是通过电线传输网络向固定位置传送翻译语言信号，无线翻译系统的信号传输通常有几种形式，但性能最好。

5　组合音响如何组成？

答　组合音响又称为声频系统或电声系统。它一方面是指电影院、剧院、歌舞厅等娱乐场所中用来扩音的设备的组合，以及电台、电视台、电影制片厂、唱片厂等单位用来录音的设备的组合。另一方面也包括楼宇中用来欣赏音乐、收听节目或卡拉OK用的设备的组合。组合音响通常由音频放大器、音频信号源、电声换能器及音频信号处理设备等几种音响设备组合而成。

6　音频放大器分为几部分？

答　包括前置放大器、话筒放大器、唱头放大器、线路放大器、混合放大器等（通常统称之为"前级"），以及功率放大器（通常称之为"后级"）。购买或制作音频放大器时，可以前、后级分开买或分开制作，也可以合并购买或制作"前后级"（通常就称之为扩声机或合并式放大器）。

7　音频信号源包括哪些？

答　它包括话筒（传声器）、电唱机、CD唱机、磁带录音机和调谐器等。它们分别播放演唱、唱片、CD唱片、录音带和收听电台的广播节目等。

8　电声换能器包括哪些？

答　如扬声器（喇叭）、耳机和话筒（传声器），前两种是把电能转换为声能的换能器，而话筒则是把声能转换为电能的换能器。而传声器同时也是一种信号源，它能提供讲话、唱歌或乐队演奏等信号给音响系统。

9 音频信号处理设备包括哪些?

答 音频信号处理设备包括图示均衡器、环绕声处理器、延时/混响器以及压缩/限幅器和口声激励器等,其作用是对声音信号进行加工美化。

10 什么是楼宇音响系统?

答 通常把楼宇用的音响系统称为楼宇音响系统或组合音响设备,而把歌舞厅、剧场、电影院等场合使用的音响系统称为专业音响系统。专业音响系统的最主要特征是配备一台调音台作为音响系统的中心。调音台其实是音频放大器和处理设备的一种组合,楼宇音响一般不用调音台,而是以前置放大级或前后级(扩声机)作为中心组成音响系统。

11 楼宇音响系统如何组成?

答 图 15 - 1 表示一个楼宇音响系统的基本组成。

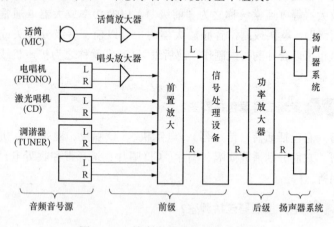

图 15 - 1 楼宇音响系统的基本组成

12 楼宇影院是如何发展形成的?

答 作为楼宇文化娱乐设备的另一个重要部分是视频设备。它由早期单纯一台电视机，逐渐发展到录像机与电视机配套以及激光影碟机（激光放像机）与电视机配套。在较早时期，楼宇中的视频设备与音频设备（音响设备）通常是相对独立、互不联系的。随着卡拉 OK 热潮的兴起，推动了音响设备和视频设备进一步普及到楼宇。人们不满足于靠录音带播放伴奏的"只能听不能看"的那种低水平的卡拉 OK 活动，而是要追求视觉与听觉的同步享受。最常见的是带有歌词并能变换颜色的录像带和激光影碟，把楼宇卡拉 OK 活动提高到一个新的境界。

但人们对此仍不满意，由于音频设备和视频设备是各自独立的，歌唱者的声音来自放大器和配套的音箱，而伴奏音乐却从电视机的小口径扬声器放出，效果很不理想。要真正做到音频（英文 Audi，简写 A）和视频（英文 Video，简写 V）设备的紧密结合，需要在前置放大器的设计中设置有话筒信号与伴奏音乐信号能同时输入的所谓"混合"的功能，即设置有混合放大器电路。以具有混音功能的放大器为中心，把话筒、磁带录音机、CD 唱机、调谐器和电唱机，加上磁带录像机和激光影碟机等的音频信号全部送入放大器，进行选择、混合和放大，另外再加上音调控制、音量控制以及外接或内置的处理设备（如均衡器、延时混响器、环绕声处理器等）对信号进行美化和修饰，最后送往功率放大器放大并驱动扬声器放音。与此同时，把录像带或影碟上的视频信号接到电视机以显示图像，使人们同时获得听觉和视觉上的享受，这就组成人们习惯称呼的"楼宇影院"。

➡ 13 楼宇影院由几方面组成？

答 楼宇影院由三个方面组成，放映厅应是家中的小客厅或专门设置的视听室，影视设备应是一套完整的楼宇 AV 中心组合，附属设施应是家中的沙发、桌椅、帷帐窗帘等物。在这里影视中心设备或者说 AV 中心设备，是楼宇影院的主要部分。它由视频和音频设备两部分组成，主要应包括 AV 放大器（又称功放）、音箱、大屏幕电视机（或投影机）、激光影碟机（或高保真录像机）等。楼宇影院系统又经常称为视听中心系统，楼宇影院的图像和音响质量，应当达到或接近标准立体声影院的水平，其组成如图 15-2 所示。

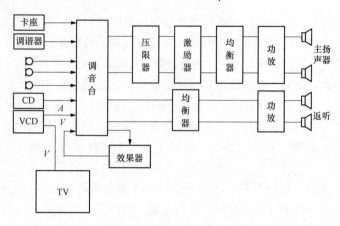

图 15 - 2　楼宇影院的组成

14　驻极体话筒由几部分构成?

答　驻极体话筒由声电转换和阻抗变换两部分组成,它的内部结构如图 15 - 3 所示。

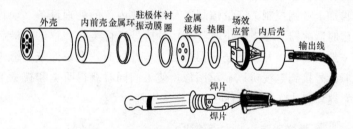

图 15 - 3　驻极体话筒的结构

当驻极体膜片遇到声波振动时,产生了随声波变化而变化的交变电压。它的输出阻抗值很高,约几十兆欧以上。不能直接与音频放大器相匹配的。所以在话筒内接入一只结型场效应晶体管来进行阻抗变换。

15　什么是动圈式话筒? 结构是什么?

答　动圈式话筒又称为传声器,俗称话筒,音译作麦克风。它是声—电换能器件。动圈式传声器的结构如图 15 - 4 所示。

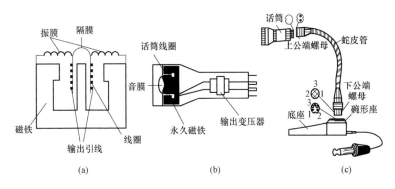

图 15 - 4　动圈式话筒的结构

（a）动圈话筒内部结构；（b）带有输出阻抗匹配器的内部结构图；（c）外形结构图

　　动圈式传声器由振动膜片、可动线圈、永久磁铁和变压器等组成。振动膜片随声波压力振动，并带动着和它装在一起的可动线圈在磁场内振动以产生感应电流。该电流随着振动膜片受到声波压力的大小而变化。声压越大，产生的电流就越大；声压越小，产生的电流也越小（通常为数毫伏）。为了提高它的灵敏度和满足与扩音机输入阻抗相匹配，在话筒中还装有一只输出变压器。变压器有自耦和互感两种，根据一、二次侧圈数比不同，其输出阻抗有高阻低阻两种。话筒的输出阻抗在 600Ω 以下的为低阻话筒；输出阻抗在 10 000Ω 以上的为高阻话筒。目前国产的高阻话筒，其输出阻抗都是 20 000Ω。有些话筒的输出变压器二次侧有两个抽头，它既有高阻输出，又有低阻输出，只要改变接头，就能改变其输出阻抗。

16　扬声器如何分类？

　　答　扬声器的分类方法很多，种类也很多。按辐射方式分，有直接辐射式、间接辐射式（号筒式）、耳机式等；按驱动方式分，有电动式、电磁式、电压式、静电式、数字式等；按重放的频带宽度分，有低频式、中频式、高频式、全频式；按振膜形状分，有锥形、球顶形、平板形、平膜形等；按磁路形式分，有外磁式、内磁式、屏蔽式、双磁路式等；按磁体分，有励磁式、普通磁体（铝、镍、钴等）式、铁氧体式等等。

17 纸盆扬声器的结构是什么？工作原理是什么？

答 纸盆扬声器的结构如图 15-5 所示。主要由振动系统（锥形纸盆、折环及音圈等）、磁路系统（永磁体、极芯及导磁体等）、辅助装置（盆支架、定心支撑片及垫圈等）等 3 部分组成。其中，音圈是扬声器的驱动元件，用铜线在纸管上分两层绕几十圈，放在导磁芯柱与导磁铁构成的磁缝隙当中。纸盆又称振膜，音圈振动带动纸盆振动。纸盆的质量轻且刚性好，厚度约 0.1～0.5mm。纸盆的质量、薄厚、大小、软硬等，对重放声音的音色、音质有很大影响。近年来，边缘折环也作了很大改进，可降低谐振频率，提高声/帧。定心支撑片可保持纸盆与音圈的相对位置确定，且不倾斜。

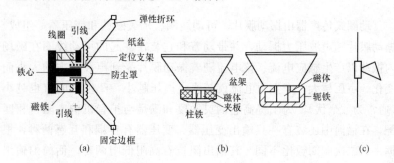

图 15-5　扬声器的结构外形
（a）扬声器结构；（b）扬声器外形；（c）电路符号

18 球顶形扬声器的结构是什么？工作原理是什么？

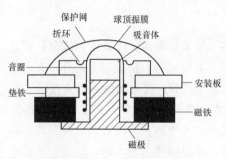

图 15-6　球顶扬声器结构图

答 球顶扬声器与纸盆扬声器的工作原理相同，基本结构如图 15-6 所示。它的振膜不是锥形，而是近似半圆球形的球面，球面直径多为 25～70mm。振膜的材料、形状等直接影响放音的质量，它主要由两种材料制成，一种是硬球顶形振膜，多采用铝、钛、镁、硼等类的合金；另一种是软球顶形振膜，多采用浸渍酚醛树脂的棉布、绢、化纤及橡胶类材料。前者音质清脆，轮廓边缘声音清晰，适合重放现代音乐；后者柔和细腻，但高音稍不足，适合重放古典音乐。球顶形扬声器具有频带宽，指向性好、瞬态特性好、失真小等优点，但放音效率较低，多用于高频扬声器或中高频扬声器，它经常与低音纸盆扬声器共同组合使用。

➡ ⑲ 号筒扬声器的结构是什么？工作原理是什么？

　　答　号筒扬声器外形如图 15-7 所示，它的工作原理与纸盆扬声器相同，但声音辐射方式不同。纸盆扬声器是将声音从振膜（纸盆）直接辐射出去，而号筒扬声器是振膜振动后，声音经号筒扩散出去，它是间接辐射式扬声器。号筒扬声器包括驱动单元（又称音头）和号筒两部分。驱动单元与球顶扬声器相似，振膜做成球顶形或反球顶形。而号筒的形状也有多种，主要有圆锥形、指数形、双曲线形等，这种扬声器的最大优点是效率高，非线性失真比较小，缺点是重放频带较窄。在高保真放声系统中，多用作高频或中频扬声器。

图 15-7　号筒扬声器外形

　　目前，在众多扬声器家族中，有一种带状式扬声器很值得一提。它的重放频段以中高频段为主，振膜材料以金属合金（特别是铝合金）为主，因而许多带状式中高音被称为铝带式中高音。带头式扬声器的振动准确性极佳，再加上它的振膜多以优质刚性材料制作，使它在中频、中高频段的再现十分丰富，使人声、打击乐、弦乐等表现出最佳的柔韧力度。但这种扬声器的制作工艺复杂，调校难度大，主要应用于高档的 Hi-Fi 音箱设计。

➡ ⑳ 什么是扬声器的标称尺寸？

　　答　标称尺寸是指扬声器盆架的最大口径，其中圆形扬声器的直径范围为 40～460mm，在该范围内可分为十几挡级别。通常，扬声器的口径越大，所能承受和输出的功率越大。口径越大，其低频特性越好，重放频率的下限频率越低；但不能反过来说，口径越小，未必高频特性越好，即使扬声器的口径相同，由于设计工艺不同，电性能可有较大差异。

我国统一规定，使用汉语拼音及数字表示扬声器的型号，并能知道该扬声器基本情况。表 15 - 1 是我国扬声器命名法。例如 Y 代表扬声器，D 代表电动式，G 代表高音等，灵敏字表示该扬声器的外径尺寸、定员定功率及序号等。例如 YD165 - 8，Y 表示扬声器，D 代表电动式，165 表示口径是 165mm，8 是厂内序号。再例如，YH - 25 - 1 代表号筒式扬声器，额定功率为 25W，序号为 1。

表 15 - 1   我国扬声器命名法

参数	名称	简称	符号
主称	扬声器	扬	Y
	扬声器系统	扬系	YX
	音柱	扬柱	YZ
	扬声器箱	扬箱	YA
分类	电磁式	磁	C
	电动式（动圈式）	动	D
	压电式	压	Y
	静电式、电容式	容	R
	驻极体式	驻	Z
	等电动式	等	E
	气流式	气	Q
特征	号筒式	号	H
	椭圆式	椭	T
	球顶式	球	Q
	薄形	薄	B
	高频	高	G
	立体声	立	L
	中音	中	Z

➡ **21** **什么是扬声器的标称功率？**

答 扬声器的功率是一项重要指标，也是选用扬声器的重要依据。但是功率的分类很多，定义方法和测量方法也很多，国际上尚未统一作出规定。

通常，标称功率是指扬声器能保证长时间连续工作而无明显失真的输入平均电功率，又称为额定功率、连续功率等。此外，还有最大功率、最大音乐功率、瞬时重大功率等指标，这些指标都不同于标称功率，而且都大于标称功率。一般，标称功率约为最大功率的一半左右。在实际音乐信号当中，有时信号峰值功率可超过额定功率许多倍，为了保证不烧毁扬声器且有良好音质，在音乐峰值时不应出现明显失真。扬声器可供利用的功率必须留有相当大的余量，这个最大的音乐功率就是最大音乐功率。某些声音是猝发性的脉冲信号，例如打击乐、枪炮声等，它们是持续时间很短的强烈声音，这种声音的最大功率称为瞬态最大功率，其值可能达到额定功率的 10 倍。

有时技术指标里给出扬声器的最大承载功率和最小推荐功率两个数值。扬声器引起明显损伤前所能接受的最大电功率，是最大承载功率。在实际使用时，不要超过该值的 2/3，以保证扬声器的安全。最小推荐功率是指产生合适的声压级所需要的输入电功率，若小于此值时扬声器不能良好地工作。

➡ **22** **什么是扬声器的标称阻抗？**

答 扬声器音圈引出线两端的阻抗值不是固定值，该值随工作频率的变化而明显变化。阻抗与频率的关系可用阻抗特性曲线来表示，如图 15-8 所示。图中，曲线低频段有一个突起的高峰，f_0 是扬声器的低频谐振频率，在 f_0 处谐振阻抗达到最大值。若把扬声器等效为机械振动系统，f_0 又是该机械系统的机械振动谐振频率。在高于谐振频率一个频率段（一般位于 $200\sim400\,\text{Hz}$ 附近），还出现一个反谐振峰，阻抗出现最小值。一般该最小值是谐振阻抗值的 $1/5\sim1/8$。该最小阻抗值称为扬声器的标称阻抗，或称为额定阻抗。扬声器的额定阻抗值有 16、8、4Ω 等。标称阻抗并不等于扬声器音圈的直流电阻，通常约为音圈电阻的 $1.05\sim1.1$ 倍。根据这个规律，可由音圈直流电阻值估算扬声器的标称阻抗。例如，用万用表测得音圈直流电阻约为 7.5Ω，则标称阻抗为 $7.5 \times 1.06 = 8\Omega$。

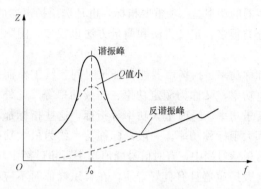

图 15-8　阻抗特性曲线

扬声器工作在谐振频率附近时，扬声器输出声压最高，灵敏度最大，但再现声音的失真也最明显，甚至破坏整个频段的放音质量，这是非正常工作状态，应当尽力避免发生这种现象。

23 什么是扬声器的频率响应（有效频率范围）？

答　频率响应是指扬声器的主要工作频率范围，又称为有效频率范围。如果对扬声器施加恒压信号源，而信号源由低频率向高频率变化时，扬声器产生的声压将随频率变化而变化。由此可得出如图 15-9 所示的扬声器的声压—频率特性曲线，又称为频率响应曲线。国际规

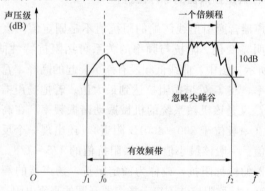

图 15-9　声压—频率特性曲线

定了扬声器能够重放声音的有效频率范围：在扬声器声压—频率特性曲线中，取峰值声压附近一个倍频程的平均声压级，再取出比平均声压降低 10dB 的频率范围，如图 15-9 所示的 $f_1 \sim f_2$ 范围，就是有效频率范围。该频率范围越宽，声音重放特性越好。

优质扬声器的声压—频率特性曲线，在频率响应范围内不应出现明显的峰谷，起伏不应超过 ± 1dB。在低音区出现"峰值"，将使音箱发出"隆隆"声，而出现"谷值"时，将使音箱缺少临场感。

➤ 24　什么是扬声器的灵敏度？

答　灵敏度是扬声器另一项重要指标，可用它量度扬声器电信号转换为声音的效率。灵敏度高的扬声器，输入较小电功率就能推动它，并放出较大音量；反之，则需要较大电功率来推动它。扬声器的电—声转换效率都比较低，特别是纸盆扬声器的效率只有 $0.5\% \sim 2\%$，原因是输出能量基本都以热能形式消耗在音圈电阻上了。目前扬声器灵敏度的定义和测量方法不统一，通常是指：当给扬声器加以 1W 电功率的信号时，在距扬声器轴线 1m 处所测得的声压级。所加入信号不同，灵敏度又有不同名称，当所加信号是粉红噪声时，称为特性灵敏度；当所加信号是不同频率的正弦信号时，称为平均特性灵敏度；还有其他定义方法。由于声压级的单位用 dB 表述，因而灵敏度的单位用 dB/W/m 表示。

这里解释一下噪声源的概念。在声学测量中经常使用一些噪声信号，其中，粉红噪声是指一种在任何相对带宽内功率相等的无规律噪声。它不同于白噪声，白噪声是指在任何绝对带宽内功率相等的无规律噪声。白噪声信号经过 -3dB/倍频程的衰减网络后，就变成粉红噪声。

扬声器的灵敏度值分布在 $70 \sim 110$dB，一般楼宇音箱选在 $88 \sim 92$dB 较好。

➤ 25　什么是扬声器的指向性？

答　指向性是指扬声器声波辐射到空间各个方向的能力，一般用声压级——辐射角特性曲线来表示，称此曲线为指向性曲线。通过观测指向性曲线，可了解不同方向与 0°方向时声压级变化的规律。

研究表明，扬声器的指向性与声音频率有关。一般 300Hz 以下的低音频没有明显的指向性，高频信号的指向性较明显，频率超过 8kHz 以后，声压将形成一束，指向性十分尖锐。某些音箱在不同方向上排列几个高音单元，就是为了改善指向性。指向性还与扬声器口径有关系，一般口径大者指向性尖锐，口径小者指向性不明显。扬声器纸盆的深浅也影响指向性，纸盆深者高频指向性尖锐。在普通高保真听音室里，不希望扬声器的指向性太尖锐，否则易造成最佳聆听空间位置过于狭小。

有时，指向性以指标形式给出，例如指向性 0.05Hz～16kHz 120°±6dB，它表示听音者在扬声器中轴两侧 60°范围内走动，所听到的 0.05Hz～16kHz 频率范围内的声音响度应当基本相同，误差不超过±6dB。如果以上数据没有标注±6dB，仅标有 120°则将失去价值。

26 什么是扬声器的失真度？

答 失真度也是扬声器的重要指标。失真反映为重放声音与原声音有差异，不能完全如实地重放原声音。失真的种类很多，常见的有谐波失真、互调失真、瞬态失真等。这些失真的概念，在 AV 放大器一章已经作过介绍。一般扬声器的失真应当小于 5%，大于此值后人耳就会有明显察觉。

27 扬声器的其他性能指标还包括哪些？

答 扬声器的其他性能指标，例如品质因数 Q，Q 值对应于等效 RLC 网络的品质因数。Q 值大，扬声器效率高，但瞬态特性差；反之，效率低，瞬态特性好。Q 值也可决定扬声器的低频特性。Q 值越小，阻尼效果越好，但 Q 值不宜过小，否则将造成扬声器重放低音不足。一般低音扬声器的 Q 值在 0.2～0.8。一般例相式音箱应当选用0.3～0.6 的扬声器，而封闭式音箱应选用 Q 值大于 0.4 的扬声器。

28 常见的音箱有哪些？

答 音箱是整个音响系统的重要组成部分。音箱的性能主要决定于扬声器的质量，其中低音频的放音质量又与箱体的结构、尺寸有很重要的关系。实际上，音箱的主要作用是改善低音频的放音效果，优质音箱可以体现低音扬声器原有的性能，还可以拓宽它的重放下限频率，降低放音失真，提高辐射效率。其次，音箱体可对高、中音扬声器起到组合和固定作用。通常音箱由扬声器、箱体和分频网络等组成。常见音箱形式有开敞式、封闭式、倒相式、迷宫式、音柱式等，

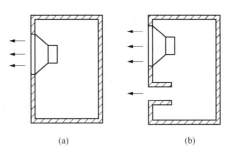

(a)　　　　　　　　　(b)

图 15 - 10　封闭式和倒相式音箱

(a) 封闭式；(b) 倒相式

在常见的高保真音箱当中，主要是封闭式音箱和倒相式音箱，其结构如图 15 - 10 所示。

29　封闭式音箱的工作原理是什么？

答　封闭式音箱除了扬声器口外，其余全部密封。扬声器锥盆前后被分割成两个完全隔绝的空间，扬声器振膜前后两边发出的声音具有相反的相位，但两种声波不能互相叠加和抵消，可有效地防止发生互相干涉的现象。箱体是完全密封的，振膜振动引起强劲有力的机械波，它使箱内空气反复被压缩和膨胀，这就要求箱体是一个十分坚固的刚性箱，有泄漏声波，音箱板也不得跟随振动。

30　封闭式音箱的特点有哪些？

答　封闭式音箱内贴附较厚的吸音材料，可以吸收声波，以有效地防止声短路，即防止入射波与反射波的相互抵消。由于向箱体后面辐射的声能无法利用，因而密封式音箱的放音效率比较低。

封闭式音箱的容积有限，在振膜背面形成一个空气"弹簧"，使扬声器系统的谐振频率升高，使低频响应变坏。可知，谐振频率不太低的扬声器不宜作封闭式音箱；橡皮边式扬声器的谐振频率比较低，较适于作封闭式音箱。

封闭式音箱体积比较小，很适于摆放在空间较小的厅室内。一般书架式、悬挂式音箱等都可作成封闭式音箱。

➡ 31 倒相式音箱的箱体结构是什么?

答 在封闭式音箱前面板再加一个出音孔,此孔称为倒相孔,同时在倒相孔后面安装一段导声管,称为倒相管,就构成了倒相式音箱。倒相孔内的空气可与锥盆起到相似作用,形成一个附加的声辐射器,如果倒相孔的口径和长度合适,可使箱内空气的质量和倒相孔内的空气质量发生共振,并将声波相位倒相 180°。这样处理后,锥盆背后的辐射声波可以通过倒相孔辐射到音箱前面来,当音箱的共振频率等于或稍低于扬声器共振频率时,倒相孔辐射声波与音箱前面声波进行同相位叠加,则提高了音箱的效率,可明显地改善低音效果,可降低扬声器的谐振频率附近的失真。

➡ 32 倒相式音箱的特点是什么?

答 封闭式音箱把锥盆后面辐射的声波完全吸收掉,使大约 1/2 的声能被浪费掉。设置倒相孔后,充分利用了扬声器的后辐射声波,使听音房间的低频辐射强度明显提高,并扩展了低频重放的下限频率。

封闭箱在其共振频率附近锥盆振幅最大,由定心支撑片等非线性位移所引起的失真也最大。设置倒相孔后,倒相孔空气质量的声阻作用,使共振频率附近锥盆振幅为最小,可使非线性失真减到最小,改善了音质。在大音量输出时,这个优点可显示出更明显的效果。

倒相式音箱的容积可小于封闭式音箱。若要求重放下限频率相同,倒相式音箱的容积减小到封闭的 60%～70%。另外,倒相式音箱的共振频率可设计为等于甚至低于扬声器共振频率,故倒相式音箱可使用较廉价的纸盆扬声器。

倒相式音箱也有些缺点。在音箱谐振频率以下的低频带辐射声压级衰减比较快,易产生低频"隆隆"声;另外,倒相式音箱的箱体和结构比较复杂,制作和调校麻烦一些。

➡ 33 音箱的性能指标是什么?

答 扬声器是音箱的主体,音箱的性能指标基本上可用扬声器的性能指标来体现。当然,分频网络的作用也很重要。音箱的技术指标和扬声器一样,可用标称功率、频率响应、灵敏度、指向性、标称阻抗、失真度等来描述。

34　音响系统对音箱的技术要求有哪些？

答　音箱必须与功率放大器、音源结合起来才能正常工作，特别是音箱必须与功率放大器协调配合，音箱才能正常放音。音箱与功率放大器的配合，主要表现在以下几个方面。

（1）功率配合。通常，音箱的额定功率应当接近于功放的额定功率，功率不匹配会造成器材浪费。还容易出现事故。例如功率放大器的额定功率远大于音箱的额定输入功率，当功率放大器的输出功率过大时，可能损坏音箱；但功率放大器的额定功率过小时，又可能推不动音箱或音量不足。

音箱所消耗的功率应是低、中、高音扬声器馈入功率的总和。由于不同声音的频谱结构不同，分频点频率不同，各个扬声器馈入功率也可能不同。例如，重放中国民族音乐时，中、高音的功率比重往往大于低音功率；而重放迪斯科乐曲时，大部分功率都消耗于低音扬声器。在一般情况下，低音单元承受功率最大，约占系统总功率的50%～70%；中音单元承受功率小于50%，可选为低音功率的一半左右；高音单元承受功率更小些，在2分频系统中小于总功率的30%，在3分频系统中小于总功率的15%。

一般楼宇影院当中，主音箱实际承受功率多在10～150W，环绕音箱的承受功率多为10～50W；而中置音箱的承受功率则与杜比环绕解码电路的中置模式有关，"普通"方式时，可与环绕音箱功率相近，"宽广"方式时，则与主音箱功率相近。

（2）功率储备量。通常，功率放大器和扬声器系统的功率输出都不应处于极限运用状态，它们实际消耗的功率（或称平均消耗功率）应比额定功率小得多，也就是说，功率放大器和扬声器系统都应当有足够的功率储备。如果把最大功率与实际消耗功率的比值称作功率储备量，建议高保真系统的功率储备量为10倍。

音乐的强音和弱音的声压级可以相差极大，窃窃私语与炮声雷鸣的消耗功率可以相差100dB。如果功率储备量较大，平时消耗功率较小，在大信号时仍可保证大功率输出，可确保放音质量，尤其是现代音乐的动态范围大，经常出现脉冲性猝发信号，功率储备量大一些，有利于提高放音系统的跟随能力，避免在强大信号时发生限幅削波失真，实现高保真重放。

(3) 阻抗匹配。音箱的额定阻抗值应与功率放大器的额定负载阻抗一致，实现前后级的阻抗匹配，以取得音箱的最大不失真功率。否则额定输出功率将减小，信号失真度加大，甚至损坏元器件。

(4) 阻尼系数要合适。功率放大器的阻尼系数凡是指功放负载阻抗（即音箱系统的等效阻抗值）与功率放大器的输出内阻之比（通常希望该值大一些为佳）。实际上，阻尼系数决定了扬声器振荡的电阻尼量，阻尼系数越大，振荡的电阻尼越重。扬声器系统所受总阻量是机械阻尼，声箱阻尼和电阻尼之和，它直接影响着扬声器的瞬态响应指标，造成声频信号的波形变化。

(5) 频响特性匹配。楼宇影院音箱的频响特性与 Hi - Fi 音箱有些差别，楼宇影院系统的伴音格式不同时（例如杜比定向逻辑、楼宇 THX、杜比 AC - 3 等），对各个音箱的要求也有些差别。例如对杜比定向逻辑环绕声系统来说，前置左右主声道的放音频率范围应达到 0.02Hz～20kHz，且响应平直均匀，以便能够兼顾 Hi - Fi 音乐欣赏；中置音箱的高频响应基本达到 20kHz，而低频下限值与中央模式种类有关。在"正常"模式时下限频率约为 100Hz（-3dB 时），在"宽广"模式时下限频率为 60～80Hz；环绕音箱的；高频响应以为 7kHz（-3dB），而低频响应为 80Hz 左右。对超低音箱来说，其输出呈带通型，高端约 150Hz，低端为 20～30Hz。

如果采用大中型落地音箱作主音箱时，重放下限频率应能达到 40Hz（-3dB），若能够再向下延伸更好。此时不加设超低音箱，也能获得较好的低音重放效果。如果采用书架式音箱作主音箱时，重放下限频率不可能太低，但至少也应能达到 80Hz，尽量不用微型音箱作主音箱。选择中置音箱时，应尽量与主音箱相近似。通常环绕音箱的频响为 0.06Hz～8kHz，但为了进一步适应楼宇 THX 和杜比 AC - 3 系统的要求，它的频响范围应当尽量宽阔一些。超重低音音箱对重放爆棚音响、增强震撼感、临场感有重要意义，其重放下限频率最好达到 20Hz，至少应达到 40Hz。现代影碟的低音频已经达到 10Hz 以下，而且能量不小。

35 什么是分频网络?

答　目前,仅仅使用一只扬声器放音,很难实现重放声音的全频带。为此,都使用扬声器组合方式来实现全频带放音,每个扬声器分管不同的频率范围。使各个扬声器工作在各自指定频段的任务,是依靠分频网络来实现的。分频网络在音箱系统中起着灵魂和心脏的作用,它调度着各种不同音乐信号送往不同的扬声器发声。

36 分频网络的具体作用是什么?

答　让一只扬声器工作在全音域发音是困难的,但使扬声器工作在某个频段是容易的,将各个扬声器的不同工作频段结合起来,就可构成声音的全频带,而且使重放声音在全音域内均匀、平衡。例如,低频扬声器经常在 $1.5\sim3kHz$ 附近有明显的峰谷,使用分频网络可将 $1.2kHz$ 以上的声音送往中、高音扬声器,而不再送到低音扬声器,从而保证了平坦的频响特性,改善了频响且展宽了频带。其次,利用分频网络使各扬声器重放一段声频,可使声能得到充分利用,显著提高了重放效率。例如,高频声能被送往高音扬声器,而不会再送往低音扬声器,白白浪费掉。还有,可起到保护中音和高音扬声器的作用。人耳对高、中音频的听觉灵敏度较高,对低音频听觉较迟钝,为了听觉均衡,应向低音扬声器多输送低频能量。采用分频网络后,可防止低频大幅度信号串入高、中音扬声器;否则容易引起其振膜过度振动,造成声音失真,甚至损坏音圈、膜片。

37 按分频网络的位置可将分频网络分为几类?

答　根据分频网络在音响电路的位置不同,可分两种。

第一种是功率分频器,它被放置在功率放大器与扬声器之间。它将功率放大器输出的音频信号分频后,按不同频段分配给不同的扬声器。这种处理方法,电路和制作都简单,成本低,使用方便;缺点是分频网络要承受很大的音频功率和电流,所需分频电感体积较大,它插入电路后将影响扬声器的阻抗特性。

第二种是电压分频器,它被放置在前级电压放大器和后级功放之间。这种分频方法,工作电流小,可使用小功率电子有源滤波器进行分频；但各分频通路需设置各自独立的末级功放，成本高，电路复杂，使用较少。

38 按分频网络与负载的联接方式可将分频网络分为几类？

答 分频网络实为 LC 滤波器。若这些网络并联于扬声器系统两端，称为并联式分频器；若这些网络与扬声器系统串联使用，则称为串联式分频器。串联式在阻带时对扬声器有较好的阻尼，并联式制作、调整方便。多使用并联式分频器。

39 按分频段数可将分频网络分为几类？

答 若把整个音频分成两个部分，需设置 1 个分频点，采用 2 分频网络；若把整个音频分成为 3 个部分，需设置 2 个分频点，采用 3 分频网络；还可以把音频段分成更多个频段，采用多分频网络。实际高保真放音系统，多采用 2 分频和 3 分频法。2 分频网络实际上是高通滤波器和低通滤波器的组合，而 3 分频网络则是高通、低通和带通滤波器的组合。通常，2 分频网络的分频点多在 1～3kHz 选取；3 分频网络的第 1 分频点多取 0.25Hz～1kHz；第 2 分频点多取在 5kHz 附近。分频点的选取主要由扬声器的频率特性和失真度来决定。选分频点时，应尽量保留扬声器频响曲线的平坦部分，将明显的峰谷和失真点取在分频点之外；中、高音扬声器的分频点要离开其低频截止频率。现在也有人主张，应使音箱在 80～150Hz 和 1.5～3.5kHz 附近的响应得到提升，可给人以低音雄厚且明亮度较高的感受。

40 按分频网络的衰减率可将分频网络分为几类？

答 衰减率是用每倍频程（用 oct 表示信号的衰减量）来量度，它反映分频点外频响曲线下降的斜率值。斜度越大，衰减率越大。例如，衰减率为 $-6dB/oct$，是指截止频率外（例如 f_c）每增加该频率值 1 倍（即为 $2f_c$）时，信号衰减率 6dB，即衰减为 1/2。分频网络的衰减率有 -6、-12、-18、$-24dB/oct$ 等几种。常用的衰减率为 $-6dB/oct$ 和 $-12dB/oct$ 两种，这两种分频电路上每路元件数为 1 个（或 1 组）、2 个（或 2 组）LC 元件。所用网络分别称为 1 阶网络和 2 阶网络。高阶分频网络的衰减率很大，频率分割效果更理想，但使用元件增多，信号移相加大，调整困难，插入损耗大，截止带非一性畸变加剧，故使用较少。

41 分频网络的电路如何构成？

答　分频网络是由各种滤波器组成，图 15 - 11 给出几种分频网络的具体电路。

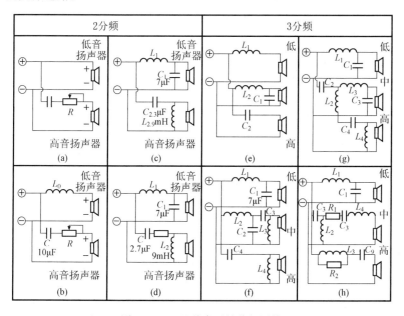

图 15 - 11　几种常见的分频网络

图 15 - 11（a）是最简单的 2 分频网络，这只是将高音扬声器的低段时行衰减，衰减率为每倍频程衰减 6dB，即 -6dB/oct。电路内串接电阻可衰减整个高音频信号，通常高音扬声器的灵敏度要高于低音灵敏度，加入电阻可使灵敏度较为平衡，阻值多取 $0.1\sim10\Omega$。该电路简单实用，当 2 分频各级电路要求不高，或者扬声器自身的频率特性良好时，该电路可取得良好效果。图 15 - 11（b）对前图稍改动，将低音扬声器的高频段也衰减 6dB/oct。

图 15 - 11（c）、（d）也是 2 分频网络，将高音扬声器的低频段和低音扬声器的高频段分别衰减 12dB/oct，它们是标准的 2 分频形式。在实

际联接扬声器时，要注意高、低音扬声器的正、负极性。图15-11（e）也加置了平衡电阻。

图15-11（f）～（h）属于3分频网络形式，基本原理与2分频网络相似。但需指出，低音扬声器需使用大电感，通常可达几至十几毫亨（mH），大电感存在等效内阻，它将明显影响重放系统的阻尼系数。应当尽量减小内阻带来的影响。为此，应当使用直径更粗的电感导线，或使用优质无氧铜线；也可以在电感中加入导磁体来增加电感量，以减少圈数，但加入导磁体可能使频响特性变坏。在各图中，连接扬声器时也要注意极性，可通过亲自极性试接，根据试听效果最后确定。

➡ **42 什么是功放机？**

答 AV放大器又称为AV扩音机、AV功放等，它在楼宇影院系统中作为整个系统的核心，起承上启下的作用。实际上，它起着控制整个系统的作用，故又称AV控制中心。

归纳起来，楼宇AV放大器主要有三个任务，第一是完成对众多的视、音频输入信号的选择作用，对同一套信号源的输入音频和视频信号进行同步切换，不能发生失调或时间延迟等现象。第二是完成对编码的声音信号进行解码，对声音信号进行DSP处理，完成数字声场模式的变换，这是一项十分重要和繁杂的任务，通常利用大规模集成电路和微处理器来完成繁重的运算和控制任务。第三是完成对解码输出的多声道信号进行功率放大，去推动各路扬声器系统，最后可重放出影剧院那样的声场效果。

➡ **43 AV放大器如何组成？**

答 根据AV放大器的三项主要任务，AV放大器应当设置多路功率放大器、音频信号处理电路和AV信号选择电路共三部分电路。另外，现代AV放大器还都要设置屏幕显示和控制电路、遥控电路系统等。图15-12是常见杜比环绕声式AV放大器的组成方框图。各种视、音频信号由AV信号选择器进行选择和切换，将视频信号送到视频同步增强电路后，再送到图像显示器。而音频信号送到音频信号处理电路后，再送到多路功放输出电路。视频和音频信号的工作状态可用遥控器操作控制，可用显示器进行屏幕显示。

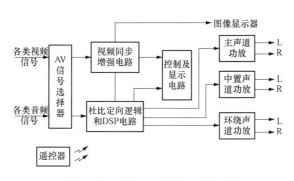

图 15 - 12 AV 放大器的组成方框图

➡ **44** **AV 信号选择器的功能是什么？**

答 传统功放的前级对输入信号进行电压放大，不会改变其组成成分，输入信号源的种类也比较少。而 AV 放大器可输入多种视频、音频信号，它的输入信号源种类远远超过 Hi - Fi 音响系统。AV 信号选择器可连接多种器材，如电唱机、录音卡座、录像机、CD 唱机、激光影碟机（1D 及 VCD）和摄像机等。这些设备的音频和视频信号的输出信号可以同时接到 AV 信号选择器的输入端。各种设备之间的连接和断开工作十分麻烦，容易发生错误，设置 AV 信号选择器后，各种信号的连接不需要再拔下来。AV 信号选择器可以对各种输入信号进行选择，也可以对输出信号进行选择。利用机内电路可以自动接通和断开信号源，操作安全省事，它还可以对不同信号进行混合编辑，营造出不同的音场效果。

对各种信号的选择可利用 AV 放大器面板按键来控制，也可利用遥控器来操作，并能够在显示屏上进行显示。

➡ **45** **视频同步增强电路的功能是什么？**

答 自于输入信号源种类多，情况复杂，为确保图像与伴音同步地播放，视频同步增强电路可保证送入 AV 放大器的视频信号与音频信号保持同步切换；并能够对传输中的信号衰落进行补偿校正，以使视频信号不失真地传输，以便得到声音与图像一致的效果。

46 音频信号处理电路的功能是什么？

答 音频信号处理电路是 AV 放大器的核心，又经常称解码电路。它的工作任务已远远超过了传统的双声道信号的处理任务。它主要由杜比定向逻辑环绕声处理电路和 DSP 声效电路等组成。对已压缩信号进行解压缩，对编码信号进行解码，对音频信号进行数字处理、进行延时混响等；若为 THX 放大器，还应当设置有关的 TH 解码器；若为雅马哈 CinemaDSP 放大器，还应设置独特的数字声场处理电路，还要对音频信号进行 D/A、A/D 转换等。若为杜比 AC‐3 解码器，还应当设置杜比 AC‐3 数字信号解调装置。通过该音频信号处理电路的模拟或数字处理，司产生更具环绕声、现场感的音响效果。

这部分电路和纯功放电路一样，也要设置音量控制，前置两主声道的平衡调整；通常也设置局部低音提升装置。

47 多路功率放大器的功能是什么？

答 杜比环绕声 AV 放大器不同于双声道功放电路，它至少需要 4 声道功放电路，应包括前置左、右主声道，一个中置声道和一个环绕声道。有时中置声道和环绕声道设置都是两路功放输出电路，这就变成 6 声道功放输出电路。若再加设超低音输出端口，需加置有源超低音箱，就可说成是 7 路输出，各路声道都有自己的任务，若为雅马哈 CinemaDSP 系统，还应当再加置两路前场环绕声功放输出电路。以便取得更佳的环绕立体声场，实现逼真的空间感、临场感。

这些功放电路既可同时工作，又可分别工作；既可做在一个机壳内，也可做在不同的机壳内；即使同一机壳内，也可采用不同电源供电。比较讲究的多路功放电路，都是将两路前置主声道功放输出电路放在一起供电，而其他各路输出功放电路，分开来单独供电或者专用其他机壳。这样可确保各输出电路均处于最佳的工作状态，还可以灵活地兼顾播放多声道电影节目和双声道 Hi‐Fi 音乐节目。

48 控制电路和显示器的功能分别是什么？

答 利用红外遥控信号或面板传输的控制信号，以微处理器为核心的控制电路，可对 AV 放大器进行各种功能的控制，并由显示屏显示工作状态。大多数荧光显示屏宽大醒目，可进行多种功能甚至全功能显示。某些 AV 放大器可实现显示屏与电视机屏幕显示相结合，使显示内容更加丰富详尽。

➤ 49　多路信号接口的功能是什么？

　　答　AV 放大器背面设置多路音频和视频信号接口，便于与各种视听设备相接。许多放大器还在前面板设置了有关接口，有的机壳设置于多路视频端子，为连接多种视听设备提供了方便，以便于显示高画质的图像。

➤ 50　按信号流通顺序可将 AV 放大器分为几类？

　　答　一般 Hi - Fi 功放电路由功放前级和功放后级组成，前级是信号输入和预处理电路，后级是功率放大和输出电路。将前后级联接起来就构成完整的功放系统。AV 放大器也可按此类似方法来分。AV 放大器的前级部分称 AV 前级，或称影音前级电路；AV 放大器的后级部分称为 AV 末级，或称影音末级电路。影音前后级共同组成 AV 放大器系统。前后级可构成合并式 AV 放大器，也可以构成分体式 AV 放大器。

➤ 51　按声场处理模式的种类可将 AV 放大器分为几类？

　　答　目前楼宇影院环绕声系统的基础是杜比环绕声处理系统。它按 "4 - 2 - 4" 程式对音频信号进行编码压缩和解码解压缩。但是随着楼宇影院技术的发展，在杜比定向逻辑环绕声处理系统的基础上，又发展出数字信号处理 DSP 系统（特别是雅马哈的 CinemaDSP 系统），楼宇 THX 系统，以及杜比 AC - 3 系统，上述各种系统的 AV 放大器有相同点，也有明显的不同点。

➤ 52　按声场处理模式的组合方式可将 AV 放大器分为几类？

　　答　目前，市场上出售的 AV 放大器大多为前后级合并的综合式 AV 放大器。各种机型的杜比解码器差别很大，可能是最基本的杜比环绕声解码器，也可能是杜比定向逻辑环绕声解码器，或者是又包含了 THX、DSP 或 AC - 3 的解码器。各种类型的 AV 放大器价格差别极大，可有天壤之别。

分体式的 AV 放大器情况更为复杂。一类是纯解码器单独成机，再与多声道功率放大器（各路放在一个机壳内），共同组成 AV 放大器系统。而纯解码器可为杜比定向逻辑式、THX 式、DSP 式或 AC‐3 式等；或者几种格式组合在一起的纯解码器。还有一种组合方式可能是最佳方式，将纯解码器与中置、环绕声道功放加在一起，构成 AV 前级，或者称为声场处理电路，或称杜比定向逻辑环绕声处理器等，它再与 Hi‐Fi 末级纯功放电路结合在一起可构成完整的 AV 放大器。这种方式的目的，是把 AV 享受与用 Hi‐Fi 享受统一起来。既能够用来聆听音乐和歌声，又可以看电影故事片，观赏 MTV 等；这种组合方式可以作到前级电路性能很高，主声道功放电路也十分讲究。最后的这种方式可能是最有发展的前途组合方式。

根据我国的国情，卡拉 OK 演唱活动十分盛行，一些 AV 放大器还附加厂卡拉 OK 功能，使 AV 放大器又成为卡拉 OK 功放，使 AV 放大器的分类情况更加复杂。从 AV 放大器的性能指标看，不宜将卡拉 OK 功能放到 AV 放大器里去，它将明显降低 AV 放大器的性能指标。

➤ 53 综合式 AV 放大器和 Hi‐Fi 功放系统的区别是什么？

答 许多楼宇影院爱好者，也是高保真音响爱好者。前面谈到 AV 放大器具有多种功能，那么若用 AV 放大器充当 Hi‐Fi 功放的角色，这种作法效果如何？严格说，AV 放大器不能胜任 Hi‐Fi 功放的作用，充其量只能是低标准地"凑合"。为什么呢？从根本上说，AV 系统与 Hi‐Fi 系统是两码事，Hi‐Fi 系统刻意地追求顶级音响指标，追求完美无缺的高保真，而 AV 系统的主要精华不在这里，而更注重方便的多功能操作和环绕声场，因而表现有所不同。

此外，由于以下几方面原因，AV 放大器不可能取得 Hi‐Fi 效果。

（1）一些 AV 放大器播放爆破音乐时显得底气不足。通常，AY 放大器工作于多声道输出功率状态下，也可以工作于立体声双声道输出状态；若设置有"直通"装置（BYPASS）时，还可将 CD 音源信号直接送到功放后级电路，许多 AV 放大器已经考虑到尽量兼顾 Hi‐Fi 音响输出，但是由产品说明书可看到，在 AV 放大器双声道立体声输出状态下，主声道额定功率要比 4 声道环绕声输出状态的额定功率大一些。

例如双声道输出时，两只主音箱的额定输出功能率为 $100W×2$，那么在 4 声道输出时，两只主音箱的输出功率将降低为 $75～80W×2$ 左右。事实说明，AV 放大器的主声道输出功率受总电源能量的影响很大，尤其是播放大动态的声源信号时，经常显得力不从心。这是由于 AV 放大器的总功率消耗较大，其电源功率储量都不太富余。若想用 AV 放大器（处于 BYPASS 状态）聆听爆棚的交响乐时，在关键时刻就显得底气不足，而 Hi-Fi 功放则显得从容不迫。

AV 放大器对电源的性能指标重视不够，电源变压器容量不足，电源滤波电容不理想，动作速度慢，电源走线不讲究。这些状况都将影响 AV 放大器在大动态条件下的正常工作。

（2）AV 放大器音频走线影响重放的音质。AV 放大器设置多种视频、音频端口，接驳多组音频、视频信号源；还要进行遥控操作和荧光显示等。功能很多，造成信号处理比较繁杂，走线多而杂，再加上有些信号线细而长，又较多地使用排线，相互穿插较多，容易造成信号相互干扰。即使采用金属屏蔽线，因导线较细，分布电容对信号传输特性仍有影响，特别是对高音频及其谐波影响最大，使优质信号源原有丰富的高频分量受到不同的衰减或干扰。一些 AV 放大器使用了集成电路音频模拟开关，也使电路的动态范围、失真、信噪比等参数受到影响，使音质受到影响。即使 AV 放大器处于直通状态，但其他电路和走线仍处于通电状态，仍会对优质信号源造成干扰，在这种情况下很难深刻领略高保真效果。

（3）各种声场处理电路的信号对 Hi-Fi 音响形成干扰。AV 放大器都要设置声场处理电路，要传输和处理各种脉冲、数字信号，要设置杜比定向逻辑环绕声解码电路，设置 DSP 数码声场处理电路；有的还要设置 TILX 处理电路或杜比 AC-3 解码电路等。设置这些电路后，才能使人们感受楼宇影院的无穷魅力。即使在 "BYPASS" 状态聆听音乐时，这些大规模数字集成电路产生的众多数字脉冲信号仍然存在，虽然这些信号的主要通道被切断了，但它们在拥挤和装配密度很高的印制板上，可以通过共用地线、电源以及空间电场等途径，向其他电路辐射或流窜。通常这些干扰信号无法用仪器检测观察，但却是不可忽视的污染信号。

（4）荧光显示器系统也是 Hi-Fi 系统的电磁干扰。AV 功放都设置大型荧光显示器，使操作直观生动，荧光屏用低压交流灯丝加热，在脉冲信号的驱动下进行字符显示，它对周围将辐射出许多电磁场干扰。尤其是 FM/AM 数字调谐器工作时，将形成对 Hi-Fi 原音的明显干扰。

怎样才能使 AV 享受与 Hi-Fi 享受兼顾呢？经过发烧友的摸索、实践。找到一条好办法，把声场处理电路由 AV 功放中搬出来，另外成为独立的实体。将 AV 放大器分为两部分装配为分体机，一部分是声场处理器，携带外置环绕声功率放大器；另一部分则是主声道功率放大器，主声道功率放大器使用传统的双声道 Hi-Fi 功放来充当、而声场处理电路完成杜比环绕声解码和 DSP 数码声场处理任务，不必在大电流、大功率方面花费更大的精力，而着重改善声场处理电路的有关参数和性能指标，也可使声场处理电路的工作状态比较稳定可靠，不受电源的干扰。

54 **AV 放大器的电路是如何工作的？**

答 以天逸 AD-5100A 型 AV 放大器为例，进行分析，电路方框图 15-13 所示。

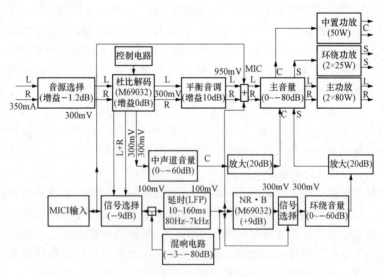

图 15-13 电路方框图

音源信号输入音频输入插座，经音源选择电路送入杜比定向逻辑解码电路（M69032P）进行解码，输出左、右前方声道（L1、R1）信号，中置声道（C）信号，环绕声道（S）信号以及左、右声道和（L1＋R1）信号。其中前方声道信号送入平衡和音调控制电路进行调控后，再经主音量控制电路调控音量、主动放电路放大后送到主声道音箱放音。

当选择双声道工作模式（即2CH模式）时，解码器关闭C、S（L1＋R1）信号通道，使整机工作在普通立体声放大状态。

当选择杜比定向逻辑解码工作模式时，解码器输出的中置声道信号（即C信号）经中置声道音量控制后，先经20dB放大，然后送入主音量控制电路，由四联主音量电位器中的其中一联调控中置声道音量，再送入中置声道功放电路放大，最后送到中置音箱放音。解码器输出的环绕声信号（即S信号）先经信号选择，送到数字延迟电路延迟20ms，再送回M69032P内的修改型杜比B降噪电路进行降噪，经环绕声音量控制电路调控后，送入主音量控制电位器中的一联进行同步音量控制，输出后送到环绕声道功放电路，输出的功率信号送到环绕音箱放音。迟延电路中有一回声（ECHO）反馈环路，此环路在杜比解码状态时关断，仅在卡拉OK和DSP状态时工作，产生一定的混响效果。

在卡拉OK工作状态，两路传声器信号输入后，先经放大和信号选择电路，再送入延迟混响电路。经延迟混响处理后的传声器演唱信号，在主音量控制电位器之前混入音乐信号通道，最后经功率放大后送到音箱放音。

➡ 55 什么是调音台？

答 调音台是专业音响系统的中心控制设备，它的职能是对各种输入声源信号进行匹配放大、混合、处理和分配控制等。市场上的调音台品种和型号繁多、功能和价格差异很大，必须对它们的作用和特性有了全面了解后，才能正确选择和应用。

➡ 56 调音台的基本功能是什么？

答 （1）放大、匹配、均衡各节目源的电平和阻抗。例如，低阻抗话筒的信号电平仅为−70dBu（0.25mV）/200Ω，CD唱机的输出电平可达到0dBu（775mV）/2kΩ，各声源的电平和输出阻抗相差可达到数万倍以上，通过调音台的匹配放大后使它们达到相同的输出电平。

（2）对各通道的信号和混合信号进行均衡、压缩/限幅、延迟、激励、抑制反馈和效果等处理。

（3）对各通道的输入信号进行混合、编组和分配切换。

（4）提供其他特殊服务功能。如向电容话筒提供换相供电；选择监听；通道哑音；舞台返听 AUX/辅助输出；现场录音输出；1kHz 校正测试信号、与舞台对话、高通/低通和参数均衡以及声像控制等功能。

57 调音台按用途可以分为几类？

答　调音台按用途可以分为扩声用调音台，歌厅调音台，迪斯科调音台，电台/电视台的播出调音台，录音调音台等等。一般厅堂和歌舞厅都采用扩声调音台，迪斯科舞厅再增加一台迪斯科调音台。

58 调音台按输入通道路数可以分为几类？

答　调音台按输入通道路数可以分为 6、8、10、12、16、24、32、48 路等多种。厅堂扩声和歌舞厅常用 8～32 路。

59 调音台按输出方式可以分为几类？

答　调音台按输出方式可以分为双声道主输出，双声道＋4 编组输出，双声道＋8 编组输出，双声道＋4 编组＋矩阵输出等等。多功能厅堂扩声及大型歌舞厅都选用双声道＋编组输出或再加矩阵输出，以便在不同使用状态时进行扬声器通道的切换。

调音台除主输出外，通常还设有若干路辅助输出（作效果、返听、补声和监听等使用）和一路单声道 MONO 输出。

60 调音台按信号处理方式可以分为几类？

答　调音台按信号处理方式可以分为模拟式调音台和数字式调音台两类。数字调音台主要用于录音棚和节目制作，它便于信号剪接、长距离传输（用数字光缆）和储存，但在实况演出时由于操作过程不直观及繁杂，因此现在主要还是用模拟式调音台。

在 16 路以下的小型便携式调音台中，一般不设编组输出功能，只有左、右两路主输出通道。固定安装和大型流动演出系统中使用的调音台都设有编组输出。现在更先进的调音台，还增设了更为方便的矩阵输出，矩阵输出功能示意图如图 15 - 14 所示。通过矩阵跳线开关接点的变化，可在矩阵 A 和矩阵 B 的输出端取得任何一路输出的信号。相当于二次编组输出。

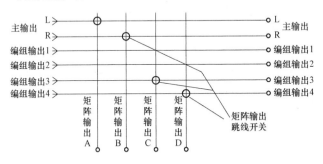

图 15 - 14　矩阵输出功能示意图

61　调音台的选用应注意哪些问题？

答　调音台的品种型号实在太多，选择时应从下列四个方面来考虑：

（1）满足使用功能要求，决不要有贪大求洋的心理，以免浪费投资。

（2）要有良好的技术性能指标，不能贪便宜，劣质的调音台会使你后悔莫及。

（3）操作使用方便，工作稳定，接插件性能良好。

（4）具有最高的性能/价格比。

1）满足使用功能要求。歌舞厅、大剧院、会场、体育比赛场馆、大型文艺演出和室外艺术广场等各类扩声系统的规模不一，环境各异，节目内容和音响效果要求各不相同，因此必须根据系统的要求配置相应的功能和档次的调音台。

调音台的输入通道和输出通道的数量除了必须能满足平时正常工作需要外，还必须考虑若干数量的备用通道，以适应系统扩充、临时增加和工作备份的需要，还要根据系统使用的周边设备的类型和数量确定必须的辅助输出（AOX）的数量和需要的特种输入功能。

2）优良的技术性能指标。优良的技术性能是获得良好音质的保证。调音台是在微弱输入信号电平上工作的，很易引入噪声和交流哼声，因此其等效输入噪声电平应特别小。等效输入噪声电平的换算方法是：在调音台正常工作状态下，输出端的总噪声电平（用 dBu 表示）减去调音台的增益（dB）。一般调音台的等效输入噪声都应小于－126dBu，好的调音台可达到－129～130dBu 的水平。

第二个主要技术参数是调音台的增益放大量。正常工作时，调音台必须具有 60dB 的电压增益，好的调音台可达到 70dB 的增益。

第三个主要参数是输出电平的动态作量，即最大不失真输出电平与额定输出电平（一般为 0dB）之差，以 dB 表示。动态余量愈大，节目的峰值储备量也愈大，声音的自然度越好。一个调音台的动态余量至少为 15dB，较好的调音台可达到 20dB 以上。

第四个主要参数是声道之间的串音。相邻通道之间的串音以中低频更为突出，一般要求能大于 80dB 以上。

第五个主要参数是完善的操作指示系统，能正确指示调音台各部分的工作状态。

其他技术参数如非线性失真、频响特性、通道均衡器的衰减、提升特性等一般都容易达到。

3）操作使用方便，接插件性能良好，工作稳定。调音师的主要操作都在调音台上进行，因此操作方便，维护简单也是选择调音台的重要条件之一。调音师的操作都是通过各种电位器和切换按钮进行的，尤其是各通道的主音量推子电位器操作更是频繁，因此推子调节的手感应是精细、平滑、寿命长（一般均要超过 3 万次以上）和无噪声。推子的移动长度一般都在 60mm 以上，越长调节起来越精细，声音可以平滑过渡。调音台的各种接插件弹性要好，接触电阻应极微，为防止表面氧化，影响接触性能，有些高档次产品采用表面镀金处理。

4）最好的性能价格比。许多业内人士往往在选用时只注意有多少路输入，而不大注意输出功能、控制功能和技术性能参数。我们购买的是调音台的功能、技术特性和优良的音质，因此必须以其性能/价格比来全面衡量，我们希望买到的是性能价格比最高的调音台。

➤ **62** **什么是音响传输线?**

　　答　要取得理想的音响效果,应使用高质量的音箱、功放、音响信号源,还要使用高质量的音响传输线和接口,而后者却经常被人们所忽略。特别是被人们称为发烧级的高级音响组合,更要配置高级的音响传输线。当然,功放电路的供电电源和电源线也很重要。

➤ **63** **音响传输线为什么要十分讲究?**

　　答　音响信号源与 AV 放大器之间,放大器前后级之间,音频信号的电平较低,这些信号的传输线是弱信号线,经常简称信号线;而功放输出级与音箱之间的音频信号传输线是强信号传输线,专门称它为音箱线或喇叭线。后者对听音效果的影响明显大于前者,这里重点讨论音箱线。

　　音响传输线是应当使用普通导线,还是使用所谓"发烧线"呢?经实践证明,两者在听音效果上有明显的差别,颇有脱胎换骨、焕然一新的感觉。使用后者,可感受到音场的层次、深度、音色、成像力、定位等都发生了新奇的变化,增加了临场感和空间感。

　　这种变化应如何解释呢?可以根据传输线的阻抗匹配特性和最佳耦合原理来解释,它与音响传输线的导体材料和介质材料,几何形状和尺寸,以及制造工艺等都有密切的关系。要想良好地传输音频信号,应当作到音频信号的高频、中频和低频信号成分都得到良好传输,为此必须解决好传输线的电阻、电容、电感、自身谐振等一系列理论和实际问题。

➤ **64** **对音箱线的基本要求有哪些?**

　　答　(1) 传输线电阻值越小越好。不要以为普通导线的电阻可以忽略,长度也不够长;不要以为两根导线的电压不高,电流也不大,以至随意使用瘦长的普通导线作传输线。直径为 0.5mm 的铜线,在长度 5m 时约为 0.43Ω 电阻,来回两根线共 10m,电阻 0.9Ω 左右。扬声器的线圈直流电阻为 $6\sim6.5\Omega$,而功率放大器的输出内阻为 $0.1\sim0.2\Omega$。可见,传输线的直流电阻与扬声器电阻值相比,已经不能忽略,其值已达到 $0.1\sim0.2\Omega$ 的 $5\sim9$ 倍。音相线的电阻值要远小于功率放大器的输出内阻值，至少应小于其 1/10，即音箱线的电阻值应小于 0.015Ω。

上述的实例带来两个不利的后果。首先，音箱线存在较明显的电阻值，将有一部分功放输出的音频信号功率消耗在传输线上，以热量形式白白浪费掉可贵的音频功率，造成工作效率大大降低。其次，音箱线的电阻值对扬声器来说，相当于功放输出内阻的一部分，它将降低电阻的阻尼系数的数值，使扬声器的阻尼变坏，使音圈及振膜不能迅速准确地响应功放的输出信号。当阻尼秒数过小时，重播音乐的低音时将造成打"嘟噜"现象，这就是通常所说的欠阻尼现象。实际上，不仅音箱线阻值偏高造成欠阻尼，当信号线阻值偏高时，也能造成输入信号的欠阻尼。

导线电阻的大小与导线的长度、横截面积以及导线的材料有关系。为了降低音箱线的电阻值，应当选取电阻系数小的导体材料，金银、无氧铜等导体的电阻系数很小，具有良好的导电性，这些材料很适于作传输线。而铁丝、铅丝的电阻系数很高，导电性能不好，不适于作音频传输线。此外，为了降低电阻值，通常尽力加大导线的横截面积，或者采用数十股甚至数百股的导线作传输线。目前，多数传输线都是采用经过专门提炼的无氧铜作导电材料；即使用金或银作导体时，也多在无氧铜表面采用镀层工艺，这种传输线每米长度的电阻远小于 $10^{-3}\Omega$，使用效果可以和纯金、纯银线一样。

(2) 传输线面积越大越好。无线电信号具有一个明显的特点，随着信号频率的提高，导线表面的电流密度明显提高，而导线中心的电流密度明显减小，这就是人们所说的"趋肤效应"越来越明显。如果导线表面积太小，必将造成对应于高频电流的电阻值过大，使音频信号的高频分量及其高次谐波丢失加重，其后果是音质的细节被严重损害。

为了不失真地传输音频信号，它的高频和低频分量都不能丢失。其中高频分量还应当包括音频信号各频率成分的高次谐波，它是实现完美音色的重要组成部分。当音频信号的高频分量及高次谐波丢失时，音色将失去光泽，显得单薄，声音的细节不清晰。为了减少高频阻值，传输线多制成多股线，以便最大限度增加表面积，减小导体的中心部分。表面镀金、镀银也是为了减小表面积的电阻值，减弱高颇感兴趣信号的趋肤效应的影响。

（3）传输线的分布参数越小和越稳定越好。任何一对音频传输线都可以等效于电阻、电容和电感的组合网络，除了电阻以外，传输线还存在分布电容和分布电感。这些分布参数对音频的高频分量及高次谐波影响很大，尤其是分布电容对音色影响更大。这些分布参数可能形成等效的滤波器或陷波器，使音频高、中频分量的某些频段或频率被滤除掉；电容、电感分布参数也可以构成等效的谐振回路，使某些频率分量发生谐振，致使其幅度（电平）发生突变，引起相位失真，使扬声器重放的声音畸变，音质变硬或带刺。这些分布参数与两条传输线之间的距离、导线之间的介质、几何结构等有密切关系。传输线越长，这种效果越明显。

有的音响工作者经研究发现，音频传输线的电阻与等效电容的比值，与传输的音色密切相关，并认为每米传输线的电阻值应小于0.03Ω，电容值为100pF左右为宜。电阻与电容的比值合适时，重播的音场比较适中，音场的宽度与深度比例也比较正常。若该比值过大，重播音场宽，比值过小、重播音场的宽度减小，声像偏前，但力度增大。

通过改进线材的几何形状、介质和制造工艺，可以控制传输线的分布电容和分布电感。例如，增加导线的整体直径，扩大中心线与外面绝缘层的间距，改变介质材料的种类，加大两条导线间的距离，改变导线的缠绕方式等，都可以降低传输线的分布电容和分布电感。

总之，音响传输线的要求十分严格。一方面要确保传输线具有良好的频率特性和阻抗特性，损耗要小；另一方面要确保传输线具有良好的机械特性，抗拉、抗折能力要强，具有优良的柔软性，耐磨损、耐腐蚀、耐老化。这些都是"发烧"音响线与普通导线的重要区别。

➤ 65 常见音频传输线的结构是什么？

答 图15-15所示是几种常见的音频传输线。其中图15-15（a）的中心是多股铜芯线，经过内绝缘叫料介质隔离，外面又包一层铜屏蔽线。这种传输线的形状和结构，很像电视接收机的同轴电缆馈线。有的同轴电缆型传输线内，设置了两束或多束紧挨着又相互绝缘的多股芯线。这些传输线可作弱信号线，也可作音箱线。

图 15 - 15（b）是并列型传输线，每根电缆的结构都和前图电缆相同。它们可以用作弱信号线或音箱线。

图 15 - 15（c）是平行馈线型传输线。塑料隔离带使两束电缆形成对称平行结构。对于各种牌号的传输线来说，两根电缆之间的塑料隔离带的宽度可能不同，介质材料也可能不同，它们多用来作音箱线。

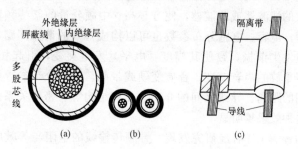

图 15 - 15　常见音频传输线的构造

(a) 同轴电缆型；(b) 并列型；(c) 平行馈线型

66 音箱线应如何选配？

答　由于传输线的线径、形状、材料、长度等因素对重放音质、音色都有影响，因而在为音响系统选配音箱线时就应当认真研究思考，要扬长避短：例如，当线径较细时，对重放高频信号影响较大，而线径较粗时，对重放低频信号影响更明显。若线径选择不当，将造成整个音域不平衡，引起不同频率段的衰减门样。传输线的绝缘材料的介电常数，也对不同重放频段有不同影响。再例如，趋肤效心业造成传输频率失衡，引起高频信号失真，为了兼顾高、低频段的平衡性，一些工厂生产了图 15 - 16 所示传输线，它在电缆中心填充以介质软棉线，在软棉线与外保护层之间安排有多股绞合导线，可有效地克服高音频段音质变坏的问题。还有，引起音频低频段音质变坏的重要原因是传输线存在静电电容，而静电电容却与导线绝缘材料有很大关系。应当使用那些介电常数

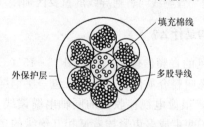

图 15 - 16　克服趋肤效应的传输线

不随工作频率变化而变化的绝缘材料。例如可使用氟塑料、聚丙烯 PP、聚乙烯 PE 等作导线绝缘层，它们的介电常数基本不随工作频率变化而变化，因而对低频段音质影响较小；相反，若使用普通橡胶、PVC 材料等，其等效静电电容量随频率变化而变化，因而影响低音音质。

用户可根据各种导线的特点来选用传输线。例如，导线芯线是由多股细软铜丝绞合而成，一般属于温和型传输线，其音色柔和，声低醇厚；若由机硬线绞合而成，能量感将加强；若芯线是单根铜芯，将对小低音有较强的表现，速度感快，分析力高，低音有力但略欠厚度，属于清爽冷艳型；若芯线采用镀银工艺，则低音富于弹性，中高音亮泽，高频饱满，分析力很高，失真很小，音染色极小。欧美生产的多芯线讲究绕线、屏蔽、吸震等工艺，声音透明度增加，中高频偏亮；日本线不讲究绕线结构，而专注线径、总数及纯度，声音自然、但偏暗。

可根据上述特点来选配音箱线。如果现有音响设备音色偏硬，可以换用多芯传输线，音色将变得细腻甜润。如果主体音色略偏沉稳，若改用纯银线后，音色立即增加活跃感，瞬态响应好转；相反，若音响系统的音色已偏于华丽，再换用纯银线后，则音色，将倾向于力度稍差，冲劲不足。

➤ **67** 精品音箱线和信号线有哪些？

答 目前音频传输线仍以铜线为主，并且逐年在提高含铜量、早期传输线的纯铜含量为 99.99％，以后发展到 99.999 9％，甚至达到 99.999 99％，这些铜线分别称为 4N、6N 和 7N 无氧铜线。使用高纯度无氧铜线后，增强了导电性能，减少了音频信号的丢损，还可降低导线自身的固有噪声，提高了传输微弱信号的能力，提高了重放声音的分析力，声音更加清晰、细腻、圆润，虽然工艺口益复杂，但制作成本仍远低于纯银线。

超初使用的纯铜质传输线，称为韧铜 TPC（Pitch Copper），后又发展为无氧铜（Oxygen Free Copper）。在 OFC 基础上，又制造出大结晶粒的 LC-OFC 铜材，铜的纯度不断提高，材料的性能更趋优良。在 20 世纪 60 年代日本千叶工业大学的大野笃美教授设计一种 OCC 法的铜材制造工艺，这种工艺主要是对铜材的铸造加热法进行改进，能铸出单纯晶状的优质铜材，这种方法称为 PCOCC（Pure CopperbYOhno Continuous CastingProcess），即纯铜连续压铸加工法。这种方法制出铜的单结晶粒特别大，加工后的优质传输线传输速度快，在传输方向上能达到最小的杂音影响，无微粒界限阻挡，音质也更清晰，动态凌厉。

上述几种纯铜线材当中，LC - OFC 或 PCOCC 之类的材质较强，硬材质的音质也较强，放音分析力强，但稍强；而 OFC、Super Pcocc 及 6N 铜线等，材质较软，软铜线材的音质较弱，可放出柔和的音质，在选用时，要注意上述特点，进行合理搭配。

目前，国产的精品音箱线和信号线暂时较少。日本生产精品线材的数量，在世界音响王国中居第一位。主要精品牌号有：PCOCC（古河）、HISAGO（海萨格）、OSONIC（鸟索尼克）、MAKURAWA（麦克露华）、DENKO（登高）等，还有日立、松下、索尼、天龙、FDK、JVC 等音响公司的线材产品。日本音响线在我国占有较大市场，这与日本的先进制造技术有密切关系。对多数削响发烧友来说，日本 OSONIC 2X 504 芯音箱线性价比较高，可作音箱线的首选对象。

美国的著名音响线材品种繁多，规格齐全。主要品牌有：Audioquest™（线圣）、MONSTERSTANDARD™ Interlink（怪兽）、SPACE&TIME（超时空）、SHAPRA（鲨鱼）、MISSION（美声）、MONTER（魔力）等。对多数工薪阶层来说，美国怪兽 101 型信号线可作首选对象，该线在质量和性价比方面都比较出色。美国生产的音响线材以粗壮、威猛、豪华闻名于世，具有典型的风格，在制作工艺、质地选材等方面比较讲究。

欧洲的音响线材具有很好的音乐表现力和平衡度，但外观却朴实无华。著名品牌有德国的 ELEO、丹麦的 Ortofon（高度风）、荷兰的 Philips（飞利浦）和 VDH（范登豪）、英国的 IXOS（爱索斯）等。它们的制作技术先进，工艺精良。

➤➤ 68 音响线材如何选购与识别？

答 在选购音响线材时，首先要对自己手中现在的器材性能、指标和优缺点十分清楚。其次，要熟悉自己所喜欢音乐软件的声音特征。还要熟悉各类传输线的性能特点和行情。通过合理搭配音箱、功放和音箱线可以最大限度地提高音箱线的性价比，使整个音响重放系统达到最佳搭配。各种传输线各有自己的独特音色风格，如果搭配合理，可以扬长避短和取长补短，使放音质量明显提高；但若搭配不当，也将会弄巧成拙，将重放系统的缺点、弱点暴露得更明显，精品变成了次品效果。

目前，市场上流行着一些假冒伪劣传输线，切勿上当受骗。正宗的音响线材性能优良，其外观颜色、手感、商标型号等都较讲究，眼睛一看就有让人放心的感觉。不过这些线材的价位都偏高些。例如无氧铜线材的手感柔韧且无弹性、成本高、价格贵；而用普通铜丝作的音响线材，成本很低，价格也便宜，假冒精品的线材不可能使用无氧铜作线材。另外，从线材的外观结构也能判断其真假，精品线材的外观亮泽光滑，结构精致，商标、品牌、别号等字迹清晰，不易磨掉；那些假冒线材不可能有这样的结构与外观。

各个公司生产的线材各有特点和所长，即使同一品牌而型号不同也会有不同的个性。不要脱离开实际音响系统去谈论那个品牌的好与坏，也不要抽象地说温暖型比冷艳型线材要好，关键是合理搭配。也不要一味地追求高价位的传输线，高价位的线材放在你自己音响系统内，未必表现出高水平，要实事求是地选配音响线材。

69 音箱线如何代用？

答 国外的音响发烧友十分重视音箱线的选用，他们没有凑合或者代用的想法。根据我国实际情况，许多人不得不考虑代用品问题。

保证放音质量应从几个方向来着手，其中包括选择音箱线、信号线，但它仅是提高音质的一个环节，它不是万能的。对于中档以上水平的音响设备，应当选配合适特性的专用传输线，选用优质音箱线，以便使音响系统发挥良好效能，否则好东西不得好用，这是一种浪费。

对于中档以下的音响系统，可以考虑使用音箱的代用品。经过许多人的试验发现，电视接收机的射频同轴电缆可以代用音箱线，若将几根电缆捆成束状，使用效果更不错。还有，使用电视接收机的扁平馈线来代用音箱线，其效果也可以。

70 辅助器材的功能是什么？

答 辅助器材是专业音响系统的重要组成部分，它的作用是加工处理和润色各种音频信号、弥补建筑声学的缺陷、补偿电子设备的不足以及产生特殊声音效果等。产品的品种很多，功能各异，主要包括均衡器、压缩/限幅器、扩展器/噪声门、延时器/混响器、声音激励器和电子分频器等。

71 延迟器和混响器的功能分别是什么？

答 延迟器和混响器是两种不同的音响器材。延迟器的作用是将声音信号延迟一段时间后再传送出去；混响器则是用来调节声音的混响效果的设备。但是它们又有联系，因为混响声是由逐渐衰减的多次反射声组成，因此混响器可以看作是声音信号经过不同路径的反射延迟，并乘上依次减小的系数后再相加输出，或者可以简单地看成延迟后的信号再经一定的衰减，反馈到输入端的电路输出。由于延迟器和混响器都可用来产生各种不同的音响效果，因此它们都属于效果器材。

72 延迟混响器的应用范围有哪些？

答 延迟混响器都是用电子技术的方法对声音（包括歌声）加工，产生人为的立体声效果和混响效果，在扩声系统中的应用如下。

（1）提高扩音系统的清晰度。在一个较大的厅堂中，除原声声源外，还设有不少扬声器箱，各扬声器箱与听众的距离不同，后排的听众先听到最靠近的后场扬声器箱发出的声音，然后再听到前场扬声器箱发出的声音，最后还可能听到来自舞台上传来的原始声，这几种不同时间到达后排听众的声音，若时间差大于 50ms（相当于 17m 的距离）会破坏声音的清晰度，如图 15 - 17 所示，严重影响扩声的音质。

如果在图中后排功放之前加入一个延迟器，并精确地调整延迟量，就能使前后场扬声器箱发出的声音同时到达后排听众，从而获得了好的声音清晰度。

（2）延迟器和混响器合用产生空间临场效果。如图 15 - 18 所示，利用延迟器来产生早期反射声的效果，再加上图中混响器产

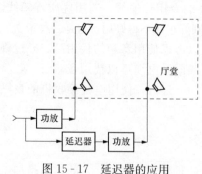

图 15 - 17　延迟器的应用

生的混响声，可获得室内声场中的混响声，然后再通过调音台与输入的原始声混合。只要把它们三者之间的比例调整恰当，就可使原来比较单调的原始声获得像在音乐厅那样的演出临场感效果。

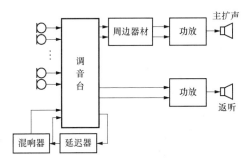

图 15-18　延迟器与混响器混合使用

73　声音激励器的作用与效果分别是什么？

答　声音激励器的作用是滤除高音提升后的咝咝声并对低音细节和高音细节分别进行激励。它的效果：使低音更加浑厚，高音更加明亮，人声更为逼真，提高了高音的清晰度，减少了低音的模糊度，降低了声音背景的咝咝声，把声音修饰得更丰满、更透亮、更完美。

低音细节激励不单纯是把低音提升，它的独特设计是在加工修饰低音的同时，还把中心低频的发闷声音修饰掉，使低音的冲击力量大而不闷，柔而不浑。

高音细节的激励是通过连续不断分析原始信号中的频率成分，自动修正高频激励分量，对高频信号进行润色。

74　声音激励器与均衡器的区别有哪些？

答　声音激励器与均衡器的区别有：

（1）均衡器只能提升低音的频谱分量，而不能修改发闷的中低频分量。

（2）均衡器对高音的提升是"静态"的修饰，激励器对高音的修饰则是"动态"的修饰。它将根据输入信号的不同内容自动地连续的用一个智能跟踪电路对高频分量进行最佳的补偿。

（3）均衡器无法处理在高音提升的同时产生的咝咝声。激励器则可以根据需要滤除这些咝咝声。

75 均衡器的作用是什么？

答 均衡器是用来校正扩声系统频响特性的设备，可分为房间均衡器（有 1/3 倍频程、1/2 倍频两种）和参数均衡器两类。应用最多的是房间均衡器。它的主要作用是：

（1）校正音响设备产生的频率特性畸变，补偿节目信号中欠缺的频率成分，抑制过重的频率成分。

（2）交正室内声学共振产生的频率特性畸变，弥补建筑声学的结构缺陷。

（3）抑制声反馈，提高传声增益，改善厅堂扩声质量。

（4）修饰和美化音色，提高音响效果，提供不同演出需要的频响特性。

房间均衡器一般由 9～31 个带通滤波器组成，每个带通滤波器有一个对应的固定中心频率，中心频率的分布可按 1/3 倍频率程或 1/2 倍频程来设置，每个带通滤波器振幅特性的提升或衰减量由一个推拉电位器控制，均衡调节范围为 ±15dB。

均衡器的选择除了它的使用功能外，还有几项技术性能指标不可忽视，如提升/衰减的推子行程的大小，行程小的推子一般都很便宜，但调节很粗，很难调得正确精细；此外等效输入噪声和交流哼声（一般应优于 -90dB 以上）、均衡量的大小（应大于 ±12dB）、谐波失真（不大于 0.1%）、信号动态范围（应大于 95dB）、频响特性（20Hz-20kHz±1dB/推子在 0dB 时）以及工作的稳定性等。

76 扩声系统各设备之间如何配接？

答 扩声系统各设备之间为使信号能达到最佳传输率，获得最大的信号/噪声比，必须进行阻抗和电平匹配，见表 15-2、表15-3。

（1）所给的值相应于 0.2Pa（80dBSPL）声压。

（2）80dBSPL 相对于 1000Hz 时录声 5cm/s（有效值），录制方式 45°/45°，拾声器有以下的灵敏度范围：动圈拾声器为 0.05～0.2mVs/cm；电磁拾电器 0.23～1.0mVs/cm。

表 15 - 2　　扩声系统输入设备与调音台互联的电气配接优选值

项目	扩声系统输入设备					调音台	项目
	传声器（输出）	无线传声器（无线传声器接收机）	磁带录音机（放声、输出）	电唱盘（拾声器输出）	辅助设备（输出）	互联优选值	
额定阻抗	电容 200Ω 动圈					200Ω 平衡（传声器输入）	额定信号源阻抗
				由产品技术条件定		电磁 2.2kΩ 动圈 30.0Ω（拾声器输入）	
输出阻抗		≤600Ω 平衡				600Ω 平衡	
			≤600Ω 平衡 /≤22kΩ			≤600Ω 平衡 /≤22kΩ（磁带录音机输入）	
					≤600Ω 平衡	≤600Ω 平衡（辅助设备输入）	
额定输出电压	电容 1.6mV 动圈 0.2mV					电容 1.6mV 动圈 0.2mV	
		0.775V（0dB） 7.75Mv（−40dB）				0.775V（0dB） 7.75Mv（−40dB）	
			0.775V（0dB）/ 0.5V（−3.8dB）			0.775V（0dB） /0.5V（−3.8dB）	
				电容 3.5mV 电圈 0.5mV		电容 3.5mV 电圈 0.5mV	
					0.775V（0dB）	0.775V（0dB）	

续表

项目	扩声系统输入设备					调音台	
	传声器（输出）	无线传声器（无线传声器接收机）	磁带录音机（放声、输出）	电唱盘（拾声器输出）	辅助设备（输出）	互联优选值	项目
额定负载阻抗	电容动圈 1.0kΩ					≥1kΩ 平衡（电容）≥600Ω 平衡（动圈）	输入阻抗
		600Ω				≥5kΩ 平衡	
			600Ω/22kΩ			≥5kΩ 平衡≥200kΩ	
				电磁 47kΩ 动圈 100Ω		电磁 47kΩ 动圈 100Ω	
					600Ω	≥5kΩ 平衡≥600Ω 平衡	
最大输出电压	电容 1.6mV 动圈 0.2mV					电容 1.6mV 动圈 0.2mV	起载信号源电动势
		0.775V（0dB）77.5Mv（−40dB）				0.775V（0dB）77.5mV（−40dB）	
			7.75V（20dB）3.35V（15dB）/2.00V（8.2dB）			7.75V（20dB）/2.00V（8.2dB）	
				电磁 14mV 动圈 2mV		电磁 14mV 动圈 2mV	
					7.75V（20dB）	7.75V（20dB）	

（3）所给的值相应于 100Pa（134dBSPL）声压。

（4）80dBSPL 只适用于便携式录音机。

（5）600Ω 平衡是用于转播和类似用途。

表15-3　扩音系统调音台与输出设备互联的优选电气配接值

调音台		输出设备						项目
		类别						
项目	互联优选值	磁带录音机（录声线路输入）	监听机	头戴耳机（输入）	辅助设备（输入）	功率放大器	扬声器（输入）	
输出阻抗	≤600Ω平衡（磁带录音机输出）	600Ω平衡						额定信号源阻抗
	≤600Ω平衡（监听机输出）		600Ω平衡					
	≤600Ω平衡（辅助设备输出）				600Ω平衡			
	≤600Ω平衡					线路输入600Ω平衡		
额定输出电压	0.775V（0dB）（磁带录音机输出）	0.775V（dB）						额定信号源电动势
	48.500mV（−25dB）（监听机输出）		138.0mV（−15dB）43.5mV（−25dB）					
	额定输出功率≤100nW							
	0.775V（dB）（辅助设备输出）				0.775V（dB）			
	0.775V（0dB）							

项目	调音台	输出设备						项目
		类别						
项目	互联优选值	磁带录音机（录声线路输入）	监听机	头戴耳机（输入）	辅助设备（输入）	功率放大器	扬声器（输入）	项目
最大输出电压	7.75V（20dB）	7.75V（20dB）						超载信号源电动势
	435mV（−5dB）							
	7.75V（20dB）（辅助设备输出）			7.75V（20dB）				
	7.75V（20dB）							
额定负载阻抗	600Ω（磁带录音机输出）	≥5kΩ平衡≥220kΩ平衡						输入电阻
	600Ω（监听机输出）		600Ω平衡≥5kΩ平衡					
	50Ω、300Ω、2kΩ（监听机输出）			标称阻抗50Ω300Ω2kΩ				
	600Ω（辅助设备输出）				≥5kΩ平衡600Ω平衡			
	≤600Ω					≥5kΩ平衡600Ω平衡		

654

续表

调音台		输出设备						
		类别						
项目	互联优选值	磁带录音机（录声线路输入）	监听机	头戴耳机（输入）	辅助设备（输入）	功率放大器	扬声器（输入）	项目
—	—					0.775V（0dB）0.388V（−6dB）0.194V（−12dB）		额定输入电压
输出阻抗						在额定频率范围内不大于额定负载阻抗的1/3		
额定负载阻抗						4、8、16、32Ω	4、8、16、32Ω	标称阻抗
额定输出功率	≤100mV（耳机输出）			—				

（1）600Ω平衡是考虑在长线传输时增设的。

（2）额定负载阻抗为600Ω的调音台，允许最多跨接8个输入阻抗为3kΩ的功率放大器。

（3）监听机的额定信号源电动势值，为监听机在最高增益时达到额定输出功率的输入信号电压。

（4）600Ω计算时应包括馈线电阻。

77　扩声系统的馈电网络包括几部分？

答　扩声系统的馈电网络包括音频信号输入部分、功率输出传送部分和电源供电部分三大块。为防止与其他系统之间的干扰，施工中必须采取有效措施。

78 音频信号输入的馈电如何连接？

答 （1）话筒输出必须使用专用屏蔽软线与调音台连接；如果线路较长（10~15m）应使用双芯屏蔽软线作低阻抗平衡输入连接。中间设有话筒转接插座的，必须接触特性良好。

（2）长距离连接的话筒线（超过50m）必须采用低阻抗（200Ω）平衡传送的连接方法。最好采用有色标的四芯屏蔽线，并穿钢管敷设。

（3）调音台及全部周边设备之间的连接均需采用单芯（不平衡）或双芯（平衡）屏蔽软线连接。

79 功率输出的馈电如何连接？

答 功率输出的馈电系统指功放输出至扬声器箱之间的连接电缆。

（1）厅堂、舞厅和其他室内扩声系统均采用低阻抗（8Ω，有时也用4Ω或16Ω）输出。一般采用截面积为2~6mm^{2}的软导线穿管敷设。发烧线的截面积决定于传输功率的大小和扬声器的阻尼特性要求。通常要求馈线的总直流电阻（双向计算长度）应小于扬声器阻抗的1/100~1/50。如扬声器阻抗为8Ω，则馈线的总直流电阻应小于0.16~0.08Ω。馈线电阻越小，扬声器的阻尼特性越好，低音越纯，力度越大。

（2）室外扩声、体育场扩声大楼背景音乐和宾馆客户广播等由于场地大，扬声器箱的馈电线路长，为减少线路损耗通常不采用低阻抗连接，而使用高阻抗定电压传输（70V或100V）音频功率。从功放输出端至最远端扬声器负载的线路损耗一般应小于0.5dB。馈线宜采用穿管的双芯聚氯乙烯多股软线。

（3）宾馆客房多套节目的广播线应以每套节目敷设一对馈线，而不能共用一根公共地线，以免节目信号间的干扰。

80 供电线路如何连接？

答 扩声系统的供电电源与其他用电设备相比，用电量不大，但最怕被干扰。为尽量避免灯光、空调、水泵、电梯等用电设备的干扰，建议使用变压比为 1:1 的隔离变压器，此变压器的一、二次侧任何一端都不与一次侧的地线相连。总用电量小于 10kVA 时，功率放大器应使用三相电源，然后在三相电源中再分成三路 220V 供电，在 3 路用电分配上应尽量保持 3 相平衡。如果供电电压的变化量超过 220V+5%，-10%（即 198~231V）时，应考虑使用自动稳压器，以保证系统各设备正常工作。

为避免干扰和引入交流噪声，扩声系统应设有专门的接地地线，不与防雷接地或供电接地共用地线。

上述各馈电线路敷设时，均应穿电线铁管敷设，这是防干扰、防老鼠咬断线和防火三方面的需要。

81 导线直径如何计算？

答 选择导线直径的依据是传送的电功率、允许最大的压降、导线允许的电流密度和电缆线的力学强度等因素，计算公式如下

$$q=0.035\times(100-n)L \cdot W/NU^2 (mm^2)$$

式中 q——导线铜芯截面，mm^2；

L——电线的最大长度，m；

W——传输的电功率，W；

U——线路上的传输电压，V；

N——允许的线路压降，以百分率计。

例 一电缆长 200m，传输的电功率为 100W，传输的电压为 100V，允许的线路压降为 10%，则导线的截面积应为

$q=0.035\times(100-10)\times200\times100/(10\times100^2)=0.63mm^2$

考虑到电缆线的力学强度，选用 $2\times0.75mm^2$ 的线缆。最后还应校核一下电流密度，最大允许的电流密度为 5~10A/mm^2。

为保证电缆的力学强度，规定穿管的功率线缆至少应有 0.75mm^2 的截面积；明线拉线线缆至少应有 1.5mm^2 的截面积。

82 系统扬声器如何配接？

答 定电压传输的公共广播系统，各扬声器负载一般都采用并联连接，定电压系统的阻抗匹配如图 15-19 所示。

功放输出端的输出电压、输出功率和输出阻抗三者之间的关系

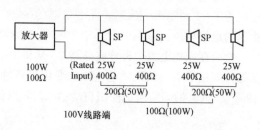

图 15 - 19　定电压系统的阻抗匹配

如下

$$P = U^2/Z$$

式中　P——输出功率，W；

　　　Z——输出阻抗，Ω；

　　　U——输出电压，V。

　　例　一功放的输出功率为 100W，输出电压为 100V，那么其能接上的最小负载能力为 $Z_{100V} = U^2/P = 100^2/100 = 100Ω$，低于 100Ω 的总负载将会使功放发生过载。

　　上例中如果使用 4 个 25W 的扬声器，那么需配用多大变化的输送变压器呢？

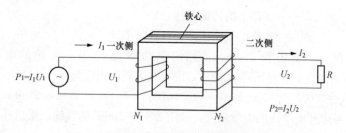

图 15 - 20　匹配变压器

　　匹配变压器如图 15 - 19 所示，变压器一次侧对二次侧的电压比可这样表达

$$U_2/U_1 = N_2/N_1$$

式中　U_1、U_2——变压器的实际输入电压和二次侧输出电压；

　　　N_1、N_2——变压器一次侧和二次侧绕组的匝数。

如果不考虑变压器的功率损耗，那么一、二次侧之间的功率应相等

$$U_1 I_1 = U_2 I_2 = U_2(U^2/R) = U_2^2/R$$
$$I_1 = U_2^2/U_1 R \text{ 则 } Z = U_1/I_1 = (N_1/N_2)^2 R$$

变压器的输入阻抗等匝数比的平方乘上负载阻抗 R，或者说变压器一、二次侧的阻抗比等于变压器变压比的平方。图 15-21 中扬声器的阻抗为 8Ω，要求每个变压器的输入阻抗为 400Ω，那么变压器的变比应为 7:1。

为适应不同扬声器阻抗匹配需要，匹配变压器通常做成抽头型的，如图 15-21 所示。

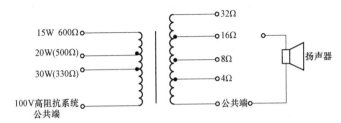

图 15-21　匹配变压器的配接

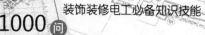

装饰装修电工必备知识技能

第十六章

家装电工的安全技术

➤ **1** 电气设备过热的情况有哪些？

答 实际中常引起电气设备过热的情况如下。

（1）短路。发生短路时，线路中的电流增大为正常时的几倍甚至几十倍，而产生的热量又和电流的平方成正比，使得温度急剧上升，大大超过允许范围。如果温度达到可燃物的自燃点，即引起燃烧，从而导致火灾。

引起短路的原因主要如下。

1）当电气设备的绝缘老化，或受到高温、潮湿或腐蚀的作用而失去绝缘能力时，有可能引起短路。

2）绝缘导线直接缠绕、勾挂在铁钉或铁丝上时，由于磨损和铁锈腐蚀，很容易使绝缘破坏而形成短路。

3）由于设备安装不当问题，有可能使电气设备的绝缘受到机械损伤而形成短路。

4）由于雷击等过电压的作用，电气设备的绝缘可能遭到击穿而形成短路。

5）在安装和检修工作中，由于接线和操作的错误，会造成短路事故。

（2）过载。过载会引起电气设备发热，造成过载的原因大体上有以下两种情况。首先是设计时选用线路或设计不合理，其次是使用不合理，即线路或设备的负载超过额定值，或连续使用，超过线路或设备的设计能力，由此造成过热。

（3）接触不良。接触部分是电路中的薄弱环节，是发生过热的一个最常见原因。常见接触不良的情况如下。

660

1) 对于铜铝接头，由于铜和铝的性质不同，接头处易腐蚀，从而导致接头过热。

2) 活动触头，如闸刀开关的触头、接触器的触头、没压紧或接触表面粗糙不平，都会导致触头过热。

3) 不可拆卸的接头连接不牢，焊接不良而增加接触电阻导致接头过热。

4) 能拆卸的接头连接不紧密或由于振动而松动，也将导致接头发热。

（4）铁心发热。变压器、电动机等设备的铁心，如绝缘损坏或承受长时间过电压，其涡流损耗和磁滞损耗将增加而使设备过热。

（5）散热不良。各种电气设备在设计和安装时都要考虑有一定的散热或通风措施，如果这些措施受到破坏，就会造成设备过热。

2 什么是电火花、电弧？有何危害？

答　电火花是电极间的绝缘被击穿放电，电弧是大量的电火花汇集而成的。

一般电火花的温度都很高，特别是电弧，温度可高达 6000～8000℃，因此，电火花和电弧不仅能引起可燃物燃烧，还能使金属熔化、飞溅，构成危险的火源。在有爆炸危险的场所，电火花和电弧更是引起火灾和爆炸的一个十分危险的因素。

在生产和生活中，电火花是经常见到的。电火花大体可分为工作火花和事故火花两类。

工作火花是指电气设备正常工作时或正常操作过程中产生的火花。如直流电机电刷与整流子滑动接触处、电源插头拔出或插入时的火花等。

事故火花是线路或设备发生故障时出现的火花。如发生短路或接地时出现的火花、绝缘损坏时出现的闪光、导线连接松脱时的火花、熔丝熔断时的火花、过电压放电火花及修理工作中错误操作引起的火花等。

以下情况可能引起空间爆炸：

（1）周围空间有爆炸性混合物，在危险温度或电火花作用下引起空间爆炸。

（2）充油设备的绝缘油在电弧作用下分解和汽化，喷出大量油雾和可燃气体，引起空间爆炸。

（3）酸性蓄电池排出氢气等，都会形成爆炸性混合物，引起空间爆炸。

3　发生火灾和爆炸必须具备的条件是什么?

答　发生火灾和爆炸必须具备两个条件：一是环境中存在足够数量和浓度的可燃性易爆物质，二是要有引燃或引爆的能源。前者又称危险源，如煤气、酒精蒸气等；后者又称火源，如明火、电火花。因此，电气防火防爆应着力于排除上述危险源和火源。

4　如何消除或减少爆炸性混合物?

答　消除或减少爆炸性混合物包括采取封闭式作业，防止爆炸性混合物泄漏；清理现场积尘、防尘爆炸性混合物积累；设计正压室、防止爆炸性混合物侵入有引燃源的区域；采取开式作业或通风措施，稀释爆炸性混合物；在危险空间充填惰性气体或不活泼气体，防止形成爆炸性混合物；安装报警装置，当混合物中危险物品的浓度达到其爆炸下限的 10% 时报警等措施。

5　隔离和间距应如何设置?

答　危险性大的设备应分室安装，并在隔墙上采取封堵措施。电动机隔墙传动，照明灯隔玻璃窗照明等都属于隔离措施。变、配电室与爆炸危险环境或火灾危险环境毗邻时，隔墙应用非燃性材料制成；孔洞、沟道应用非燃性材料严密堵塞；门、窗应开向没有爆炸或火灾危险的场所。

变、配电站不应设在容易沉积可燃粉尘或可燃纤维的地方。

6　消除引燃源可以采取什么措施?

答　消除引燃源主要包括以下措施：

（1）按爆炸危险环境的特征和危险物的级别、组别选用电气设备和设计电气线路。

（2）保持电气设备和电气线路安全运行。安全运行包括电流、电压、温升和温度不超过允许范围，还包括绝缘良好、连续和接触良好、整体完好无损、清洁，标志清晰等。

在爆炸危险环境应尽量少用携带式设备和移动式设备，一般情况下不应进行电气测量工作。

➡ 7 保护接地应注意什么？

答　爆炸危险环境接地应注意如下几点：

（1）应将所有不带电金属物体做等电位联络。从防止电击考虑不需接地（接零）者，在爆炸危险环境仍应接地（接零）。

（2）如低压接地系统配电，应采用 TN‐S 系统，不得采用 TN‐C 系统，即在爆炸危险环境应将保护零线与工作零线分开。保护导线的最小截面，铜导体不得小于 $4mm^2$、钢导体不得小于 $6mm^2$。

（3）如低压由不接地系统配电，应采用 IT 系统，并装有一相接地时或严重漏电时能自动切断电源的保护装置或能发出声、光双重信号的报警装置。

➡ 8 电气灭火的特点是什么？

答　电气火灾有两个不同于其他火灾的特点，第一是着火的电气设备可能是带电的，扑救时要防止人员触电；第二是充油电气设备着火后可能发生喷油或爆炸，造成火势蔓延。因此，在扑灭电气火灾的过程中，一要注意防止触电，二是注意防止充油设备爆炸。

➡ 9 先断电后灭火应注意什么？

答　如火灾现场尚未停电，应首先切断电源。切断电源时应注意以下几点：

（1）切断部位应选择得当，不得因切断电源影响疏散和灭火工作。

（2）在可能的条件下，先卸去线路负荷，再切断电源。切忌在忙乱中带负荷拉刀闸。

（3）因火烧、烟熏、水浇、电气绝缘可能大大降低，因此切断电源时应配用有绝缘柄的工具。

（4）应在电源侧的电磁线支持点附近剪断电磁线，防止电磁线断落下来造成电击或短路。

（5）切断电磁线时，应在错开的位置切断不同相的电磁线，防止切断时发生短路。

10 带电灭火的安全要求是什么？

答 （1）不得用泡沫灭火器带电灭火；带电灭火应采用干粉、二氧化碳、1211 等灭火器。

（2）人及所带器材与带电体之间应保持足够的安全距离：干粉、二氧化碳、1211 等灭火器喷嘴至 10kV 带电体的距离不得小于 0.4m；用水枪带电灭火时，应该采用喷雾水枪，水枪喷嘴应接地，并应保持足够的安全距离。

（3）对架空线路等空中设备灭火时，人与带电体之间的仰角不应超过 45°，防止导线断落下来危及灭火人员的安全。

（4）如有带电导线断落地面，应在落地点周围划半径约 8～10m 的警戒圈，防止发生跨步电压触电。

（5）因为可能发生接地故障，为防止跨步电压和接触电压触电，救火人员及所使用的消防器材与接地故障点要保持足够的安全距离；在高压室内这个距离为 4m，室外为 8m，进入上述范围的救火人员要穿上绝缘靴。

11 建筑物的防雷可以分为几类？

答 建筑物按其对防雷的要求，可分为三类：

第一类建筑物：在建筑物中制造、使用或储存大量爆炸性物资者；在正常情况下容易形成爆炸性混合物，因电火花会发生爆炸，引起巨大破坏和人身伤亡者。

第二类建筑物：在正常情况下能形成爆炸性混合物，因电火花会发生爆炸，但不致引起巨大破坏和人身伤亡者。

第三类建筑物：凡不属于一、二类建筑物而需要做防雷保护者。车间、民用建筑、水塔都属此类。

12 第三类建筑物的防雷措施有哪些？

答 一般来说，屋顶越尖的地方，越易遭受雷击，如房檐的四角、屋脊。屋面遭受雷击的可能性极小。

所以对建筑物屋顶最易遭受雷击的部位，应装设避雷针或避雷带（网），进行重点保护。

对第三类建筑物，避雷针（或避雷带、网）的接地电阻 $r \leqslant 30\Omega$。如为钢筋混凝土屋面，可利用其钢筋作为防雷装置，钢筋直径不得小于 4mm。每座建筑物至少有两根接地引下线。第三类建筑物两根引下线间距离为 30～40m，引下线距墙面为 15mm，引下线支持卡之间距离为 1.5～2m。断接卡子距地面 1.5m。

在进户线墙上安装保护间隙，或者将瓷瓶的铁角接地，接地电阻 $r \leqslant 20\Omega$。允许与防护直击雷的接地装置连接在一起。第三类建筑物（非金属屋顶）的防护措施示意图如图16-1所示。

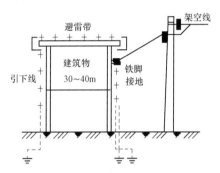

图 16-1　第三类建筑物（非金属屋顶）防雷措施示意图

➡ 13 电流对人体伤害的类型有几种？

答　（1）电击。电击是电流对人体内部组织造成的伤害。仅 50mA 的工频电流即可使人遭到致命电击，神经系统受到电流刺激，引起呼吸中枢衰竭，严重时心室纤维性颤动，以致引起昏迷和死亡。

按照人体触及带电体的方式和电流通过人体的途径，电击触电可分为三种情况。

1）单相触电。单相触电是指在地面上或其他接地导体上，人体某一部位触及一相带电体的触电事故。对于高电压，人体虽然没有触及，但因超过了安全距离，高电压对人体产生电弧放电，也属于单相触电。

单相触电的危险程度与电网运行方式有关，一般情况下，接地电网的单相触电比不接地电网的危险性大。

2）两相触电。两相触电是指人体两处同时触及两相带电体而发生的触电事故。无论电网的中性点接地与否，其危险性都比较大。

3）跨步电压触电。当电网或电气设备发生接地故障时，流入地中的电流在土壤中形成电位，地表面也形成以接地点为圆心的径向电位差分布。如果人行走时前后两脚间（一般按 0.8m 计算）电位差达到危险电压而造成触电，称为跨步电压触电。

漏电处地电位的分布如图 16-2 所示，人走到离接地点越近，跨步电压越高，危险性越大。一般在距接地点 20m 以外，可以认为地电位为零。

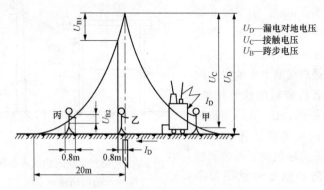

图 16-2　对地电压、接触电压和跨步电压示意图

在高压故障接地处，或有大电流流过接地装置附近，都可能出现较高的跨步电压，因此要求在检查高压设备的接地故障时，室内不得接近接地故障点 4m 以内，室外不得接近接地故障点 8m 以内。若进入上述范围，工作人员必须穿绝缘靴。

（2）电伤。电伤是电流的热效应、化学效应、光效应或机械效应对人体造成的伤害。电伤会在人体上留下明显伤痕，有灼伤、电烙印和皮肤金属化三种。

电弧灼伤是由弧光放电引起的。比如低压系统带负荷刀开关，错误操作造成的线路短路、人体与高压带电部位距离过近而放电，都造成强烈弧光放电。电弧灼伤也能使人致命。

电烙印通常是在人体与带电体紧密接触时，由电流的化学效应和机械效应引起的伤害。

皮肤金属化是由于电流熔化和蒸发的金属微粒渗入表皮所造成的伤害。

14 对人体作用电流的划分分为几种？

答 对于工频交流电，按照通过人体的电流大小而使人体呈现不同的状态，可将电流划分为三级。

(1) 感知电流。引起人的感觉的最小电流称感知电流，人接触这样的电流会有轻微麻感。实验表明，成年男性平均感知电流有效值约为 1.1mA，成年女性约为 0.7mA。

感知电流一般不会对人造成伤害，但是接触时间长，人的表皮被电解后电流增大时，感觉增强，反应变大，可能造成坠落等间接事故。

(2) 摆脱电流。电流超过感知电流并不断增大时，触电者会因肌肉收缩，发生痉挛而紧握带电体，不能自行摆脱电源。人触电后能自行摆脱电源的最大电流称为摆脱电流。一般成年男性平均摆脱电流为 16mA，成年女性约为 10.5mA，儿童较成年人小。

摆脱电流是人体可以忍受而一般不会造成危险的电流，或通过人体的电流超过摆脱电流且时间过长，造成昏迷、窒息，甚至死亡。因此，人摆脱电源能力随着触电时间的延长而降低。

(3) 致命电流。在较短时间致命的电流，称为致命电流。电流达到 50mA 以上，就会引起心室颤动，有生命危险，100mA 以上的电流，则足以致死。而接触 30mA 以下的电流通常不会有生命危险。

15 什么是单相触电？

答 当人体直接碰触带设备其中的一相时，电流通过人体流入大地，这种触电现象称为单相触电。对于高电压带电体，人体虽未直接接触，但由于超过了安全距离，高电压对人体放电，造成单相接地而引起的触电，也属于单相触电。

低压电网通常采用变压器低压侧中性点直接接地和中性点不直接接地（通过保护间隙接地）的接线方式，这两种接线方式发生单相触电的情况如图 16-3 所示。

在中性点直接接地的电网中，通过人体的电流为

$$r = \frac{U}{R_r + R_o}$$

式中　U——电气设备的相电压；

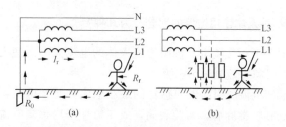

图 16-3 单相触电示意图

(a) 中性点直接接地；(b) 中性点不直接接地

R_0——中性点接地电阻；

R_r——人体电阻。

因为 R_0 和 R_r 相比较，R_0 甚小，可以略去不计，因此

$$I_r = \frac{U}{R_r}$$

从上式可以看出，若人体电阻按照 1000Ω 计算，则在 $220V$ 中性点接地的电网中发生单相触电时，流过人体的电流将达 $220mA$，已大大超过人体的承受能力，可能危及生命。

在低压中性点直接接地电网中，单相触电事故在地面潮湿时易于发生。

16 什么是两相触电？

答 人体同时接触带电设备或线路中的两相导体，或在高压系统中，人体同时接近不同相的两相带电导体，而发生电弧放电，电流从一相导体通过人体流入另一相导体，构成一个闭合回路，这种触电方式称为两相触电。

发生两相触电时，作用于人体上的电压等于线电压，这种触电是最危险的。

17 什么是跨步电压触电？

答 当电气设备发生接地故障，接地电流通过接地体向大地流散，在地面上形成电位分布时，若人在接地短路点周围行走，其两脚之间的电位差，就是跨步电压。由跨步电压引起的人体触电，称为跨步电压触电。

下列情况和部位可能发生跨步电压电击：

（1）带电导体，特别是高压导体故障接地处，流散电流在地面各点产生的电位差造成跨步电压电击。

（2）接地装置流过故障电流时流散电流在附近地面各点产生的电位差造成跨步电压电击。

（3）正常时有较大工作电流流过的接地装置附近，流散电流在地面各点产生的电位差造成跨步电压电击。

（4）防雷装置接受雷击时，极大的流散电流在其接地装置附近地面各点产生的电位差造成跨步电压电击。

（5）高大设施或高大树木遭受雷击时，极大的流散电流在附近地面各点产生的电位差造成跨步电压电击。

（6）跨步电压的大小受接地电流大小、鞋和地面特征、两脚之间的跨距、两脚的方位以及离接地点的远近等很多因素的影响，人的跨距一般按 0.8m 考虑。

➡ **18** 触电救护的步骤是什么？

答　触电救护第一步是使触电者迅速脱离电源；第二步是现场救护。

➡ **19** 触电急救的要点是什么？

答　触电急救的要点是：抢救迅速与救护得法。即用最快的速度现场采取积极措施，保护触电人员生命，减轻伤情，减少痛苦，并根据伤情要求，迅速联系医疗部门救治。即使触电者失去知觉心跳停止，也不能轻率地认定触电者死亡，而应看做是"假死"，施行急救。

发现有人触电后，首先要尽快使其脱离电源，然后根据具体情况，迅速对症救护。有触电后经 5h 甚至更长时间的连续抢救而获得成功的先例，这说明触电急救对于减小触电死亡率是有效的，掌握触电急救的方法十分重要。我国《电业安全工作规程》将紧急救护法列为电气工作人员必须具备的从业条件之一。

20 解救触电者脱离电源的方法包括哪些?

答 触电急救的第一步是使触电者迅速脱离电源,因为电流对人体的作用时间越长,对生命的威胁越大。具体方法如下。

(1)脱离低压电源的方法。脱离低压电源可用"拉""切""挑""拽""垫"五字来概括。

拉:指就近拉开电源开关、拔出插头或瓷插熔断器。

切:当电源开关、插座或瓷插熔断器距离触电现场较远时,可用带有绝缘柄的利器切断电源线。切断时应防止带电导线断落触及周围的人体。多芯绞合线应分相切断,以防短路伤人。

挑:如果导线搭落在触电者身上或压在身下,这时可用干燥的木棒、竹竿等挑开导线。或用干燥的绝缘绳套拉导线或触电者,使触电者脱离电源。

拽:救护人员可戴上手套或在手上包缠干燥的衣服等绝缘物品拖拽触电者,使之脱离电源。如果触电者的衣裤是干燥的,又没有紧缠在身上,救护人可直接用一只手抓住触电者不贴身的衣物,将其拉脱电源,但要注意拖拽时切勿接触触电者的皮肤。也可站在干燥的木板、橡胶垫等绝缘物品上,用一只手将触电者拖拽开来。

垫:如果触电者由于痉挛,手指紧握导线,或导线缠在身上,可先用干燥的木板塞进触电者身下,使其与大地绝缘,然后再采取其他的办法把电源切断。

(2)脱离高压电源的方法。由于电源的电压等级高,一般绝缘物品不能保证救护人的安全,而且高压电源开关距离现场较远、不便拉闸。因此,使触电者脱离高压电源的方法与脱离低压电源的方法有所不同。通常的做法如下。

1)立即电话通知有关供电部门拉闸停电。

2)如果电源开关离触电现场不太远,则可戴上绝缘手套,穿上绝缘靴,拉开高压断路器,或用绝缘棒拉开高压跌落熔断器以切断电源。

3)往架空线路抛挂裸金属软导线,人为造成线路短路,迫使继电器保护装置动作,从而使电源开关跳闸,抛挂前,将短路线的一端先固定在铁塔或接地引下线上,另一端系重物。抛掷短路线时,应注意防止电弧伤人或断线危及人员安全,也要防止重物砸伤人。

4）如果触电者触及断落在地上的带电高压导线，且尚未确认线路没有电之前，救护人员不可进入断线落地点 8～10m，以防止跨步电压触电。进入该范围的救护人员应穿上绝缘靴或临时双脚并拢跳跃地接近触电者。触电者脱离带电导线后应迅速将其带至 10m 以外，立即开始触电急救。只有在确认线路已经没有电时，才可在触电者离开导线后就地急救。

➤ 21　使触电者脱离电源的注意事项有哪些？

答　使触电者脱离电源的注意事项有：

（1）救护人不得采用金属和其他潮湿物品作为救护工具。

（2）未采取绝缘措施前，救护人不得直接触及触电者的皮肤和潮湿的衣服。

（3）在拉触电者脱离电源的过程中，救护人应该用单手操作，这比较安全。

（4）当触电者位于高位时，应采取措施预防触电者在脱离电源后坠地。

（5）夜间发生触电事故时，应考虑切断电源后的临时照明问题，以利救护。

➤ 22　现场救护的措施有哪些？

答　抢救触电者首先应使其迅速脱离电源，然后立即就地抢救。关键是"差别情况与对症救护"，同时派人通知医务人员到现场。

根据触电者受伤害的轻重程度，现场救护有以下几种措施。

（1）触电者未失去知觉的救护措施。如果触电者所受的伤害不太严重，神志尚清醒，只是心悸、头晕、出冷汗、恶心、呕吐、四肢发麻、全身乏力，甚至一度昏迷但未失去知觉则可先让触电者在通风暖和的地方静卧休息，并派人严密观察，同时请医生前来或送往医院救治。

（2）触电者已失去知觉的抢救措施。如果触电者已失去知觉，但呼吸和心跳尚正常，则应使其舒适地平卧着，解开衣服以利呼吸，四周不要围人，保持空气流通，冷天应注意保暖，同时立即请医生前来或送往医院诊治。若发现触电者呼吸困难或心跳失常，应立即施行人工呼吸或胸外心脏按压。

（3）对"假死"者的急救措施。如果触电者呈现"假死"现象，则可能有三种临床症状：一是心跳停止，但尚能呼吸；二是呼吸停止，但心跳尚存（脉搏很弱）；三是呼吸和心跳均已停止。"假死"症状的判定方法是"看"、"听"、"试"。"看"是观察触电者的胸部、腹部有没有起伏动作；"听"是用耳贴近触电者的口鼻处，听有没有呼气声音；"试"是用手或小纸条测试口鼻有没有呼吸的气流，再用两手指轻压一侧喉结旁凹陷处的颈动脉有没有搏动感觉。若既没有呼吸又没有颈动脉搏动的感觉，则可判定触电者呼吸停止，或心跳停止，或呼吸、心跳均停止。"看"、"听"、"试"的操作方法如图 16 - 4 所示。

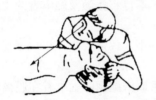

图 16 - 4 判断"假死"的看、听、试

23 抢救触电者生命的心肺复苏法如何实施？

答 当判定触电者呼吸和心跳停止时，应立即按心肺复苏法就地抢救。所谓心肺复苏法，就是支持生命的三项基本措施，即通畅气道；口对口（鼻）人工呼吸；胸外按压。

（1）通畅气道。若触电者呼吸停止，应采取措施始终确保气道通畅，其操作要领如下。

1）清除口中异物。使触电者仰面躺在平硬的地方，迅速解开其领口、围巾、紧身衣和裤带。如发现触电者口内有食物、假牙、血块等异物可将其身体及头部同时侧转，迅速用一个手指或两个手指交叉从口角处插入，从中取出异物，要注意防止将异物推到咽喉深处。

2）采用仰头抬颌法通畅气道。一只手放在触电者前额，另一只手的手指将其颌骨向上抬起，气道即可通畅（见图 16 - 5）。气道是否通畅如图 16 - 6 所示。

为使触电者头部后仰，可将其颈部下方垫适量厚度的物品，但严禁垫在头下，因为头部抬高前倾会阻塞气道，还会使施行胸外按压时流向胸部的血量减小，甚至完全消失。

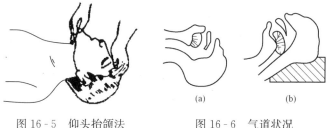

图 16 - 5　仰头抬颌法

图 16 - 6　气道状况

（a）通畅；（b）阻塞

（2）口对口（鼻）人工呼吸。救护人在完成气道通畅的操作后，应立即对触电者施行口对口或口对鼻人工呼吸。口对鼻人工呼吸适用于触电者嘴巴紧闭的情况。

人工呼吸的操作要领如下。

1）先大口吹气刺激起搏。救护人蹲跪在触电者一侧，用放在其额上的手指捏住其鼻翼，另一只手的食指和中指轻轻托住其下巴；救护人深吸气后，与触电者口对口，先连续大口吹气两次，每次 1～1.5s。然后用手指测试其颈动脉是否有搏动，如仍没有搏动，可判断心跳确已停止。在实施人工呼吸的同时，应进行胸外按压。

2）正常口对口人工呼吸。大口吹气两次测试搏动后，立即转入正常的人工呼吸阶段。正常的吹气频率是每分钟约 12 次（对儿童则每分钟 20 次，吹气量应该小些，以免肺泡破裂）。救护人换气时，应将触电者的口或鼻放松，让其借自己胸部的弹性自动吐气。吹气和放松时要注意触电者胸部有没有起伏的呼吸动作。吹气时如有较大的阻力，可能是头部后仰不够，应及时纠正，使气道保持畅通如图 16 - 7 所示。

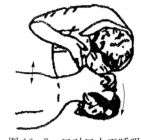

3）口对鼻人工呼吸。触电者如牙关紧闭，可改成口对鼻人工呼吸。吹气时要使其嘴唇紧闭，防止漏气。

（3）胸外按压。胸外按压是借助人力

图 16 - 7　口对口人工呼吸

使触电者恢复心脏跳动的急救方法，其有效性在于选择正确的按压位置和采取正确的按压姿势。

24 胸外按压的操作要领是什么？

答 （1）确定正确的按压位置。右手的食指和中指沿触电者的右侧肋弓下缘向上，找到肋骨和胸骨接合处的中点。

右手的两手指并齐，中指放在切迹中点（剑突底部），食指平放在胸骨下部，另一只手的掌根紧挨食指上缘，置于胸骨上，掌根处即为正确按压位置，如图 16-8 所示。

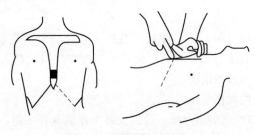

图 16-8 正确的按压位置

（2）正确的按压姿势。使触电者仰面躺在平硬的地方并解开其衣服，仰卧姿势与口对口人工呼吸法相同。

救护人立或跪在触电者一侧肩旁，两肩位于其胸骨正上方，两臂伸直，肘关节固定不动，两手掌相叠，手指翘起，不接触其胸壁。

以髋关节为支点，利用上身的重力，垂直将正常成人胸骨压陷 3～5cm（儿童和瘦弱者酌减）。

压至要求程度后，立即全部放松，但救护人的掌根不得离开触电者的胸膛。

按压姿势与用力方法如图 16-9 所示，按压有效的标志是在按压过程中可以触到颈动脉搏动。

（3）恰当的按压频率。胸外按压要以均匀速度进行，操作频率以每分钟 80 次。

当胸外按压与口对口（鼻）人工呼

图 16-9 按压姿势与用力方法

吸同时进行时，操作的节奏为：单人救护时，每按压 15 次后吹气 2 次（15：2），反复进行；双人救护时，每按压 5 次后由另一人吹气 1 次（5：1），反复进行。

25 现场救护中的注意事项有哪些？

答 （1）抢救过程中应适时对触电者进行再判定，判定方法如下。

按压吹气 1min 后（相当于单人抢救时做了 4 个 15：2 循环），应采用"看"、"听"、"试"的方法在 5～7s 完成对触电者伤员是否恢复自然呼吸和心跳的再判断。

若判定触电者已有颈动脉搏动，但仍没有呼吸，则可暂停胸外挤压，再进行两次口对口人工呼吸，接着每隔 5s 吹气一次（相当于每分钟 12 次）。如果脉搏和呼吸仍未能恢复，则继续坚持进行心肺复苏法抢救。

抢救过程中，要每隔数分钟再判定一次触电者的呼吸和脉搏情况，每次判定时间不得超过 5～7s。在医务人员未接替抢救之前，现场人员不得放弃现场抢救。

（2）抢救过程中移送触电伤员时的注意事项。心肺复苏法应在现场就地坚持进行，不要图方便而随意移动伤员。如确有需要移动时，抢救中断时间不应超过 30s。

移动触电伤员或送往医院（见图 16-10），应使用担架，并在其背部垫以木板，不可让伤员身体蜷曲着进行搬运。移送途中应继续抢救，在医务人员未接替救治前不可中断抢救。

应创造条件，用装有冰屑的塑料袋做成帽状包绕在伤员头部，露出眼睛，使脑部温度降低，争取触电者心、肺、脑能得以复苏。

（3）伤员好转后的处理。如

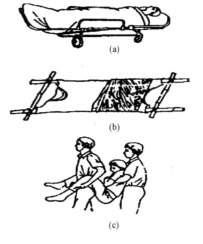

(a)

(b)

(c)

图 16-10 搬运伤员
(a) 车运送；(b) 担架；(c) 人工搬运

果伤员的心跳和呼吸经抢救后均已恢复，可暂停心肺复苏法操作。但心跳呼吸恢复早期仍可能再次骤停，救护人应严密监护，不可麻痹，要随时准备再次抢救。触电伤员恢复之初，往往神志不清、精神恍惚或情绪躁动不安，应设法使其安静下来。

（4）慎用药物。首先要明确任何药物都不能代替人工呼吸和胸外挤压。必须强调的是，对触电者用药或注射针剂，应由有经验的医生诊断确定，慎重使用。例如肾上腺素有使心脏恢复跳动的作用，但也可使心脏由跳动微弱转为心室颤动，从而导致触电者心跳停止而死亡。因此，如没有准确诊断和足够的把握，不得乱用此类药物。而在医院内抢救时，则由医务人员根据医疗仪器设备诊断的结果决定是否采用这类药物。

此外，禁止采取冷水浇淋、猛烈摇晃、大声呼喊或架着触电者跑步等"土"办法，因为人体触电后，心脏会发生颤动，脉搏微弱，血流混乱，在这种情况下用力上述办法刺激心脏，会使伤员因急性心力衰弱而死亡。

（5）触电者死亡的认定。对于触电后失去知觉、呼吸、心跳停止的触电者，在未经心肺复苏急救之前，只能视为"假死"。任何在事故现场的人员，都有责任及时、不间断地进行抢救。抢救时间应坚持 6h以上，直到救活或由医护人员认定死亡为止。